数控车削刀具结构分析与应用

陈为国　陈　昊　著

机 械 工 业 出 版 社

本书在介绍数控车削刀具基础知识之后，分外圆、内孔、切断与切槽和螺纹车削刀具部分分章介绍，每种类型的刀具均以刀具概述、刀片与刀具结构、刀具参数与选用和选择时的注意事项为主线展开介绍。书中典型刀具结构剖析示例均取材于国内外著名数控刀具制造商的主力产品，示例刀具结构表达上以 3D 图方式呈现，有较好的视觉效果与可读性。

本书适合具有一定机械制造技术、数控加工技术与刀具知识的数控加工技术人员，特别是数控车削技术人员阅读使用。

图书在版编目（CIP）数据

数控车削刀具结构分析与应用/陈为国，陈昊著. —北京：机械工业出版社，2022.5
ISBN 978-7-111-70544-4

Ⅰ.①数… Ⅱ.①陈… ②陈… Ⅲ.①数控机床—车床—车削—结构分析②数控刀具—结构分析 Ⅳ.①TG519.1②TG729

中国版本图书馆CIP数据核字（2022）第060174号

机械工业出版社（北京市百万庄大街22号　邮政编码100037）
策划编辑：周国萍　　　　　　责任编辑：周国萍　杜丽君
责任校对：张　征　李　婷　　封面设计：马精明
责任印制：常天培
天津嘉恒印务有限公司印刷
2022年8月第1版第1次印刷
184mm×260mm・21.5印张・479千字
标准书号：ISBN 978-7-111-70544-4
定价：99.00元

电话服务　　　　　　　　　　网络服务
客服电话：010-88361066　　机 工 官 网：www.cmpbook.com
　　　　　010-88379833　　机 工 官 博：weibo.com/cmp1952
　　　　　010-68326294　　金 书 网：www.golden-book.com
封底无防伪标均为盗版　　机工教育服务网：www.cmpedu.com

前　言

数控加工技术自 20 世纪 50 年代出现以来，就以其实用性与先进性的优势迅速被实际生产所接受，特别是计算机技术的快速发展，为数控加工技术的普及提供了条件。数控加工技术已成为现代机械制造技术的主流，并将与机器人等技术构成智能制造的基础。

数控加工刀具（以下简称数控刀具）是由刀具制造商为迎合数控刀具专业化与市场化的商业行为而提出的。由于其符合数控加工技术的发展需要，很快就被数控加工技术人员所接受，并逐渐从传统刀具中脱颖而出且自成体系。数控刀具能够更好地适应数控加工的"三高一专"（即高效率、高精度、高可靠性和专业化）技术特点。数控加工对刀具材料与涂层技术、刀具结构、刀具在数控机床上的安装与连接、刀具生产模式等提出了新的要求，并大量采用涂层刀具，机夹可转位不重磨刀具型式成为数控刀具的主流。数控刀具以专业化生产为主，广泛执行产品系列化、标准化、通用化原则，极大地提高了刀具产品的性价比。数控刀具用户更多是以外购刀具为主，自己刃磨刀具的模式已逐渐淡出。数控刀具的专业化生产使刀具制造商可根据数控刀具强大的市场需求，专注研究、开发与生产适用于数控加工的刀具，这也是数控刀具的产生并逐渐形成数控刀具体系的推手。

数控车刀是数控刀具的组成部分之一，应用广泛，且多为业内人士学习刀具知识的入门与基础。数控车刀体系一般由外圆与端面车刀、内孔车刀、切断与切槽车刀和螺纹车刀四部分组成，外圆与端面车刀是数控车刀的基础，应用最为广泛；内孔车刀又称内孔镗刀（简称镗刀），是外圆车刀应用的延伸，由于其加工表面几何结构的特殊性而自成体系；切断与切槽车刀，其加工表面以窄深槽为主、刀具以径向进给为主，进入数控加工时代，切槽加工赋予了刀具轴向进给为主的车槽概念，并且形成了新的加工原理与方法，看似简单的切断与切槽刀具蕴含深奥的原理；螺纹车刀以特定几何结构为特征，加工过程以成形车削为主，切削刃廓形基于特定制式螺纹牙型而设计，与切槽刀有一定的联系与区别。

本书基于数控车削刀具体系的分类，第 1 章介绍数控车削刀具基础，这样既可回顾车刀基础知识，又可在后续数控车削刀具学习时快速查阅相关术语、概念与定义和符号表达。在撰写过程中尽可能基于相关刀具国家标准展开介绍，缺少国家标准规范的刀具则基于其市场主流刀具制造商的刀具产品展开介绍，如切断与切槽车刀部分。第 2 ~ 5 章中，注重机夹刀具及其刀片的知识介绍以及应用注意事项的介绍。在数控车刀的表达上，注重数控车刀的特点及表述术语，如弱化车刀的几何角度，转而表述为刀片安装姿态角，将前角的作用融入断屑槽概念中；在刀片多样性表达上，引入几何拓扑变化的思想；在刀片定位与装夹上，引入榫卯结构的概念等，将传统刀具的表达推上新台阶。在刀具结构表达上，突破传统三视图表达复杂刀具困难的难题，基于 3D 立体方式表达复杂刀具结构的原理、组成与外观，紧跟时代的脉搏。书中典型刀具示例均是目前国内外著名数控刀具制造商的主力产品，刀具结构分析中用到的刀具均为实际生产应用的刀具，大部分刀具结构与表达方式是国内刀具相关图书中首次出现的，是作者多年紧跟国内外数控刀具技术发展研习的心得。为满足刀具实用性特点，各类刀具均摘录部分国内市场应用较为广泛的类型，列表表达其主要参数供读者参考。编著者写作本书旨在推动数控加工技术及加工刀具技术的普及与发展。

本书适合具有一定机械制造技术知识、刀具基础知识，立志从事数控加工及刀具知识学习与研究的读者，特别是从事数控车削刀具研究与应用的读者，包括数控车削刀具的研发和销售人员，数控车床使用者。

本书在编写过程中得到南昌航空大学科技处、教务处、航空制造工程学院、工程训练中心，以及江西洪都航空工业集团有限公司等单位的关心和支持，得到航空制造工程学院数控加工技术实验室和工程训练中心数控技术教学部等相关老师的指导和帮助，在此表示衷心的感谢！

本书虽经反复推敲与校对，但因时间仓促，加之编著者水平所限，书中难免存在不足和疏漏之处，敬请广大读者批评指正。

著　者

2022 年 6 月

目　录

第①章

数控车削刀具基础

1.1 引言

数控加工（Numerical Control Machining）是数控切削加工的简称，指在数控机床上进行金属切削加工的技术。数控车床是数控加工生产中应用广泛的数控机床之一。数控车削刀具简称数控车刀，是指配合数控车床进行切削加工所使用的刀具。

数控加工刀具简称数控刀具，是由数控加工技术的产生与发展而产生的。数控刀具一词源于刀具制造商，他们迎合数控刀具专业化与市场化的商业行为而提出。基于现代切削加工技术的主流是数控机床切削加工技术，有人将数控刀具称之为现代刀具，但现代刀具的定义有时域与空域的限制，故称为数控刀具更为准确。数控刀具经过多年的发展，已逐渐系统化与体系化，并逐渐被数控加工从业人员所接受。近年来，数控刀具技术不断创新发展，表现出较为活跃的发展势头。数控车削刀具作为数控加工刀具家族中的重要成员，自然也得到极为强劲的发展。

1.1.1 数控车削刀具概述

数控加工技术是传统加工技术一次革命性的变革，也是传统加工技术发展到今天的必然。但需注意，数控加工虽然被冠以现代制造之美誉，但其本质依然是金属切削加工，其切削原理与规律仍然与传统加工理论相仿，其刀具几何角度的定义并没有太多的变化，因此，要进入数控加工的学习与应用，没有传统切削加工基础是很难融汇贯通的。基于此原因，笔者有意建议年轻的数控加工技术从业者，不要将数控加工与传统加工割裂开来，在学习数控刀具时，不能忽视金属切削原理与刀具基础知识的学习。当然，学习数控刀具还必须注重相关数控加工技术知识的学习，掌握数控加工的原理与特点。

随着数控加工技术的发展，数控加工机床已得到广泛的普及与应用。不管是老企业的技术改造，还是新企业加工机床的选择，数控机床均是机床加工设备的首选。车削加工是金属切削加工的主要加工方法之一，自然数控车床在实际的数控机床加工设备中所占的比例也是不小的。

数控车床的加工离不开数控车削刀具，正所谓"工欲善其事，必先利其器"，要想做好数控车削加工，必须选择好数控车削刀具，要想选好数控车削刀具，必须掌握数控车削刀具知识，正是基于这种理念，笔者撰写了本书。

1.1.2 数控车削加工的特点

数控车削加工与传统车削加工相比有其自身特点，因此，数控车削刀具必须适应这些特点与要求。数控车削加工具有以下特点：

（1）自动化程度高　数控车床是由数控程序基于数控系统进行工作，其加工过程中切削参数设定与转换全自动化，包括刀具的选择与更换等大部分自动完成，因此，其加工效率极高。特别是数控车削加工中心以及车铣复合数控加工机床的加工效率更高。

（2）加工精度高　数控车床加工不仅在曲线轮廓仿形车削加工中的加工精度远高于普通车床加工，即使在普通车床加工工艺适应范围内，数控车床的加工精度仍然高于普通车床。数控车削加工由于加工过程中程序控制的特点，使其在加工质量的稳定性与加工精度的重复再现性等方面远高于普通车床加工。

（3）加工适应性强　数控车床加工过程中，刀具的运动轨迹主要受程序控制，因此，其不仅可用于批量生产替代传统的专用机床加工，还非常适用于单件、小批量生产和新产品试制。普通车床的靠模和成形车刀等专用曲面加工工装基本淘汰，数控加工过程的机床夹具与切削刀具普遍采用通用性较好的结构型式。

（4）适应高速加工新技术的要求　数控车床的控制技术与普通车床有一定的差异，如主轴运动控制以电气伺服控制为主，转速控制无级调速、平稳过渡，且调速范围更广；进给运动的联动控制技术使刀具的进给运动控制更为平稳和可控，切削厚度的控制变得更为方便与可靠。诸如此类差异，使数控车床能够更好地适应高速切削加工技术的运用，更大程度地提高生产效率。

（5）适应数控车削刀具的新需求　高加工精度和自动化加工程度，要求刀具寿命更长，综合成本更低等。这些新需求促使数控车削刀具逐渐发展成为机夹可转位刀具结构，且刀具结构参数标准化，刀头结构体系化，刀片材料以综合性价比较高的硬质合金材料为主体，配以刀片涂层技术的数控车削刀具新体系。

1.1.3 数控车削刀具的特点

数控刀具是伴随着数控加工技术的应用与发展而形成的现代金属切削加工刀具的新群体，其泛指所有应用于数控金属切削机床的加工刀具。数控刀具源于传统切削刀具，但又具有适用于数控切削加工的特性，随着数控加工技术的普及与推广，数控刀具已逐渐形成了研发、制造、销售、应用直至售后服务的完整产业链，数控刀具的概念已广泛出现并逐渐被业内所接受。

既然数控刀具的产生是迎合市场的需要，作为数控刀具家族中的重要成员——数控车削刀具（简称数控车刀）自然是数控刀具体系的重要组成部分，纵观国内外刀具制造商，数控车削刀具均是其产品体系中重要的组成部分。

1. 对数控车削刀具的要求

数控车削刀具必须满足数控加工的特点与需求，具体要求如下：

（1）高切削效率　高切削效率对提高生产效率，降低制造成本起着决定性作用，新型的刀具材料与涂层技术、专业化的加工刀片制造等是高切削效率的保证。

（2）高制造精度以及重复定位精度　高精度的刀具是高精度数控加工的基本保证，重复定位精度是有效减少对刀操作，减少和简化刀具补偿调整，提高加工效率的保证，专业化制造的数控刀具是提高刀具制造精度的有效途径，机夹可转位刀具结构是确保刀具重复定位精度的基础，现代数控车削加工必须摒弃传统车刀手工刃磨以及重复刃磨的习惯，要明确刀具所"增加"的直接成本相对于昂贵、高效的数控机床加工是微不足道的，连续切削使用时间的增加和辅助时间的减少使其综合成本仍然是更低的。

（3）高可靠性与较长的刀具寿命　延长刀具切削时间，缩短刀具调整与换刀时间，是自动化程度较高的数控车削加工需求。专业生产的通用刀片与刀体，机夹可转位刀具结构，使刀具的可靠性更好，寿命更长。

（4）适应复杂曲面加工的需求　数控车床刀具运动轨迹的自动化控制，使数控车削加工可更好地适应复杂曲面车削加工的需求。

（5）刀具涂层技术的广泛采用　刀具涂层是数控刀具重要的结构特征，已广泛应用于数控加工刀具中，当今的刀具涂层技术已由单层涂层逐渐发展为多层、多材质涂层结构。

（6）专业化的刀具制造体系　现在数控刀具生产基本由专业的刀具制造商完成，它们不仅在新型刀具的研发、制造上投入大量的人力、财力、物力，还具备良好的刀具销售与售后服务，并对新刀具推广起到积极的作用。

（7）刀具产品的"三化"　刀具产品的系列化，零部件的标准化和通用化，简称系列化、标准化与通用化。关于系列化，各刀具商几乎都将自己的刀具产品系列化，最大限度地满足用户的需求；关于标准化，常用刀片有国家标准组织生产（对标相应 ISO 标准），按标准生产的刀片可认为是标准刀片，但仍存在非标刀片，如数控车削刀具中的切断、切槽与螺纹刀片等仍处于无标准可循的状态。数控车削刀具中，目前仅外圆车刀与内孔车刀的型号编制有国家标准（对标相应 ISO 标准），在刀具商自身产品体系中，各类刀具附件等尽可能做到标准化与通用化。应该说，数控刀具的专业化生产对"三化"还是有所需求的。

综上所述，数控车削刀具有数控刀具的特点，可表述为"三高一专三化"（即高效率、高精度、高可靠性，专业化和系列化、标准化、通用化）。随着数控车床的不断发展，市场上的数控车刀将逐渐取代普通车刀，成为车削刀具的主流产品，并将由传统的自行设计、制造与刃磨逐渐过渡到市场选用、采购、使用与维护。

2. 数控车削刀具的结构特点

数控车削刀具的主要特征是满足数控车床加工的要求，其在刀具结构上必须满足数控车削加工高效率、自动化的要求，并具有专业化生产的特点。同时，专业化生产又根据加工几何特征的不同分类组织设计与生产，综合考虑用户需求与专业生产组织的要求。归纳起来，数控车削刀具的结构具有以下特点：

（1）以机夹可转位刀具结构为主流 机夹可转位刀具结构是数控车削刀具的主流结构，其刀片结构与形状充分考虑车削、铣削与孔加工刀片的兼容性；刀体与刀杆尽可能标准化，且可重复使用，这些特点均适用于刀具制造商的专业生产。反之，专业化生产又为数控刀具高制造精度、重复定位精度、可靠性和寿命等提供了保证。

（2）完整适用的数控车刀分类体系 考虑到数控车刀通用性结构的特点，现今的数控车削刀具均是按外圆车刀、内孔车刀、切断与切槽车刀和螺纹车刀四大类别组织生产，部分刀具制造商还会为特定的加工提供刀具，如小孔和微孔车刀等。

（3）刀具的结构相对复杂 数控车削刀具基本为机夹可转位结构，机夹特点要求车刀在较小的空间设置适当的刀片夹紧机构，而且必须可靠、刀片可转位且更换方便，这种结构复杂的生产唯有通过专业化生产才有可能做到高精度、低成本。作为可转位和更换的刀片，在刀体上的位置相对固定，但又要适应粗加工、半精加工和精加工以及不同材料的加工，仅仅依靠传统意义上的前角变化已不能较好地满足需要，现代的数控车削刀具刀片基本是通过不同的断屑槽来适应不同需求，且断屑槽的形态已发展为较复杂的三维立体结构。如此变化不能再使用手工刃磨。

（4）数控车削刀具必须具有较长的寿命 作为自动化加工的数控车床，延长刀具的寿命可极大限度地减少刀具调整与更换时间，因此较长的刀具寿命是保证高效率生产的基础。当然，在考虑刀具寿命的同时还必须综合考虑性价比。现如今，生产中的数控车削刀具切削部分的材料（即刀片的材料）普遍采用硬质合金材料，并广泛应用表面涂层技术。表面涂层技术也是刀具手工刃磨与重磨的障碍。为适应难加工材料与高速切削加工等的需要，刀具商适时地推出各种新型刀具材料，如 PCD、PCBN、陶瓷刀具材料等。

（5）通用性刀具成为主流刀具 数控车削加工是基于刀具运动轨迹的控制实现加工的，因此其刀具结构基本是通用性的刀具结构。同时，通用的刀具结构有利于专业化大批量生产，是降低加工成本的保证。现如今，由于性价比高，数控车削刀具不仅用于数控车床，并逐渐被普通车床加工所使用。

（6）数控车削刀具工具系统不断发展 数控刀具工具系统是数控机床上使用的各类数控刀具的集合，数控车削刀具工具系统是数控刀具工具系统的子集，是其组成部分之一，其发展不仅必须考虑数控车削刀具的结构，而更需要适应数控车床刀架的发展，就目前而言，多数控车床的刀架依然借用普通车床方截面刀杆的装刀方式，先进的数控车床开始使用标准的工具系统，如数控车床用到的 VDI 数控刀座（GB/T 19448.1 ~ 8—2004 等同采用 ISO 10889-1 ~ 8:1997 制定的国家标准），国外某些规模较大的刀具制造商还相继推出有自身技术特点的车刀数控工具系统，如肯纳金属公司（Kennametal）的 KM 接口和山特维克集团（Sandvik）的 Capto 接口，这些接口现已有标准可供参考。

总而言之，数控车削刀具的结构相对普通车削刀具的结构而言，其结构还是复杂多样的。多涉猎知名的刀具制造商资料与样本，多阅读相关的刀具标准，多观察数控车削加工中心与车铣复合加工机床的数控车削刀具装刀方式，多实践，多体会与思考是学习数控车削刀具的好方法。

1.1.4　数控车削刀具的学习方法

学习数控车削刀具知识的目的必须明确，一般情况下，学习数控车削刀具知识者是对此知识有需求的人员，如机械制造专业高年级学生、数控加工技术人员、数控车床的操作人员，以及数控加工刀具的推广与销售人员等。总之，有需求，才有学习的动力，才能学好数控刀具。

1. 基础知识与学习

（1）刀具专业基础知识　使用数控车削刀具的人员一般必须具备机械制造技术的基础知识，如切削加工基本原理、加工机理、切削加工与刀具的基本术语等。本章仅介绍部分与数控车刀相关的基础知识，以及本书后续章节使用到的相关专业知识。

（2）数控加工技术知识　数控刀具是为数控加工而设计的，掌握数控加工技术知识对了解数控刀具与传统刀具的差异性、理解与选用数控刀具有所帮助。基于本书主要研习数控车刀的特点，因此读者必须了解数控车床工作原理、数控车削编程知识等，具体可参阅书后相关参考文献。

（3）刀具材料知识　了解刀具材料知识对选择与使用数控刀具有所帮助。限于篇幅，本书介绍较为简单，如有需要，可参阅书后参考文献。

2. 专业知识的学习与提高

（1）刀具专业知识的提高　在基础知识学习时，切削加工原理与刀具的学习一般以外圆车削加工及其外圆车刀介绍为主，实际中要灵活运用，如将基础知识拓展到内孔车刀、切断与切槽车刀和螺纹车刀等刀具上。另外，要能够运用金属切削机理（金属切削变形规律）分析与解决数控加工现场遇到的问题。除此之外，在实际工作中，尽可能按照专业标准表述其车削加工与切削刀具的术语，如按 GB/T 12204—2010《金属切削　基本术语》等表述切削加工基本术语，当然实际车削中用到的其他专业术语也应尽可能按相关标准表述。

（2）切削用量的表述与选用　在刀具基础知识的学习阶段，切削用量的学习基本以外圆车削加工为例介绍。这些知识要能够拓展到外圆车削加工之外的端面车削、内孔车削、切断与切槽和螺纹车削加工刀具等加工工艺中表述。除了掌握各种加工工艺方法切削参数的定义外，切削用量的选择也是实际加工中回避不了的问题，必须掌握并能够根据加工现场情况进行调整。

（3）多收集与掌握数控车削刀具相关的国家标准　参考文献［1，2］中收集并简要介绍了大量与数控刀具相关的国家标准，可供学习参考。

（4）多收集数控车削刀具相关的刀具制造商资料及样本　特别是正在使用的刀具制造商信息，从其刀具样本中学习与理解数控车削刀具的应用知识。注意了解当地刀具代理商的信息。

（5）注意从生产中学习与提高　对于学习到一定阶段后，要逐渐跳出过去获取知识的方法，逐渐掌握自行学习与提高的模式。如多在实际加工中观察他人选择的刀具及其切削用量，若自己来处理，是否有差异，分析各自的优缺点。对于自己选择的刀具及其切削用量，必须深入现场，观察是否有改进与提高的地方。

1.2　数控车削基础

1.2.1　数控车削加工运动、切削用量与切削层参数

数控车削加工运动、切削用量与切削层参数等均是车削加工的基本概念，这些概念及其符号表示可参阅 GB/T 12204—2010《金属切削　基本术语》。

1. 车削加工运动

以图 1-1 所示的外圆车削为例，工件的旋转运动（主运动）和刀具的进给运动共同作用完成了外圆表面的车削加工。其基本的切削运动按其作用不同可分为以下两种：

（1）主运动　主运动是指使工件与刀具产生相对运动以进行切削最基本的运动。主运动的速度最高，功率消耗最大，在切削加工过程中通常只有一个。数控车削加工中主运动参数的表述有转速 n（r/s 或 r/min）或线速度 v_c（m/s 或 m/min）。

（2）进给运动　进给运动是指使主运动能够连续切除工件上多余的材料，以便形成工件表面所需的运动。进给运动的速度较低，功耗远小于主运动，加工过程中可能不止一个（如仿

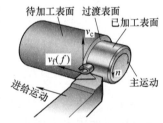

图 1-1　外圆车削示意图

形车削加工）。数控车削可以方便地控制单进给轴运动和两轴联动运动，实现直线、斜线或曲线运动。数控车削进给运动参数的表述有以主轴运动转速为参照的转进给 f（mm/r）和以时间为参照的分进给 v_f（mm/min）。

车削过程中，工件上通常存在三个动态变化的工件表面：

（1）已加工表面　已加工表面是指刀具切削后在工件上形成的新表面。它会随着切削的进行逐渐扩大。

（2）待加工表面　待加工表面是指工件上有待切除材料层的表面。加工过程中它会逐渐减小，直至全部切除消失。

（3）过渡表面　过渡表面是指切削刃正切削的表面，是已加工表面与待加工表面之间的过渡表面，加工过程中它会不断变化。

图 1-2 中列举了部分数控车削加工方式，读者可依据上述定义分析各加工方式中工件与刀具的运动，以及加工过程中的三个表面位置。

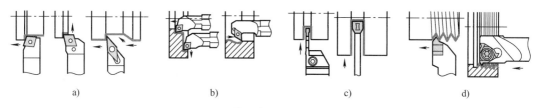

图 1-2　数控车削加工方式示例

a）外圆、端面和仿形车　b）内孔、底面和反车　c）车槽与切断　d）外螺纹、内螺纹车削

2. 切削用量

切削用量是指切削速度、进给量和背吃刀量三个加工参数的总称，所以又称切削用量三要素，如图 1-3 所示。

（1）切削速度 v_c　切削速度是指切削加工时，切削刃上选定点相对应主运动的瞬时速度，单位为 m/s 或 m/min。

$$v_c = \frac{\pi d n}{1000}$$

式中　d——完成主运动的刀具或工件的最大直径，单位为

mm；

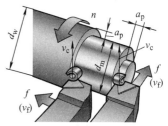

图 1-3　切削用量三要素

n——主运动的转速，单位为 r/s 或 r/min。

（2）进给量 f　进给量是指工件或刀具的主运动旋转一圈，工件与刀具两者在进给运动方向上的相对移动距离，单位为 mm/r。

数控车削加工多用进给量 f 表示，也可用进给速度 v_f 来表示。所谓进给速度是指切削刃上选定点相对于工件进给运动方向的移动速度，单位为 mm/s 或 mm/min。进给速度与进给量的关系为

$$v_f = n f$$

（3）背吃刀量 a_p　背吃刀量是指已加工表面与待加工表面间的垂直距离，单位为 mm。外圆车削加工的背吃刀量为

$$a_p = \frac{d_w - d_m}{2}$$

式中　d_w——工件上待加工表面的直径，单位为 mm；

d_m——工件上已加工表面的直径，单位为 mm。

切削用量定义说明如下：

1）计算切削速度的切削刃上选定点一般选择在工作条件最为恶劣处，如外圆车削多选在最大直径处。另外，刀尖点也是计算速度常见的选定点。数控车床中可用不同的编程

指令指定车削加工中的进给速度为转速 n（恒转速）和切削速度 v_c（恒线速度）。

2）切削速度实际上是主运动速度的精准描述参数，传统的普通车床由于主轴运动控制的限制而以主轴转速表述为主运动速度。而数控车床则可表述车削加工的主运动转速或切削速度，其有相应的恒转速控制和恒线速度控制指令可将主运动参数表述为 n 或 v_c。

3）数控车削加工可方便地实现多轴联动加工，数控指令指定的进给速度为刀具当前点运动轨迹的线速度，即多轴进给运动的合成进给速度 v_f，合成速度与各轴进给速度的关系为

$$v_f = \sqrt{v_x + v_z}$$

式中　v_x、v_z——X、Z 轴对应的进给运动速度。

4）在某些场合可使用切削深度来表示背吃刀量 a_p，这一点在 GB 12204—2010 中也有所表述。

5）螺纹车削加工时，进给速度只能用螺纹的导程表述，且有相关的螺纹加工指令。

3. 其他车削加工方式切削用量的表述

切削用量的定义是固定的，现有资料中主要针对外圆车削表述，其他车削加工方式切削用量三要素如图 1-4 所示。

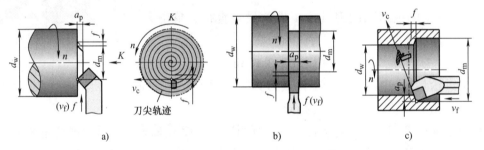

图 1-4　其他车削方式切削用量三要素

a）端面车削　b）切槽与切断　c）内孔车削

（1）端面车削加工　如图 1-4a 所示，刀具上刀尖点沿工件端面径向移动，完成端面车削加工，在进给速度和工件转速恒定的条件下，刀尖点的运动轨迹为阿基米德螺线。进给量 f 为工件旋转一圈刀具径向移动的距离，背吃刀量 a_p 度量方向为轴线方向切除材料的深度，加工过程中，已加工表面的直径 d_m 逐渐减小，直至为零。在车削端面时，随着刀具向工件中心移动，切削速度 v_c 逐渐减小，车削端面的表面粗糙度值将会增加。另外注意，刀尖过工件中心时，切削力的方向反向，刀片承受拉应力，很容易出现刀尖崩刃现象。计算切削速度时，切削刃的选定点多为与已加工表面接触的刀尖点。

（2）切槽与切断加工　如图 1-4b 所示为主偏角为零的切槽与切断加工，切槽与切断加工的差异是刀具是否切削至工件中心，两者刀具运动轨迹基本相同，均为阿基米德螺线，其背吃刀量 a_p 固定为刀具切削刃宽度，无法调节与控制。切槽加工时，若工件切至

槽底立即退回，则槽底面是阿基米德螺旋面，显然不符合常规槽底为圆柱面的要求，因此，切削至槽底时一般要有一个进给暂停的动作，确保工件旋转一圈以上，这可通过数控加工的暂停指令实现。切断加工时，由于径向切削力的挤压以及工件旋转的离心力作用，一般刀具未切至工件中心，工件就已经切断分离，因此，若后续还有精车端面工序时，刀具一般不需移动至工件中心。另外，切断加工中刀具逐渐接近工件中心，工作后角 α_{oe} 变小，甚至出现负的工作后角，有可能产生崩刃，因此，刀具接近工件中心时，建议适当降低进给速度，这在数控车床上是比较容易实现的。

（3）内孔车削加工　如图 1-4c 所示，其切削用量的描述与外圆车削类似，仅仅是工件已加工表面与待加工表面的直径不同。但内孔车削加工需思考的问题与外圆车削加工存在差异，如刀杆刚性、切削液供给和排屑问题等，关于这些问题后续会进一步讨论。计算切削速度时，切削刃的选定点多为直径最大的已加工表面直径 d_m。

（4）螺纹车削加工　如图 1-2d 所示，螺纹车削加工与外圆、内孔车削类似，其差异主要表现在：①进给速度 f 恒等于所加工螺纹的导程；②螺纹车削属于成形车削，其背吃刀量不等于切削层的法向厚度，而是等于相邻两刀之间的半径差；③由于螺纹车削为成形车削，因此必须切削多刀，为保证切削力尽可能恒定，其背吃刀量是逐刀减小的，当然对最小值是有限制的。

4. 切削层参数

在车削加工切削层一个走刀中，从工件待加工表面上切下的工件材料层称为切削层。通过切削刃基点（通常取切削刃中点）并垂直于该点主运动方向的平面称为切削层尺寸平面，该平面内切削层截面的几何参数称为切削层参数，包括切削面积、切削宽度和切削厚度三个参数。切削层参数的大小决定了刀具切削部分所受切削力的大小和材料切除率的大小。这里以外圆车削加工为例阐述切削层参数。图 1-5 所示为外圆车削加工切削层参数示意图。

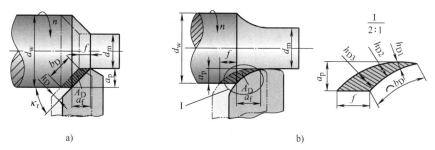

图 1-5　外圆车削加工切削层参数示意图
a）直线切削刃　b）曲线切削刃

（1）切削面积 A_D　切削面积是切削层公称横截面积的简称，指切削层尺寸平面中实际横截面积。切削面积不包括残留面积，即实际的切削面积。

（2）切削宽度 b_D　切削宽度是切削层公称宽度的简称，指切削层尺寸平面中度量的主切削刃截形上两个极限点之间的距离，如图 1-5a 所示。

（3）切削厚度 h_D　切削厚度是切削层公称厚度的简称，指切削层参数度量同一时刻切削面积 A_D 与切削宽度 b_D 的比值。

说明：

1）对于直线切削刃（图 1-5a），切削厚度是恒定值，切削面积 A_D、切削宽度 b_D、切削厚度 h_D 与主偏角 κ_r 之间的关系如下：

$$b_D = \frac{a_p}{\sin \kappa_r}$$

$$h_D = f \sin \kappa_r$$

$$A_D = h_D b_D = f a_p$$

2）对于曲线切削刃（图 1-5b），切削厚度是一个变化值。其可引入一个平均切削厚度 h_{Dav}，表示其切削面积与曲线切削刃弧长的比值。

3）图 1-5 中出现的进给吃刀量 a_f 表示切削刃基点在进给方向上度量的吃刀量。

1.2.2　数控车削刀具结构组成与几何角度

1. 刀具结构概述

图 1-6 所示为典型外圆车刀示意图，刀具结构包括刀体（又称刀柄）和切削部分两大部分，刀柄是刀具的装夹部分，各种刀具几何结构略有差异；切削部分是刀具中起切削作用的部分，其基本构成可归纳为"三面、两刃、一尖"，即前面 A_γ、主后面 A_α、副后面 A'_α、主切削刃 S、副切削刃 S'、刀尖（理论刀尖），如图 1-6a 所示。切削部分还可以细分拓展，如图 1-6b 所示。刀具专业术语详解可参见 GB/T 12204—2010。

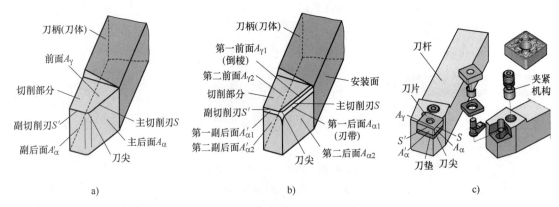

图 1-6　典型外圆车刀示意图

a）基本组成　b）结构组成拓展　c）机夹可转位不重磨外圆车刀的结构组成

图 1-6c 所示为数控加工广泛使用的机夹可转位不重磨外圆车刀的结构组成，其同样

可分为刀杆（即刀柄）与切削部分两大部分，其中，切削部分以机夹可转位不重磨的刀片为主体，通过机械夹紧机构固定在刀杆上，刀杆从夹持的刀柄部分一直延伸至刀片底部的刀片支承部分（又称刀片托），"三面、两刃、一尖"全部体现在刀片上，刀片夹紧机构有多种不同型式。

2. 切削部分的结构组成

（1）切削部分的基本组成　切削部分的组成如图 1-6a 所示。

1）前面 A_γ，是刀具上切屑流过的表面。

2）主后面 A_α，是刀具上与过渡表面相对的表面。

3）副后面 A'_α，是刀具上与已加工表面相对的表面。

4）主切削刃 S，指前面与主后面相交的边线，是切削过程中去除金属的主要部分。

5）副切削刃 S'，指前面与副后面相交的边线，是切削过程中协同主切削刃去除金属并形成已加工表面。

6）刀尖理论上是主、副切削刃的交点，实际中常表现为主、副切削刃相交处的过渡部分切削刃——过渡刃。

（2）切削部分结构组成的扩展　切削部分结构组成的扩展如图 1-6b 所示。

1）刀尖的扩展。实际的刀尖一般均制作为过渡刃，可做成圆弧或直线形，如图 1-7 所示。

2）前面的扩展。若在前面靠近切削刃处磨出倒棱，则前面可细分为：第一前面 $A_{\gamma1}$（倒棱）和第二前面 $A_{\gamma2}$。倒棱可以是直线或圆弧，如图 1-8 所示，其中负倒棱（$\gamma_{o1} < 0$）实际中应用广泛。注意倒棱的宽度 $b_{\gamma1}$ 小于进给量，所以其不改变切屑的流向，但可增加切削刃强度。

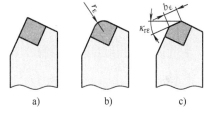

图 1-7　刀尖的结构——过渡刃

a）理想刀尖　b）圆弧过渡刃　c）直线过渡刃

r_ε—刀尖圆弧半径　b_ε—倒角刀尖长度　$\kappa_{r\varepsilon}$—直线过渡刃的主偏角

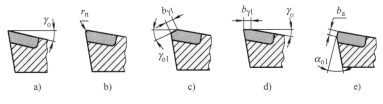

图 1-8　倒棱的结构

a）锋刃（未修磨）　b）圆弧倒棱　c）刃口负倒棱　d）刃口平切削刃　e）负后角倒棱

γ_o—前角　r_n—法前角　$b_{\gamma1}$—第一倒棱面宽度　b_a—刃带的宽度　α_{o1}—第一后面的后角

3）后面的扩展。若在后面上磨出刃带，则后面可细分为：第一后面 $A_{\alpha1}$（刃带）和第二后面 $A_{\alpha2}$。刃带是后面上刃磨出的一小段后角为零度的表面，钻头和铣刀上应用较多。

（3）前面断屑槽　切削加工时，切屑的卷曲与断屑是车削加工非常关注的问题之一，虽然刀具几何角度、切削用量的选择等因素对切屑卷曲与断屑有所影响，但在前面制作出断屑槽是刀具结构控制切削断屑的主要方法。传统车刀多称为卷屑槽，而数控加工刀片多称为断屑槽，两者的实质均是控制切屑的卷曲和断屑。断屑槽与卷屑槽称呼仅是从切屑形态控制的角度而言，其实质均是切屑形态的控制，作用无本质的差异。

传统车削刀具由于多为操作者手工刃磨，卷屑槽较为简单，如图1-9所示。它是兼顾前角与卷屑的基本形卷屑槽，在传统加工中较为常见，也是认识与学习卷屑槽的基础。

直线圆弧形和直线形卷屑槽适合于碳素钢、合金钢、工具钢等加工，可控制前角 γ_o 与断屑槽宽度 B，并兼顾切削刃强度，仅前者刃磨稍复杂；对于前角较大的高塑性材料加工（如纯铜等），宜采用全圆弧形卷屑槽，其可有效增大切削刃强度。

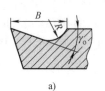

图1-9　基本形卷屑槽断面

a）直线圆弧形　b）直线形　c）全圆弧形

卷屑槽宽度 B 的选择与进给量 f 与背吃刀量 a_p 有关。进给量 f 大，则卷屑槽宽度 B 应增大；背吃刀量 a_p 大，则卷屑槽宽度 B 也应增大。合理的卷屑槽形状与参数必须能确保切屑卷曲成螺旋形等形式或碰撞折断成弧形（又称 C 形），不允许出现切屑堵塞和憋屑等出屑不畅的情况。

数控车削刀具的断屑槽直接制作在硬质合金刀片的前面上，如图1-6c右上角所示。数控车刀的刀片多为专业厂生产，其不仅要直接考虑切屑的卷曲与断屑，还要考虑不同场合刀片的安装姿态，因此同一形状与规格的刀片，刀具商提供了较多种类的断屑槽型。基于不重磨的设计思路且硬质合金多为模压成型，因此数控车削刀片断屑槽的槽型多为3D形状，最大限度地满足了切削刃不同部分的断屑。图1-10所示为机夹式可转位刀片断屑槽示例，可见其断面为多线段折线。事实上，刀尖和刃口各部分的刃口断面参数略有差异，这种断屑槽是不能刃磨的。当读者学完机夹刀片断屑槽的知识，便能更深刻地理解可转位不重磨中不重磨的意义。

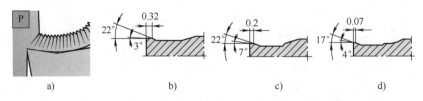

图1-10　机夹式可转位刀片断屑槽示例

a）刀片切削示意图　b）粗加工　c）半精加工　d）精加工

即使是断屑槽，也必须在一定的切削条件下才能可靠断屑，刀具商在提供断屑槽型时常常还会提供一种对应的所谓断屑多边形图，用来描述进给量和背吃刀量对断屑的影响，如图1-11所示。

3. 刀具静止参考系与参考平面

刀具参考系是确定刀具切削部分
几何形体特征的基准坐标系，其一般
由一组相互位置确定且便于度量刀具
几何角度或便于描述切削加工特性的
参考平面构成。刀具参考系一般分为
两类：静止参考系和工作参考系。静
止参考系是用于定义刀具设计、制

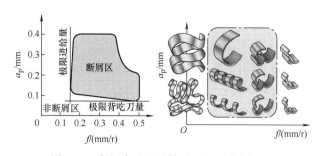

图 1-11 断屑多边形及其对应切屑形态图解

造、刃磨和测量时几何参数的坐标系，故其又称为标注参考系；而工作参考系是规定刀具
切削加工时几何参数的参考系，考虑了切削运动和实际安装情况对刀具几何参数的影响。

刀具静止参考系主要有三种：正交平面参考系、法平面参考系和假定工作平面与背平
面参考系，如图 1-12 所示。

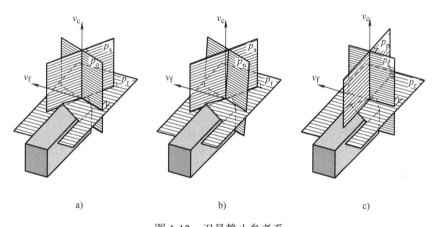

图 1-12 刀具静止参考系
a）正交平面参考系　b）法平面参考系　c）假定工作平面与背平面参考系

描述刀具静止参考系涉及的参考平面如下。

1）基面 p_r：通过切削刃选定点并垂直于该点假定主运动 v_c 方向的平面。该平面平行
或垂直于刀具在制造、刃磨及测量时适合于安装或定位的一个平面或轴线。方刀杆车刀的
基面与刀柄安装面平行。

2）切削平面 p_s：通过切削刃选定点与切削刃相切并垂直于基面 p_r 的平面。当切削刃
为直线刃时，过切削刃选定点的切削平面即是包含切削刃并垂直于基面的平面；当切削刃
为曲线刃时，则是包含过切削刃选定点的切线。对应主切削刃和副切削刃有相应的主切削
平面 p_s 和副切削平面 p_s'，主切削平面即切削平面。

3）正交平面 p_o：通过切削刃选定点，同时垂直于基面 p_r 和切削平面 p_s 的平面。正交
平面垂直于切削刃在基面上的投影。

通过切削刃上同一选定点的基面 p_r、切削平面 p_s 和正交平面 p_o 构成的静止参考系称

为正交平面参考系，如图 1-12a 所示，其相互之间互为正交。

4）法平面 p_n：通过切削刃选定点，垂直于主切削刃的平面。

通过切削刃上同一选定点的基面 p_r、切削平面 p_s 和法平面 p_n 构成的静止参考系称为法平面参考系，如图 1-12b 所示。

5）假定工作平面 p_f：通过切削刃选定点，垂直于基面 p_r 且平行于假定进给运动方向 v_f 的平面。该平面平行或垂直于刀具在制造、刃磨及测量时适于安装或定位的一个平面或轴线。方刀杆车刀的假定工作平面垂直于安装平面。

6）背平面 p_p：通过切削刃选定点，同时垂直于基面 p_r 和假定工作平面 p_f 的平面。

通过切削刃上同一选定点的基面 p_r、假定工作平面 p_f 和背平面 p_p 构成的静止参考系称为假定工作平面与背平面参考系，如图 1-12c 所示。

4.刀具切削部分的主要几何参数

刀具切削部分的几何参数是在刀具静止参考系中确定的参数，图 1-13 所示为典型外圆车刀切削部分的前、后面和主、副切削刃空间位置的参数以及基于这些切削加工需要描述的几何参数，其主要是各种几何角度与刀面或切削刃的形状等。

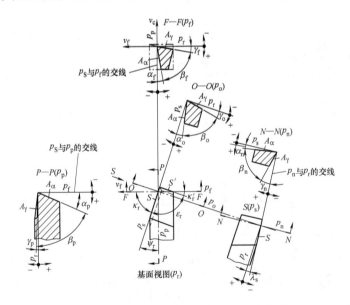

图 1-13　典型外圆车刀切削部分的几何参数

（1）基面 p_r 中测量的角度

1）主偏角 κ_r：在基面 p_r 中度量的，主切削平面 p_s 与假定工作平面 p_f 间的夹角。

2）副偏角 κ_r'：在基面 p_r 中度量的，副切削平面 p_s' 与假定工作平面 p_f 间的夹角。

3）余偏角 ψ_r：在基面 p_r 中度量的，主切削平面 p_s 与背平面 p_p 间的夹角。

4）刀尖 ε_r：在基面 p_r 中度量的，主切削平面 p_s 与副切削平面 p_s' 间的夹角。它是一个派生角度，与主偏角 κ_r 和副偏角 κ_r' 的关系为：$\varepsilon_r = 180° - (\kappa_r + \kappa_r')$。

（2）正交平面 p_o 中测量的角度　在图 1-13 中的 $O—O$ 剖面中，注意角度正、负的判断。

1）前角 γ_o：在正交平面 p_o 中度量的，前面 A_γ 与基面 p_r 间的夹角。当前面与切削平面夹角小于 90° 时，前角为正值；大于 90° 时，前角为负值。

2）后角 α_o：在正交平面 p_o 中度量的，后面 A_α 与切削平面 p_s 间的夹角。当后面与基面夹角小于 90° 时，后角为正值；大于 90° 时，后角为负值。实际切削时，一般不允许出现负后角。

3）楔角 β_o：在正交平面 p_o 中度量的，前面 A_γ 与后面 A_α 间的夹角。它是一个派生角度，与前角 γ_o 和后角 α_o 的关系为：$\beta_o = 90° - (\gamma_o + \alpha_o)$。

（3）切削平面 p_s 中测量的角度　在图 1-13 中的 S 向视图中，刃倾角 λ_s 是切削平面 p_s 中度量的主切削刃 S 与基面 p_r 间的夹角。注意它用 S 向视图进行表达。当刀尖相对安装面处于最高点时，刃倾角为正值；反之，刃倾角为负值；当刃倾角为 0° 时，切削刃在基面内。

依据以上定义，可以给出副切削刃上的副前角 γ_o'、副后角 α_o' 和副刃倾角 λ_s' 的定义，读者可自行分析，图 1-13 中未标示出。

在上述角度中，前角 γ_o 和刃倾角 λ_s 确定前面 A_γ 的方位，主偏角 κ_r 和后角 α_o 确定主后面 A_α 的方位，此时，主切削刃 S 的方位也就确定了，主切削刃 S 的方位也可认为是由主偏角 κ_r 和刃倾角 λ_s 确定。由此可见，主切削刃及其前面和主后面在空间的方位只用四个基本角度 γ_o、α_o、κ_r 和 λ_s 就能完全确定。同理，用副前角 γ_o'、副后角 α_o'、副偏角 κ_r' 和副刃倾角 λ_s'，可完全确定副切削刃 S' 及其对应的前面 A_γ 和副后面 A_α' 在空间的方位。主切削刃 S 和副切削刃 S' 共处在前面 A_γ 中，其交点便是刀尖。由于前面 A_γ 是共用的，因此，副前角 γ_o' 和副刃倾角 λ_s' 是可以计算出来的，即属于派生角度。因此，外圆车刀切削部分的空间几何结构仅需前角 γ_o、后角 α_o、主偏角 κ_r、副偏角 κ_r'、刃倾角 λ_s 以及副后角 α_o' 这六个参数即可确定。

以上前角 γ_o 和刃倾角 λ_s 允许出现负角，图 1-13 中正、负角度的判断已有表示，其规律是，以安装面为基准，刀尖位置最高时为正角度，刀尖位置最低时则为负角度，如图 1-13 中的刃倾角即为负值。

（4）法平面 p_n 中测量的角度　在图 1-13 中的 N—N 剖面中，有法前角 γ_n、法后角 α_n 和法楔角 β_n。当 $\lambda_s = 0°$ 时，法平面与正交平面重合；当 $\lambda_s \neq 0°$ 时，法平面与正交平面相夹 λ_s 角。

1）法前角 γ_n：在法平面 p_n 中度量的，前面 A_γ 与基面 p_r 间的夹角，有正、负之分。

2）法后角 α_n：在法平面 p_n 中度量的，后面 A_α 与切削平面 p_s 间的夹角，有正、负之分。

3）法楔角 β_n：在法平面 p_n 中度量的，前面 A_γ 与后面 A_α 间的夹角。它是一个派生角度，与法前角 γ_n 和法后角 α_n 的关系为：$\beta_n = 90° - (\gamma_n + \alpha_n)$。

（5）在假定工作平面 p_f 和背平面 p_p 中测量的角度　在图 1-13 中的 F—F 剖面和 P—P 剖面中，在假定工作平面 p_f 中测量的前角和后角分别称为侧前角 γ_f 和侧后角 α_f，在背平面 p_p 中测量的前角和后角分别称为背前角 γ_p 和背后角 α_p。这两个刀具角度在机械刃磨刀具以及分析讨论切削问题等场合常用，同时，在机夹式数控车刀中常常用于描述机夹刀片安装姿态的角度，它可用于刀杆上刀片安装槽的数控加工编程计算。

依照以上思路，可定义出假定工作平面 p_f 和背平面 p_p 中测量的角度。

1）侧前角 γ_f：在假定工作平面 p_f 中度量的，前面 A_γ 与基面 p_r 间的夹角，有正、负之分。

2）侧后角 α_f：在假定工作平面 p_f 中度量的，后面 A_α 与切削平面 p_s 间的夹角，有正、负之分。

3）侧楔角 β_f：在假定工作平面 p_f 中度量的，前面 A_γ 与后面 A_α 间的夹角，$\beta_f = 90° - (\gamma_f + \alpha_f)$。

4）背前角 γ_p：在背平面 p_p 中度量的，前面 A_γ 与基面 p_r 间的夹角，有正、负之分。

5）背后角 α_p：在背平面 p_p 中度量的，后面 A_α 与切削平面 p_s 间的夹角，有正、负之分。

6）背楔角 β_p：在背平面 p_p 中度量的，前面 A_γ 与后面 A_α 间的夹角，$\beta_p = 90° - (\gamma_p + \alpha_p)$。

5. 典型车刀的几何角度分析

前述刀具几何角度是基于外圆车刀为例进行表述的，读者应能将这些角度定义扩展至其他类型的车刀上。下面列举了几例车削刀具，以图解形式显示了其刀具几何角度，读者可依据前述刀具角度定义结合各图阅读理解。

图 1-14 所示为主偏角 90° 的外圆车刀几何角度。图 1-15 所示为主偏角 45° 的端面车刀标注角度，注意该刀具若用于外圆车削时，刀具角度和刀尖等将发生变化。图 1-16 所示为切断与切槽车刀的标注角度。图 1-17 所示为内圆车刀的标注角度。

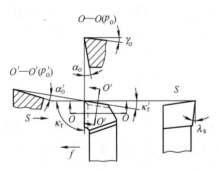
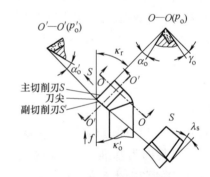

图 1-14　主偏角 90° 的外圆车刀标注角度　　图 1-15　主偏角 45° 的端面车刀标注角度

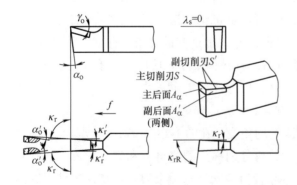
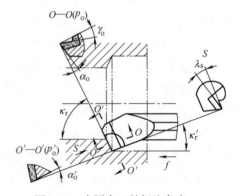

图 1-16　切断与切槽车刀的标注角度　　图 1-17　内圆车刀的标注角度

1.2.3 数控车削刀具工作角度及其变化规律分析

1. 刀具工作参考系与工作角度

前面讨论的刀具静止参考系及其标注角度均是假定刀具处于理想安装位置，且不考虑刀具进给运动等对刀具角度的影响。实际中刀具的安装可能偏离理想安装位置（即存在刀具安装误差），且进给运动速度较大时，其主运动速度的实际切削速度（瞬时速度）是假定主运动速度 v_c 与进给运动速度 v_f 的合成，即合成切削速度 v_e，图 1-18 所示为外圆车削时的合成切削速度变化示意图。若按照前述静止参考系中的基面是垂直于主运动速度的定义，则垂直于合成速度的工作基面应该是垂直合成切削速度 v_e，其结果是造成了工作平面 p_{fe} 中实际的工作侧前角 γ_{fe} 增大和工作侧后角 α_{fe} 减小。实际中，工作角度的变化还受到刀具安装等因素的影响。

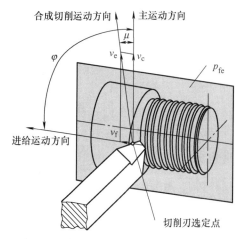

图 1-18 外圆车削时的合成切削速度变化

为了便于工作角度的讨论，一般要求规范参考系（即工作参考系），工作参考系的定义与静止参考系基本相同，其符号一般是在静止参考系相应符号的基础上增加一个下角标"e"，限于篇幅，这里仅给出主要工作参考系的定义和主要工作角度，详细的解释与说明可参考 GB/T 12204—2010。

刀具工作参考系及其工作角度的定义如下。

（1）工作参考系　工作参考系是规定刀具进行切削加工时几何参数的参考系。

1）工作基面 p_{re}：通过切削刃选定点并垂直于该点合成切削运动 v_e 方向的平面。

2）工作切削平面 p_{se}：通过切削刃选定点与切削刃相切并垂直于工作基面 p_{re} 的平面。该平面根据切削刃的不同有主工作切削平面 p_{se} 和副工作切削平面 p'_{se}。

3）工作正交平面 p_{oe}：通过切削刃选定点，同时垂直于工作基面 p_{re} 和工作切削平面 p_{se} 的平面。

4）工作法平面 p_{ne}：通过切削刃选定点，垂直于主切削刃的平面，其与静止参考系中的法平面 p_n 重合。

5）工作平面 p_{fe}：通过切削刃选定点，同时包含合成运动速度 v_e 和进给运动速度 v_f 的平面，该平面垂直于工作基面 p_{re}。

6）工作背平面 p_{pe}：通过切削刃选定点，同时垂直于工作基面 p_{re} 和工作平面 p_{fe} 的平面。

以上工作平面可以构建出相应的正交工作平面参考系、工作法平面参考系、工作背平面参考系和工作平面工作参考系。

（2）工作角度　工作角度是刀具切削加工时的实际几何角度参数。

1）工作主偏角 κ_{re}：在工作基面 p_{re} 中度量的，主工作切削平面 p_{se} 与工作平面 p_{fe} 间的夹角。

2）工作副偏角 κ'_{re}：在工作基面 p_{re} 中度量的，副工作切削平面 p'_{se} 与工作平面 p_{fe} 间的夹角。

3）工作前角 γ_{oe}：在工作正交平面 p_{oe} 中度量的，前面 A_γ 与工作基面 p_{re} 间的夹角。

4）工作后角 α_{oe}：在工作正交平面 p_{oe} 中度量的，后面 A_α 与工作切削平面 p_{se} 间的夹角。

5）工作刃倾角 λ_{se}：在工作切削平面 p_{se} 中度量的，工作切削刃与工作基面 p_{re} 间的夹角。

6）工作侧前角 γ_{fe}：在工作平面 p_{fe} 中度量的，前面 A_γ 与工作基面 p_{re} 间的夹角。

7）工作侧后角 α_{fe}：在工作平面 p_{fe} 中度量的，后面 A_α 与工作主切削平面 p_{se} 间的夹角。

8）工作背前角 γ_{pe}：在工作背平面 p_{pe} 中度量的，前面 A_γ 与工作基面 p_{re} 间的夹角。

9）工作背后角 α_{pe}：在工作背平面 p_{pe} 中度量的，后面 A_α 与主工作切削平面 p_{se} 间的夹角。

2. 工作角度变化规律的分析

（1）工作角度变化分析　实际生产中的车削刀具均是基于静止参考系设计制造的，而实际车削加工时必然存在工作参考系与工作角度，那么是否每次车削加工时均必须考虑工作角度变化对其加工过程的影响呢？显然不是，这里通过两个加工示例分析图 1-18 所示工作平面 p_{fe} 中的工作角度变化。

示例 1：外圆车削加工，假设工件直径 $d=20mm$，主运动转速 $n=1000r/min$，进给量 $f=0.1mm/r$。

主运动切削速度　$v_c = \dfrac{\pi dn}{1000} = \dfrac{3.14 \times 20 \times 1000}{1000} m/min = 62.8m/min$

进给运动速度　$v_f = nf = 1000 \times 0.1mm/min = 100mm/min = 0.1m/min$

工作角度变化　$\mu = \arctan\left(\dfrac{v_f}{v_c}\right) = \arctan\left(\dfrac{0.1}{62.8}\right) = 0.091°$

示例 2：外螺纹车削加工，假设螺纹公称直径为 M20，查表可知其螺距 $P=2.5mm$。工件直径 $d=20mm$，主运动转速 $n=300r/min$，进给量 $f=P=2.5mm/r$。

主运动切削速度　$v_c = \dfrac{\pi dn}{1000} = \dfrac{3.14 \times 20 \times 300}{1000} m/min = 18.84m/min$

进给运动速度　$v_f = nf = 300 \times 2.5mm/min = 750mm/min = 0.75m/min$

工作角度变化　$\mu = \arctan\left(\dfrac{v_f}{v_c}\right) = \arctan\left(\dfrac{0.75}{18.84}\right) = 2.28°$

说明：以上计算仅仅为了对照示例比较，熟悉螺纹车削原理的人都知道，螺纹车削时刀具的轨迹就是螺旋线的轨迹，其工作角度变化 μ 就是相应螺旋线的螺旋升角，其对应的计算公式为

$$\mu = \arctan\left(\frac{P}{\pi d}\right) = \arctan\left(\frac{2.5}{3.14 \times 20}\right) = 2.28°$$

分析：由以上计算可知，对于外圆车削而言，由于进给量较小，工作角度变化较小，可以忽略。而对于相似的外螺纹车削而言，由于进给量较大，工作角度变化较大，对工作角度影响较大。以工作平面内的前、后角变化为例，车刀左侧切削刃的工作侧前角 γ_{fe} 增大了 μ，工作侧后角减小了 μ，右侧切削刃的变化刚好相反。螺纹车削时影响工作角度变化 μ 的因素有螺纹公称直径，螺纹线数以及螺纹牙型等，如梯形螺纹的 μ 就较大。

结论：只有在某些特定的或造成工作角度变化较大的场合，才需考虑工作角度变化及其影响。

现有的车削加工需要考虑工作角度变化的场景并不太多，以下讨论常见的示例，供参考。

（2）典型车削加工工作角度变化规律分析

1）横向进给运动对工作角度的影响分析。典型的加工方式为切槽与切断加工，图1-19所示为切断加工工作角度变化示意图，刀具的径向运动轨迹为阿基米德螺线，由于进给速度 v_f 相对较大，合成切削速度 v_e 明显偏离主运动切削速度 v_c，导致工作基面 p_{re} 和工作切削平面 p_{se} 偏转 μ 角度，使工作前角 γ_{oe} 增大，工作后角 α_{oe} 减小，与标注角度的关系为

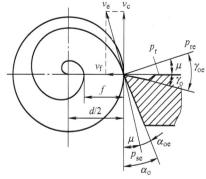

图1-19　切断加工工作角度变化示意图

$$\tan\mu = \frac{v_f}{v_c} = \frac{f}{\pi d}$$

$$\gamma_{oe} = \gamma_o + \mu$$

$$\alpha_{oe} = \alpha_o - \mu$$

式中　d——切削刃上选定点切断进给加工时相对于工件中心的直径，切断过程中逐渐减小。

工作角度的变化规律分析。切断加工必然存在工作角度变化 μ，使工作前角 γ_{oe} 增大，工作后角 α_{oe} 减小；在进给量 f 一定的情况下，刀具越接近工件中心，直径 d 越小，工作角度变化 μ 值越大，造成工作角度的变化越大，甚至可能出现负工作后角的情形。因此，切断加工时，进给量不宜选得过大，特别是切至中心时，若能适当减小进给量则更好，这在数控编程时应考虑。当然，适当增大标注后角 α_o 也是一种选择，但会影响刀尖强度。

切断加工接近工件中心时，其实际上基本属于挤断现象，工件中心部分的表面质量较差，若出现负工作后角时甚至会出现崩刃现象。

切断加工工件角度变化规律可拓展至横向端面车削场景，如车端面螺纹等。

2）纵向进给运动对工作角度的影响分析。对于纵向车削外圆而言，由于进给量较小，

其对工作角度的影响较小，一般可以不予考虑。但对于螺纹（特别是多线螺纹）车削时，纵向进给量较大（等于螺纹的导程），这时工作角度的变化就不可忽视了。图 1-20 所示为纵车梯形螺纹左侧切削刃工作角度变化示意图，由图可见，工作前角是增大的，而工作后角是减小的，且工作平面 p_{fe} 内的角度变化大于工作正交平面 p_{oe} 中的角度变化。

图 1-21 所示为传统加工梯形螺纹车削时左、右切削刃工作角度的变化及其修正分析示意图。若将左、右切削刃假定工作平面中的标注侧后角刃磨成相同值，即 $\alpha_{fL}=\alpha_{fR}$（图 1-21b），则实际的左切削刃工作侧后角 α_{feL} 是减小的，而右切削刃的侧后角 α_{feR} 是增加的，这种后角的变化在螺纹切削时是不容忽视的，因此实际中常常将刀具刃磨成左切削刃的侧后角大于右切削刃侧后角，即 $\alpha_{fL}>\alpha_{fR}$（图 1-21c），保证实际加工时左、右切削刃的侧后角基本相等（$\alpha_{feL}\approx\alpha_{feR}$）。必要时还对右切削刃的侧前角 γ_{feR}

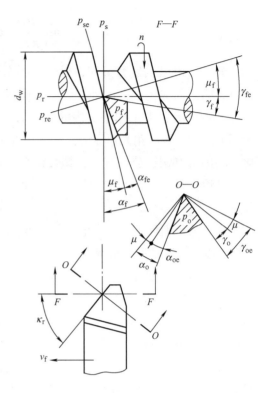

图 1-20　纵车梯形螺纹左侧切削刃工作角度变化示意图

进行修正。注意，机夹可转位不重磨数控螺纹车削刀具是通过选择不同斜角的刀垫实现螺纹刀片的偏转，达到修正工作角度变化的目的。

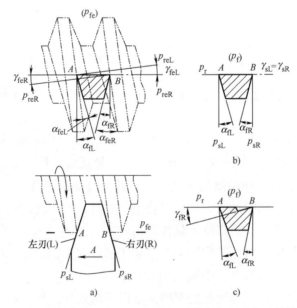

图 1-21　传统加工梯形螺纹车削时左、右切削刃工作角度的变化及其修正分析示意图

a）刀具切削示意图　b）$\alpha_{fL}=\alpha_{fR}$　c）$\alpha_{fL}>\alpha_{fR}$

螺纹车削时，工作角度与标注角度的变化规律如下，注意图中左、右切削刃工作角度的变化正好相反。

① 假定工作平面内的角度

$$\tan \mu_{\mathrm{f}} = \frac{f}{\pi d_{\mathrm{w}}}$$

$$\gamma_{\mathrm{feL}} = \gamma_{\mathrm{fL}} + \mu_{\mathrm{f}}, \quad \gamma_{\mathrm{feR}} = \gamma_{\mathrm{fR}} - \mu_{\mathrm{f}}$$

$$\alpha_{\mathrm{feL}} = \alpha_{\mathrm{fL}} - \mu_{\mathrm{f}}, \quad \alpha_{\mathrm{feR}} = \alpha_{\mathrm{fR}} + \mu_{\mathrm{f}}$$

② 正交平面内的角度

$$\tan \mu_{\mathrm{o}} = \tan \mu_{\mathrm{f}} \sin \kappa_{\mathrm{r}} = \frac{f \sin \kappa_{\mathrm{r}}}{\pi d_{\mathrm{w}}}$$

$$\gamma_{\mathrm{oeL}} = \gamma_{\mathrm{oL}} + \mu_{\mathrm{o}}, \gamma_{\mathrm{oeR}} = \gamma_{\mathrm{oR}} - \mu_{\mathrm{o}}$$

$$\alpha_{\mathrm{oeR}} = \alpha_{\mathrm{oR}} - \mu_{\mathrm{o}}, \alpha_{\mathrm{oeR}} = \alpha_{\mathrm{oR}} + \mu_{\mathrm{o}}$$

3）装刀高度变化对工作角度的影响分析。

首先，以影响较为明显的背平面中工作角度的变化为例，适用于切断与切槽加工场景。图 1-22 所示为外圆加工装刀高度变化示意图。图 1-22 中，装刀高低对工作角度的影响一目了然，其对工作角度的影响规律为

刀尖偏高时：$\qquad \gamma_{\mathrm{pe}} = \gamma_{\mathrm{p}} + \eta_{\mathrm{p}}, \quad \alpha_{\mathrm{pe}} = \alpha_{\mathrm{p}} - \eta_{\mathrm{p}}$

刀尖偏低时：$\qquad \gamma_{\mathrm{pe}} = \gamma_{\mathrm{p}} - \eta_{\mathrm{p}}, \quad \alpha_{\mathrm{pe}} = \alpha_{\mathrm{p}} + \eta_{\mathrm{p}}$

角度变化：$\qquad \tan \eta_{\mathrm{p}} = \dfrac{h}{\sqrt{\left(\dfrac{d}{2}\right)^{2} + h^{2}}}$

式中　h——刀尖高度方向偏离工件中心的距离，单位为 mm。

　　　　d——切削刃上选定点处工件直径，单位为 mm。

图 1-23 所示为内孔加工装刀高度变化示意图，由图可见，它与外圆加工变化规律正

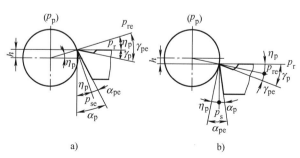

图 1-22　外圆加工装刀高度变化示意图

a）装刀偏高　b）装刀偏低

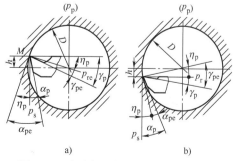

图 1-23　内孔加工装刀高度变化示意图

a）装刀偏高　b）装刀偏低

好相反。

其次，外圆车削加工一般可将背平面中的工作角度变化换算为主剖面中工作角度的变化，其与刀具的主偏角有关，图 1-24 所示为外圆纵车加工装刀高度变化示意图。其角度换算公式为

$$\gamma_{oe} = \gamma_o + \eta_o, \quad \alpha_{oe} = \alpha_o - \eta_o$$

$$\tan \eta_o = \tan \eta_p \cos \kappa_r$$

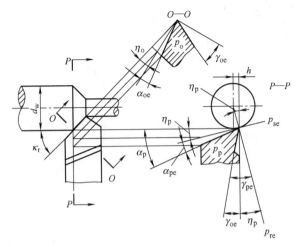

图 1-24　外圆纵车加工装刀高度变化示意图

实际生产中，装刀高度要求尽可能与工件中心等高，对于直径稍大的外圆或内孔加工，装刀高度一般控制在刀具直径的 1%，但对于切断加工与车端面加工，装刀高度误差要求尽可能小，一般要求不超过 0.1mm。考虑到切削力使刀具向下变形，装刀高度控制原则是"宁高勿低"。

4）刀杆中心线与进给方向不垂直对工作角度的影响分析。如图 1-25 所示，其主要影响主、副偏角。工作角度与标注角度的关系如下：

$$\kappa_{re} = \kappa_r \pm G$$

$$\kappa_{re}' = \kappa_r' \mp G$$

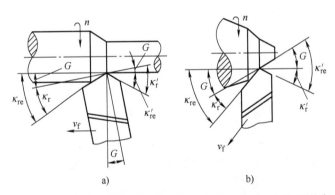

a) 　　　　　　　　　　b)

图 1-25　刀杆中心线与进给方向不垂直对工作角度变化的影响
a）刀杆中心偏斜　b）进给方向偏斜

1.3　数控车削刀具切削部分材料简介

经过多年的发展，目前的数控刀具材料已形成以硬质合金、涂层硬质合金和高速钢为主体，兼顾金属陶瓷、立方氮化硼和金刚石等先进刀具材料的较为完整的刀具材料体系。在数控车削刀具中，机夹可转位不重磨刀具已成为主流，而高速钢刀具材料应用较少。

1.3.1　数控刀具材料的基本要求

数控刀具材料的基本要求可从两方面分析，首先，金属切削刀具的基本要求是在传统刀具中就有的基本要求；其次，数控刀具进一步提出适应数控加工的要求。

1. 金属切削刀具的基本要求

在金属切削过程中，刀具切削部分承受着很大的切削力与冲击力，并伴随着强烈的金属塑性变形与剧烈摩擦，产生大量的切削热，造成切削区域极高的切削温度与温度梯度。因此，刀具材料应具备以下基本要求。

（1）高硬度和耐磨性　刀具材料的硬度必须高于被加工材料的硬度，其硬度在室温条件下也应在 62HRC 以上。如高速钢的硬度为 63 ～ 70HRC，硬质合金的硬度为 89 ～ 93HRA。

（2）足够的强度和韧性　刀具材料必须要有足够的强度和韧性以确保在加工过程中不出现破损、崩刃等情况。

（3）耐热性　耐热性指刀具材料高温下保持上述性能的能力，又称热硬性，是切削刀具特有的性能要求。高温硬度越高，表示耐热性越好，因此在高温时抗塑性变形的能力、抗磨损的能力也越强。一般碳素工具钢的工作温度约为 300℃、高速钢的工作温度约为 600℃、硬质合金的工作温度约为 900℃。

（4）导热性　刀具材料导热性好，则热量容易被传导出去，从而降低切削区域的温度，减少刀具磨损。

（5）良好的加工工艺性　良好的加工工艺性指刀具材料加工制造的难易程度，包括锻造、切削加工、磨削和热处理等性能。

（6）经济性与市场购买性　经济性是选用刀具材料、降低刀具成本的主要依据之一。考虑经济性的同时，还必须考虑其性价比。市场购买性是刀具材料市场采购方便性的评价依据，再好的材料不易购得也是无用的。

2. 数控刀具的进一步要求

数控加工具有高速、高效和自动化程度高等特点，数控刀具是实现数控加工的关键环节之一。为了适应数控加工技术的需要，保证优质、高效地完成数控加工任务，对于数控加工刀具的材料，除具备金属切削刀具的基本要求外，还必须满足数控加工技术的特定需要，它不仅要求刀具耐磨损、寿命长、可靠性好、精度高、刚性好，还要求刀具尺寸稳定、安装调整方便等。数控加工对刀具提出的进一步要求如下。

（1）高可靠性　高可靠性要求刀具的寿命长、切削性能稳定、质量一致性好、重复精度高。可靠性的提高可减小换刀次数和时间，提高生产效率。

（2）高耐热性、抗热冲击性和高温力学性能　具备高耐热性、抗热冲击性和高温力学性能可适应数控加工高速度、高刚性和大功率的发展。

（3）高精度及精度保持　高精度及精度保持可减少换刀次数，缩短对刀调整时间，提高生产效率。显然专业化生产的机夹可转位不重磨刀具及其刀片优于传统整体式自刃磨刀具。刀片涂层技术可更好地减少磨损，更好地实现精度保持。

（4）系列化、标准化和通用化　系列化、标准化和通用化可减少刀具规格，利于数控编程，便于刀具管理、维护、预调和配置等，降低加工成本，提高生产效率。同时也是专业化生产的需要与必然。

（5）适合数控刀具机夹可转位不重磨特性　刀具及其材料尽可能专业化生产，广泛采用性价比高的硬质合金刀具材料。

（6）可靠的断屑与卷屑性　专业化生产的硬质合金刀片，其前面等形状可灵活制作，获得优异的断屑与卷屑性，机夹式结构可增设断屑台或断屑器等。

（7）能适应难加工材料和新型材料加工的需要　刀具的专业化生产使刀具制造商能最大限度开发市场需求的刀具材料，实际中可见，较多的专业刀具制造商均提供适合高强度、高硬度、耐腐蚀和耐高温的工程材料加工的新型材料刀具，专业刀具生产商是研发新型刀具材料与刀具结构的主力军。

1.3.2　数控刀具常用刀具材料

1. 数控刀具常用材料概述

数控加工中，早期普通加工的碳素工具钢和合金工具钢材料基本不用，应用最广泛的是性价比较高的硬质合金材料，当其不能满足加工要求时，考虑采用超硬刀具材料——陶瓷、聚晶金刚石和立方氮化硼等，天然金刚石由于价格较高，应用并不多。同时，刀片涂层技术已广泛应用于数控刀具。

2. 硬质合金刀具材料

硬质合金（Cemented Carbide）是一种由粉末冶金工艺制成的合金材料。它是用硬度和熔点很高的硬质化合物（碳化钨 WC、碳化钛 TiC、碳化钽 TaC 和碳化铌 NbC 等）作硬质相，用金属材料（钴、钼或镍等）作黏结相，两相材料研制成粉末，按一定比例混合，压制成型，并在高温、高压下烧结而成的一种刀具材料。

硬质合金具有硬度高、耐磨、强度和韧性较好、耐热、耐腐蚀等一系列优良性能，可用于制作各种刀具（如车刀、铣刀、钻头、镗刀等），可切削铸铁、碳钢及合金钢、有色金属、塑料、化纤、石墨、玻璃、石材等，还可用来切削耐热钢、不锈钢、高锰钢、工具钢等难加工材料。由于其优越的性能、较高的性价比、良好的市场获取性，已成为数控加工刀具的主要材料。并形成以专业刀具生产厂商研发与生产为主，终端客户直接选用且不重磨使用的现代刀具应用模式。

（1）硬质合金的种类

1）按主要化学成分不同分类。这是硬质合金刀具应用初期的分类与表述方法，随着专业化生产和与国际市场的接轨，进入数控刀具时代，这种分类方法已逐渐淡出。但从学习的角度来说，这种分类方法可更好地学习硬质合金刀具材料。按化学成分分类，常用的硬质合金可分为碳化钨基硬质合金和碳（氮）化钛基硬质合金。碳化钨基硬质合金包括钨钴类（YG）、钨钴钛类（YT）和添加稀有碳化物类（YW）三种，添加的碳化物有碳化钨（WC）、碳化钛（TiC）、碳化钽（TaC）、碳化铌（NbC）等，其常用的金属黏结相为钴（Co）。碳（氮）化钛基硬质合金是以碳化钛（TiC）为主要硬质相成分（有些加入了其他碳化物或氮化物），常用的金属黏结相为钼（Mo）和镍（Ni）。

① 钨钴类（WC+Co）硬质合金，主要成分为 WC 和 Co。

② 钨钴钛类（WC+TiC+Co）硬质合金，是在钨钴类硬质合金中加入了 5%～30% 的碳化钛硬质相（TiC 的硬度和熔点比 WC 更高），因此其主要成分为 WC、TiC 和 Co。

③ 添加稀有碳化物类［WC+TiC+TaC（NbC）+Co］硬质合金，是在普通硬质合金中加入 TaC、NbC 等稀有碳化物的合金。

④ 碳（氮）化钛（TiC（N））基硬质合金，是以 TiC 代替 WC 为硬质相，以 Ni、Mo 为黏结相的硬质合金，有的还加入了硬质相 TiN。

2）按切削用途分类。这是数控刀具常见的分类方法，与国际市场接轨。GB/T 18376.1—2008《硬质合金牌号　第 1 部分：切削工具用硬质合金牌号》对切削用硬质合金牌号规定按"类别代号＋分组号＋细分号"规则表示，见表 1-1。其中金属切削加工的类别代号主要有 K、P、M，可认为是用途大组；分组号可认为是对类代号大组按用途进一步的细分；细分号则是由各生产厂家按需要进一步细分的部分。GB 18376.1—2008 中所列的类别代号与 ISO 513：2012《切削加工刀具用硬质切削部分材料的分类与应用　类别代号和分组号》（英文版）中硬质切削部分材料的分类与应用表中规定的类别代号和分组号基本相同。

表 1-1　硬质合金类别代号

类别	使用领域
P	长切屑材料的加工，如钢、铸钢、长切削可锻铸铁等的加工
M	通用合金，用于不锈钢、铸钢、锰钢、可锻铸铁、合金钢、合金铸铁等的加工
K	短切屑材料的加工，如铸铁、冷硬铸铁、短切屑可锻铸铁、灰口铸铁等的加工
N	有色金属、非金属材料的加工，如铝、镁、塑料、木材等的加工
S	耐热和优质合金材料的加工，如耐热钢、含镍、钴、钛的各类合金材料的加工
H	硬切削材料的加工，如淬硬钢、冷硬铸铁等材料的加工

分组号用 01～50 之间的数字表示，一般按公差 10 递增，如 K 类硬质合金主要分组号包括 K01、K10、K20、K30、K40 五组，P 类合金包括 P01、P10、P20、P30、P40 五组，M 类合金包括 M01、M10、M20、M30、M40 五组。必要时可插入公差为 5 的数字，如 K 类合金可采用 K05、K15、K25、K35 分组号。分组号中随数字增大，则切削速度和

耐磨性增加，进给量和韧性减小。

表 1-2 为 ISO 513：2012 的类别代号，表中部分内容仍以原文表述，但配有译文，便于读者准确解读。由表 1-2 可见，其类别代号与 GB/T 18376.1—2008 的差别部分是类别颜色代号栏，其对每一种类别规定了一种颜色代号，一般标识为类别代号的底色，这个标识在刀具制造商产品样本和刀片包装盒标签中常见，广泛被国内外数控刀具制造商所采用的。

表 1-2 硬质切削部分材料的类别代号

Identification letter（类别代号）	Identification colour（颜色代号）	Materials to be machined（被加工材料）
P	blue（蓝）	Steel：all kinds of steel and cast steel except stainless steel with an austenitic structure（钢：各种钢和铸钢，但不包括奥氏体结构的不锈钢）
M	yellow（黄）	Stainless steel：stainless austenitic and austenitic/ferritic steel and cast steel（不锈钢：奥氏体不锈钢、奥氏体/铁素体钢和铸钢）
K	red（红）	Cast iron：grey cast iron, cast iron with spheroidal graphite, malleable cast iron（铸铁：灰铸铁、球墨铸铁、可锻铸铁）
N	green（绿）	Non-ferrous metals：aluminium and other non-ferrous metals, non-metallic materials（有色金属：铝和其他有色金属、非金属材料）
S	brown（棕）	Superalloys and titanium：heat-resistant special alloys based on iron, nickel and cobalt, titanium and titanium alloys（高温合金和钛：以铁、镍和钴、钛和钛合金为基础的耐热特殊合金）
H	grey（灰）	Hard materials：hardened steel, hardened cast iron materials, chilled cast iron（硬质材料：淬火钢、淬火铸铁材料、冷硬铸铁）

（2）硬质合金的性能特点　由于硬质合金是以金属钴或钼、镍等为黏结相，以金属碳化物（碳化钨 WC、碳化钛 TiC、碳化钽 TaC 和碳化铌 NbC 等）为硬质相的粉末冶金合金材料，与高速钢相比，总体表现为强度、硬度和耐热性均高，而韧性低的特点。硬质合金的性能特点具体如下：

1）硬度：硬质合金由于含有大量的硬质点金属碳化物，因此其硬度，特别是热硬性比高速刚要高，硬度越高，则耐磨性越好。硬质合金的硬度可达 89～93HRA，远高于高速钢，在 540℃时硬度仍可达 82～89HRA。

2）强度：硬质合金的抗弯强度只相当于高速钢材料抗弯强度的 1/3～1/2，但抗压强度比高速钢材料高 30%～50%。

3）韧性：硬质合金的韧性比高速钢低得多，因此其不宜在强烈冲击和振动的情况下使用，特别是低速切削时，黏结和崩刃现象更为严重。

4）热物理性能：硬质合金的导热性能优于高速钢，约为高速钢的 2～3 倍。

5）耐热性：硬质合金的耐热性比高速钢高得多，在 800～1000℃ 时尚能进行切削。同时在高温下有良好的抗塑性变形能力。

6）抗黏结性：硬质合金的黏结温度高于高速钢，因而有较高的抗黏结磨损能力。

7）化学稳定性：硬质合金的耐磨性与其工作温度下合金的物理及化学稳定性有密切的关系。硬质合金的氧化温度高于高速钢的氧化温度。

8）合金晶粒度：晶粒度的细化，可提高硬质合金的硬度和耐磨性。

（3）常用硬质合金刀具材料的性能

1）钨钴类硬质合金，对应 K 类硬质合金，主要用于加工铸铁类的短切屑的黑色金属，也可加工有色金属和非金属材料。这类硬质合金的硬度为 89～91.5HRA，抗弯强度为 1100～1500MPa。钨钴类硬质合金的抗弯强度和冲击韧性较好，因此适合加工切屑呈崩碎状（或短切屑）的脆性金属，如铸铁等。同时，其磨削加工性好，切削刃可以磨得较锋利，因此也可加工有色金属和非金属等。

2）钨钴钛类硬质合金，对应 P 类硬质合金，主要用于加工长切屑的黑色金属，如塑性较好的各类钢料。这类硬质合金的硬度为 89.5～92.5HRA，抗弯强度为 900～1400MPa。由于 TiC 的硬度和熔点比 WC 高，故钨钴钛类硬质合金的强度、耐磨性和耐热性均高于钨钴类合金，但抗弯强度（特别是冲击韧性）下降较多。随着合金中 TiC 含量的提高和 Co 含量的降低，其强度和耐磨性提高，抗弯强度下降。由于以上因素，在冲击振动较大的切削过程中，容易出现崩刀现象，此时应选择 TiC 含量较低的合金牌号。

3）添加稀有碳化物类硬质合金，对应 M 类硬质合金。添加稀有碳化物 TaC、NbC 后能够有效地提高合金的常温强度、韧性与硬度以及高温强度与硬度，细化晶粒，提高抗扩散与抗氧化磨损的能力，从而提高耐磨性。这些性能的改善，使其兼有钨钴类与钨钴钛类硬质合金的性能，综合性能良好，因此有"通用""万能"硬质合金的称谓。添加稀有碳化物类硬质合金既可加工长切屑型塑性较好的钢料，也可加工短切屑型脆性铸铁料和可加工有色金属材料。这类合金若适当增加钴含量，强度可以很高，可用于各种难加工材料的粗加工与断续切削。

4）碳（氮）化钛［TiC（N）］基硬质合金。前述三类硬质合金属属于碳化钨基硬质合金，其硬质相以 WC 为主，以 Co 作黏结相。但地球上钨的资源较为紧缺，而钛的储量相对较多（约为钨的 1000 倍），TiC（N）基硬质合金是以 TiC 代替 WC 为硬质相，以 Ni、Mo 等为黏结相制作的硬质合金，其中 WC 含量较少，其耐磨性优于 WC 基硬质合金，介于硬质合金和陶瓷之间。Ni 作为黏结相可提高合金的强度，Ni 中添加 Mo 可改善液态金属对 TiC 的润湿性。由于 TiC（N）基硬质合金表现出优越的综合性能，同时又节约碳化钨基硬质合金中的 W、Co 等贵重稀有金属，因此它被认为是一种大有发展前途的刀具材料。自问世以来，它便被世界各地主要硬质合金厂家所重视并迅速发展。

5）硬质合金的晶粒细化。硬质合金晶粒细化后，硬质相尺寸减小，增加了硬质相晶粒表面积、晶粒间的结合力，黏结相更均匀地分布在其周围，可以提高硬质合金的硬度与耐磨性；如果再适当提高钴含量，还可以提高抗弯强度。超细晶粒硬质合金是由晶粒极小的 WC 粒子和 Co 粒子构成，是一种高硬度、高强度兼备的硬质合金，使其具有硬质合金的高硬度并兼顾有高速钢的高强度。

晶粒细化的标准不完全统一，一般普通硬质合金晶粒度为 3 ～ 5μm，细晶粒硬质合金的晶粒度为 1.5μm 左右，亚微细粒合金为 0.5 ～ 1μm，而超细晶粒硬质合金的晶粒度在 0.5μm 以下。晶粒细化后，不但可以提高合金的硬度、耐磨性、抗弯强度和抗崩刃性，而且高温硬度也将提高。

为体现细晶粒硬质合金与普通硬质合金的差异，有的刀具制造商还会按合金晶粒大小不同对硬质合金进行分类，如普通硬质合金、细晶粒硬质合金、超细晶粒硬质合金等。

（4）硬质合金刀具材料的合理选用　硬质合金牌号众多，且各厂家常常还会有自己的牌号系列，特别是数控刀具涂层后性能还有较大的改进，因此，直接按化学成分命名的牌号选择硬质合金并不是很方便。近年来，各刀具制造商常常按国标或 ISO 标准的类别代号（参见表 1-1 和表 1-2 中的类别代号）将自己的硬质合金牌号与类别代号对应分类，这是选择硬质合金刀具材料时比较实用的方法。

GB/T 18376.1—2008 根据使用条件规定了类似于 ISO 标准的硬质合金牌号与应用范围，这对使用 ISO 标准牌号的硬质合金选择具有指导意义，见表 1-3。

表 1-3　按使用条件分类的硬质合金牌号及使用范围

组别	使用条件		性能变化趋势	
	被加工材料	适应的加工条件	切削性能	合金性能
P01	钢、铸钢	高切削速度，小切屑截面，无振动条件下精车、精镗	↑切削速度增加↓　↑进给量增加↓	↑韧性增加↓　↑耐磨性增加↓
P10		高切削速度，中、小切屑截面条件下的车削、仿形车削、车螺纹和铣削		
P20	钢、铸钢，长切屑可锻铸铁	中等切削速度，中等切屑截面条件下的车削、仿形车削和铣削、小切屑截面的刨削		
P30		中或低等切削速度，中等或大切屑截面条件下的车削、铣削、刨削和不利条件下[①]的加工		
P40	钢、含砂眼和气孔的铸钢件	低切削速度、大切削角度、大切屑截面以及不利条件下[①]的车削、刨削、切槽和自动机床上加工		
M01	不锈钢、铁素体钢、铸钢	高切削速度，小载荷，无振动条件下精车、精镗	↑切削速度增加↓　↑进给量增加↓	↑韧性增加↓　↑耐磨性增加↓
M10		中和高等切削速度，中、小截面条件下的车削		
M20		中等切削速度，中等截面条件下的车削、铣削		
M30	不锈钢、铸钢、锰钢、合金钢、合金铸铁、可锻铸铁	中和高等切削速度，中等或大截面条件下的车削、铣削、刨削		
M40		车削、切断、强力铣削加工		

（续）

组别	使用条件		性能变化趋势	
	被加工材料	适应的加工条件	切削性能	合金性能
K01	铸铁、冷硬铸铁、短切屑可锻铸铁	车削、精车、铣削、镗削、刮削	↑切削速度增加↓ 进给量增加	↑耐磨性增加↓ 韧性增加
K10	布氏硬度高于220℃的铸铁、短切屑的可锻铸铁	车削、铣削、镗削、刮削、拉削		
K20	布氏硬度低于220℃的灰铸铁、短切屑的可锻铸铁	用于中等切削速度下、轻载荷粗加工、半精加工的车削、铣削、镗削等		
K30	铸铁、短切屑的可锻铸铁	用于不利条件下[①]可能采用大切削角度的车削、铣削、刨削、切槽加工，对刀片的韧性有一定要求		
K40		用于不利条件下[①]的粗加工，采用较低的切削速度，大的进给量		
N01	有色金属、塑料、木材、玻璃	高切削速度下，有色金属铝、铜、镁，塑料、木材等非金属材料的精加工	↑切削速度增加↓ 进给量增加	↑耐磨性增加↓ 韧性增加
N10		较高切削速度下，有色金属铝、铜、镁，塑料、木材等非金属材料的精加工或半精加工		
N20	有色金属、塑料	中等高切削速度下，有色金属铝、铜、镁，塑料等的半精加工或粗加工		
N30		中等高切削速度下，有色金属铝、铜、镁，塑料等的粗加工		
S01	耐热和优质合金，含镍、钴、钛的各类合金材料	中等切削速度下，耐热钢和钛合金的精加工	↑切削速度增加↓ 进给量增加	↑耐磨性增加↓ 韧性增加
S10		低切削速度下，耐热钢和钛合金的半精加工或粗加工		
S20		较低切削速度下，耐热钢和钛合金的半精加工或粗加工		
S30		较低切削速度下，耐热钢和钛合金的断续加工，适于半精加工或粗加工		
H01	淬硬钢、冷硬铸铁	低切削速度下，淬硬钢、冷硬铸铁的连续轻载精加工	↑切削速度增加↓ 进给量增加	↑耐磨性增加↓ 韧性增加
H10		低切削速度下，淬硬钢、冷硬铸铁的连续轻载精加工或半精加工		
H20		较低切削速度下，淬硬钢、冷硬铸铁的连续轻载半精加工、粗加工		
H30		较低切削速度下，淬硬钢、冷硬铸铁的半精加工或粗加工		

① 上述不利条件是指材料或铸造、锻造的零件表面不匀，加工时的切削深度不匀，间断切削以及振动等情况。

　　各刀具制造商基本也是按 P、M、K、N、S、H 类别代号将自己的刀片材料牌号对应分类供用户选择，具体参见各刀具制造商刀具样本。参考文献［2，14，15］列举了部分国内、外主流刀具制造商硬质合金牌号与标准类别对应关系，有兴趣读者可参考选择。

3. 高速钢刀具材料

　　高速钢（High Speed Steel，HSS）是一种加入了较多的 W、Mo、Cr、V 等合金元素的高合金工具钢。高速钢刀具在强度、韧性及工艺性等方面具有优良的综合性能，是复杂刃形数控刀具的主要刀具材料之一。高速钢刀具的发展趋势是大量采用粉末冶金高速钢以及高速钢刀具涂层技术改性普通高速钢切削性能。限于现代数控车削刀具应用高速钢并不多，这里不详细展开讨论，想进一步了解高速钢刀具材料性能的读者可参阅参考文献［2，14，15］。

1.3.3 数控刀具涂层

刀具涂层技术又称为刀具表面改性技术，其把刀具材料的表面与基体作为一个统一系统进行设计与改性，赋予刀具材料表面新的复合性能，是提高刀具性能的重要途径之一，被广泛应用于现代制造特别是数控加工刀具中。

（1）刀具涂层的概念　刀具涂层是指在韧性较好的刀体（如硬质合金或高速钢）上，涂覆一层或多层耐磨性好的难熔化合物，从而使刀具性能大大提高，这种刀具也可称为涂层刀具。刀具涂层可以提高加工效率、提高加工精度、延长刀具使用寿命、降低加工成本。

刀具涂层的方法主要有化学气相沉积（CVD）和物理气相沉积（PVD）。涂层硬质合金刀具一般采用化学气相沉积法，沉积温度在 1000℃左右；涂层高速钢刀具一般采用物理气相沉积，沉积温度在 500℃左右。由于涂层的优点诸多，高速钢、硬质合金、陶瓷和超硬刀具材料（立方氮化硼和金刚石）等材料的刀具均可涂层，成为涂层刀具。刀具表面的涂层可以是单层、双涂层和多涂层，也可以是几种涂层材料的复合涂层，涂层的材质可以是不同的性能，其软、硬程度不同。另外，还有纳米涂层刀具等。随着研究的不断深入，新型的涂层材料、涂层工艺、涂层组合不断出现，新型涂层刀具也在不断出现。

（2）刀具涂层的种类　经过多年的发展，刀具涂层技术呈现多样化和系列化特点，刀具涂层可从不同角度进行分类。

1）根据涂层材料的性质不同分，刀具涂层可分为硬涂层、超硬涂层和软涂层等类型，并可进行不同组合，如硬－硬组合、硬－软组合、软－软组合、具有润滑性能的软－软组合等。硬质膜为传统概念的单层膜、复合膜、多层膜等，如普遍采用的 TiN、TiC、TiAlN 等，其显微硬度通常为 20～40GPa；润滑膜的显微硬度为 10GPa 左右；而超硬膜则定义为显微硬度大于 40GPa。

2）根据涂层工艺方法不同分，刀具涂层可分为化学气相沉积 CVD 与物理气相沉积 PVD 涂层。

3）根据涂层刀具基体材料不同分，刀具涂层可分为硬质合金基体涂层、高速钢基体涂层、金属陶瓷基体涂层、陶瓷基体涂层等。

4）按涂层结构不同分，刀具涂层可分为单涂层、多涂层（带中间过渡层）、纳米涂层（纳米结晶、纳米沉厚、纳米结构涂层）、梯度涂层、超硬涂层、硬－软复合涂层等。

5）按涂层的硬质材料成分不同分，刀具涂层可分为 TiC、TiN、、TiAlCN、Al_2O_3、AlCrN、TiCN、AlTiN、TiSiN、CrSiN、TiBN、类金刚石碳涂层（DLC）、非金属化合物

超硬涂层（金刚石薄膜涂层、CBN、C_3N_4、Si_3N_4、B_4C、SiC）以及各种成分的组合多层涂层等。

（3）刀具涂层的性能特点　刀具涂层有软、硬之分。硬质涂层是指以追求高的硬度和耐磨性为目标的涂层，其特点是硬度高、耐磨性好。硬质涂层能够较好地满足切削加工过程中高温、大切削力和摩擦、磨损严重的需要。软质涂层是针对不适合或不需硬质涂层的加工而设计的，旨在通过刀具表面涂镀一层润滑性能较好的固态物质（主要为硫族化合物）使刀具表面具有较好的润滑功能。刀具涂层的性能特点具体如下：

1）TiC 是一种高硬度的耐磨化合物，是最早出现的涂层物质，也是目前应用最多的一种涂层材料之一，有良好的抗后面磨损和抗月牙洼磨损能力。同时由于它与基体的附着牢固，在制备多层耐磨涂层时，常将 TiC 作为与基体接触的底层膜。TiC 的硬度比 TiN 高，抗磨损性能好，对于产生剧烈磨损的材料，推荐使用 TiC 涂层。

2）TiN 涂层是继 TiC 涂层以后采用非常广泛的一种涂层，是 TiC 涂层的激烈"竞争者"。TiN 的硬度稍低，但它与金属的亲和力小，润湿性能好，在空气中抗氧化能力比 TiC 好，在容易产生黏结时推荐使用 TiN 涂层。目前，工业发达国家 TiN 涂层高速钢刀具的使用率已占高速钢刀具的 50% ~ 70%，有的不可重磨的复杂刀具的使用率已超过 90%。TiN 涂层的抗氧化性较差，当使用温度达 500℃时，涂层会出现明显氧化而被烧蚀。

3）Al_2O_3 涂层具有良好的热和化学稳定性以及高的抗氧化性，因此，在高温的场合下，推荐使用 Al_2O_3 涂层。但由于氧化铝与基体材料的物理化学性能相差太大，单一氧化铝涂层无法制成理想的涂层刀具。

4）TiCN 和 TiAlN 属复合化合涂层材料，它们的出现使涂层刀具的性能上了一个台阶。TiCN 是在单一的 TiC 中，氮原子占据原来碳原子在点阵中的位置而形成的复合化合物，具有 TiC 和 TiN 的综合性能，其硬度（特别是高温硬度）高于 TiC 和 TiN，将 TiCN 设置为涂层刀具的主耐磨层，可显著提高刀具寿命。因此，TiCN 是一种较为理想的刀具涂层材料。TiAlN 是 TiN 和 Al_2O_3 的复合化合物，其既具有 TiN 的硬度和耐磨性，同时在切削过程中氧化生成 Al_2O_3，形成一层硬质惰性保护膜，起到抗氧化和耐扩散磨损的作用。加工高速钢、不锈钢、钛合金、镍合金时比 TiN 涂层刀具寿命提高 3 ~ 4 倍，高速切削时，切削效果明显优于 TiN 和 TiC 涂层刀具。TiAlN 涂层刀具特别适合加工耐磨材料，如灰铸铁、硅铝合金等。

1.3.4　其他先进数控刀具材料简介

前述谈到的硬质合金及其涂层技术是当前数控车削刀具的主流刀具材料，主要是考虑其性价比较优异的缘故。而复杂刃形数控刀具还常常选用高速钢或粉末冶金高速钢的原因主要是考虑其可切削加工性的特点。对于高温、高强度等难加工材料，硬质合金刀具材料进行加工往往不能很好地满足要求，本节主要讨论这一类刀具材料。

（1）陶瓷刀具材料　陶瓷（Ceramics）刀具材料具有硬度高、耐磨性能好、耐热性和化学稳定性优良等特点，且不易与金属产生黏结，在数控加工中占有十分重要的地位。陶瓷刀具广泛应用于高速切削、干切削、硬切削以及难加工材料的切削加工。陶瓷刀具可以高效加工传统刀具无法加工的高硬材料，实现"以车代磨"；陶瓷刀具的最佳切削速度可以比硬质合金刀具高 2 ～ 10 倍，从而大大提高切削加工生产效率；陶瓷刀具材料使用的主要原料储量大，因此，陶瓷刀具的推广应用对提高生产率、降低加工成本、节省战略性贵重金属具有十分重要的意义，也将极大促进切削技术的进步，世界各发达国家都很重视陶瓷刀具的发展与应用。

陶瓷刀具材料的主要成分是硬度和熔点很高的 Al_2O_3、Si_3N_4 等氧化物、氮化物，再加入少量的碳化物、氧化物或金属等添加剂，经制粉、压制、烧结而成。

（2）立方氮化硼刀具材料　立方氮化硼（Cubic Boron Nitride，CBN）是氮化硼（BN）的同素异构体之一，其晶体结构类似金刚石，硬度略低于金刚石，但远高于其他刀具材料，其热稳定性比金刚石高，化学惰性大，与铁元素在 1200 ～ 1300℃下也不起化学反应。它与金刚石和陶瓷等统称为超硬刀具材料，常用作磨料和刀具材料。

目前为止，立方氮化硼主要是通过人工合成的方法获得，有单晶与多晶（即聚晶立方氮化硼，简称 PCBN）之分。

单晶 CBN 是以 CBN 为原料，加催化剂在 4 ～ 8GPa 高压、1400 ～ 1800℃高温条件下转化而成。由于受 CBN 制造技术的限制，目前制造直接用于切削刀具的大颗粒单晶体仍存在困难，成本很高，加之单晶 CBN 存在易劈裂的"解理面"，不能直接用于制造切削刀具，因而单晶 CBN 主要用于制作磨料和磨具。目前，工业上可用于切削刀具的 CBN 材料主要是 PCBN 刀具。

PCBN 是在高温高压条件下，将微细的 CBN 材料通过黏结剂（Al、Ti、TiC、TiN 等）烧结而成的一种多晶材料。PCBN 克服了单晶 CBN 易解理和各向异形等缺点，非常适合制作刀具等工具。

（3）金刚石刀具材料　金刚石（Diamond）是碳的同素异构体之一，是迄今为止自然界发现的最硬的一种材料。天然金刚石作为切削刀具已有上百年的历史了，但由于资源的稀缺性，限制了其推广应用。自从出现了人工合成的金刚石，其在切削加工中才被人们广泛关注，并发展出了聚晶金刚石和涂层金刚石等刀具产品，并在金属与非金属加工中得以较为广泛的应用。近年来，随着数控机床的普遍应用和数控加工技术的迅速发展，可实现高效率、高稳定性、长寿命加工的金刚石刀具的应用日渐普及，金刚石刀具已成为现代数控加工中不可缺少的重要工具之一。金刚石刀具的种类如图 1-26 所示。

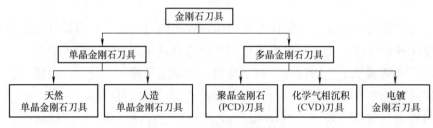

图 1-26　金刚石刀具的种类

1.4　机夹可转位刀具刀片结构型式分析

机夹可转位刀具是数控车削加工中的主流刀具结构，其刀片多为硬质合金材料，且由专业厂家生产，要求有一定的通用性，为此，要有一个标准进行规范。同时，由于实际加工刀具的多样性，又出现一个标准很难规范所有加工刀具的刀片型式的问题。因此，刀具制造商会对标准未规定的刀片型式自行制定刀片型号。我们把按标准组织生产的刀片称之为标准刀片，其余则称为非标准刀片。

1.4.1　数控车削刀具用机夹可转位标准刀片结构分析

本节以相关刀片国家标准为基础，对数控车刀标准刀片展开讨论。

1. 标准刀片型号表示规则

GB/T 2076—2021《切削刀具用可转位刀片　型号表示规则》对机夹可转位刀具使用的刀片进行了标准化，规定了刀片的型号和表示规则，该标准的可转位刀片包括车削与铣削刀片，也就是说车削与铣削刀片型号规则是由同一个标准规定的。

GB/T 2076—2021 规定机夹式可转位刀片型号表示规则一般用九位代号表示刀片的尺寸及其特性，图 1-27a 所示为米制刀片型号的表示规则示例，图 1-27b 为对应刀片。其中代号①～⑦是必需的，代号⑧和⑨在需要时添加。代号⑩为制造商代号，GB/T 2076—2021 中称之为⑬位。

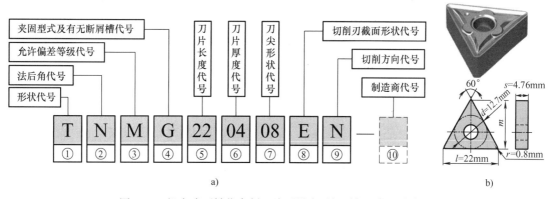

图 1-27　机夹式可转位车削刀片型号表示规则与示例（米制）

a）型号表示规则　b）刀片示例

代号①：刀片形状字母代号，应符合表 1-4 的规定。

代号②：刀片法后角的字母代号，应符合表 1-5 的规定。常规刀片法后角依托主切削刃确定，若所有切削刃都用来做主切削刃，则不管法后角是否相同，用较长一段切削刃的法后角来选择法后角，这段较长的切削刃亦即作为主切削刃，表示刀片的长度（见代号⑤，表 1-9），代号 O 为其他需要专门说明的法后角。

表 1-4　刀片形状字母代号

形状示意图 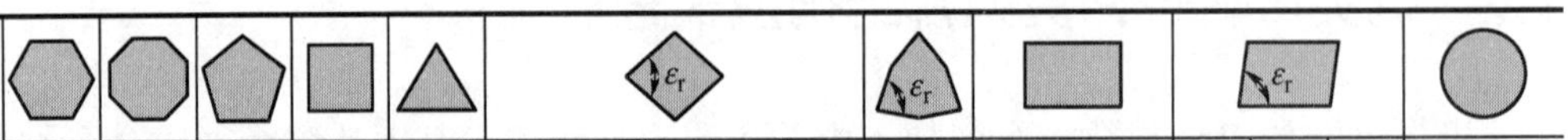	⬡	⬢	⬠	◻	△	◇ε_r				◁ε_r	▭	▱ε_r			○
代号	H	O	P	S	T	C	D	E	M	V	W	L	A	B	K	R
刀尖角 ε (°)	120	135	108	90	60	80	55	75	86	35	80	90	85	82	55	—
形状说明	正六边形	正八边形	正五边形	正方形	正三角形	菱形					凸三角形	矩形	平行四边形			圆形
类别	Ⅰ.等边等角					Ⅱ.等边不等角					Ⅲ.等角不等边	Ⅳ.不等边不等角				Ⅴ.圆形

注：表中示意图中未注出的刀尖角 ε_r 均是指较小的内角角度。

表 1-5　刀片法后角字母代号

示意图	代号	A	B	C	D	E	F	G	N	P	O
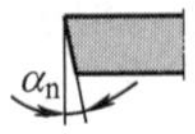 α_n ◺	法后角 α_n/ (°)	3	5	7	15	20	25	30	0	11	特殊

代号③：刀片主要尺寸允许偏差等级的字母代号，应符合表 1-6 的规定。刀片主要尺寸包括：刀片内切圆直径 d、刀尖位置尺寸 m 和刀片厚度 s。

表 1-6　刀片主要尺寸允许偏差等级的字母代号

偏差等级字母代号	允许偏差 /mm			主要尺寸示意图
	d	m	s	
A[①]	±0.025	±0.005	±0.025	
F[①]	±0.013	±0.005	±0.025	
C[①]	±0.025	±0.013	±0.025	
H	±0.013	±0.013	±0.025	a) 刀片边数为奇数，刀尖为圆角
E	±0.025	±0.025	±0.025	
G	±0.025	±0.025	±0.13	
J[①]	±0.05～±0.15[②]	±0.005	±0.025	
K[①]	±0.05～±0.15[②]	±0.013	±0.025	b) 刀片边数为偶数，刀尖为圆角
L[①]	±0.05～±0.15[②]	±0.025	±0.025	
M	±0.05～±0.15[②]	±0.08～±0.2[②]	±0.13	
N	±0.05～±0.15[②]	±0.08～±0.2[②]	±0.025	c) 带修光刃
U	±0.08～±0.25[②]	±0.13～±0.38[②]	±0.13	

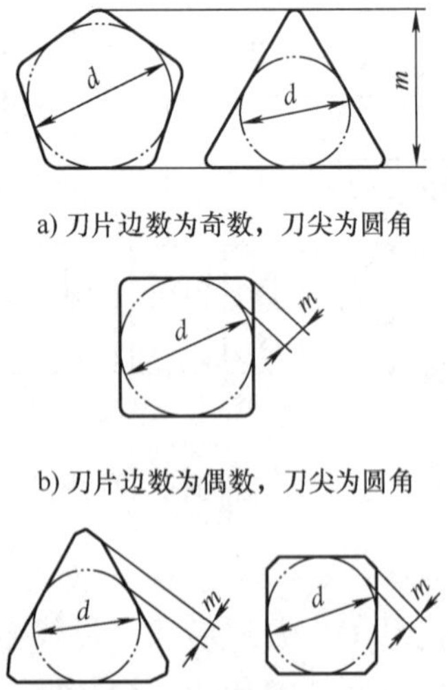

① 通常用于具有修光刃的可转位刀片。

② 允许偏差。

表 1-6 中一定范围内变化的允许偏差的实际值与基本尺寸有关，可参见表 1-7（刀片形状为 H、O、P、S、T、C、E、M、W 和 R）和表 1-8（刀片形状为 D 和 V）。

表 1-7　刀片主要尺寸允许偏差（Ⅰ）　　　　　　　　　　（单位：mm）

内切圆基本尺寸 d	d 值允许偏差		m 值允许偏差		内切圆基本尺寸 d	d 值允许偏差		m 值允许偏差	
	J、K、L、M、N 级	U 级	M、N 级	U 级		J、K、L、M、N 级	U 级	M、N 级	U 级
4.76	± 0.05	± 0.08	± 0.08	± 0.13	15.875	± 0.1	± 0.18	± 0.15	± 0.27
5.56					16①				
6①					19.05				
6.35					20①				
7.94					25①	± 0.13	± 0.25	± 0.18	± 0.38
8①					25.4				
9.525					31.75	± 0.15	± 0.25	± 0.2	± 0.38
10①					32①				
12①	± 0.08	± 0.13	± 0.13	± 0.2	—	—	—	—	—
12.7					—	—	—	—	—

① 只适用于圆形刀片。

表 1-8　刀片主要尺寸允许偏差（Ⅱ）　　　　　　　　　　（单位：mm）

内切圆基本尺寸 d	d 值允许偏差	m 值允许偏差	刀片形状（代号）	内切圆基本尺寸 d	d 值允许偏差	m 值允许偏差	刀片形状（代号）
5.56	± 0.05	± 0.11	角刀尖为 55°（D 型）的菱形刀片	6.35	± 0.05	± 0.16	角刀尖为 35°（V 型）的菱形刀片
6.36				7.94			
7.94				9.525			
9.525				12.7	± 0.08	± 0.2	
12.7	± 0.08	± 0.15					
15.875	± 0.1	± 0.18		—	—	—	
19.05				—	—	—	

代号④：刀片断屑槽与夹固型式的字母代号，如图 1-28 所示，图中代号 N、R、P 为无固定孔的无、单面和双面断屑槽，代号 A、M、G 为直通孔的无、单面和双面断屑槽，代号 W、T 为单面有倒角 40°～60° 固定沉孔的无、单面断屑槽，代号 Q、U 为双面有倒角 40°～60° 固定沉孔的无、双面断屑槽，代号 B、H 为单面有倒角 70°～90° 固定沉孔的无、单面断屑槽，代号 C、J 为双面有倒角 70°～90° 固定沉孔的无、双面断屑槽，对于标准之外的固定方式与断屑槽型式用代号 X 表示，并需附图说明。

图 1-28　断屑槽与夹固型式的字母代号

代号⑤：刀片长度的数字代号，应符合表1-9的规定。

表1-9　刀片长度的数字代号

刀片形状类别	数字代号
Ⅰ、Ⅱ类等边刀片 （形状代号：H、O、P、S、T、C、D、E、M、V和W）	用舍去小数点部分的刀片切削刃长度值表示。如果舍去小数部分后，只剩下一位数字，则必须在数字前加"0" 如：切削刃长度为15.5mm，则表示代号为15 切削刃长度为9.525mm，则表示代号为09
Ⅲ、Ⅳ类不等边刀片 （形状代号：L、A、B、K和F）	通常用主切削刃或较长的边的尺寸值作为表示代号。刀片其他尺寸可以用符号X在代号④表示，并需示意图或加以说明 具体是用舍去小数部分后的长度值表示 如：主要长度尺寸为19.5mm，则表示代号为19
Ⅴ类圆形刀片 （形状代号：R）	用舍去小数部分后的数值（刀片直径值）表示 如：刀片尺寸为15.875mm，则表示代号为15 对于圆形尺寸，结合代号⑦中的特殊代号，上述规则同样适用

标准中的附录A给出了刀片长度的表示代号，见表1-10，表中刀片形状S、T、C、D、V、W、R为数控车削刀具常用的刀片形状。

表1-10　刀片长度表示代号（代号⑤的表述规则）

内切圆直径 d/mm	刀片形状代号及其长度表示代号										
	H	O	P	S	T	C	D	E	M	V	W	R[①]
3.97	—	—	—	03	06	—	04	—	—	06	02	—
4.76	—	—	—	04	08	04	05	05	04	08	L3	—
5.56	—	—	—	05	09	05	06	06	05	09	03	—
6.35	03	02	04	06	11	06	07	07	06	11	04	06
7.94	04	03	05	07	13	08	09	08	07	13	05	07
9.525	05	04	07	09	16	09	11	09	09	16	06	09
12.7	07	05	09	12	22	12	15	13	12	22	08	12
15.875	09	06	11	15	27	16	19	16	15	27	10	15
19.05	11	07	13	19	33	19	23	19	19	33	13	19
25.4	14	10	18	25	44	25	31	26	25	44	17	25
31.75	18	13	23	31	54	32	38	32	31	59	21	31

① 公制圆形刀片（形状代号R）的长度代号等于圆形刀片的直径值，且为整数值。

代号⑥：刀片厚度的数字代号。刀片厚度（s）是指刀尖切削面与对应的刀片支撑面之间的距离，其测量方法如图1-29所示，倒圆或倾斜的切削刃视同尖的切削刃。

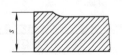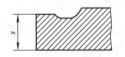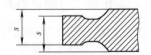

图1-29　刀片厚度

刀片厚度的数字代号应符合以下规定：刀片厚度（s）用舍去小数值部分的刀片厚度值表示。若舍去小数部分后，只剩下一位数字，则必须在数字前加"0"。刀片厚度的具体值可参见刀具商样本。

如：刀片厚度为 3.18mm，则表示代号为 03。

当刀片厚度整数值相同，而小数值部分不同，则将小数部分大的刀片代号用"T"代替 0，已示区别。

如：刀片厚度为 3.97mm，则表示代号为 T3。

标准附录 B 中给出了标准刀片厚度的表示代号，见表 1-11。某些刀具制造商样本上的刀片厚度规格可能更多。

表 1-11　标准刀片的厚度表示代号（代号⑥的表示规则）

刀片厚度 s/mm	1.59	1.98	2.38	3.18	3.97	4.76	5.56	6.35	7.94	9.52	12.7
刀片厚度代号	01	T1	02	03	T3	04	05	06	07	09	12

代号⑦：刀尖形状数字代号。用数字表示，按 0.1mm 为单位表示圆弧半径值，若数值小于 10，则在数字前加"0"，数字代号"00"表示尖角，圆形刀片规定代号为 M0。

GB/T 2077—1987《硬质合金可转位刀片的圆角半径》中规定刀片的刀尖圆角半径系列为：0.2mm、0.4mm、0.8mm、1.2mm、1.6mm、2.0mm、2.4mm、3.2mm。特殊用途可用 0.6mm、1.0mm、1.5mm、2.5mm、3.0mm、4.0mm。

代号⑧和代号⑨是可转位刀片的可选代号，用于规定刀片切削刃截面形状和切削方向的代号，如有必要才采用。若只表示其中一个，则该代号仅占代号⑧。

代号⑧：刀片切削刃截面形状的字母代号，即切削刃倒棱代号，应符合表 1-12 的规定。

表 1-12　刀片切削刃截面形状代号

代号	F	E	T	S	Q	P
切削刃截面形状	尖锐切削刃	倒圆切削刃	倒棱切削刃	倒棱又倒圆切削刃	双倒棱切削刃	双倒棱又倒圆
截面形状示意图						

代号⑨：刀片切削方向的字母代号，用 L、R 和 N 分别表示左切、右切和双向切刀片，如图 1-30 所示，注意图中前置、后置刀架代号表述差异，但定义不矛盾。

代号⑩：制造厂家自定含义与代号，各厂家存在差异，这里不展开讨论。

GB/T 2076—2021 关于机夹可转位刀片型号规定，车、铣刀片通用，同时作为标准的规定，其考虑的问题更全面，实际

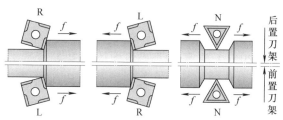

图 1-30　刀片切削方向代号图解

厂家根据自己的具体情况使用的代号会略有减少甚至不同。另外，部分刀具制造商可能还会有自己的刀片表示规则与代号，因此，实际使用中建议以刀具制造商的产品样本为准。

应当强调的是，标准所列的形状与尺寸并不能完全满足实际需求，以车削加工刀片为例，标准中未规定切断刀片、螺纹加工刀片等，所有这些刀片可称之为非标准刀片，其只能按刀具制造商的型号规则选用。关于非标准刀片，在后续相关章节专题介绍。

2. 其他与车削刀片相关的国家标准简介

关于机夹车刀用硬质合金可转位刀片，现行已颁布的国家标准除 GB/T 2076—2021 和 GB/T 2077—1987 外，还有 GB/T 2078—2019《带圆角圆孔固定的硬质合金可转位刀片 尺寸》、GB/T 2079—2015《带圆角无固定孔的硬质合金可转位刀片 尺寸》和 GB/T 2080—2007《带圆角沉孔固定的硬质合金可转位刀片 尺寸》这三个标准主要规定了相应刀片的型式与尺寸，限于篇幅，此处仅简单介绍，具体参数可参考相关标准或参考资料。

（1）带圆角圆孔固定的硬质合金可转位刀片简介 GB/T 2078—2019（对应 ISO 3364:2017）规定了带圆角、圆形固定孔的 0° 法后角硬质合金可转位刀片的相关几何参数，包括带断屑槽刀片厚度 s 的定义、刀片固定孔直径 d_1 与刀片内切圆直径 d 的关系、刀片形状几何尺寸与形位公差等，并附有刀片 m 尺寸的测量方法和标准规定的可转位刀片的尺寸范围等。这些规定适合于不带断屑槽、单面断屑槽与双面断屑槽刀片。标准规定的刀片包括：正三角形刀片（TN 型）、正方形刀片（SN 型）、80° 刀尖角的菱形刀片（CN 型）、55° 刀尖角的菱形刀片（DN 型）、80° 刀尖角的六边形刀片（WN 型）、35° 刀尖角的菱形刀片（VN 型）和圆形刀片（RN 型）。

（2）带圆角沉孔固定的硬质合金可转位刀片简介 GB/T 2080—2007（对应 ISO 6987:1998）规定了带圆角沉孔固定的 7° 和 11° 法后角的硬质合金可转位刀片的相关几何参数，包括带断屑槽刀片厚度 s 的定义、各形状刀片固定沉孔与圆柱孔尺寸与刀片内切圆直径的关系、刀片形状几何尺寸与形位公差等，并附有刀片 m 尺寸的测量方法和标准规定的可转位刀片的尺寸范围等。这些规定适合于不带断屑槽和带断屑槽（单面）刀片。标准规定的刀片包括：7° 法后角的正三角形刀片（TC 型）、7° 法后角的正方形刀片（SC 型）、80° 刀尖角的菱形刀片（CC 型）、55° 刀尖角的菱形刀片（DC 型）、35° 刀尖角的菱形刀片（VC 型）、80° 刀尖角的六边形刀片（WC 型）和圆形刀片（RC 型）；11° 法后角的正三角形刀片（TP 型）、11° 法后角的正方形刀片（SP 型）、80° 刀尖角的菱形刀片（CP 型）和圆形刀片（RP 型）；5° 法后角的 35° 刀尖角的菱形刀片（VB 型）。

（3）带圆角无固定孔的硬质合金可转位刀片简介 GB/T 2079—2015（对应 ISO 883:2013）规定了带圆角无固定孔的硬质合金可转位刀片的相关几何参数，包括带断屑槽刀片厚度 s 的定义和刀片形状几何尺寸等，并附有刀片 m 尺寸的测量方法和标准规定的可转位刀片的尺寸范围等。这些规定适合于 0° 法后角不带断屑槽刀片以及 11° 法后角不带断屑槽与带断屑槽刀片。标准规定的刀片包括：0° 法后角的正三角形刀片

（TN 型）和正方形刀片（SN 型）、11° 法后角的三角形刀片（TP 型）和正方形刀片（SP 型）。无固定孔的刀片在数控车刀中主要用于超硬材料的脆性刀片。

1.4.2　刀片断屑槽分析

由前述分析已知，数控车削刀具的最大特点是"机夹、可转位、不重磨"，对于机夹可转位不重磨车削刀具而言，让车刀刀片的安装姿态相对固定，适应不同材料、不同加工特性等的需要，刀片材料与涂层的材质与微观结构主要解决加工不同材料的要求，而不同加工阶段（如粗加工、半精加工和精加工）则与切削部分的几何参数有关，传统车削加工多通过刃磨出特定的几何参数（主要是几何角度）实现不同加工特性的需要，这些均对操作工人的技术提出了更高要求，当然，工人的加工质量也是不稳定的。进入数控车削刀具时代，这些工作则交给了专业人员进行，具体来说就是专业厂生产的机夹刀片前面断屑槽的型式等，包括前面卷屑槽和刀尖与倒棱等，由于刀片不需重磨原因，加之刀具制造商专业研究，机夹刀片的断屑槽不仅包含了前角等几何参数，更是融入了 3D 形式的断屑槽型（简称槽型），使得卷屑与断屑性能达到极致。纵观国内外不同刀具制造商的断屑槽型式信息可见，不同刀具商断屑槽的型式及其表述不一、简繁不一。专业制造商机夹刀片大都有复杂的断屑槽，其对车削加工的切削性能影响很大，是刀片的核心技术之一，标准是无法对其进行规范，仅留有代号⑩供用户自己命名。

关于断屑槽的表述，一般多用英文字母或英文字母加数字等形式表达，供用户选择时提供的数据信息也有所差异，作为断屑槽而言，包含信息有断屑槽型式代号、适合加工的材料性能与加工特性、推荐的背吃刀量 a_p、进给量 f 范围、靠近刀尖部分刃口断面几何参数、断屑多边形图等，其中前三项是必须给出的参数。在加工材料表述上多采用表 1-1 中的类别代号（P、M、K、N、S、H）标识。以下列举几例供参考。

（1）基于文字信息表述断屑槽信息　某刀具制造商样本的信息摘录如下。

样本 1：带孔负角刀片，加工用途为精加工，断屑槽代号为 SF，刀片精度为 M（刀片表示规则第③位代号），推荐切削用量为 a_p=0.05 ～ 1.0mm，f=0.05 ～ 0.35mm/r，加工特性简述为 P 类软钢精加工推荐槽型，M 级双面断屑槽，在加工 P 类软钢和中碳钢时断屑性能出色，可获得高质量加工表面等。

样本 2：带孔负角刀片，加工用途为半精加工，断屑槽代号为 EM，刀片精度为 M（刀片表示规则第③位代号），推荐切削用量为 a_p=0.5 ～ 1.5mm，f=0.1 ～ 0.3mm/r，加工特性简述为 M 类材料半精加工推荐槽型，M 级双面断屑槽，有效解决不锈钢断屑，粘刀等加工难点，可获得比 EF 更高的加工效率等。

样本 3：带孔正角刀片，加工用途为粗加工，断屑槽代号为 HR，刀片精度为 M（刀片表示规则第③位代号），推荐切削用量为 a_p=3 ～ 7mm，f=0.3 ～ 0.7mm/r，加工特性简述为粗加工通用槽型，M 级精度，适合钢、不锈钢、铸铁等材料的内孔及外圆粗加工等。

由以上三个示例可见，样本上查得的断屑槽信息基本可满足一般用户选用刀片的要求，对于切削用量的选择，建议按中间值或略偏上值选择。

（2）基于文字信息和刃口断面几何参数表述断屑槽信息　某刀具制造商样本的信息摘录如下。

加工用途为半精加工，断屑槽代号为 MT-MF（按样本说明，其 MT 为刀片表示规则代号③和代号④的字母代号，后面的 MF 是断屑槽代号），加工材料类别为 P、M、K、S，刀片槽型示例如图 1-31a 所示，可看出其为正前角带孔刀片，刃口端面轮廓示例如图 1-31b 所示，推荐切削用量为 a_p=1.1～2.3mm，f=0.2～0.4mm/r。

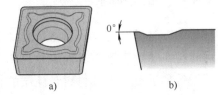

图 1-31　刀片槽型与刃口轮廓
a）刀片槽型示例　b）刃口端面轮廓示例

在这种断屑槽信息表述中，材料表述基于硬质合金列表代号，直接表述了可加工材料的性质，刃口断面轮廓对熟悉切削加工专业知识的人员来说，可进一步深刻理解前面断屑槽的性质。

（3）基于文字信息、刃口断面几何参数和断屑多边形表述断屑槽信息　某刀具制造商样本信息摘录如下。

最典型的信息是图 1-32 所示的断屑多边形图，同时配有刀尖与切削刃处的刃口断面信息。另外，还配有文字信息，例如：-MR 断屑槽，用于车削粗加工，可进行外圆、端面和仿形车削，加工典型材料为普通不锈钢，优点是广泛用于各种粗车加工，可用于高性能粗加工的双面或单面刀片，性价比高。

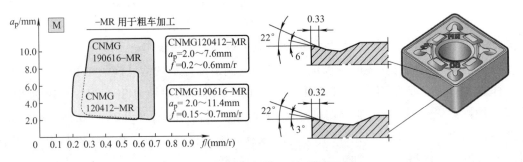

图 1-32　断屑多边形、刃口断面示例

这种断屑槽信息表述非常全面，制作工作量大，多用于学习资料性样本，实际中一般不是全部刀片都有这样详细的信息。由断屑多边形图可见，断屑范围并不是一个矩形。因此，依据文字信息确定背吃刀量 a_p 和进给量 f 时，不宜将两个值同时取值为最大或最小极限值。

此处所介绍的为基于相关标准设计制造的标准刀片，实际中还有部分标准无法规范的非标准刀片，主要集中于切断与切槽和螺纹机夹刀片，这些内容会在后续章节中单独介绍。

第 2 章

外圆车削刀具结构分析与应用

2.1 外圆车削刀具概述

外圆车削刀具简称外圆车刀，泛指外轮廓回转体表面车削刀具，又称外表面车刀，包括外圆和端面车刀以及外表面轮廓的仿形加工车刀。

2.1.1 数控外圆车削刀具基础

数控外圆车刀的特点是机夹、可转位、不重磨，是应用广泛的典型车削刀具类型，也是其他车削刀具的基础。

1. 机夹式外圆车刀概述

现代数控车刀基本都是机夹、可转位、不重磨的型式，机夹式是其主要特征之一，但它的结构组成仍遵循传统车削刀具的基础理论，如图 1-6 所示。不过机夹式结构为刀具组成赋予更多新知识，图 2-1 是机夹式外圆车刀的结构组成示例。

图 2-1 所示车刀结构与整体式车刀基本相同，区别在于切削部分独立成机夹式刀片，刀片的装夹与支承部分仍可认为是刀头部分，但其与刀体合并成了刀杆。机夹式外圆车刀另一个核心部分是刀片夹紧机构，图 2-1 中杠杆等为机械夹紧机构，包括夹紧螺钉和杠杆等。另外，为保护刀杆，还增加了刀垫和挡销等。

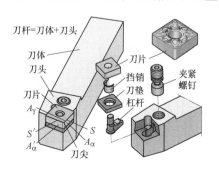

图 2-1　机夹式外圆车刀结构组成示例

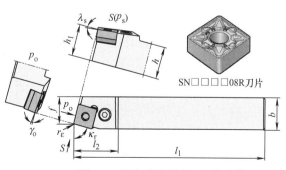

图 2-2　机夹式外圆车刀几何参数

机夹可转位车刀的切削部分——刀片，同样遵循"三面、两刃、一尖"的构成原则，即前刀面 A_γ、主后刀面 A_α 和副后刀面 A'_α，主切削刃 S 和副切削刃 S'，主、副切削刃的交点（刀尖）。这些点、刃和面构成了相应的几何角度，如图 2-2 所示。图 2-2 中的车刀刀片为负前角正方形（代号 S）刀片，所谓负前角刀片，指其构成的车刀为负前角车刀，一般是法后角等于 0° 的刀片（代号 N）。

图 2-2 中刀具的几何结构参数包括：刀具长度 l_1、刀头长度 l_2、刀尖高度 h_1 和刀尖偏距 f、刀杆截面尺寸 $h \times b$ 等。刀具切削部分的几何参数与刀片相关参数有关，图中正方形刀片的刀尖角 ε_r 为 90°，法后角 α_n 为 90°，则在基面 p_r 中度量的角度只需标注出主偏角 κ_r（为 75°），则负偏角 κ'_r 为 15°（$\kappa'_r=180°-\kappa_r-\varepsilon_r$）；在主剖面 p_o 中度量的角度只需标注前角 γ_o，由于刀片法后角为 90°，则后角 α_o 也等于前角值；在切削平面 p_s 中度量的角度为 λ_s，另外刀尖圆角 r_ε 实际上包含在刀片型号中，如图 2-2 中刀片型号中（代号 08），因此可以不标注。由此可见，机夹式外圆车刀只需标注出图 2-2 中的几何结构尺寸和切削部分的几何角度即可，事实上，由于刀片断屑槽的切削性能已考虑前角、刀尖和刃口倒棱等参数，所以图中除主偏角 κ_r 外，其他刀具角度可认为是刀片安装姿态角度，故很多刀具样本上未作标注。

2. 外圆车刀型号表示分析

外圆车刀的基本尺寸取决于各种车刀的类型与型号，各刀具制造商外圆车刀的型号命名可能略有不同，但所要表达的内容大致相同，此处以 GB/T 5343.1—2007《可转位车刀及刀夹　第 1 部分：型号表示规则》和 GB/T 5343.2—2007《可转位车刀及刀夹　第 2 部分：可转位车刀型式尺寸和技术条件》为对象进行介绍。它实质上仅是规定了外圆车刀的型号表示规则及尺寸参数等。由于该标准与 ISO 标准基本相同，因此，国内外大部分刀具制造商外圆车刀的型号命名基本与此相同。

（1）型号表示规则　GB/T 5343.1—2007　修改采用了 ISO 5608:1995《可转位车刀、仿形车刀和刀夹　代号》（英文版），规定了车刀或刀夹的代号由代表给定意义的字母或数字符号按一定的规则排列组成，共有 10 个代号，前 9 个是必须使用的，第 10 个在必要时才使用。在 10 个代号之后，制造厂可最多再加 3 个字母或 3 位数字表达刀杆的参数特征，但应该用破折号隔开，并不得使用代号⑩规定的字母。图 2-3 所示为某车刀型号表示规则示例。

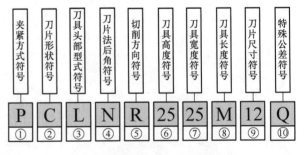

图 2-3　某车刀型号表示规则示例

某车刀型号表示规则说明如下。

代号①：夹紧方式符号，标准规定了四种夹紧方式的字母符号，分别为 C、M、P 和 S。其中，C 代表顶面夹紧（无孔刀片），M 代表顶面和孔夹紧（有孔刀片），P 代表孔夹紧（有孔刀片）、S 代表螺钉通孔夹紧（沉孔刀片）。图 2-4 所示为这四种夹紧符号的典型夹紧方式。图 2-4a 为顶面夹紧方式（符号为 C），如压板上压紧方式，通用性较好，特别适合无固定孔刀片夹紧；图 2-4b 为顶面和孔夹紧方式（符号为 M），典型结构为偏心销预紧与压板组合压紧，属复合夹紧，其夹紧可靠性高于纯压板压紧，但刀片上必须有孔；图 2-4c 为孔夹紧方式（符号为 P），经典结构为杠杆夹紧，夹紧可靠，前刀面切屑流出顺畅，刀片固定孔为直通孔；图 2-4d 所示为螺钉通孔夹紧方式（符号为 S），刀片固定孔为带沉孔固定孔，适合半精车与精车刀具使用。

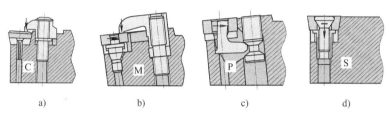

图 2-4　机夹式车刀刀片夹紧方式示例

a）顶面夹紧　b）顶面和孔夹紧　c）孔夹紧　d）螺钉通孔夹紧

应当说明的是，标准中四种夹紧符号的夹紧机构在不同刀具商的刀具中结构略有差异，同时，还会有超出标准之外的夹紧机构，如近年来较为流行的双重夹紧式（夹紧符号多用字母 D 表示）。当然，有的刀具制造商可能会有自成体系的夹紧符号规定。

代号②：刀片形状符号，有五种型式。

1）等边和等角型式：符号为 H、O、P、S 和 T。

2）等边但不等角型式：符号为 C、D、E、M、V 和 W。

3）不等边但等角型式：符号为 L。

4）不等边和不等角型式：符号为 A、B 和 K。

5）圆形型式：符号为 R。

代号③：刀具头部型式符号，规定了外圆车刀头部型式，通过主偏角等隐含表达主切削刃等参数，见表 2-1。

表 2-1　外圆车刀头部型式

符号	型式	说明	符号	型式	说明	符号	型式	说明
A	90°	90° 直头侧切	D[①]	45°	45° 直头侧切	G	90°	90° 偏头侧切
B	75°	75° 直头侧切	E	60°	60° 直头侧切	H	107.5°	107.5° 偏头侧切
C	90°	90° 直头端切	F	90°	90° 偏头端切	J	93°	93° 偏头侧切

（续）

符号	型式	说明	符号	型式	说明	符号	型式	说明
K	75°	75°偏头端切	P	117.5°	117.5°偏头侧切	U	93°	93°偏头端切
L	95° 95°	95°偏头侧切和端切	R	75°	75°偏头侧切	V	72.5°	72.5°直头侧切
M	50°	50°直头侧切	S①	45°	45°偏头端切	W	60°	60°偏头端切
N	63°	63°直头侧切	T	60°	60°偏头侧切	Y	85°	85°偏头端切

① D 型和 S 型车刀和刀夹也可以安装圆形刀片。

代号④：刀片法后角符号，见表 2-2。

表2-2　刀片法后角符号

符号	A	B	C	D	E	F	G	N	P
法后角 α_n/（°）	3	5	7	15	20	25	30	0	11

注：对于不等边刀片，符号用于表示较长边的法后角。

数控外圆车刀常用的法后角有 N（0°）、C（7°）、P（11°）、B（5°）等。

代号⑤：切削方向符号，用字母 R、L 和 N 分别表示右切削、左切削和左右均可切削，如图 2-5 所示，与 GB/T 2076—2021 中刀片切削方向的规定一致。左切削 L/ 右切削 R 又称为左手型 L/ 右手型 R、左手刀 L/ 右手刀 R 等。

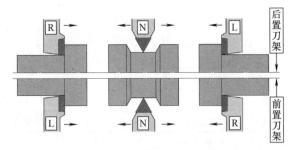

图 2-5　切削方向示例

代号⑥：刀具高度符号（参见图 2-6），一般指刀尖高度，以毫米为单位，如果高度的数值不足两位时，在数字前加"0"。例如：h_1=32mm，符号为 32；h_1=8mm，符号为 08。尺寸系列参见表 2-6。

代号⑦：刀具宽度符号（参见图 2-6），用刀杆宽度 b 表示，单位为 mm，如果宽度的数值不足两位时，在数字前加"0"。尺寸系列参见表 2-6。

代号⑧：刀具长度符号，见表 2-3。

代号⑨：表示可转位刀片尺寸的符号，见表 2-4。具体数值参见表 1-10 或制造商样本等。

表 2-3 刀具长度符号

符号	长度 l_1/mm	符号	长度 l_1/mm	符号	长度 l_1/mm	符号	长度 l_1/mm
A	32	G	90	N	160	U	350
B	40	H	100	P	170	V	400
C	50	J	110	Q	180	W	450
D	60	K	125	R	200	X	特殊长度，待定
E	70	L	140	S	250		
F	80	M	150	T	300	Y	500

表 2-4 刀片尺寸符号

刀片形状类别	符号
等边并等角（H、O、P、S、T）和等边但不等角（C、D、E、M、V、W）	符号用刀片的边长表示，忽略小数 例如：长度为 16.5mm，符号为 16
不等边但等角（L） 不等边不等角（A、B、K）	符号用主切削刃或较长的切削刃表示，忽略小数 例如：主切削刃的长度为 19.5mm，符号为 19
圆形刀片（R）	符号用直径表示，忽略小数 例如：直径为 15.874mm，符号为 15

注：如果最终保留的符号值是一位数字，则数字前面应加 "0"。例如：边长为 9.525mm，则符号为 09。

表 2-4 为刀具标准 GB/T 5343.1—2007 关于刀片长度的表述，与刀片标准 GB/T 2076—2021 的表述基本相同。

代号⑩：为可选符号，表示特殊公差符号。对于尺寸 f_1、f_2 和 l_1 带有 ±0.08mm 公差的不同测量基准刀具的符号按表 2-5 的规定表示。

表 2-5 特殊公差符号 （单位：mm）

符号	测量基准面	简图
Q	基准外侧面和基准后端面	
F	基准内侧面和基准后端面	
B	基准内、外侧面和基准后端面	

（2）型式与尺寸 GB/T 5343.2—2007 修改采用了 ISO 5610:1998《带可转位刀片的单刃车刀和仿形车刀刀杆 尺寸》（英文版），规定了带可转位刀片的单刃车刀和仿形车刀

型式和尺寸、基准点 K、标记示例、技术要求，推荐了优先选用的外圆车刀刀杆型式、标志和包装等基本要求，适用于普通车床和数控车床用可转位车刀。

1）柄部型式和尺寸。可转位车刀的柄部型式与尺寸按图 2-6 和表 2-6 的规定。

表 2-6　可转位车刀柄部尺寸　　　　　　　　　　　（单位：mm）

参数		尺寸								
h（h13）		8	10	12	16	20	25	32	40	50
b （h13）	$b=h$	8	10	12	16	20	25	32	40	50
	$b=0.8h$	—	8	10	12	16	20	25	32	40
l_1 （k16）	长刀杆	60	70	80	100	125	150	170	200	250
	短刀杆	40	50	60	70	80	100	125	150	—
h_1（js14）		$h_1=h$								

2）头部长度尺寸 l_2。可转位车刀头部尺寸参见表 2-7，表中刀头长度尺寸 l_2 不适用于安装刀片形状为 D 和 V 的菱形刀片（GB/T 5343.1—2007）可转位车刀。

表 2-7　可转位车刀头部尺寸　　　　　　　　　　　（单位：mm）

刀片的内切圆直径	l_{2max}	刀片的内切圆直径	l_{2max}
6.35	25	15.875	40
9.525	32	19.05	45
12.7	36	25.4	50

3）刀尖偏距尺寸 f。可转位车刀刀尖偏距尺寸参见表 2-8 的规定。

表 2-8　可转位车刀刀尖偏距尺寸 f　　　　　　　　　（单位：mm）

b	f				
	系列 1[①]	系列 2（$^{+0.5}_{0}$）	系列 3（$^{+0.5}_{0}$）	系列 4（$^{+0.5}_{0}$）	系列 5（$^{+0.5}_{0}$）
8	4	7	8.5	9	10
10	5	9	10.5	11	12
12	6	11	12.5	13	16
16	8	13	16.5	17	20
20	10	17	20.5	22	25
25	12.5	22	25.5	27	32
32	16	27	33	35	40
40	20	35	41	43	50
50	25	43	51	53	60
刀头型式	D、N、V	B、T	A	B	F、G、H、J、K、L、S

① 对称刀杆（形状 D 和 V）的极限偏差 ±0.25。非对称刀杆（形状 N）的极限偏差 $^{+0.5}_{0}$。

4）尺寸 l_1、f 和 h_1 的确定。尺寸 l_1 是指基准点 K 到刀具柄部末端的距离，尺寸 f 是

指基准点 K 到基准侧面的距离，刀尖高度 h_1 是指基准点 K 到安装面的距离，如图 2-6 所示。尺寸 l_1、f 和 h_1 是为了满足刀杆上基准刀片的安装而规定的，其中，基准点 K 的规定如下：

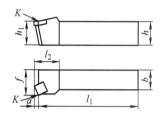

图 2-6　可转位车刀的柄部型式

当 $\kappa_r \leqslant 90°$ 时（图 2-7a、b），基准点 K 是主切削平面 p_s，平行于假定工作平面 p_f 且相切于刀尖圆弧的平面和包含前刀面 A_γ 的三个平面的交点。

当 $\kappa_r > 90°$ 时（图 2-7c、d），基准点 K 是平行于假定工作平面 p_f 且相切于刀尖圆弧的平面，垂直于假定工作平面 p_f 且相切于刀尖圆弧的平面和包含前刀面 A_γ 的三个平面的交点。

对于圆刀片的 D 型和 S 型刀杆按图 2-7e、f 定义。图 2-7e、f 中的 K 点为通过刀片轴线的假定工作平面 p_f、与切削刃相切垂直于假定工作平面 p_f 的平面和基面 A_γ 的交点。由于图 2-7f 中 f 可以有两种进给方向，因此，有两个基点 K，具体以进给方向为参照。

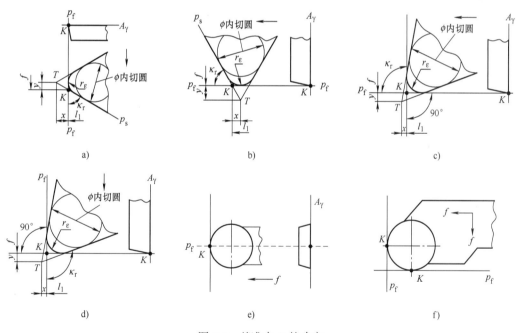

图 2-7　基准点 K 的确定

a)、b) $\kappa_r \leqslant 90°$　c)、d) $\kappa_r > 90°$　e) 圆刀片 D 型刀杆　f) 圆刀片 S 型刀杆

刀尖圆弧半径与内切圆直径的关系应符合表 2-9 的规定，否则，l_1 和 f 尺寸要进行修正，x、y 值是从规定点 K 至理论刀尖 T 在两个相互垂直方向的距离。

表 2-9　刀尖圆弧半径与内切圆直径的关系　　　　（单位：mm）

内切圆直径 ϕ	6.35	7.94	9.525	12.7	15.875	19.05	25.4
刀尖圆弧半径 r_ε	0.4		0.8		1.2		2.4

5）优先采用的推荐刀杆。GB/T 5343.2—2007中还推荐了优先采用推荐刀杆的代号与尺寸，见表2-10。

表2-10　优先采用的推荐刀杆　　　　　　　　　　（单位：mm）

代号	参数	0808	1010	1212	1616	2020	2525	3225	3232	4032	4032	4040	5050
	$h\times b$	0808	1010	1212	1616	2020	2525	3225	3232	4032	4032	4040	5050
	l_1 (k16)	60	70	80	100	125	150	170	170	150	200	200	250
	h_1 (js14)	8	10	12	16	20	25	32	32	40	40	40	50
A	$f^{+0.5}_{0}$ 系列3	8.5	10.5										
	l (代号)	06	06										
	l_{2max}	25	25										
	$f^{+0.5}_{0}$ 系列3			12.5	16.5	20.5	25.5	25.5	33			41	
	l (代号)			11	11	16	16	16	22			22	
	l_{2max}			25	25	32	32	32	36			36	
B	$f^{+0.5}_{0}$ 系列2	7	9	11									
	l (代号)	06	06	06									
	l_{2max}	25	25	25									
	a	1.6	1.6	1.6									
	$f^{+0.5}_{0}$ 系列2				13	17	22	22	27			35	43
	l (代号)				09	12	12	12	19			19	25
	l_{2max}				32	36	36	36	45			45	50
	a				2.2	3.1	3.1	3.1	4.6			4.6	5.9
	$f\pm0.25$ 系列1			6	8	10	12.5	12.5	16				
	l (代号)				09	09	12	12	19				
	l_{2max}			32	32	36	36	36	45				
D	$f\pm0.25$ 系列1	4	5	6	8	10	12.5	12.5	16			20	
	d (代号)	06	06/08	06/08	06/08/10	06/08/10/12	06/08/10/12/16	12/16	20			25	

（续）

代号	$h \times b$	0808	1010	1212	1616	2020	2525	3225	3232	4032	4032	4040	5050
	l_1（k16）	60	70	80	100	125	150	170	170	150	200	200	250
	h_1（js14）	8	10	12	16	20	25	32	32	40	40	40	50
F (90°+2°/0° 80°)	$f^{+0.5}_{0}$ 系列 5	10	12										
	l（代号）	06	06										
	l_{2max}	25	25										
F (90°+2°/0°)	$f^{+0.5}_{0}$ 系列 5			16	20	25	32	32	40			50	
	l（代号）			11	11/16	16	16/22	16/22	22			22/27	
	l_{2max}			25	25/32	32	32/36	32/36	36			36/40	
G (80°, 90°+2°/0°)	$f^{+0.5}_{0}$ 系列 5	10	12										
	l（代号）	05	06										
	l_{2max}	25	25										
G (90°+2°/0°)	$f^{+0.5}_{0}$ 系列 5			16	20	25	32	32	40			50	60
	l（代号）			11	11/16	16	16/22	16/22	22			22/27	27
	l_{2max}			25	25/32	32	32/36	32/36	36			36/40	40
H (55°, 107.5°±1°)	$f^{+0.5}_{0}$ 系列 5			12	16	20	25	32	32				
	l（代号）			07	07/11	11	11/15	15	15				
	l_{2max}			25	25/32	32	32/40	40	40				
H (35°, 107.5°±1°)	$f^{+0.5}_{0}$ 系列 5			16	20	25	32	32					
	l（代号）			11/13	11/13	13/16	16	16					
	l_{2max}			25/32	25/32	32/40	40	40					

（续）

代号		$h \times b$	0808	1010	1212	1616	2020	2525	3225	3232	4032	4032	4040	5050
		l_1 (k16)	60	70	80	100	125	150	170	170	150	200	200	250
		h_1 (js14)	8	10	12	16	20	25	32	32	40	40	40	50
J	55° 93°±1°	$f_0^{+0.5}$ 系列5	10	12	16	20	25	32	32			40		
		l (代号)	07	07	11	11	15	15	15			15		
		l_{2max}	25	25	32	32	40	40	40			40		
	93°±1°	$f_0^{+0.5}$ 系列5						25	32	32		40		
		l (代号)						16	16/22	16/22		22/27		
		l_{2max}						32	32/36	32/36		36/40		
	35° 93°±1°	$f_0^{+0.5}$ 系列5			16	20	25	32	32					
		l (代号)			11/13	11/13	13/16	16	16					
		l_{2max}			25/32	25/32	32/40	40	40					
K	75°±1° 100°	$f_0^{+0.5}$ 系列5	10	12										
		l (代号)	06	06										
		l_{2max}	25	25										
		a	1.6	1.6										
	75°±1° 90°	$f_0^{+0.5}$ 系列5			16	20	25	32	32	40			50	
		l (代号)			09	09/12	12	12/19	12/19	19			19/25	
		l_{2max}			32	32/36	36	36/45	36/45	45			45/50	
		a			2.2	2.2/3.1	3.1	3.1/4.6	3.1/4.6	4.6			4.6/5.9	

（续）

代号	参数	0808	1010	1212	1616	2020	2525	3225	3232	4032	4032	4040	5050
代号	$h \times b$	0808	1010	1212	1616	2020	2525	3225	3232	4032	4032	4040	5050
	l_1（k16）	60	70	80	100	125	150	170	170	150	200	200	250
	h_1（js14）	8	10	12	16	20	25	32	32	40	40	40	50
L	$f^{+0.5}_{\ 0}$ 系列 5	10	12	16	20	25	32	32	40			50	
（95°±1°, 80°, 95°±1°）	l（代号）	06	06	09	09/19	12	12/19	12/19	19			19	
	$l_{2\max}$	25	25	32	32/36	36	36/45	36/45	40			45	
	$f^{+0.5}_{\ 0}$ 系列 5	10	12	16	20	25	32	32	40				
（95°, 80°, 95°）	l（代号）	04	04	04	06	06/08	06/08	06/08	08				
	$l_{2\max}$	25	25	25	36	36/45	36/45	36/45	45				
N	$f^{+0.5}_{\ 0}$ 系列 1	4	5	6	8	10	12.5	12.5		16			
（55°, 63°±1°）	l（代号）	07	07	11	11	11/15	15	15		15			
	$l_{2\max}$	25	25	32	32	32/36	45	45		45			
	$f^{+0.5}_{\ 0}$ 系列 1						12.5	12.5		16			
（63°±1°）	l（代号）						16/22	16/22		16/22			
	$l_{2\max}$						32/36	32/36		32/36			
R	$f^{+0.5}_{\ 0}$ 系列 4			13	17	22	27	27	35			43	53
（90°, 75°±1°）	l（代号）			09	09/12	12	12/19	12/19	19			19/25	25
	$l_{2\max}$			32	32/36	36	36/45	36/45	45			45/50	50
	a			2.2	2.2/3.1	3.1	3.1/4.6	3.1/4.6	4.6			4.6/5.9	5.9
S	$f^{+0.5}_{\ 0}$ 系列 5	10	12										
（45°±1°, 80°）	l（代号）	06	06										
	$l_{2\max}$	25	25										
	a	4.2	4.2										

（续）

代号	$h \times b$	0808	1010	1212	1616	2020	2525	3225	3232	4032	4032	4040	5050
代号	l_1 (k16)	60	70	80	100	125	150	170	170	150	200	200	250
	h_1 (js14)	8	10	12	16	20	25	32	32	40	40	40	50
S	$f^{+0.5}_{0}$ 系列5			16	20	25	32	32	40			50	50
	l （代号）			09	09/12	12	12/19	12/19	19			19/25	25
	l_{2max}			32	32/36	36	36/45	36/45	45			45/50	50
	a			6.1	6.1/8.3	8.3	8.3/12.5	8.3/12.5	12.5			12.5/16	16
	$f^{+0.5}_{0}$ 系列5	10	12	16	20	25	32	32	40			50	
	l （代号）	06	06/08	06/08	06/08/10	06/08/10/12	06/08/10/12/16	12/16	20			25	
	l_{2max}	25	25	32	32	36	40	40	45			50	
T	$f^{+0.5}_{0}$ 系列2			11	13	17	22	22	27			35	
	l （代号）			11	11	16	16	16	22			27	
	l_{2max}			25	25	32	32	32	36			40	
	a			5	5	7.2	7.2	7.2	10			12.2	
V	$f \pm 0.25$ 系列1			6	8	10	12.5	12.5					
	l （代号）			11/13	11/13	13/16	16	16					
	l_{2max}			25/32	25/32	32/40	40	40					

注：1. 表中的尺寸 a 是按前角 $\gamma_o=0°$，刃倾角 $\lambda_s=0°$ 以及刀尖圆弧半径 r_ε，按表2-9的相应基准刀片的刀尖圆弧半径值计算出来的。

2. 带圆刀片的刀具，没有给出主偏角。

3. 表中图例为右切刀，左切刀的参数与此对称。

2.1.2 外圆车削刀具结构分析

机夹式数控外圆车刀可分为刀杆与刀片两部分，其实这两部分还可以细分拓展出不同的结构型式。

1. 外圆车刀刀杆型式的拓展

方截面刀杆（截面尺寸 $h=b$）外圆车刀是经典常见的刀杆型式，如图 2-2 所示。GB/T 5343.2—2007 推荐的刀杆截面（表 2-10）存在矩形截面刀杆（$h \neq b$），图 2-8 所示为矩形截面外圆车刀示例。这两种刀杆截面并不复杂，这里不展开讨论。

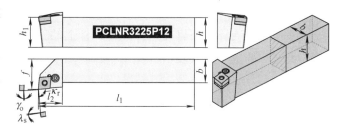

图 2-8　矩形截面外圆车刀示例

刀杆的实质是用于刀具的安装，随着数控车刀技术的发展，部分刀具制造商开发出了新型专用刀杆型式（即刀具接口）的外圆车刀。

图 2-9 所示为基于肯纳金属（Kenna metal）公司 KM 工具系统中 KM-TS 系统的外圆车刀示例，KM-TS 系统是基于 KM 接口技术开发的适用于车床和车削类加工中心的快速换刀装置。图 2-8 中，刀片为 C 型有孔型式，刀片法后角为 0°，刀具主偏角 95°，采用 P 型直角杠杆夹紧方式。刀杆装夹部分为专用型 KM 接口，这种专用接口刀具更换快速方便，装刀刚度和精度高，可机外预调，缩短停机时间。

KM 接口是基于 1∶10 锥度的短锥柄而设计的，它在安装时有三个接触面。安装时，首先基准圆锥与刀座接触，完成定心过程，同时，U 形槽进行角向定位；其次刀柄继续拉入刀座，直至法兰面与刀座接触，完成轴向定位，尾部接触有一定的弹性，可进一步提高接触刚度。实际上，刀柄的制造精度很高，整个锥面和法兰面基本上是接触的，因此，具有极佳的装刀刚度和精度。该接口结构与参数已有 ISO 标准和国家标准（GB/T 33524.1—2017《带有钢球拉紧系统的模块圆锥接口　第 1 部分：柄部尺寸和标记》）供参考，接口国标代号为 TS。

图 2-10 所示为基于山特维克（Sandvik）集团的 Capto 接口的外圆车刀示例。该接口是一个"三棱锥面 + 法兰面"的结构，三棱锥面不仅可以定心，而且可以防止转动，配合法兰面的轴向定位可获得较好的装夹刚度和精度。该接口参数已有 ISO 标准和国家标准（GB/T 32557.1—2016《带有法兰接触面的多棱锥接口　第 1 部分：柄部尺寸和标记》）供参考，接口国标代号为 PSC。

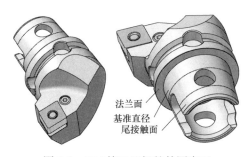

图 2-9　KM 接口刀杆的外圆车刀

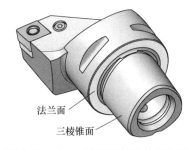

图 2-10　Capto 接口刀杆的外圆车刀

根据夹具设计原理，锥面与法兰面定位属于过定位，但这是对不变形刚性体而言的。根据高速加工常见 HSK 接口装夹原理，加工精度高是因为装夹过程中锥面有微小的弹性变形，实现锥面与法兰面的接触，达到装夹的高刚度和高精度。这两种接口的装夹原理也是如此。由于这类刀具专业性较强，后续不再讨论。

2. 刀片安装姿态

刀片的安装姿态指机夹式刀片在刀杆上的安装方位，这个参数必须基于切削加工，同时它也是刀杆上刀片安装槽的加工参数。当然，刀片断屑槽型的设计也必须考虑刀片安装姿态。

（1）负前角与正前角　负前角与正前角［又称负角与正角，负型（Negative）与正型（Positive）］的概念可用于刀片或外圆车刀。由前述内容可知，刀片的法后角有 0° 和大于 0° 的情形。由于切削加工时不允许有 0° 的法后角，因此，这种 0° 法后角的刀片必须通过在刀杆上的安装姿态，获得一个适当的刀具后角。不考虑前刀面上的断屑槽，刀具前角一定是负前角，这就是负前角概念的来由。显然，对于法后角大于 0° 的刀片，即使是 0° 的刀具前角，也存在刀具后角，由于刀片法后角有多种规格，因此，必要时也可设计出正前角外圆刀具的机夹式刀具，这就是正前角的概念。

关于负前角刀具安装姿态有不同的表述方法，图 2-2 是按照经典金属切削原理的刀具几何参数表述的标注在正交平面参考系中的角度描述刀片的安装姿态，它基本可表述常用的五个刀具标注角度（前角 γ_o、后角 α_o、主偏角 κ_r、负偏角 κ_r' 和刃倾角 λ_s），这种表述方法较为专业；图 2-11 所示为标注在假定工作平面与背平面参考系的两个前角——背前角 γ_p 和侧前角 γ_f，这种表述既可表现出加工过程中两个特定方向上的切削性能，又可使刀杆上刀片安装槽型加工角度的计算更为直观。实际中，对于数控机夹式刀具的切削性能控制，更多的是依靠不同的断屑槽型等实现，刀片的安装姿态仅是一个初步的设置，正是不同的断屑槽型，使得刀片安装姿态一定的刀杆，可通过安装不同断屑槽型的刀片，实现粗加工、精加工等不同的加工类型。由于刀片断屑槽型与刀具安装姿态角度存在一定的关系，且与刀具型号的表示规则无关，因此，刀片安装姿态的几何角度与刀片断屑槽型可作为刀具制造商的商业秘密，故很多刀具制造商在刀具样本上并不提供刀具安装姿态的几何角度值，甚至不提供图 2-11 中的左视图，仅提供主视图和俯视图，这是刀片安装姿态的第三种表述，但在刀具工程图中是可以直接看出负前角安装姿态的，同时，配合刀具选择的文字说明也会提到负前角外圆车刀等信息。

正前角刀具应用最多的是水平安装刀片姿态为 0° 前角的车刀，如图 2-12 所示，根据刀片法后角的不同以及切削加工材料等的不同，如铝合金、非金属材料等的加工，还会出现大于 0° 的刀具前角，这时可以标注出刀具的相关前角。对于 0° 前角（图 2-12），也可以不用标注，因为其刀具图中可直观看出是负前角外圆车刀，同时样本中的相关文字表述也会提及负前角的概念。

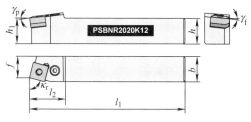
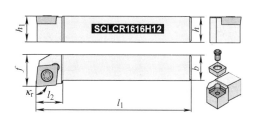

图 2-11　负前角（刀片）外圆车刀　　　　　图 2-12　正前角（刀片）外圆车刀

（2）平装与立装　机夹式刀具的刀片常见的安装方式是刀片近似水平放置——平装刀片，如图 2-11 所示，这种安装姿态的刀片前刀面是刀片厚度方向的上表面。另外，还有一种刀片安装方式——立装刀片，如图 2-13 所示，刀片的前刀面是刀片的侧面，因此，又称为刀片的切向安装，这种安装姿态的刀片厚度转变为刀片的宽度，因此，刀片可承受更大的切削力，特别适合于重载加工场合。这种刀片设计得当时，可获得双面共 8 个切削刃。该刀具夹紧机构的锥头勾销与刀片的锥孔匹配，在锁紧螺钉的推拉下，使刀片不仅夹紧力大且夹紧刚性好，还具有极佳的夹紧可靠性。另外，刀片的前刀面断屑槽设计较好，切削控制较好，几乎可适用于各种工件材料的加工。

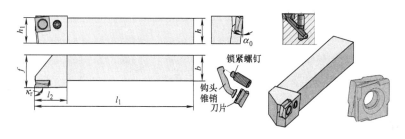

图 2-13　立装刀片外圆车刀示例

3. 刀片夹紧方式

（1）机夹式车刀刀片典型夹紧机构　GB/T 5343.1—2007 中规定的四种夹紧形式分析。

1）顶面夹紧（C 型）机构（图 2-4a）。图 2-14 所示为常见 C 型夹紧机构示例，图 2-14a 所示为基本结构，刀片依靠的底面与两个侧立面定位，钩形压板 6 上压紧固定刀片，切削力的方向与刀片夹紧力的方向重合，因此不会破坏刀片夹紧。刀垫 2 用刀垫螺钉 3 固定，在刀片崩碎后可保护刀杆。夹紧螺钉 4 为双头螺钉结构，两头螺纹旋向相反，旋转夹紧螺钉可控制钩形压板 6 上 / 下移动，松开 / 压紧刀片，松开后刀片可以转位或更换。顶面夹紧机构的压板 6 布置在刀片顶面（前刀面），可能会影响切屑的流出方向与卷屑效果等。为改善切屑控制与断屑性能，可在刀片上表面增加一块断屑器，如图 2-14b 中的断屑器 7。图 2-14c 所示为应用示例。

顶面夹紧方式多用于无固定孔刀片，特别适用于超硬材料刀片，如 PCBN、PCD 或陶瓷刀片。由于这种夹紧方式刀片在夹紧前的定位依靠操作者凭手感控制，且刀片横向夹紧力仅为摩擦力，刀片的夹固可靠性略差，因此，带固定孔的硬质合金刀片一般不用这种夹紧方式。

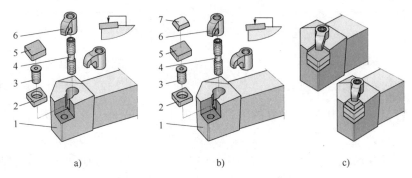

图 2-14　顶面夹紧（C 型）机构示例

a）基本结构　b）增设断屑器　c）应用示例

1—刀杆　2—刀垫　3—刀垫螺钉　4—夹紧螺钉　5—刀片　6—压板　7—断屑器

图 2-14a 中右上角的符号是 GB/T 5343.1—1993 中规定的符号（下同），在 GB/T 5343.1—2007 取消了符号表述，仅用文字表述，这给予了刀具制造商更大的自主权，但大部分刀具制造商的刀具样本上依然在采用这一符号。以下列举几例变化供参考。

图 2-15 所示为顶面夹紧变化示例，其主要特点在刀片 5 上表面增加了凹槽，压板 7 上相应部分与之匹配设计，因此刀片的夹紧可靠性进一步增强，可适应更大范围的横向切削力变化，如仿形车削等。该夹紧机构的顶面夹紧部分设计为组件型式——压板组件 4，它包含夹紧螺钉 6、压板 7 和开口挡圈 8，夹紧螺钉为内六角螺钉结构，穿入压板后，在螺钉中部的凹

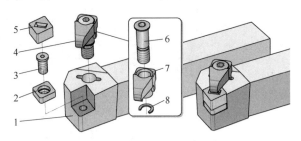

图 2-15　顶面夹紧（C 型）机构变化示例 1

1—刀杆　2—刀垫　3—刀垫螺钉　4—压板组件　5—刀片
6—夹紧螺钉　7—压板　8—开口挡圈

槽中装入开口挡圈，这样旋转螺钉上 / 下移动，可带动压板同时上 / 下移动，方便刀片转位与更换，同时，夹紧螺钉的螺纹端也设置有内六角扳手孔，可从刀杆底面操作压板松 / 紧。压板组件设计有助于专业化生产，降低成本。

图 2-16 所示为顶面夹紧另一变化示例，它的特点是压板组件 5 增加了断屑器和 U 形弹簧，如图 2-17 所示，断屑器上部有与压板匹配的纵横凹槽，增加压紧的可靠性，同时，U 形弹簧初始状态开口略内收，压板上开设有 U 形弹簧支撑槽，U 形弹簧插入支撑槽后，前端夹住断屑器并在支撑槽的作用下

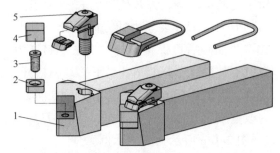

图 2-16　顶面夹紧（C 型）机构变化示例 2

1—刀杆　2—刀垫　3—刀垫螺钉　4—刀片　5—压板组件

托住断屑器，方便刀片的转位与更换。

图 2-17 中的断屑器有多种型式，可供不同形状的刀片选用，如图 2-17 中件 5、6 所示。图 2-17a 所示为压板组件分解图，图中虚线所示的 U 形弹簧为与断屑器装配后的状态；图 2-17b 所示为压板组件与断屑器组合示例，其中断屑器 II 上表面有多个横向凹槽，使得断屑器前后位置可调。注意到断屑器上的纵横槽，纵向槽为矩形槽，它与压板下部的矩形凸起（图 2-17b 右上图）构成了矩形滑轨纵向定位；横槽为圆弧形，它与压板上相应的圆弧面配合压紧压板，可确保断屑槽底部与刀片平面接触；断屑器装入压板组件后，在 U 形弹簧的托举下，可基本保持不脱落的状态，便于刀片的更换。图 2-17c 所示为断屑器 II 应用示例。

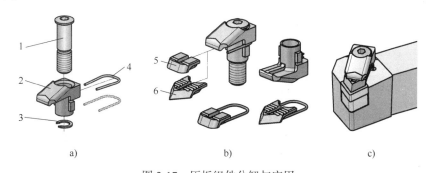

图 2-17 压板组件分解与应用

a）压板组件分解 b）压板组件与断屑器组合 c）应用示例
1—夹紧螺钉 2—压板 3—开口挡垫 4—U 形弹簧 5—断屑器 I 6—断屑器 II

2）顶面和孔夹紧（M 型）机构（图 2-4b）。图 2-18a 所示为常见的 M 型夹紧机构的基本结构，刀杆 1 上的锁销固定孔包括锥孔与螺孔两部分，锥孔与螺孔之间存在偏心，锁销 3 向下拧入时，在偏心锥孔的作用下，上端圆柱部分通过刀片固定孔将刀片横向压紧，然后再用压板 6 从刀片顶面压紧，实现刀片 4 的顶面和孔夹紧。这里，锁销 3 还起固定刀垫 2 的作用，夹紧螺钉 5 两头的螺纹旋向相反，因此旋转夹紧螺钉时可实现压板的松 / 紧操作。注意，图 2-18a 的锁销 3 中心是通孔，两端有内六角螺孔，便于锁销上 / 下均可操作。夹紧螺钉 5 也是上 / 下均可操作旋转。这种夹紧机构刀片依靠底面与两个侧面定位，顶面和孔组合夹紧属于复合夹紧方式，因此夹紧可靠性高于纯压板的 C 型压紧机构，但刀片上必须有孔。由于压板的存在，可能干扰切屑的卷曲，影响切屑的形态，因此，主要用于切削厚度稍小的精车与半精车加工。但如果按图 2-18b 所示增设断屑器 7，控制切屑形态，则同样可用于粗车加工。

图 2-19 所示为锁销 - 楔块压板夹紧机构应用示例 1，由图 2-19a 可见，它仍可归属于 M 型夹紧机构。该夹紧结构的组成为，锁销 3 下部螺纹固定在刀杆 1 上，同时固定了刀垫 2，锁销 3 上部圆柱部分与刀片 4 圆孔配合，起刀片定位并配合锁紧作用。压板组件 5 中的压板后部与刀杆上斜面接触，压紧螺钉下压的同时，横向推动刀片与锁销上部圆柱面接触压紧。压板下压产生的横向推力类似于楔块结构，同时顶面压紧刀片。刀片的角向定位是通过刀片的边与压板接触实现的。

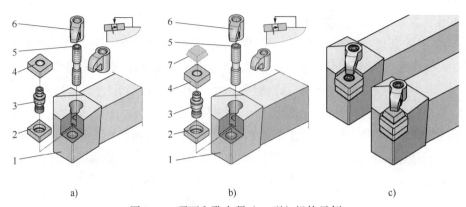

图 2-18　顶面和孔夹紧（M 型）机构示例

a）基本结构　b）增设断屑器　c）应用示例

1—刀杆　2—刀垫　3—锁销　4—刀片　5—夹紧螺钉　6—压板　7—断屑器（可选）

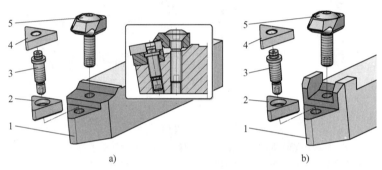

图 2-19　锁销－楔块压板夹紧机构应用示例 1

a）夹紧机构原理　b）应用示例

1—刀杆　2—刀垫　3—锁销　4—刀片　5—压板组件

图 2-20 所示为锁销－楔块压板夹紧机构应用示例 2，其中锁销的结构略有变化，采用锁销螺钉 1 从刀具下部孔进入与锁销 4 下端面的螺孔联接固定锁销。由于 W 型刀片的锁紧边为一条折线，因此，压板与刀片的接触点设计为两凸点压紧。该刀具为负前角型外圆车刀，选用 WN 型刀片（刀尖角为 80° 的等边不等角六边形刀片，刀片法后角为 0°），有三条可转位切削刃，刀具主偏角为 95°，副偏角为 5°，适用于轴向与径向进给加工，适应性较好。

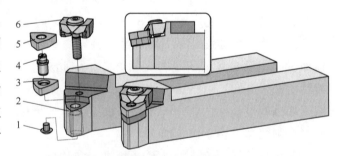

图 2-20　锁销－楔块压板夹紧机构应用示例 2

1—锁销螺钉　2—刀杆　3—刀垫　4—锁销　5—刀片　6—压板组件

图 2-21 所示为锁销－楔块压板夹紧机构应用示例 3，其中的变化主要在楔块横向夹紧机构部分，压板 1 在夹紧螺钉 2 的作用下，后部的楔块推动侧面锁紧块 6 横向移动，推动刀片 3 与锁销 5 接触直至锁紧，同时，压板还从刀片顶面压紧刀片，实现 M 型夹紧机构的顶面与孔夹紧刀片。

3）孔夹紧（P 型）机构（图 2-4c）。图 2-22 所示为孔夹紧（P 型）机构示例（L 型杠杆），旋转夹紧螺钉 1 进 / 出，其上的沟槽带动杠杆 5 偏转夹紧 / 松开刀片 2，挡销 3 的作用是定位刀垫，防止脱落。杠杆夹紧结构夹紧可靠，前刀面切屑流出顺畅，刀片固定孔为圆柱孔，适合于半精车与精车加工。

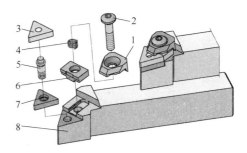

图 2-21 锁销 – 楔块压板夹紧机构应用示例 3
1—压板 2—夹紧螺钉 3—刀片 4—弹簧 5—锁销
6—侧面锁紧块 7—刀垫 8—刀杆

图 2-23 所示是另一种杠杆夹紧机构，其杠杆 2 为直型结构。首先，将杠杆 2 插入刀垫 3 后，装入弹性挡圈 4，再装入刀杆 5 上的刀垫固定孔中，弹性挡圈外径略大于刀杆安装孔直径，因此，装入后基于摩擦力不易自然脱落。然后，将刀片 1 固定孔对准杠杆，并装入刀杆。最后装入夹紧螺钉 6，在手感压紧刀片状态下，拧紧夹紧螺钉。注意，夹紧螺钉前段为锥形，顶住杠杆下段凹槽，根据杠杆原理，上段压紧刀片。这种夹紧机构的水平方向结构空间较小，适合于长条形的 V 型刀片等孔夹紧。

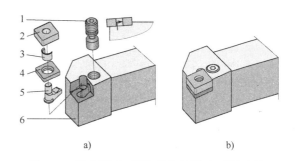

a) b)

图 2-22 孔夹紧（P 型）机构示例（L 型杠杆）
a) 结构原理 b) 应用示例
1—夹紧螺钉 2—刀片 3—挡销 4—刀垫 5—杠杆 6—刀杆

4）螺钉通孔夹紧（S 型）机构（图 2-4d）。图 2-24 所示为螺钉通孔夹紧（S 型）机构示例 1，刀片固定孔为沉孔结构。完整的结构如图 2-24a 所示，刀垫螺钉 3 固定刀垫 2，且刀垫螺钉为中空结构，中空内孔为螺孔，夹紧螺钉 5 穿过刀片 4 固定孔，拧紧在刀垫螺钉上夹固刀片。为保证刀片与刀杆的两个侧立面可靠定位与夹紧，

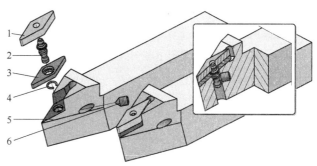

图 2-23 孔夹紧（P 型）机构示例（直型杠杆）
1—刀片 2—杠杆 3—刀垫 4—弹性挡圈 5—刀杆 6—夹紧螺钉

夹紧螺钉一般设置得略向两面交点方向偏心一点距离固定，确保螺钉夹紧过程中会产生一个向内的横向推力。对于尺寸较小的螺钉夹紧刀杆（$h \times b \leqslant 16mm \times 16mm$ 时），由于空间位置的限制，多设计为无刀垫结构，如图 2-24b 所示。图 2-24c 所示为装配后的应用示例。螺钉通孔夹紧方式的夹紧力稍小，因此多用于精车加工刀具，且多为正前角车刀。

图 2-24 所示机构的刀垫螺钉结构稍微复杂，图 2-25 所示为螺钉通孔夹紧（S 型）机构示例 2，刀垫 2 通过刀垫定位销 3 定位并固定在刀杆 1 上，刀垫定位销是一个开口管状

沉头结构，端部翻边成 V 形凸缘，定位销直径略大于刀杆定位孔，当它通过刀垫上相应孔定位到刀杆上时，在弹性作用下，有一定的摩擦力固定刀垫，刀片 4 通过夹紧螺钉 5 直接紧固在刀杆上。这种结构相对简单，因此，被多家刀具制造厂商采用。

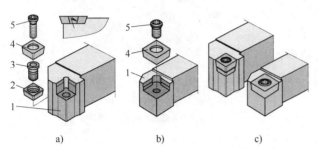

图 2-24　螺钉通孔夹紧（S 型）机构示例 1
a）有刀垫结构　b）无刀垫结构　c）应用示例
1—刀杆　2—刀垫　3—刀垫螺钉　4—刀片　5—夹紧螺钉

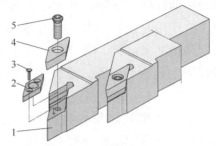

图 2-25　螺钉通孔夹紧（S 型）机构示例 2
1—刀杆　2—刀垫　3—刀垫定位销　4—刀片
5—夹紧螺钉

（2）其他车刀夹紧机构　此处是指 GB/T 5343.1—2007 规定的四种夹紧型式之外的夹紧机构。

1）双重夹紧方式（Double clamping，简称 D 型夹紧）是当前应用较为广泛的刀片夹紧方式，如图 2-26 所示。图 2-26a 所示为刀垫螺钉型结构，刀垫 2 通过刀垫螺钉 4 固定在刀杆 1 上，压板 5 前端凸台嵌入刀片 6 的固定孔中，压板后部斜面与刀杆上相应斜面接触，夹紧螺钉 7 向下拧紧的过程中，压板产生一个向后的拉力，使刀片顶面夹紧的同时，产生一个横向向后的拉力，确保刀片两个侧立面可靠地定位夹紧。图 2-26a 中右上角为大部分刀具制造商采用的夹紧符号，右下框出部分为双重夹紧的工作原理，P 向视图显示压板后部斜面处有一个圆杆，工作时插入刀杆相应部位的孔中，防止压板旋转。弹簧 3 的作用是夹紧螺钉松开时，向上弹起托住压板，便于刀片转位与更换操作。图 2-26b 所示为弹性挡销型结构，刀垫借用了图 2-22 中的挡销设计，紧固刀垫，这种设计结构简单，通用性好，成本较低。

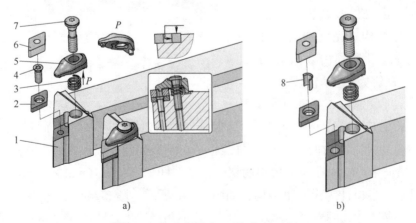

图 2-26　双重夹紧（D 型）机构示例 1
a）刀垫螺钉型结构　b）弹性挡销型结构
1—刀杆　2—刀垫　3—弹簧　4—刀垫螺钉　5—压板　6—刀片　7—夹紧螺钉　8—挡销

图 2-27 所示为双重夹紧（D 型）机构示例 2，它的夹紧原理不变，均可实现顶面压紧与孔横向夹紧。该机构的夹紧螺钉 5 为双头螺钉结构，两头螺纹旋向相反，旋转夹紧螺钉可实现压板的夹紧与松开，松开的同时，压板依靠螺纹同时升起，因此，不需要弹簧托住。

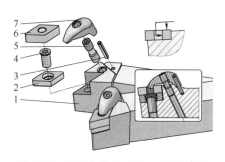

图 2-27　双重夹紧（D 型）机构示例 2

1—刀杆　2—刀垫　3—槽销　4—刀垫螺钉
5—夹紧螺钉　6—刀片　7—压板

双重夹紧机构以顶面夹紧为主，同时产生横向夹紧力，夹紧过程夹紧力大，夹紧可靠性好，夹紧结构的复杂性也不算高，广泛用于粗车与半精车加工。双重夹紧机构的夹紧力的作用点与方向和 M 型顶面与孔夹紧机构相似，但这两个力是同步动作，由一次操作完成，操作方便，因此被大部分刀具制造商所采用，近年来几乎所有的数控刀具制造商均推出这种有夹紧机构的数控车刀系列。这种夹紧机构不仅应用于带有固定孔的刀片，经过合适设计，还可应用于顶部设有凹槽的无孔刀片。

2）钩头锥销拉压夹紧机构，包括无刀垫与有刀垫结构型式，一般结构空间允许的较大车刀多设计为有刀垫结构，如图 2-28 所示。这种夹紧机构在图 2-13 的立装刀片的外圆车刀上已出现过，这里是应用于平装刀片的示例。图 2-28 中，钩头锥销 2 为刀片锁销。首先，将刀片 3（和刀垫 5）套入钩头锥销，然后将钩头锥销插入刀杆上相应斜孔中，插到底后，旋动夹紧螺钉 4，压住钩头锥销下部的缺口平面，拉紧刀片直至夹紧。这种夹紧方式，在夹紧过程中通过刀片的固定锥孔产生很大的横向和向下的压紧力，且夹紧可靠性极高，同时刀片上表面没有任何干扰切屑流出的障碍物，通过选择不同的刀片断屑槽，可实现粗车、半精车和精车加工，甚至可实现重载车削加工，通用性较好。

3）锥孔自锁夹紧机构（图 2-29），主要用于圆形刀片，其刀片 1 无夹紧孔，但下部有锥台，可与刀杆 2 上相应的锥孔配合，为保证刀片自锁不松脱，锥度的大小很重要，如图 2-29 中的锥度半角为 6°，在自锁角范围内。

以上列举了部分数控外圆车削刀具的刀片夹紧方式供读者研习参考。

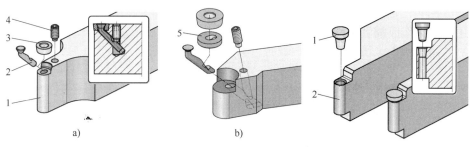

a)　　　　　　　　　　　b)

图 2-28　钩头锥销拉压夹紧机构

a）无刀垫　b）有刀垫

1—刀杆　2—钩头锥销　3—刀片　4—夹紧螺钉　5—刀垫

图 2-29　锥孔自锁夹紧机构

1—刀片　2—刀杆

2.1.3 刀具主偏角与刀头型式、加工形状匹配分析

根据外圆车刀型号表示规则，第③位表示的是刀具头部型式，表 2-1 为标准规定的外圆车刀头部型式，每种型式包含的信息主要有主偏角和主切削刃等，它隐含了切削进给允许方向和加工表面形状，由前述可知，外圆车刀加工表面包括外圆、端面和外轮廓曲面仿形，不同表面对刀具头部结构型式要求不同。表 2-10 中，夹持部分主要针对的是方形或矩形刀杆，因此其是表 2-1 头部型式的延伸与指导。此处，以表 2-10 所列刀杆主偏角和头部型式展开进一步的介绍，归纳与总结外圆车刀主偏角与刀头型式选择及应用。

1. 主偏角 90° 的侧切刀头（A 型和 G 型）

主偏角 κ_r 为 90° 的侧切刀头广泛用于外圆柱面车削加工，同时由于其径向切削力较小，在切削工件刚性稍差的细长轴时也可选用。在 GB/T 5343.1—2007 的头部型式（表 2-1）中有两种接近的型式，直头侧切的 A 型和偏头侧切的 G 型。

图 2-30 所示为 A 型刀头，其刀头特征为直头型，刀杆仅是直通结构，主切削刃 S 与刀杆内侧面平齐或略有偏移，这种外圆车刀结构简单，但存在较深阶梯端面切削时刀杆内侧面与工件加工面干涉的问题。A 型刀头的典型配置是 T 型和 C 型刀片，也有 D 型和 V 型刀片的配置。正三角形（T）刀片的刀头仅用于外圆车削，是典型的刀头配置，其有三条可转位主切削刃，性价比较高；80° 刀尖角的菱形（C）刀片也是常见的刀头配置型式，其虽然只有两条可转位的主切削刃，但存在一条副偏角为 10° 的副切削刃，可获得表面粗糙度较小的加工表面，同时刀尖角度大可提高刀具寿命，因此这种刀片的刀头适用于粗车、精车加工。D 型刀片是刀尖角为 55° 的菱形刀片，其可获得 35° 的副偏角，因此可斜向进给加工，切出一定的内凹表面。V 型刀片的刀尖角为 35°，因此其副偏角达 55°，其不仅可斜向进刀加工，甚至可反向进刀车削，可加工的内凹深度更大，并可进行仿形加工。由于 D 型和 V 型刀片的刀尖角较小，因此以半精车、精车和仿形车削为主。

图 2-31 所示为 G 型刀头，它与 A 型刀头的差异表现为偏头，即刀杆头部左侧外偏离刀杆内侧一定距离，因此其主切削刃偏离刀杆内侧表面，避免了直头刀杆内侧与加工端面的干涉。典型的刀片偏置形状为 T 型和 C 型，主要用于外圆柱表面的粗车加工，部分刀具商还把它制作成配置圆形（R）刀片的刀头结构，这种头部型式不仅可车削外圆柱面，还可车削端面。

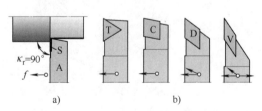

图 2-30 κ_r=90° 直头侧切刀头（A 型）

a）加工示意图 b）刀片形状示例

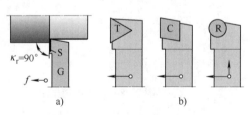

图 2-31 κ_r=90° 偏头侧切刀头（G 型）

a）加工示意图 b）刀片形状示例

关于主偏角 90° 的讨论。主偏角为 90° 是一个理想值,实际角度非大即小。当主偏角小于 90° 时,切出的端面便不是平面。如果主偏角略大,则可配合径向退刀实现精准平端面的加工,因此,实际中均将这个主偏角做得略大。在 GB/T 5343.2—2007 中(表 2-10)是以极限偏差 " $^{+2°}_{0°}$ " 的形式表述,显然只能大于 90°。在某些刀具样本上直接将这种型式的头部主偏角标注为 91°。

2. 主偏角 75° 的侧切刀头(B 型和 R 型)

主偏角 κ_r 为 75° 的侧切刀头广泛用于外圆柱面车削加工,标准 GB/T 5343.1—2007(表 2-1)中有两种接近的型式,直头侧切的 B 型和偏头侧切的 R 型。

图 2-32 所示为 B 型刀头,其刀头特征为直头型,刀尖一般在刀杆内侧面偏内侧,刀杆结构简单,图 2-32a 为加工示意图,包括刀头切削表面、主偏角、主切削刃与进给运动等。在标准 GB/T 5343.2—2007(表 2-10)中,其推荐的刀片配置形状为 S 型和 C 型。S 型刀片具有 4 条可转位切削刃,性价比极高,应用广泛,可用于粗车、半精车加工和精车加工。图 2-32 中 C 型刀片配置示例显示它是基于刀尖角 100° 的两条边为主、副切削刃型式,其刀尖角较大,且副偏角仅为 5°,比 S 型刀片的 15° 更小,同等条件下加工表面粗糙度值更小,在精车加工时效果更佳。同时,刀尖角稍大有利于提高刀具的寿命,但不足之处是它仅有 2 条可转位切削刃,性价比略低。

图 2-33 所示为 R 型刀头,它与 B 型刀头的差异表现为偏头,偏头型式的刀杆头部结构比直头型式略微复杂,虽然其刀尖可在刀杆内侧面的外部,但 75° 的主偏角使得刀尖依然不是刀具内侧面基准的外侧最远点,偏头的优势并不明显,因此,其应用不及直头型的 B 型刀头广泛。

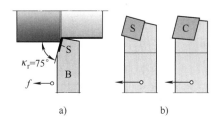 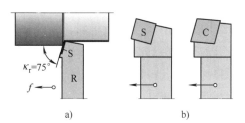

图 2-32 κ_r=75° 直头侧切刀头(B 型)　　　图 2-33 κ_r=75° 偏头侧切刀头(R 型)

a)加工示意图 b)刀片形状示例　　　　　　a)加工示意图 b)刀片形状示例

3. 主偏角 45° 的直头侧切刀头(D 型)

主偏角 κ_r 为 45° 的直头侧切刀头(D 型)如图 2-34a 所示。"侧切"的原意为外圆车削,因此,外圆柱面的车削是其主要应用之一。但它与后续介绍的 S 型刀头功能重叠,且直头的刀杆结构使刀尖偏离刀杆内侧基准面较远,外圆车削性能略逊色于偏头的 S 型刀头,但它的仿形车削功能是 S 型刀头不具有的功能。

标准 GB/T 5343.2—2007 中(表 2-10)推荐的刀片配置形状为正方形(S)刀片,4 条可转位切削刃带来的高性价比是它被推荐的主要原因。图 2-34a 中的 45° 主偏角和主切削刃 S 表示的是侧切，这时刀片的切削方向是右切削 R 型，而按图中进给运动 f 的方向它可以左右切削。显然，左切削 L 型的主、副切削刃对调了（图中未示出），若要实现左右切削，其刀片的切削方向必须是左右切削型（N）。如图 2-34b 所示，实际中的 S 型刀片多做成这种通用性好的左右切削型（N）刀片。此外，图 2-34a 中进给运动 f 的方向还包含径向进给运动，即这种刀头可实现轴向的右、左进给与径向进给运动加工，因此它是可以实现仿形车削加工的。

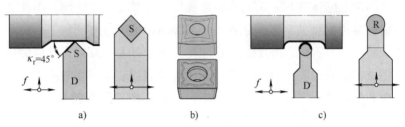

图 2-34　κ_r=45° 直头侧切刀头（D 型）

a）S 型刀片　b）切削刀片示例　c）R 型刀片

标准 GB/T 5343.1—2007 中（表 2-1 的备注中）还说明 D 型刀头可以安装圆形刀片，如图 2-34c 所示，其为圆形刀片，直头中置结构；图 2-34c 还清晰显示其进给运动方向和仿形加工示意，同时注意圆形刀片虽然整个圆形轮廓都可以作为切削刃，但在实际切削时的背吃刀量不能超过刀片半径。

4. 主偏角 90° 的偏头端切刀头（F 型）

主偏角 κ_r 为 90° 的偏头端切刀头（F 型），端切的含义即端面车削，可认为是 G 型头部的镜像结构，由于其为端面车削，为保证副偏角的存在以及避免刀头内侧与加工面的干涉，多采用偏头型头部结构。

图 2-35 所示为 F 型刀头图解，注意其主切削刃 S 为刀具前端面，标准 GB/T 5343.2—2007 中（表 2-10）推荐的刀片配置形状为正三角形（T）和 80° 刀尖角的菱形（C）刀片，但从性价比的角度考虑，正三角形（T）刀片配置有 3 条主切削刃，性价比较高，而 80° 刀尖角的菱形（C）刀片则仅有两条主切削刃，性价比稍低，另外其端切功能与 L 型刀头重叠，故它在刀具商的外圆车刀样本中出现的机率并不多。同前述 90° 主偏角侧切刀头的讨论类似，F 型刀头的主偏角应略大于 90°，如 91°。

5. 主偏角 107.5° 的偏头侧切刀头（H 型）

主偏角 κ_r 为 107.5° 的偏侧切刀头（H 型），标准 GB/T 5343.2—2007 中（表 2-10）推荐的刀片配置形状有两种，分别为刀尖角为 55° 和 35° 的菱形（D 和 V）刀片，这种刀头主要用于精车或半精车仿形

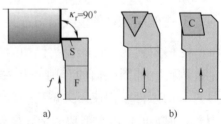

图 2-35　κ_r=90° 偏头端切刀头（F 型）

a）加工示意图　b）刀片形状示例

车削，若切削至根部的端面没有内凹要求，建议选用图 2-37 的 J 型刀头。

图 2-36 所示为 H 型刀头，H 型头部用于外圆仿形车削加工，主偏角为 107.5° 显示出它在切削至端面时仍然可以适当内凹切入车削，如图 2-36a 所

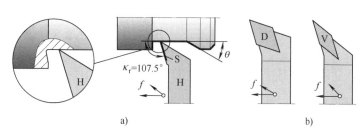

图 2-36　$\kappa_r=107.5°$　偏头侧切刀头（H 型）

a）加工示意图　b）刀片形状示例

示。刀片配置型式有刀尖角为 55° 和 35° 的菱形刀片，可计算出副偏角 κ_r' 分别为 17.5° 和 37.5°，副偏角的大小对仿形切入轨迹有较大的影响，一般建议工件轮廓的斜角 θ 必须小于刀具副偏角 2° 以上。从刀片切削性能看，D 型刀片的刀尖角 ε_r 更大，因此它的刀具寿命更长，但其曲面仿形的切入性能略逊色于 V 型刀片。

另外，可注意到部分刀具商样本上还有一种被称为 Q 型（主偏角为 107.5°）的偏头端切刀头，这种刀头若配置 55° 刀尖角的菱形刀片，则与 H 型刀头相同，但由于切削运动与加工面的变化，主切削刃和主、副偏角的位置也发生了变化。这种变化使这种型式刀头可进行深度不大的端面仿形车削加工。

6. 主偏角 93° 的偏头侧切刀头（J 型）

主偏角 κ_r 为 93° 的偏头侧切刀头（J 型），在 GB/T 5343.2—2007 中（表 2-10）推荐的刀片配置形状有三种，分别为刀尖角为 55° 和 35° 的菱形（D 和 V）刀片以及正三角形（T）刀片，这种刀头广泛用于精车或半精车仿形车削，由于主偏角略大于 90°，因此其切削根部的端面建议为平面，利用径向退刀可精车出较为精密的端面。另外，由于主偏角超过 90°（有 3° 的超过值），虽然不大，但足以抵消刀尖圆角以及副切削刃部分产生的径向切削分力，使外圆车削加工时工件上基本不存在径向切削力，因此，它是刚性较差的细长轴外圆车削时常见的工艺方案。

图 2-37 所示为 J 型刀头。图 2-37a 显示了主偏角、进给运动以及加工轮廓，其中下刀处轮廓的夹角 θ 与刀具副偏角有关，一般要求 $\theta \leqslant \kappa_r'+2°$，而副偏角 $\kappa_r'=180°-93°-\varepsilon_r$。图 2-37b 所示分别为 D、V 和 T 型刀片，由于三种刀片的刀尖角不同，因此副偏角也就不同。副偏角越大，则仿形车削时切入的深度越大，但要注意副偏角大也意味着刀尖角小，其结果是刀具更易磨损，刀具寿命缩短。

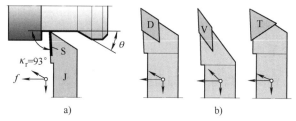

图 2-37　$\kappa_r=93°$　偏头侧切刀头（J 型）

a）加工示意图　b）刀片形状示例

7. 主偏角 75° 的偏头端切刀头（K 型）

主偏角 κ_r 为 75° 的偏头端切刀头（K 型），在 GB/T 5343.2—2007 中（表 2-10）推荐

了两种刀片形状配置，分别为刀尖角为 80° 的菱形（C）刀片和正方形（S）刀片，其结构可认为是 R 型刀头的镜像结构，主要用于车端面加工。

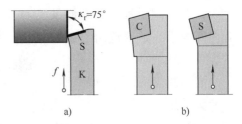

图 2-38 所示为 K 型刀头，显然偏头结构可有效防止刀杆内侧面与已加工端面的干涉现象，其加工性能与前述主偏角 75° 的偏头侧切刀头类似，且刀尖的应用基本相同，如 C 型刀片配置是基于刀尖角 100° 的两条边为主、副切削刃型式。其他性能可参阅前述主偏角 κ_r 为 75° 的侧切刀头（B 和 R 型刀头）分析。

图 2-38　κ_r=75° 偏头端切刀头（K 型）

a）加工示意图　b）刀片形状示例

8. 主偏角 95° 的偏头侧切与端切刀头（L 型）

主偏角 κ_r 为 95° 的偏头侧切与端切刀头（L 型），在 GB/T 5343.2—2007 中（表 2-10）推荐了两种刀片形状配置，分别为刀尖角为 80° 的菱形（C）刀片和刀尖角为 80° 的等边不等角六边形（W）刀片。它广泛用于外圆与端面和直径单调增加的仿形车削加工。

图 2-39 所示为 L 型刀头，由于刀尖角为 80°，主偏角为 95°，则副偏角为 5°，注意到它不管侧切外圆，还是端切端面，其主、副偏角值均不变，仅仅是主切削刃和主、副偏角的位置变化。进给运动方向 f 清晰地表明该刀具可单向切削外圆，也可在径向双向切削，两轴联动时还可切削非内凹的外圆曲面。为实现以上进给切削运动，刀头选用了偏头结构。由于切端面时径向力较大，因此要求工件的刚性较好。以上设计方案造就了该刀头优越的切削功能，因此它被广泛应用。

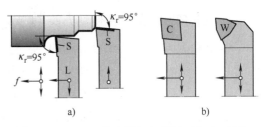

图 2-39　κ_r=95° 偏头侧切与端切刀头（L 型）

a）加工示意图　b）刀片形状示例

关于刀片的选用，C 型刀片虽然只有 2 条可转位切削刃，但它的有效切削刃较长，粗车加工时可取更大的背吃刀量，应用广泛；而 W 型刀片虽具有 3 条可转位切削刃，性价比较高，但它的有效切削刃较短，因此应用场合不如 C 型刀片广泛。

9. 主偏角 63° 的直头侧切刀头（N 型）

主偏角 κ_r 为 63° 的直头侧切刀头（N 型），在 GB/T 5343.2—2007 中（表 2-10）推荐了两种刀片配置形状，分别为刀尖角为 55° 的菱形（D）刀片和正三角形（T）刀片，可用于外圆与仿形车削，切削的轮廓深度比主偏角为 45° 的直头侧切 D 型刀头更大。

图 2-40 所示为 N 型刀头，图 2-40a 中的 N 型刀头为单侧切削刃，63° 主偏角，但切削进给运动方向 f 显示其可双向切削，这可从图 2-40b 所示的刀片配置判断出。D 型刀片的刀尖角为 55°，若做成左右对称，则其主偏角为 62.5°，与标准规定的 63° 仅 0.5° 差值，而 GB/T 5343.2—2007 规定的主偏角公差为 ±1°，实际上 0.5° 的主偏角差值对切削性能

几乎没有影响，所以 D 型刀片的 N 型刀头多做成主偏角 κ_r=62.5°，如此做的好处是这种刀头可使左、右切削性能一致，在仿形车削加工中性能较好。对于 T 型刀片，由于其刀尖角为 60°，若做成 63° 主偏角，则副偏角仅有 57°，若左、右两个方向切削加工，其切削性能还是有差异的，因此，实际中很少使用这种正三角形刀片配置的 N 型刀头外圆车刀。

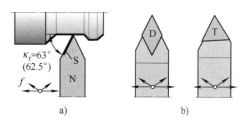

图 2-40　κ_r=63° 直头侧切刀头（N 型）

a）加工示意图　b）刀片形状示例

10. 主偏角 45° 的偏头端切刀头（S 型）

主偏角 κ_r=45° 的偏头端切刀头（S 型），在 GB/T 5343.2—2007 中（表 2-10）推荐了三种刀片形状配置，分别为正方形（S）刀片和刀尖角为 80° 的菱形（C）刀片，以及圆形（R）刀片，可用于外圆、端面切削、倒角以及轮廓内凹不大曲面的仿形车削。

图 2-41 所示为 S 型刀头图解，偏头端切显示其为端面车削，而实际上这种刀头同样适用于侧切外圆，是一种多用途刀头，由图 2-41a 可见其外圆与端面车削时的主切削刃、主偏角和进给运动方向，副偏角大小与刀尖角有关，计算式为 κ'_r=180°-45°-ε_r，即 S 形刀片为 45°，C 型刀片为 35°，显然，这里的副偏角还是较大。由于 S 型头部主偏角较小，因此轴向进给切削分力不大，功耗下降，但径向切削分力较大，因此它适合工件刚性较好的短粗工件，副偏角较大的好处是切削力减小，但表面粗糙度值会增加，因此，它更适于粗车和半精车加工。C 型刀片采用了 100° 菱形内角做刀尖角，刀具寿命高于 S 型刀片的 90° 刀尖角，但 S 型刀片 4 条可转位切削刃使其性价比高于 C 型刀片 2 条可转位切削刃刀片。配置圆形（R）刀片的 N 型刀头切削加工时，其最大背吃刀量一般不超过刀片半径，切削刃上各点的主偏角是变化的，整个切削刃的当量主偏角与背吃刀量有关，参考文献［1，2］中均有所介绍。当背吃刀量达到刀片半径时，当量主偏角为 45°，背吃刀量减小，则当量主偏角减小，背吃刀量为刀片半径的 50% 时，当量主偏角约为 30°。由此可见，圆形刀片车削外圆时的径向切削刃分力是大于直切削刃的，因此圆形刀片做外圆车削时并不是理想的选择，圆形刀片主要用于仿形车削加工。

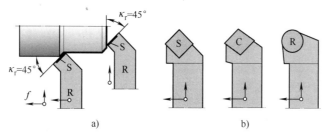

图 2-41　κ_r=45° 偏头侧切刀头（S 型）

a）加工示意图　b）刀片形状示例

实际中，偏头45°主偏角头部型式的外圆车刀具在车削外圆与端面时刀尖部位发生了变化，主切削刃的位置也略有变化。这种45°主偏角头部型式可较好地分配切削分力，是切削外圆和端面较好的型式。同时，它也是普通车削、快速车削倒角的首选。

11. 主偏角60°的侧切刀头（T型和E型）

主偏角 κ_r 为60°的侧切刀头，在GB/T 5343.1—2007（表2-1）中有两种型式——T型和E型，其中T型刀头在GB/T 5343.2—2007（表2-10）中有所推荐，而E型刀头是非优先采用的刀头型式，由于这两种型式有较为密切的联系，因此这里仍然将其列出，以便体会两者异同点。60°主偏角可较好地分配轴向与径向切削分力，虽然轴向分力略大，但该方向工件的刚性较好，因此略大的切削分力分配更合理。

图2-42所示为T型刀头图解，刀头结构特征为偏头，是外圆车削的主选结构型式。图2-42a中T型头部以车削外圆为主，GB/T 5343.2—2007推荐的刀片配置型式是正三角形（T）刀片，其具有3条可转位切削刃，性价比高。但也有少量刀具商有配置正方形（S）刀片的T型刀头型式，因为其有4条可转位切削刃，性价比更高。若说正方形刀片的不足之处，仅仅是在有效切削刃长度相同的情况下，刀片材料消耗更多，或许也是因此，标准推荐使用T型刀片配置。

讨论T型刀头时，还是有必要讨论一下主偏角60°的直头侧切的E型刀头，如图2-43所示，其刀片配置主要为T型刀头的正三角形（T）刀片。E型刀头仍然是外圆车削的刀头，但由于它是直头，刀尖相对刀杆内侧偏离较多，在已加工表面与待加工表面直径相差较大时，易出现刀杆内侧面与工件或自定心盘干涉的现象，实际中，刀具商常将它制做成中置结构，即刀尖在刀杆宽度的中间位置，同时选用左右切削方向（N）刀片，因此，这种刀头型式除了可用于侧切外圆外，更多的还是用于仿形车削，如图2-43a所示。

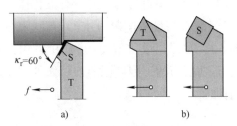

图2-42　$\kappa_r=60°$ 偏头侧切刀头（T型）

a）加工示意图　b）刀片形状示例

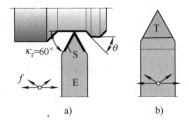

图2-43　$\kappa_r=60°$ 直头侧切刀头（E型）

a）加工示意图　b）刀片形状示例

12. 主偏角72.5°的直头侧切刀头（V型）

主偏角 κ_r 为72.5°的直头侧切刀头（V型），在GB/T 5343.2—2007（表2-10）中推荐了刀片形状配置型式是刀尖角为35°的菱形（V）刀片，主要用于仿形车削。由于刀尖角较小，因此仿形车削的轮廓可更深，若要提高仿形加工表面质量，建议选用适当大小的刀尖圆角半径。

图 2-44 所示为 V 型刀头图解，由图 2-44a 中进给运动的方向 f 可知，它适用于仿形车削加工图 2-44b 中配置的是 35° 刀尖角的菱形（V）刀片，刀头中置结构型式。由于刀尖角较小，因此仿形车削时的切入与切出更为灵活，可切削的深度更大。

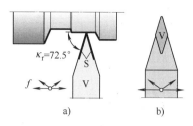

图 2-44　κ_r=72.5°　直头侧切刀头（V 型）
a）加工示意图　b）刀片形状示例

以上主要讨论了 GB/T 5343.2—2007 中优先采用的推荐刀杆（表 2-10）的头部型式，这些刀头型式是实际中常用的刀头型式，主偏角、直头或偏头结构以及进给运动方向是其主要表达信息，归纳总结如下。

1）主偏角的变化。外圆车削应用广泛，GB/T 5343.1—2007 中（表 2-1）称之为侧切，主偏角的变化较为丰富，有 45°、60°、75°、90°（含 91°）等多种规格，基本满足各种情况的外圆车削。外圆车削时，主偏角减小，则轴向分力减小，进给功耗降低，对于粗车加工较为有利，但主偏角的减小会造成径向分力增大，因此要求工件刚性较好，如短而粗的工件。若主偏角增大，则正好相反。主偏角为 90° 的刀头，主要加工终点为平面的阶梯轴，为保证平面的加工精度，主偏角一般使用正偏差，甚至有些刀具商直接将角度值标注为 91°。

端面车削是不可回避的加工型式，在 GB/T 5343.1—2007 中（表 2-1）称之为端切，主偏角的变化主要有 45°、60°、75°、90°（含 91°）等规格，其中 60° 为非优先推荐刀杆，刀具商多不生产此种刀杆。45° 主偏角端切刀头径向分力较小，应用广泛；75° 主偏角端切刀头由于副偏角较小，端面加工表面粗糙度值小，精车时效果较好，同时背吃刀量、径向切削力的绝对值也不会太大；90° 主偏角端切刀头主要用于短粗阶梯端面的加工。

实际中，93° 主偏角刀头的刀片配置主要用于轮廓仿形车削，三种刀片型式可获得不同的副偏角，其仿形车削的性能也略有不同。同时，这种主偏角对工件会产生径向反向切削力，减小工件受到的径向切削分力的影响，也是精车细长轴时可以考虑的刀头型式之一。95° 主偏角刀头（L 型）是适应性广泛的刀具头部，可进行侧切和端切，不仅可切削刚性好的短粗工件，刚性差一点的细长轴也可有效切削。小的副偏角使其精车效果好，是一个通用性较好的刀头型式。

2）偏头与直头分析。直头结构刀杆简单，但侧切外圆时可能出现刀杆内侧面与工件或自定心盘碰撞干涉现象，偏头结构虽然复杂，但其适应性强，应用还是较多的。

3）刀尖角的影响。刀尖角直接影响副偏角的大小，副偏角计算式为 $\kappa_r'=180°-\kappa_r-\varepsilon_r$，刀尖角大不仅可提高刀具寿命，且可减小已加工表面粗糙度值，适用于粗、精加工。

4）主偏角 107.5° 的偏头侧切刀头（H 型）具有良好的仿形车削性能，不仅可侧切外圆轮廓，也可用于端面轮廓的仿形车削。GB/T 5343.1—2007 中还有一款主偏角 117.5°，配置 35° 刀尖角的菱形刀片（V 型）的刀头型式（P 型），它与 H 型头部的设计思路相同，且在外圆与端面轮廓仿形车削时可切得更深，但由于其应用较少，GB/T 5343.2—2007 中未将其归类为优先推荐刀杆。

5）另外还有几款左、右切削的刀头型式，如 D 型、N 型、T 型和 V 型，其主要差异是刀片刀尖角不同，这会直接影响仿形车削性能以及刀具寿命，刀尖角小，仿形性能好，但刀具寿命低。

2.1.4　外圆车削刀具主要几何结构参数

数控刀具的主要几何结构参数指影响刀具选择的相关参数。外圆车刀的几何结构参数包括刀具主偏角 κ_r、刀尖位置尺寸 h_1 和 f、刀杆截面尺寸 $h \times b$、刀具长度 l_1、刀头长度 l_2 等，以及刀片型号与规格（包括刀杆匹配的刀片型号与规格和夹紧方式等）。由于型号系列化，因此具体参数值另列表处理。图 2-45b 所示为外圆车刀主要几何结构参数示例。从主视图刀片的安装姿态（具体角度未注）可见其为负前角车刀，匹配的刀片为 0° 法后角的刀片，其中 C 型刀片是主偏角为 95° 外圆车刀典型的配置方案之一。一般情况下，刀具商会将刀具型号印制在刀杆上，如图 2-45b 所示，其型号中还可看出刀头长度 l_2 之外的其他几何参数。另外，关于刀片安装姿态角度，部分刀具商也会有所表述，但这个参数对用户来说没有选择的余地，仅是大致表述刀具的性能，如表述负前角刀具等，实际上，仅仅依靠负前角刀片安装姿态的刀具角度并不能完全确定刀具的切削性能，刀片的断屑槽型式对切削参数的影响更大，所以刀片安装姿态的角度参数不标注也无妨。

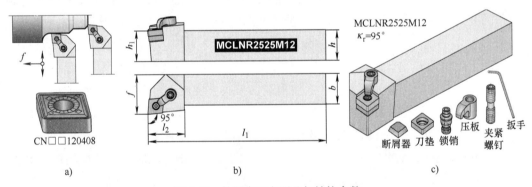

图 2-45　外圆车刀主要几何结构参数

a）加工示意图　b）主要参数示例　c）外观与配件图

刀具商的刀具一般为系列化产品，其几何结构参数多以表格的型式给出，参数值基本遵循 GB/T 5343.2—2007 的推荐值（表 2-10）。表 2-11 为某刀具商 MCLN 型外圆车刀几何结构参数，此处省略其刀具附件信息。

表 2-11　MCLN 型外圆车刀几何结构参数

型号		基本几何尺寸 /mm						适用刀片
		h	b	l_1	l_2	h_1	f	
MCLNR/L	1616H12	16	16	100	32	16	20	CN □□ 1204 □□
	2020K12	20	20	125	32	20	25	CN □□ 1204 □□

（续）

型号		基本几何尺寸 /mm						适用刀片
		h	b	l_1	l_2	h_1	f	
MCLNR/L	2525M12	25	25	150	32	25	32	CN □□ 1204 □□
	3225M12	32	25	150	32	32	32	CN □□ 1204 □□
	3225P12	32	25	170	32	32	32	CN □□ 1204 □□
	2525M16	25	25	150	38	25	32	CN □□ 1606 □□
	3225M16	32	25	150	38	32	32	CN □□ 1606 □□
	3225P16	32	25	170	38	32	40	CN □□ 1606 □□
	4040R16	40	40	200	42	40	50	CN □□ 1606 □□
	3232P19	32	32	170	42	32	40	CN □□ 1906 □□
	4040R19	40	40	200	42	40	50	CN □□ 1906 □□

关于刀具主要的几何结构参数，广义的理解还应包括以下几项：

1）刀片夹紧方式。刀具型号的第①位字母符号表示的便是刀片夹紧方式，如图 2-45 所示。刀具的刀片夹紧方式为 M 类孔夹紧方式，如图 2-18 所示。这是一种经典的顶面和孔夹紧类型，这种刀具夹紧结构的外观特征是刀片有孔，同时有压板夹紧机构。部分刀具商还会给出刀具的外观图，如图 2-45c 所示。

2）加工示意图。图 2-45a 中 L 型刀头的加工示意图（不同刀具商的表述略有差异，但表达的含义是一致的），表述出该刀具可车削外圆、端面，并可车削单调增大的曲线轮廓，进给运动方向符号也表述出了这个信息。

3）刀片信息包括刀片的型号等，如图 2-45a 中图形和刀片型号的示例，"CN"表述了刀片形状和法后角，"□□"表示有多种选择，"1204"表述了刀片的大小和厚度，它与刀杆的大小相匹配，"08"表述了刀尖圆角半径 r_ε。另外，刀片信息中还有一项重要的"断屑槽型"代号，这与刀具商有关，这里不展开讨论。

4）刀具配件也是刀具选择时需考虑的内容之一，它涉及刀具后续的使用与维护，与刀具夹紧类型有关。如图 2-45 所示，M 型夹紧刀片的刀具附件主要包括：刀垫、锁销、压板、夹紧螺钉（又称双头螺钉或锁紧螺钉等）和扳手，这些信息的表述通常包括配件的名称、图解和相应的型号规格（图中未示出）。

5）刀具基本几何参数初看时似乎很多，但仔细研习就会发现，它基本与 GB/T 5343.2—2007 中推荐的参数值吻合，见表 2-10。这些值在各种夹紧类型的外圆车刀中基本相同，只是各刀具商提供的刀具规格数量略有差异，样本中给出的规格多为市场上需求量大的，也是实际中应用较多的刀具，样本之外的规格一般需要定制。

2.2 常见外圆车削刀具结构分析

数控外圆车刀按刀片安装方式不同有平装与立装之分，平装刀片又可细分为负前角与正前角型。按刀杆夹持部分几何特征分有通用性较好的方形截面刀杆和矩形截面刀杆，另外还有专用接口的刀杆，本书主要讨论方形截面刀杆。

2.2.1 负前角刀片外圆车削刀具结构分析

负前角刀片指刀片的法后角 α_n 为 0° 的刀片，其对应的外圆车刀称为负前角外圆车刀。

作为切削刀具，其后角必须大于 0°，为此，负前角刀片在刀杆上的安装必须通过适当的安装姿态，获得后角 α 和副后角 α'，前述刀片安装姿态介绍时已谈到，各刀具商对负前角刀片安装姿态角度表述各有不同，甚至可以说这是刀具商的技术秘密，因为在刀片安装姿态一定的刀杆上，可以通过选择不同断屑槽型的刀片实现粗车、半精车和精车加工。用户仅需要了解负前角外圆车刀的特性，作为其选择的依据，以及指导生产应用的背景知识即可。

负前角刀片的前刀面和后刀面是正交垂直的，即刀具的法楔角 $\beta_n=90°$，这是标准刀片中强度最好的刀片型式，所以负前角外圆车刀主要用于粗车和半精车加工，其切削力较大，因此负前角外圆车刀的刀片夹紧方式主要集中在刀片夹紧力较大的几种方式，如 P、D、M、C 型等。

以下通过适当数量的负前角外圆车刀示例分析其结构特点，分析叙述基本依照刀具型号的顺序解读，"□"符号表示有多种选择。

1. P 型夹紧方式的负前角外圆车刀示例

孔夹紧的 P 型夹紧方式，又称杠杆夹紧方式，是经典夹紧方式之一，典型结构是图 2-22 所示的 L 型杠杆夹紧机构，也有少量的直型杠杆夹紧机构，如图 2-23 所示，其刀片是带直通固定圆孔的硬质合金可转位刀片，GB/T 2078—2019 对其做了相关规定，常见的刀片类型有 TN、SN、CN、DN、WN 和 VN 几种。P 型夹紧方式，前刀面无障碍，切屑流出无干扰，便于切屑形态控制，同时，L 型杠杆夹紧机构，夹紧力大，空间结构紧凑，应用广泛。以下通过几个外圆车刀示例分析与学习。

（1）CN □□刀片配置的外圆车刀　CN □□刀片指 C 型（刀尖角 80° 的菱形）0° 法后角（刀片法后角代号 N）的各规格刀片，它配置的外圆车刀必然为负前角外圆车刀。C 型刀片各有两个 80° 和 100° 内角作为刀尖角选择，但仅有 2 条可转位切削刃。以下给出几个示例进行分析。

1）PCBNR 型外圆车刀示例，如图 2-46 所示，刀片采用 P 型夹紧方式，应用广泛。C 型刀片通用性好，有 2 条可转位切削刃，选用 100° 内角做刀尖角，刀具寿命长。B 型主偏角 75° 直头侧切刀头，刀杆结构简单、成本低，适用于外圆轮廓车削加工，75° 主偏角将切削层截面中的切削力大部分分解到了工件刚性较好的轴向，使进给量可以取得较大，5° 的副偏角，使已加工表面残留面积高度较小，适用于精加工和半精加工，小副偏角会使径向切削分力稍大，因此要求加工件刚性较好，不易弯曲。刀片法后角 0°（代号 N）的负前角刀片要求刀片在刀杆上的安装姿态必须为负前角安装，如图 2-46a 中两个 –6° 的安装姿态角，因此它属于负前角外圆车刀。事实上，即使不标注出这两个安装姿态角度，仅从 0° 的法后角和图示刀片的安装姿态，也可判断出其是负前角外圆车刀。图 2-46b 所示为 R 型右手切削刀具，也可按需要选用 L 型左手切削刀具。刀尖高度一般与刀杆高度相等。刀杆截面以方形居多，也可定制矩形截面刀杆。刀杆长度随刀杆截面大小不同而不同，一般刀具商已配置了合适的长度，如 25mm × 25mm 方截面刀杆的长度通常为 150mm（代号 M）。刀片规格大小也基本依刀杆规格而定，如 25mm × 25mm 方截面刀杆的刀片多为 CN □□ 1204 □□ 或 CN □□ 1606 □□ 型刀片（第⑨位代号为 12 和 16）。刀片第⑦位刀尖圆角半径代号一般按 GB/T 2077—1987 规定的系列供选用，刀具商往往也有推荐。选用刀片时要按刀具商的断屑槽型代号根据加工需要选择。

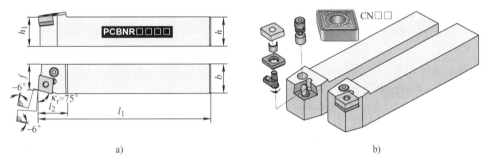

图 2-46　PCBNR 型外圆车刀示例

a）几何结构参数　b）3D 模型与刀片夹紧机构分解

　　2）PCLNR 型外圆车刀示例，如图 2-47 所示。本刀具与图 2-46 所示车刀相比异同点如下。两种刀片夹紧方式相同，均为 P 型夹紧。刀片虽然同为 C 型，但 PCLNR 型选用的是 80° 内角做刀尖角，配合 L 型主偏角 95° 的偏头侧切与端切刀头，可在外圆与端面车削加工时获得相同的主、副偏角，即外圆与端面车削时主偏角均为 95°、副偏角均为 5°，关于 L 型刀头的相关信息详见图 2-39 及其说明。L 型刀头用途广泛，可用于外圆与端面的半精车与精车加工。在车削外圆时，95° 主偏角可产生与工件变形反向的径向分力，有利于细长轴加工；5° 的副偏角可有效减小加工表面的残留面积高度，降低加工面的表面粗糙度。后续关于负前角刀片与安装姿态、右 / 左手刀切削方向以及刀片和刀尖圆角的分析同图 2-46 所示车刀的分析。

　　3）PCSNR 型外圆车刀示例，图 2-48 所示。此刀具与图 2-46 所示车刀相比异同点如下。两种刀片夹紧方式均为 P 型夹紧（图中未示出夹紧机构分解图）。刀片形状也均为 C 型，并以内角 100° 为刀尖角。刀头形状不同，PCSNR 型采用了 S 型主偏角 45° 偏头侧切刀头，通用性好，它不仅可车削外圆，还可车削端面。两种切削方式的主偏角均为 45°，切削性能相近，但注意刀尖和主、副切削刃的位置不同。切削外圆时，选用了 100° 内角作为刀尖角，刀具寿命长，此时副偏角为 35°，适合半精车与粗车加工，切削端面时，副偏角较大（约 55°），加工表面粗糙度值稍大。45° 主偏角可较好地分配轴向与径向分力，适合于外圆侧切与端面端切加工。后续分析同图 2-46 所示刀具的分析。对于图 2-48 所示的 PCSNR2525M12 型外圆车刀，刀具商对刀尖角的推荐值是 0.8mm。

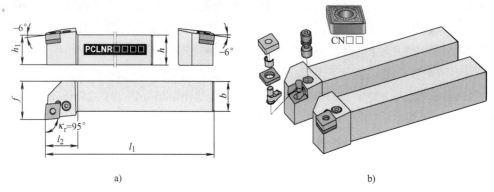

图 2-47　PCLNR 型外圆车刀示例

a）几何结构参数　b）3D 模型与刀片夹紧机构分解

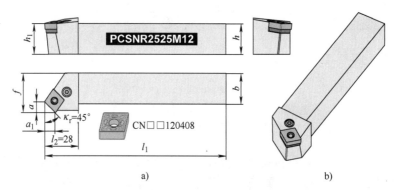

图 2-48　PCSNR 型外圆车刀示例

a）几何结构参数　b）3D 模型

（2）SN □□刀片配置的外圆车刀　SN □□刀片指 S 型（正方形）0° 法后角（刀片代号 N）的各规格刀片，它配置的外圆车刀也必然为负前角外圆车刀，S 型刀片单面有 4 条可转位切削刃，性价比优于 C 型刀片，应用广泛。以下给出几个示例进行分析。

1）PSBNR 型外圆车刀示例，如图 2-49 所示，刀片采用 P 型夹紧方式，应用广泛。S 型刀片通用性好，有 4 条可转位切削刃，性价比高，刀尖角 90°，刀具寿命长。B 型主偏角 75° 直头侧切刀头，刀杆结构简单、成本低，适用于外圆柱面车削加工。75° 主偏角将切削层截面中的切削力大部分分解到了工件刚性较好的轴向，使进给量可以取得较大；15° 的副偏角，径向分力稍小，适合半精加工与粗加工。如图 2-49 所示刀片安装姿态及其标注角度显示其为负前角外圆车刀，刀具为右手 R 型刀具，也有左手 L 型刀具。刀杆截面以方形截面为主，也可定制矩形截面刀杆，刀具长度与刀杆截面有匹配的长度代号（第⑧位字母符号），刀片规格大小基本依刀杆规格而定，刀具商已配置好，但刀尖圆角可选择，选择刀片时注意选择断屑槽、刀片材料及涂层等。

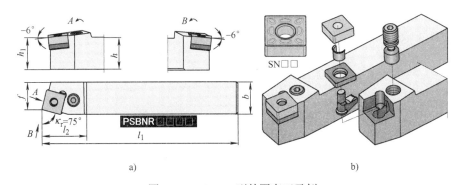

图 2-49　PSBNR 型外圆车刀示例

a）几何结构参数　b）3D 模型与刀片夹紧机构分解

　　2）PSSNR 型外圆车刀示例，如图 2-50 所示，刀具夹紧方式、刀片形状分析同图 2-49 所示车刀。S 型主偏角 45° 偏头侧切刀头可用于外圆与端面车削，分析时注意其刀尖和主、副切削刃位置不同。外圆车削时，45° 主偏角可较均匀分配轴向与径向分力，通用性好；45° 的副偏角，加工表面残留面积高度稍大，表面粗糙度值较大，适用于半精车与粗车加工。0° 法后角刀片决定了其为负前角外圆车刀，注意图 2-50 中 A 向视图的刀片安装姿态角虽然为 0°，但轴向与径向进给方向的侧前角 γ_f（又称进给前角）并不等于 0。后续刀杆截面、刀具长度和刀片规格、刀尖圆角、断屑槽、刀片材质与涂层等信息分析同图 2-49 所示车刀的分析。

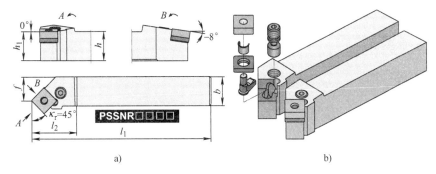

图 2-50　PSSNR 型外圆车刀示例

a）几何结构参数　b）3D 模型与刀片夹紧机构分解

　　3）PSTNR 型外圆车刀示例，如图 2-51 所示，刀具夹紧方式、刀片形状分析同图 2-49 所示车刀的分析。刀头为 60° 主偏角的 T 型偏头侧切型，主要用于外圆车削，其切削性能介于 75° 主偏角 PSBNR 型和 45° 主偏角的 PSSNR 型外圆车刀之间，由于 PSBNR 型和 PSSNR 型外圆车刀基本能满足大部分外圆车削加工需要，因此，部分刀具商不提供该型号的外圆车刀，但大型刀具商为保证最大限度的满足用户需求，仍然提供这种型式的外圆车刀。

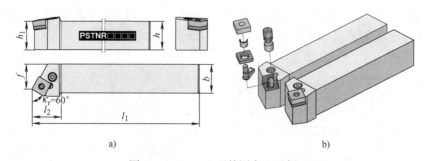

图 2-51 PSTNR 型外圆车刀示例

a）几何结构参数 b）3D 模型与刀片夹紧机构分解

4）PSDNN 型外圆车刀示例，如图 2-52 所示，刀片夹紧方式、形状分析同图 2-49 所示车刀的分析。第③位字母"D"显示其为 45° 主偏角的 D 型直头侧切刀头，这种头部型式名称上看是侧切刀头，似乎以加工外圆为主，但它与图 2-50 所示 S 型刀头切削性能基本重叠，且直头的切削限制还多于偏头，所以从外圆车削功能看，它存在的价值不大，但注意到其副偏角也为 45°，且第⑤位字母符号为"N"，显示它是一把可左、右切削的车刀，前述介绍 D 型刀头时（图 2-34）也谈到其存在价值是可轴向往复切削并可伴随径向进给运动，因此，它主要用于浅凹陷轮廓的仿形车削加工。另外，注意该刀头是一把中置型式的外圆车刀，刀尖偏距参数 f 等于刀杆宽度 b 的一半，即 $f=b/2$，刀片安装姿态角仅有前倾的负前角，左右方向水平姿态，即图 2-52 中的 $\gamma_p \approx -7°$，而 $\gamma_f=0°$。

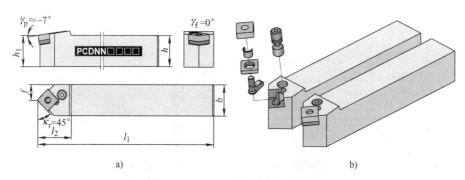

图 2-52 PSDNN 型外圆车刀示例

a）几何结构参数 b）3D 模型与刀片夹紧机构分解

5）PSKNR 型外圆车刀示例，如图 2-53 所示，刀片夹紧方式、形状分析同图 2-49 所示车刀的分析。K 型主偏角 75° 端头端切刀头适合端面车加工。由于主偏角为 75°，因此副偏角为 15°，其加工面的残留面积高度较小，适合于端面的半精车与精车加工。第④位字母"N"显示其为负前角刀片，因此是一把负前角端面车刀。后续切削方向、刀片规格、刀尖圆角半径、刀片材料与涂层等信息与图 2-49 所示车刀相同。

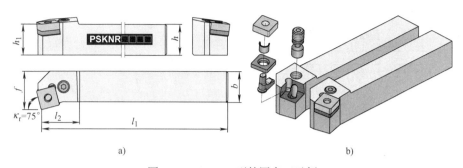

图 2-53　PSKNR 型外圆车刀示例

a）几何结构参数　b）3D 模型与刀片夹紧机构分解

（3）TN□□刀片配置的外圆车刀　TN□□刀片指 T 型（正三角形）0° 法后角的各规格刀片，它配置的外圆车刀必然为负前角车刀，T 型刀片刀尖角为 60°，单面 3 条可转位切削刃，性价比较高。以下给出两个常用示例进行分析。

1）PTGNR 型外圆车刀示例，如图 2-54 所示，P 型夹紧方式，应用广泛。T 型刀片通用性好，刀尖角（60°）适中，径向切削力较小，适用于刚性稍差的细长轴切削。G 型主偏角 90° 偏头侧切刀头，刀杆结构适应性好，适用于外圆轮廓车削加工。90° 主偏角（实际为正偏差，如图 2-54 所示 κ_r=91°）外圆加工通用性好，特别适合切削终端具有阶梯端面的几何结构。90° 主偏角和较大的副偏角（30°）使的切削时径向分力较小，有利于刚性稍差的细长轴零件外圆车削。0° 法后角刀片决定了其为负前角外圆车刀，如图 2-54 所示。图 2-54 为右切削 R 型车刀，可根据需要选用左切削 L 型车刀。刀杆截面以方形为主。刀具长度（第⑧位字母符号）根据刀杆截面匹配，各刀具商基本相同。刀片规格依据刀杆大小确定，可选范围不大，刀片选择的同时注意选择刀尖圆弧半径、刀片材质和涂层等。

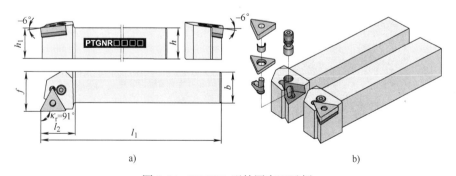

图 2-54　PTGNR 型外圆车刀示例

a）几何结构参数　b）3D 模型与刀片夹紧机构分解

2）PTFNR 型外圆车刀示例，如图 2-55 所示，该刀具与 PTGNR 型外圆车刀的差异主要体现在第③位头部型式上，F 型主偏角 90° 的偏头端切刀头可认为是 G 型刀头的镜像结构。

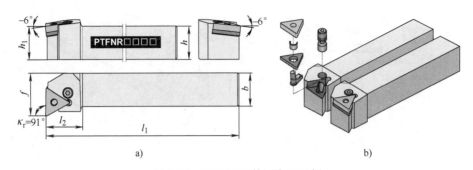

图 2-55 PTFNR 型外圆车刀示例

a）几何结构参数　b）3D 模型与刀片夹紧机构分解

（4）WN□□刀片配置的外圆车刀　WN□□刀片指 W 型（刀尖角 80° 的等边不等角六边形，又称凸三角形）0° 法后角的各规格刀片，它配置的外圆车刀必然为负前角车刀，典型结构为 PWLNR 型外圆车刀，图 2-56 所示为右切削 R 型右手切削刀具。刀片采用 P 型杠杆夹紧方式。W 型刀片有 3 条可转位切削刃，多于采用 C 型刀片的 PCLNR 型外圆车刀（图 2-47），但 PWLNR 型外圆车刀的有效切削刃长度稍短。负前角刀片与安装姿态、右 / 左切削方向、刀片规格和刀尖圆角、刀片材质和涂层的分析与图 4-26 所示车刀的分析基本相同。

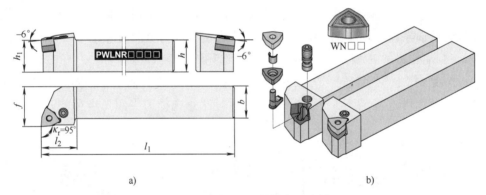

图 2-56 PWLNR 型外圆车刀示例

a）几何结构参数　b）3D 模型与刀片夹紧机构分解

（5）DN□□刀片配置的外圆车刀　DN□□刀片指 D 型（刀尖角 55° 的菱形）0° 法后角的各规格刀片，它配置的外圆车刀为负前角车刀，D 型刀片刀尖角较小（55°），可用于仿形车削加工，单面有 2 条可转位切削刃。以下给出几个示例进行分析。

1）PDJNR 型外圆车刀示例，如图 2-57 所示，P 型夹紧方式，应用广泛。D 型刀片是仿形车削加工的刀片选择方案之一。J 型主偏角 93° 偏头侧切刀头的刀尖角较小，因此有较大的副偏角（32°），可斜线切入外轮廓内凹区域，适合仿形车削加工；配合径向退刀，可切削出较为平整的阶梯端面，同时，较小的刀尖角与较大的副偏角可使径向切削分力较小，让它在加工细长轴时具有一定优势。图 2-57 所示刀片安装姿态与角度值清晰显示其为负前角外圆车刀，刀具为右手 R 型结构，也有左手 L 型刀具供选用。后续刀杆截面、刀具长度、刀具规格、刀片材料与涂层等的分析与图 2-46 所示车刀的分析相同。

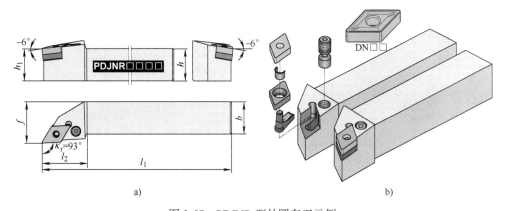

图 2-57　PDJNR 型外圆车刀示例

a）几何结构参数　b）3D 模型与刀片夹紧机构分解

2）PDHNR 型外圆车刀示例，如图 2-58 所示，该刀具采用 P 型刀片夹紧方式，应用广泛。D 型刀片可用于仿形车削加工。H 型主偏角 103.5° 偏头侧切刀头主要用于外圆仿形车削加工，也可对端面较浅的凹陷进行仿形车削。负前角外圆车刀、右切削型刀具、刀杆截面、刀具长度、刀片规格、刀片材质和涂层等信息分析同图 2-46 所示刀具的分析。

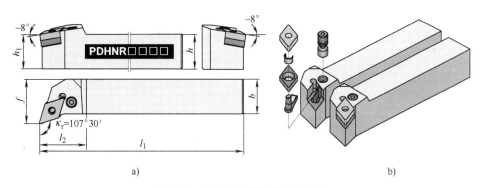

图 2-58　PDHNR 型外圆车刀示例

a）几何结构参数　b）3D 模型与刀片夹紧机构分解

3）PDNNR 型外圆车刀示例，如图 2-59 所示，刀具采用 P 型刀片夹紧方式和 D 型刀片。N 型主偏角 62.5° 直头侧切刀头可进行外圆车削加工。第④位信息 N 显示其为负前角车刀。虽然第⑤位信息 R 显示为右切削方向，但实际上该刀头为直头中置型，只要刀片选择双向切削方向的刀片，就可以实现左、右双向切削，且双向切削性能基本相同，因此该刀具型号也可表述为 PDNNN 型。刀杆截面、刀具长度、刀片规格、刀片材质和涂层等信息分析同图 2-46 所示车刀的分析。

（6）VN □□ 刀片配置的外圆车刀　VN □□ 刀片指 V 型（刀尖角 35° 的菱形）0° 法后角的各规格刀片，它配置的外圆车刀为负前角车刀。V 型刀片刀尖角更小（为 35°），特别适用于仿形车削加工，单面有 2 条可转位切削刃。以下列举几个示例进行分析。

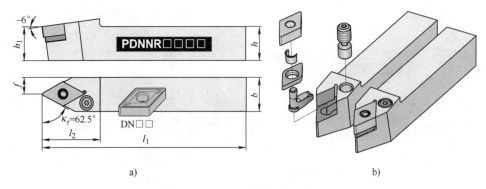

图 2-59　PDNNR 型外圆车刀示例

a）几何结构参数　b）3D 模型与刀片夹紧机构分解

1）PVJNR 型外圆车刀示例，如图 2-60 所示，刀片采用 P 型直型杠杆式夹紧方式，但注意由于刀片较细长，若采用传统的 L 型杠杆夹紧机构并不合适，因此这里采用了 P 型直型杠杆夹紧机构（图 2-23），巧妙实现了杠杆夹紧。J 型主偏角 93° 偏头侧切刀头，适用性好，刀尖角很小，因此副偏角很大（52°），特别适用于仿形车削加工。刀杆截面、刀具长度、刀片规格、刀片断屑槽、刀片材质与涂层等信息同图 2-46 所示车刀的分析由该车刀对比图 2-57 所示的 PDJNR 型外圆车刀可见，这两把刀具型式与用途基本相同，差别仅仅是刀尖角不同，本刀具刀尖角更小，因此更适合于仿形车削加工。另外，刀尖角小即副偏角大，因此径向切削分力更小，是细长轴类刚性较差零件车削的选择方案之一。为提高表面加工质量，车削加工的进给量必须取得较小，否则，可能留下较大的残留面积。

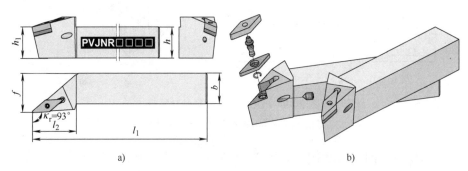

图 2-60　PVJNR 型外圆车刀示例

a）几何结构参数　b）3D 模型与刀片夹紧机构分解

2）PVVNN 型外圆车刀示例，如图 2-61 所示，刀片夹紧方式同 PVJNR 型外圆车刀示例。V 型刀片特别适合仿形车削加工，主偏角 72.5° 直头侧切刀头，刀尖角很小，同时刀具结构为中置型式，左右对称布局，主、副偏角相等，虽然 GB/T 5343.1—2007 中的刀头名称为侧切车刀，但实际上刀片中置设计，配合左右切削型刀片，可实现左、右双向车削（N）加工，且切削性能基本相同，因此，刀具型号第⑤位用了字符 N，显示其为左右双向车削，特别适用于仿形车削加工。第④位字母符号 N 显示其为负前角外圆车刀。刀杆截面、刀具长度、刀片规格、刀片断屑槽、刀片材质与涂层等信息同图 2-46 所示车刀的分析。由该车刀对比图 2-59 所示的 PDNNR 型外圆车刀可见，这两把刀具型式与用途基本相同，差别仅是刀尖角不同，本刀具的刀尖角更小，因此更适用于仿形车削加工。

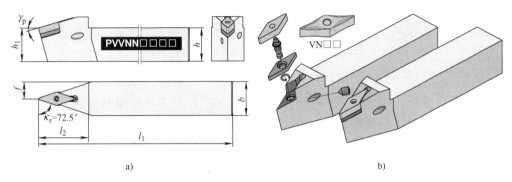

图 2-61　PVVNN 型外圆车刀示例

a）几何结构参数　b）3D 模型与刀片夹紧机构分解

3）PVPNR 型外圆车刀示例，如图 2-62 所示，这把刀具非 GB/T 5343.2—2007 中推荐的优先采用刀杆，但在仿形车削性能上比图 2-58 所示的 PDHNR 型外圆车刀更有特色。两刀具的差异表现在本刀具的刀片为 V 型，刀尖角更小，同时主偏角增大了 10°，达到了 117.5°，这使其在阶梯端面和工件端面仿形车削时，可以切入凹陷的深度更大。由于刀夹角较小，刀具寿命短，因此本刀具主要用于仿形精车加工。同时注意，本刀具仅在特定场合会发挥其优势，因此，国标中未将它列为优先推荐刀具型式。

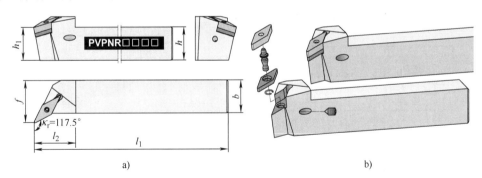

图 2-62　PVPNR 型外圆车刀示例

a）几何结构参数　b）3D 模型与刀片夹紧机构分解

至此较为完整地介绍了应用广泛的 P 型夹紧方式的外圆车刀，作为正前角外圆车刀，在半精车和粗车等切削力较大的场合应用效果较好。

2. D 型夹紧（双重夹紧）方式的负前角外圆车刀示例

D 型夹紧（双重夹紧）方式是 GB/T 5343.1—2007 规定的四种夹紧形式之外的一种夹紧机构，如图 2-26、图 2-27 所示。由于它优异的综合夹紧性能，使它被大部分刀具商所接受。近年来，几乎大部分刀具商都推出有这种刀片夹紧方式的外圆车刀，并成为主力系列产品之一。同 P 型夹紧相同，D 型夹紧所用到的刀片也是直通圆孔固定的硬质合金可转位刀片。D 型刀片在螺钉锁紧过程中，压板前段能同时产生向下的顶面夹紧力和向后的钩紧力，确保刀片的底面和两个侧面与刀杆刀片槽的底面和两个侧面定位与夹紧。D 型夹紧机构的夹紧力大且装夹可靠性好，不足之处是压板在刀片上面，可能对切屑的流出产生干扰，影响加工表面质量，因此，这种刀片锁紧方式的外圆车刀主要用于粗车与半精车加工。以下通过几个外圆车刀示例分析与学习。

1）CN □□刀片配置的 DCLNR 型外圆车刀，如图 2-63 所示，D 型夹紧方式，夹紧力大且可靠性好，适用于粗车与半精车加工。C 型带孔刀片，单面具有两条可转位切削刃。L 型主偏角 95° 的偏头侧切与端切刀头，可在外圆与端面车削加工时获得相同的主、副偏角，即 95° 主偏角和 5° 副偏角，因此广泛应用于外圆与端面车削。第④位 N 显示为 0° 法后角刀片，要求刀片通过安装姿态获得后角，如图 2-63a 所示，因此它适合负前角外圆车刀。0° 法后角的刀具楔角 β_o 较大，适合粗车、重载荷加工，配合前刀面断屑槽型的选择，可用于粗车、半精车，甚至精车加工。图 2-63b 所示为右手 R 型外圆车刀，也可根据需要选择左手 L 型外圆车刀。该型号车刀应用较为广泛，刀杆规格较多，刀杆截面参数从 16mm × 16mm 至 32mm × 32mm（甚至 40mm × 40mm）多种规格供选择。刀具长度与刀杆截面相对应，一般由刀具商配置适当参数。同样，刀具商也会按刀杆截面大小匹配适当规格的刀片。另外，选择刀片时还需注意断屑槽型、刀片材质和涂层等选择。

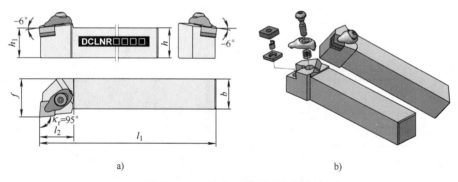

图 2-63　DCLNR 型外圆车刀示例

a）几何结构参数　b）3D 模型与刀片夹紧机构分解

2）WN □□刀片配置的 DWLNR 型外圆车刀示例，如图 2-64 所示，W 型刀片由于刀尖角为 80°，因此构造出刀具的主、副偏角与 DCLNR 型外圆车刀的 C 型刀片相同，也是 95° 和 5°，因此切削性能基本相同，W 型刀片单面有 3 条可转位切削刃，但切削刃长度稍短。其余分析参见图 2-63 所示车刀的分析。

3）SN □□刀片配置的 DSRNR 型和 DSDNN 型外圆车刀。图 2-65 所示为 DSRNR 型外圆车刀，D 型夹紧方式，夹紧力大，可靠性好，操作方便，适合于粗车与半精车加工。S 型刀片（正方形）单面有 4 条可转位切削刃，性价比极高。R 型主偏角 75° 偏头侧切刀头的适应性好，适用于外圆柱面车削加工。75° 主偏角将切削力大部分分解到了工件刚性较好的轴向，使进给量可以取得较大。15° 的副偏角，径向分力稍小，适合粗加工与半精加工。0° 法后角刀片确定了该刀具为负前角车刀。刀杆截面、刀具长度、刀片规格等选择参照刀具商样本参数确定。

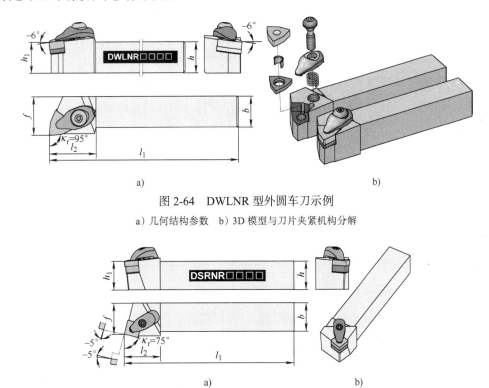

图 2-64　DWLNR 型外圆车刀示例

a）几何结构参数　b）3D 模型与刀片夹紧机构分解

图 2-65　DSRNR 型外圆车刀示例

a）几何参数　b）3D 模型

　　图 2-66 所示为 DSDNN 型外圆车刀，对照图 2-52 所示的 PSDNN 型外圆车刀可见，其差异主要是刀片夹紧方式不同，其余基本相同。本刀片夹紧方式为 D 型双重夹紧，因此，夹紧力更大，可靠性更好，能承担更大的切削载荷，在同等条件下更适合粗车、重载车削场合。其余参数的分析与图 2-52 所示的 PSDNN 型外圆车刀的基本相同，注意这把刀是左右切削 N 型。

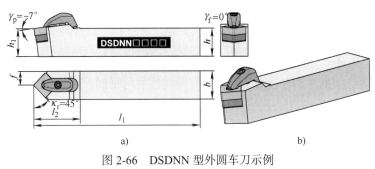

图 2-66　DSDNN 型外圆车刀示例

a）几何参数　b）3D 模型

4）TN□□刀片配置的 DTGNR 型外圆车刀，如图 2-67 所示，通过刀具型号信息显示，刀片为 D 型双重夹紧方式，夹紧力大且可靠性好，适合粗车与半精车加工。T 型（正三角形）刀片，单面有 3 条可转位切削刃，在同等规格情况下，刀片体积更小，因此性价比更高。G 型主偏角 90° 偏头侧切刀头，刀杆结构适应性好，适用于外圆车削加工。90°（实际为 91°）主偏角外圆加工通用性好，特别适合切削终端具有阶梯端面的几何结构加工。90° 主偏角和较大的副偏角（30°）使径向切削分力较小，对车削刚性稍差的细长轴零件有利。0° 法后角刀片决定了其为负前角外圆车刀，如图 2-67 所示。图 2-67 所示刀具为右手 R 型刀，也有左手 L 型刀供选择。刀杆截面、刀具长度、刀片规格等选择参照刀具商样本参数确定。

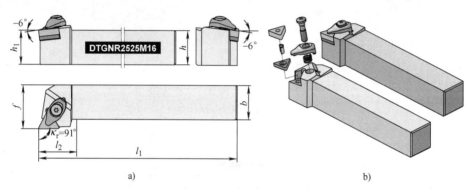

图 2-67　DTGNR 型外圆车刀示例

a）几何结构参数　b）3D 模型与刀片夹紧机构分解

5）DN□□刀片配置的 DDJNR 型外圆车刀。图 2-68 所示为 DDJNR 型外圆车刀，采用 D 型夹紧方式，夹紧力大且可靠。D 型刀片适用于仿形车削加工。J 型主偏角 93° 偏头侧切刀头，适用性好，刀尖角较小，因此有较大的副偏角（32°），可斜线切入外轮廓内凹区域仿形车削加工；配合径向退刀，可切削出较为平整的阶梯端面，同时，较小的刀尖角与较大的副偏角使径向切削分力较小，在加工细长轴时具有一定优势。0° 法后角决定它为负前角外圆车刀，从图 2-68 中刀片姿态安装角也可看出。刀具切削方向、刀杆截面、刀具长度、刀具规格、刀片材料与涂层等的分析与图 2-46 所示刀具的分析相同。

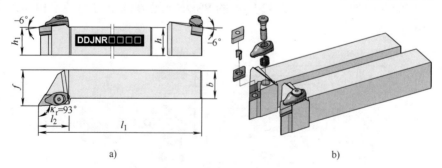

图 2-68　DDJNR 型外圆车刀示例

a）几何结构参数　b）3D 模型与刀片夹紧机构分解

6）VN□□刀片配置的 DVJNR 型和 DVVNN 型外圆车刀。图 2-69 所示为 DVJNR 型外圆车刀，采用 D 型夹紧方式，V 型刀片。注意图 2-60 所示 PVJNR 型车刀刀片为直型杠杆夹紧，刀具高度方向所占用的空间较大，且并不是一种通用的结构，杠杆产量较低，必然导致成本增加，不是一种理想的设计方案，因此部分刀具商并不提供这种型号的刀具。但这里的 DVJNR 型外圆车刀则采用的是 D 型夹紧机构，虽然压板前段稍长，但夹紧力足够，且夹紧机构的通用性较好，应用较广。刀具型号其他参数表达的信息参见图 2-60 所示的 PVJNR 型外圆车刀的分析。

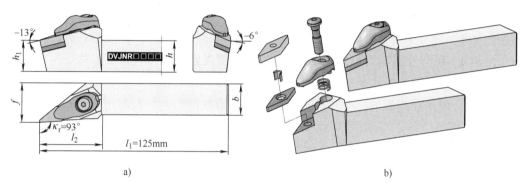

图 2-69　DVJNR 型外圆车刀示例

a）几何结构参数　b）3D 模型与刀片夹紧机构分解

图 2-70 所示为 DVVNN 型外圆车刀，它与图 2-61 所示的 PVVNN 型外圆车刀的差异主要在于刀片夹紧方式，DVVNN 型本刀具采用 D 型夹紧方式。其他信息分析，读者可根据刀具型号信息，结合图 2-61 所示 PVVNN 型外圆车刀与图 2-69 所示 DVJNR 型外圆车刀的分析自行总结。

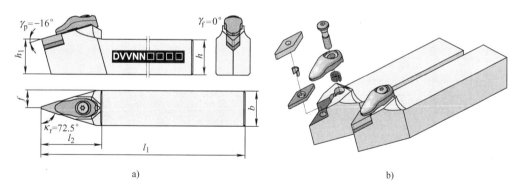

图 2-70　DVVNN 型外圆车刀示例

a）几何结构参数　b）3D 模型与刀片夹紧机构分解

3. M 型夹紧方式的负前角外圆车刀示例

顶面和孔夹紧的 M 型夹紧方式也是经典的刀片夹紧方式之一，夹紧机构原理与结构如图 2-18 所示。就其夹紧可靠性而言与前述 D 型双重夹紧方式不相上下，且均存在压板干扰切屑卷曲的问题，同时，M 型夹紧方式还存在着刀片夹紧过程分两步操作的不足。但由于它出现得较早，且加工精度要求略低，因此，依然还有很多刀具商有此夹紧方式的外圆车刀系列。同时，M 类夹紧机构一定程度上可与 C 类夹紧机构共用，这也是刀具商采用 M 类夹紧方式车刀系列的原因之一。详细的刀具系列可参照刀具商的产品样本，各刀具商的刀具品种数量略有差异，以下通过部分刀具示例，来介绍 M 类夹紧方式负前角外圆车刀的结构、原理与应用。

（1）CN□□刀片配置的外圆车刀示例　CN□□刀片指 C 型（刀尖角 80° 的菱形）0° 法后角的各规格刀片，它配置的外圆车刀必然为负前角外圆车刀，C 型刀片各有两个 80° 和 100° 内角作为刀尖角选择，但仅有 2 条可转位切削刃。以下列出 4 个示例进行分析。

1）MCLNR 型外圆车刀，如图 2-71 所示，M 型夹紧方式，夹紧可靠性好，但压板可能干扰切屑形态，因此适用于切屑厚度不大的半精车与精车加工，但某些刀具商会提供断屑器供选择，应用断屑器后，可较好地控制切屑的形态，因此，也可用于粗车加工。刀具型号中，第②位代号 C 显示它为 80° 刀尖角的菱形刀片，单面有 2 条可转位切削刃，且必须是带固定孔刀片；第③位头部型式 L 是主偏角 95° 的偏头侧切与端切刀头，可在外圆与端面车削加工时获得相同的主、副偏角，因此广泛应用于外圆与端面车削；第④位 N 决定了它为负前角外圆车刀，图 2-71a 上的刀片安装姿态角度清晰可见负前角特征；第⑤位为刀具切削方向信息，如图 2-71b 所示，刀具 R 显示为右手刀，也有左手刀供选择；第⑥位为刀尖高度 h_1 高度符号，一般与刀杆高度 h 相等，因此第⑥、⑦位也表达刀杆截面信息，刀杆截面方形居多，也可定制矩形截面刀杆；第⑧位刀杆长度符号，随刀杆截面大小不同而变化，一般刀具商已配置了合适的长度，如 25mm×25mm 方形截面刀杆的长度通常为 150mm（代号 M）。刀片规格大小也根据刀杆规格而定。刀片选择时还需考虑刀尖圆弧半径、断屑槽型式、刀片材料与涂层等。

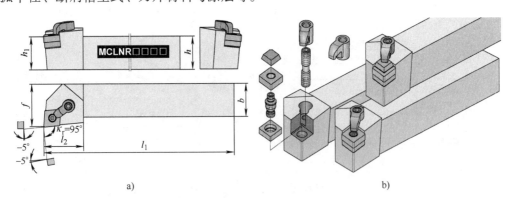

图 2-71　MCLNR 型外圆车刀示例

a）几何结构参数　b）3D 模型与刀片夹紧机构分解

2）MCBNR 型外圆车刀，如图 2-72 所示，M 型夹紧方式，刀片为 80° 刀尖角的菱形刀片，单面有 2 条可转位切削刃，该刀具以 100° 内角为刀尖角，刀具寿命长。B 型刀头是主偏角 75° 的直头侧切型式，刀杆结构简单，根据已知刀尖角为 100°，可知副偏角为

5°，较小的副偏角加工后的表面残留面积高度较小，即表面粗糙度值较小，因此适用于外圆表面的精车与半精车加工。

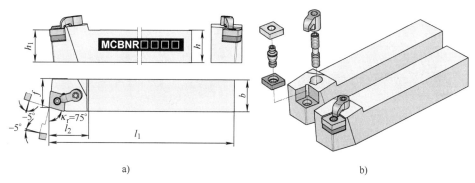

图 2-72　MCBNR 型外圆车刀示例

a）几何结构参数　b）3D 模型与刀片夹紧机构分解

3）MCRNR 型外圆车刀，如图 2-73 所示。它与图 2-72 所示刀具的差异是刀具型号的第③位刀具头部型式，本刀具为主偏角 75° 的偏头侧切刀头，如图 2-73a 所示，切削外圆时性能好，是专用外圆车刀刀头型式之一。

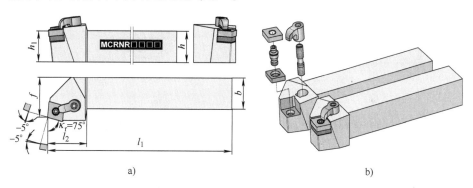

图 2-73　MCRNR 型外圆车刀示例

a）几何结构参数　b）3D 模型与刀片夹紧机构分解

4）MCKNR 型外圆车刀，如图 2-74 所示。它与图 2-73 所示刀具的差异仅在刀具型号的第③位上，本刀具头部型式为字符 K，即主偏角为 75° 的偏头端切刀头，适用于端面车削加工，该示例车刀可看成是图 2-73 所示刀具的镜像结构刀具。

（2）SN □□刀片配置的 MDJNR 型外圆车刀示例　SN □□刀片指刀尖角 90°，法后角 0° 的正方形各规格刀片，它配置的外圆车刀必须为负前角外圆车刀。S 型刀片单面具有 4 条可转位切削刃，性价比高，应用广泛。以下通过几个示例进行分析。

1）MSBNR 型外圆车刀，如图 2-75 所示，刀片采用 M 型夹紧方式，夹紧可靠性好，但存在压板干扰影响切屑形态的问题，必要时应增选断屑器。S 型刀片通用性好，性价比高，刀具寿命长。B 型主偏角 75° 的直头侧切刀头，刀杆结构简单、成本低，适用于外圆表面车削加工。75° 主偏角将切削力大部分分解到工件刚性较好的轴向，故进给量可取得较大，90° 刀尖角可知副偏角为 15°，适合半精车或粗车加工。

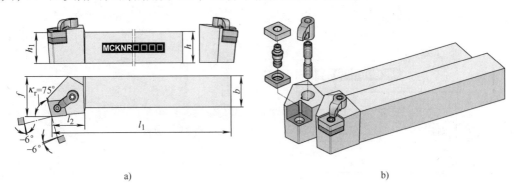

图 2-74　MCKNR 型外圆车刀示例

a）几何结构参数　b）3D 模型与刀片夹紧机构分解

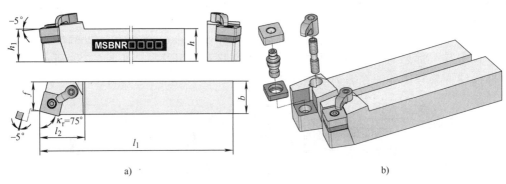

图 2-75　MSBNR 型外圆车刀示例

a）几何结构参数　b）3D 模型与刀片夹紧机构分解

2）MSRNR 型外圆车刀，如图 2-76 所示。它与图 2-75 所示刀具的差异是第③位刀具头部型式。本刀具是 75° 主偏角的 R 型偏头侧切刀头，注意两刀具头部型式的变化。偏头刀头切削适应性更好，其余性能基本相同。

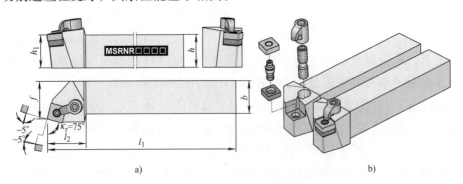

图 2-76　MSRNR 型外圆车刀示例

a）几何结构参数　b）3D 模型与刀片夹紧机构分解

3）MSKNR 型外圆车刀，如图 2-77 所示。它与图 2-75 所示刀具型号的差异是第

③位刀具头部型式。本刀具为 75° 主偏角的 K 型偏头端切刀头，所谓端切即端面车削，因此其刀头可看作是图 2-75 所示刀头的镜像结构，其余刀具信息分析基本不变。本车刀主要用于端面的半精车与精车加工。另外，图 2-77b 所示的刀具 3D 图中显示了它有可选用的断屑器。

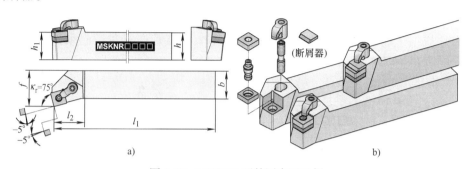

图 2-77　MSKNR 型外圆车刀示例

a）几何结构参数　b）3D 模型与刀片夹紧机构分解

4）MSDNN 型外圆车刀，如图 2-78 所示。本刀具型号的第③位 D 表示头部型式为主偏角 45° 的直头侧切刀头，这种刀头型式位中置结构，配合左右切削方向（N）刀片，可进行左、右进给切削加工，因此刀具型号的第⑤位符号是 N。本刀具由于可左右进给切削，并可进行适当径向进给切削，因此主要用于外圆曲面仿形车削加工，由于主偏角较大，因此加工曲面的曲率不宜太大。但与 N 型和 V 型刀头相比，本刀具的刀尖角较大，刀具寿命较长，因此更适合曲面仿形的半精车与粗车加工。

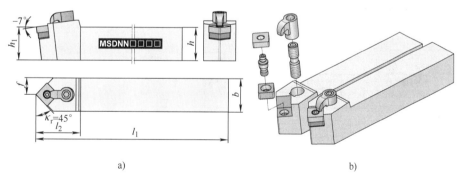

图 2-78　MSDNN 型外圆车刀示例

a）几何结构参数　b）3D 模型与刀片夹紧机构分解

（3）TN □□刀片配置的外圆车刀示例　TN □□刀片指 T 型刀片（正三角形）0° 法后角的各规格刀片，它配置的外圆车刀必然为负前角外圆车刀，T 型刀片刀尖角为 60°，单面有 3 条可转位切削刃，性价比较高。以下通过几个示例进行分析。

1）MTGNR 型外圆车刀，如图 2-79 所示，M 型夹紧方式，夹紧可靠性好，应用广泛。T 型刀片通用性好，60° 刀尖角不算大，径向切削力较小，在切削刚性稍差的细长轴时有明显优势。G 型主偏角 90° 偏头侧切刀头，刀杆结构适应性好，适用于外圆轮廓车削加工。

90° 主偏角实际为正偏差，外圆加工通用性好，特别适合切削终端具有阶梯端面的几何结构，90° 主偏角和较大的副偏角（30°）使切削时径向分力较小，对于刚性稍差的细长轴零件外圆车削有利。0° 法后角刀片决定了它为负前角外圆车刀，如图 2-79a 所示。图 2-79b 中为右手 R 型结构，可根据需要选用左手 L 型。刀杆截面以方形为主，也有刀具商提供矩形截面刀杆。刀具长度（第⑧位字母符号）与刀杆截面匹配长度，各刀具商的配置基本相同。刀片规格依据刀杆大小确定，可选范围不大，刀片选择时还必须选择刀尖圆弧半径、刀片材质和涂层等。

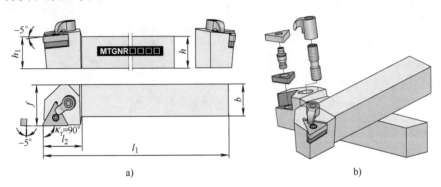

图 2-79　MTGNR 型外圆车刀示例

a）几何结构参数　b）3D 模型与刀片夹紧机构分解

2）MTANR 型外圆车刀，如图 2-80 所示。它与图 2-79 所示刀具的型号差异是第③位头部型式，本刀具为主偏角 90° 的 A 型直头侧切刀头，直头结构刀杆结构简单，性价比高。再注意比较两示例刀头结构形状，可见本刀具前端配合负切削刃形状趋势变化，因此可适应外圆曲面的仿形车削加工，其余信息基本相同。

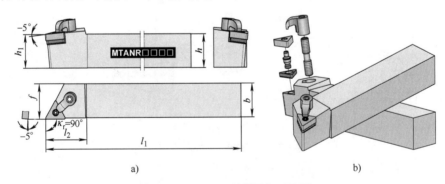

图 2-80　MTANR 型外圆车刀示例

a）几何结构参数　b）3D 模型与刀片夹紧机构分解

3）MTJNR 型外圆车刀，如图 2-81 所示。对比图 2-80 所示刀具，可见两者差异不大，仅仅表现在刀头结构型式上，本刀具为 J 型 93° 偏头侧切刀头，这种大于 90° 的主偏角，加之刀尖角较小（60°），使外圆车削时径向切削分力更小，甚至反向，因此，在切削工件刚性差的细长轴时优势更为明显，同时，较大的副偏角（27°）使其同样可用于外圆曲面仿形车削加工。

4）MTFNR 型外圆车刀，如图 2-82 所示，刀具刀头为 F 型主偏角 90° 的偏头端切刀头，它可认为是 MTGNR 型外圆车刀 G 型刀头的镜像结构，因此它是端面车削刀具，其余信息与图 2-79 所示 MTGNR 型外圆车刀基本相同。

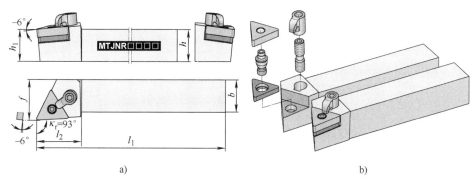

图 2-81 MTJNR 型外圆车刀示例

a）几何结构参数 b）3D 模型与刀片夹紧机构分解

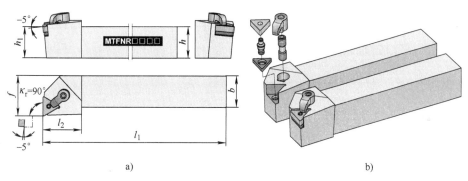

图 2-82 MTFNR 型外圆车刀示例

a）几何结构参数 b）3D 模型与刀片夹紧机构分解

5）MTENN 型外圆车刀示例，如图 2-83 所示，刀具头部为 E 型主偏角 60° 的直头侧切刀头，本刀具刀头型式并非 GB/T 5343.2—2007（表 2-10）中所推荐刀头，但其结构特点还是存在。本刀具采用刀尖角为 60° 的正三角形 T 型刀片，刀具结构为中置型对称结构，配以左右切削型刀片，可实现左、右进给与较小的径向进给切削，适合外圆曲面仿形加工，仿形切削性能介于 2-78 所示的 MSDNN 型外圆车刀与图 2-85 所示的 MDNNR 型外圆车刀之间，或许正是这种中间状态使它未被列入 GB/T 5343.2—2007 中推荐刀头。

（4）DN□□刀片配置的外圆车刀 DN□□刀片指 D 型（刀尖角 55° 的菱形）0°法后角的各规格刀片，它配置的外圆车刀必然为负前角外圆车刀，D 型刀片刀尖角较小（55°），可用于仿形车削加工，单面具有 2 条可转位切削刃。以下通过两个示例进行分析。

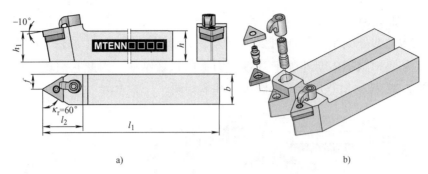

图 2-83　MTENN 型外圆车刀示例

a）几何结构参数　b）3D 模型与刀片夹紧机构分解

1）MDJNR 型外圆车刀，如图 2-84 所示，采用 M 型夹紧方式，D 型刀片，单面有 2 条可转位切削刃，配合 J 型主偏角 93° 偏头侧切刀头，副偏角较大（32°），适合仿形车削加工；且由于较小的刀尖角和大于 90° 的主偏角，切削时的径向分力较小，可用于细长轴加工。刀具型号的第④位符号显示它为负前角外圆车刀。注意图 2-84b 所示刀具为可选用断屑器的示例。

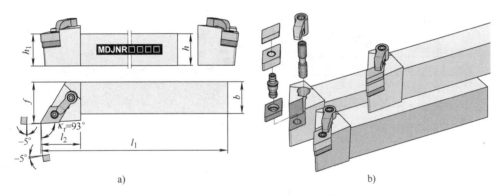

图 2-84　MDJNR 型外圆车刀示例

a）几何结构参数　b）3D 模型与刀片夹紧机构分解

2）MDNNR 型外圆车刀，如图 2-85 所示。M 型夹紧方式，D 型负前角刀片，即 0° 法后角刀片，因此也是负前角车刀。N 型主偏角 63° 直头侧切刀头，中置结构设计，因此，实际主偏角为 62.5°。该刀具虽为侧切刀头，但中置结构使它可左右切削，即刀具型号的第⑤位切削方向代号可用 N 表示。本刀具主要用于外圆仿形车削加工，因为刀尖角稍小（55°），因此多用于半精车与精车加工。仿形车削也可通过编程单向切削进给外圆车削，如图 2-85a 所示第⑤位为 R 型右切削外圆车刀。另外，右切削方向车削时，若配合图 2-85b 所示的断屑器控制切屑形态，可获得更好的切削性能。

（5）VN□□刀片配置的外圆车刀　VN□□刀片指 V 型（刀尖角 35° 的菱形）0° 法后角的各规格刀片，它配置的外圆车刀必然为负前角外圆车刀，V 型刀片刀尖角更小（35°），仿形车削性能更佳，刀片单面有 2 条可转位切削刃。以下通过两个示例进行分析。

1）MVJNR 型外圆车刀，如图 2-86 所示，采用 M 型夹紧方式，V 型（刀尖角 35° 的菱形）0°法后角，配合 J 型主偏角 93° 偏头侧切刀头，适用性好，刀尖角很小，故副偏角很大（52°），特别适合仿形车削加工。0° 法后角显示其为负前角外圆车刀。

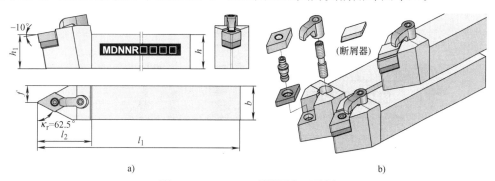

图 2-85　MDNNR 型外圆车刀示例

a）几何结构参数　b）3D 模型与刀片夹紧机构分解

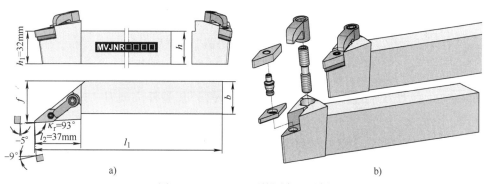

图 2-86　MVJNR 型外圆车刀示例

a）几何结构参数　b）3D 模型与刀片夹紧机构分解

2）MVVNN 型外圆车刀，如图 2-87 所示，采用 M 型夹紧方式，V 型（刀尖角为 35°）0° 刀片法后角构成的负前角外圆车刀。头部型式为主偏角 72.5° 的直头侧切刀头，虽然 GB/T 5343.1—2007 中称之为侧切刀头，但它是中置结构，刀具型号第⑤位符号 N 显示它为左右切削方向。本刀具主要用于外轮廓曲面仿形车削加工，且因为刀尖角较小，因此主要用于曲面仿形精车加工。

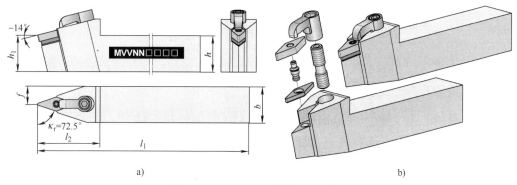

图 2-87　MVVNN 型外圆车刀示例

a）几何结构参数　b）3D 模型与刀片夹紧机构分解

（6）WN □□刀片配置的外圆车刀示例　MWLNR 型外圆车刀，如图 2-88 所示，采用 M 型夹紧方式，W 型刀片，由于刀尖角为 80°，因此构造出刀具的主、副偏角与 C 型刀片 L 型刀头相同，也是 95° 主偏角和 5° 副偏角，故切削性能基本相同，W 型刀片单面有 3 条可转位切削刃，但切削刃长度稍短。

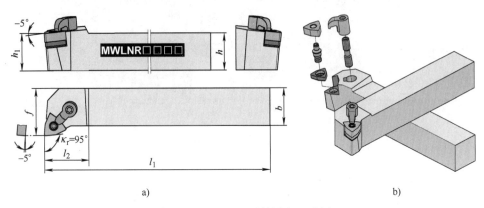

a) b)

图 2-88　MWLNR 型外圆车刀示例

a）几何结构参数　b）3D 模型与刀片夹紧机构分解

（7）RN □□型刀片配置型外圆车刀示例　MRSNR 型外圆车刀，如图 2-89 所示，M 型紧方式，圆形 R 型直通圆孔刀片，0° 刀片法后角构造的负前角外圆车刀。S 型偏头侧切头部型式，符合 GB/T 5343.1—2007 中规定。本刀具适合外圆轮廓曲率不大曲面的仿形车削加工，由于刀片圆弧半径较大，相当于刀尖圆角半径较大，因此它可用于半精车仿形车削加工。

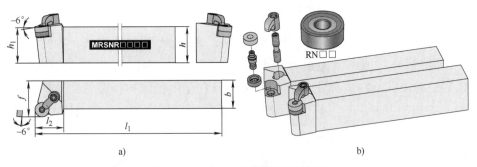

a) b)

图 2-89　MRSNR 型外圆车刀示例

a）几何结构参数　b）3D 模型与刀片夹紧机构分解

4. C 型夹紧方式的负前角外圆车刀示例

顶面夹紧的 C 型夹紧方式是国标 GB/T 5343.1—2007 规定的经典夹紧方式之一，典型结构如图 2-14a 所示，这种夹紧方式中钩形压板（简称压板）通过刀片顶面压紧刀片，作用在刀片上的横向切削力确保刀片与刀杆刀片槽侧面可靠接触，因此切削力不会破坏刀片的夹紧。不足之处是压板在切屑流出的前刀面，可能干扰切屑沿前刀片的流出，因此，它适用于切削厚度不大的精车或半精车加工。但若在前刀面增加断屑器，如图 2-14b 所示，通过断屑器控制切屑的形态，可有效避免压板对切屑的干涉，此时，刀具便可用于粗车加工。注意到这种夹紧方式的刀片不需要有固定孔，这是这种夹紧方式的特点。关于无固定孔的硬质合金刀片，GB/T 2079—2015 对它规定了两种 0° 法后角的正前角刀片，即正三角形刀片（TN 形）和正方形刀片（SN 形）。无固定孔正前角刀片可用于硬脆材料的刀片，如立方氮化硼（PCBN）和陶瓷材料的刀片。关于刀具形状，刀具商推出的形状更为丰富。

（1）有断屑器与无断屑器外圆车刀　图 2-90 所示给出了有断屑器和无断屑器的 CCLNR 型外圆车示例。这两种外圆车刀的刀片夹紧原理如图 2-14 所示。CCLNR 型外圆车刀具型号显示的信息为，刀片夹紧方式为 C 型夹紧，C 型刀片，具有两条可转位切削刃，配合 L 型主偏角 95° 的偏头侧切与端切刀头，可在外圆与端面车削加工时获得相同的主、副偏角，L 型刀头用途广泛，可用于外圆与端面车削加工，对于图 2-90a 所示的无断屑器车刀，为避免切屑流出时与压板的干涉，建议用于切屑厚度较小地半精车与精车加工。刀具型号中，第④位 N 显示它为负前角车刀，图 2-90 所示刀片安装姿态也显示其为负前角外圆车刀，第⑤位显示该示例为右手切削方向，也可按照需要选用左手切削方向车刀。刀杆截面、刀杆长度、刀片尺寸等信息分析同图 2-46 所示刀具的分析。同样，选择刀片时还需考虑刀尖圆角半径、断屑槽型式、刀片材质与涂层等信息。

图 2-90b 所示为增加断屑器的外圆车刀示例，断屑器一般为可选部件，它主要用于切屑形态的控制，注意到刀片型号的表示规则中，前 9 位显示的信息不包含断屑器信息，这些信息一般由刀具商在后续相关位置用规定的符号表示。本外圆车刀的断屑器由于没有任何约束，使用过程中容易丢失，使它的应用受到限制，用户不太喜欢使用这种结构型式的车刀。

图 2-91 所示为 DN 型无孔刀片有断屑器的 CDJNR 型外圆车刀示例，读者可根据其刀具型号自行分析。

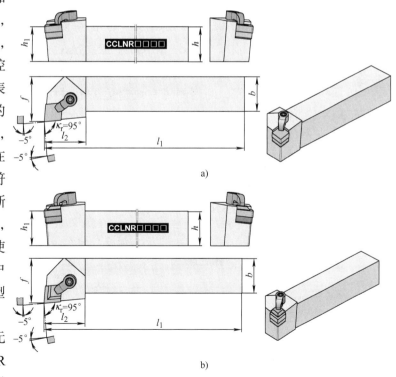

图 2-90　CCLNR 型外圆车刀示例
a）无断屑器　b）有断屑器

如图 2-90 和图 2-91 所示采用顶面夹紧方式的外圆车刀优点是刀片夹紧机构有可能与 M 型顶面和孔夹紧机构共用，且刀垫与刀垫螺钉可与 P 型孔夹紧机构等刀具共用，综合成本稍低。但这种通用特性导致其夹紧可靠性略逊色于 M 型顶面和孔夹紧机构，断屑器设计过于简单，易丢失。

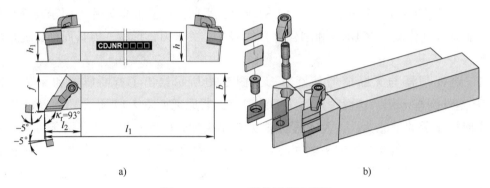

a)   b)

图 2-91　CDJNR 型外圆车刀示例

a）几何结构参数　b）3D 模型与刀片夹紧机构分解

以下，介绍几种设计较为细致的 C 型顶面夹紧机构外圆车刀示例，供参考。夹紧机构的工作原理如图 2-15、图 2-17 所示。

（2）TN 型无固定孔刀片配置的外圆车刀示例　TN 型无固定孔刀片指的是法后角为 0° 的 T 型刀片。下面是主偏角为 90° 的偏头侧切和端切外圆车刀，刀头代号分别为 G 和 F。

1）图 2-92 所示为 G 型主偏角为 90° 的偏头侧切外圆车刀示例，刀具型号为 CTGNR □□□□ 型。其中，第①位显示刀片夹紧方式为 C 型夹紧，压板组件和断屑器如图 2-17 所示。这种刀片夹紧机构，断屑器不易脱离，操作方便，夹紧力分布均匀，整个夹紧机构操作方便和可靠，断屑器可有效避免压板对切屑流出的干扰，刀具应用范围广泛，可用于粗加工、半精加工甚至精加工。第②位 T 表示正三角形刀片，单面具有 3 条可转位切削刃，性价比高。第③位 G 型刀头显示刀具为 90° 主偏角的偏头侧切型式，适合于外圆车削，应用广泛。第④位 N 显示刀具为负前角车刀，图 2-92b 中清晰显示出负前角刀片安装姿态。第⑤位 R 为右手刀，也可定制左手刀 L。刀杆截面与长度，刀片尺寸的信息等分析可参照前述介绍自行分析。

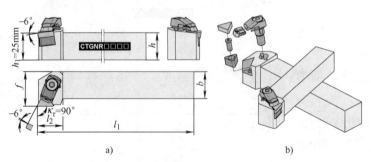

a)   b)

图 2-92　CTGNR 型外圆车刀示例

a）几何结构参数　b）3D 模型与刀片夹紧机构分解

2）图 2-93 所示为主偏角 90° 的偏头端切外圆车刀示例，刀具型号为 CTFNR □□□□型，它与 CTGNR 型外圆车刀相比，差异在第③位，本车刀为主偏角 90° 的 F 型端切刀头。本刀具主要用于端面车削加工，可看成是图 2-92 所示车刀 G 型刀头的镜像结构型式。

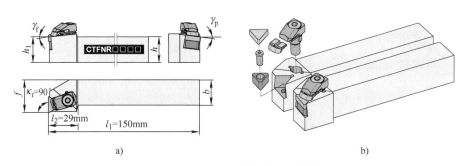

a)　　　　　　　　　　　　　b)

图 2-93　CTFNR 型外圆车刀示例

a) 几何结构参数　b) 3D 模型与刀片夹紧机构分解

（3）SN 型无固定孔刀片配置的外圆车刀　SN 型无固定孔刀片指的是法后角为 0° 的 S 型刀片。通过以下三款刀具示例进行分析。

1）图 2-94 所示为主偏角为 45° 的偏头侧切外圆车刀，刀具型号为 CSSNR □□□□。其中，第①位 C 表示顶面夹紧，夹紧原理如图 2-15 所示，该夹紧结构刀片顶面设有与压板匹配的凹槽，夹紧可靠性好，不足之处是刀片为专用设计，通用性稍差。第②位 S 表示刀片为正方形，单面具有 4 条可转位切削刃，刀片性价比高。第③位 S 表示刀头为 45° 的偏头侧切刀头，可车削外圆与端面，且两种切削方式主偏角均为 45°，切削性能较为接近，应用广泛。第④位 N 显示本车刀为负前角外圆车刀。第⑤位 R 显示本车刀为右手刀。

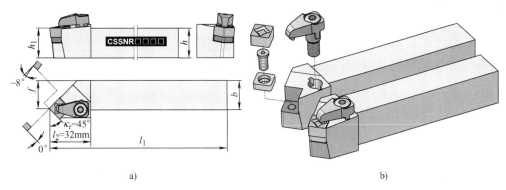

a)　　　　　　　　　　　　　b)

图 2-94　CSSNR 型外圆车刀示例（无断屑器）

a) 几何结构参数　b) 3D 模型与刀片夹紧机构分解

2）图 2-95 所示的外圆车刀与图 2-94 车刀型号相同，均为 CSSNR □□□□，两者的差异为刀片夹紧机构，图 2-95 中刀具采用的是有断屑器的顶面夹紧方式（C 型）。

3）图 2-96 所示的外圆车刀型号为 CSKNR □□□□，刀片为 C 型夹紧（带断屑器），适合于刀片顶面无凹槽的无固定孔刀片，通用性较好。本刀具采用正方形刀片，K 型主偏角 75° 的偏头端切刀头，适合于端面车削，0° 法后角刀片构造的负前角外圆车刀。

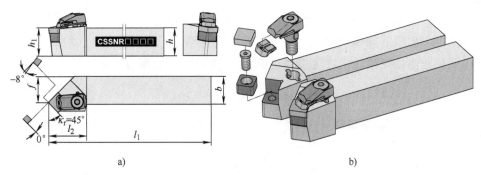

图 2-95　CSSNR 型外圆车刀示例（有断屑器）

a）几何结构参数　b）3D 模型与刀片夹紧机构分解

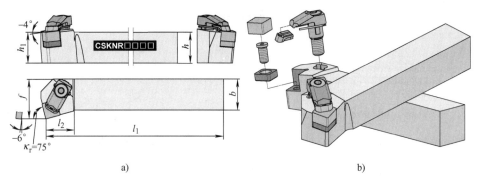

图 2-96　CSKNR 型外圆车刀示例

a）几何结构参数　b）3D 模型与刀片夹紧机构分解

（4）CN 型无固定孔刀片配置的外圆车刀　CN 型无固定孔刀片指的是法后角为 0° 刀尖角为 80° 的菱形刀片，该形状刀片应用广泛。

1）图 2-97 所示的外圆车刀型号为 CCLNR □□□□，刀片为 C 型夹紧，顶面有凹槽，夹紧可靠，但为专用设计，因此通用性差。80° 刀尖角的菱形刀片单面具有 2 条可转位切削刃，配合 90° 主偏角的 L 型偏头侧切和端切刀头，构造出了侧切与端切时主、副偏角相等且切削性能相近的特性，可用于外圆与端面车削，应用广泛。0° 法后角刀片确定了本刀具为负前角外圆车刀。

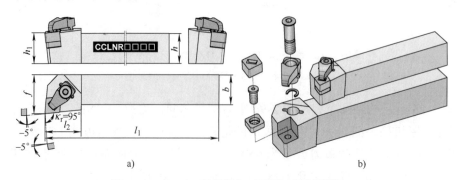

图 2-97　CCLNR 型外圆车刀示例（无断屑器）

a）几何结构参数　b）3D 模型与刀片夹紧机构分解

2）图 2-98 所示的外圆车刀型号也为 CCLNR □□□□，刀片夹紧代号虽然相同，但刀片夹紧机构的原理略有差异，本车刀包含了断屑器，夹紧机构结构如图 2-17b 所示，这款可选的断屑器前后有多条定位压紧凹槽，前后位置可调，同时断屑器两侧面与刀片相应切削刃平行，切屑形态控制良好。

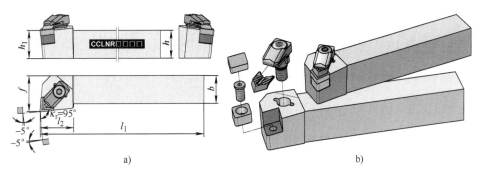

a)　　　　　　　　　　　　b)

图 2-98　CCLNR 型外圆车刀示例（有断屑器）

a）几何结构参数　b）3D 模型与刀片夹紧机构分解

3）图 2-99 所示的外圆车刀型号为 CCRNR □□□□，刀片采用带断屑器的顶面夹紧机构，刀片顶面无凹槽，通用性好，刀片形状为 80° 刀尖角的菱形刀片，这种刀片分别有两个 80° 和 100° 的内角，本示例采用的 100° 内角为刀尖角，单面有 2 条可转位切削刃，而较大的刀尖角对刀具寿命有益。刀头为主偏角为 75° 的 R 型偏头侧切刀头，由于刀尖角为 100°，因此副偏角为 5°，这个较小的副偏角车削外圆表面粗糙度值较小，因此在精车外圆加工时的表面质量较好。刀具型号第④位 N 显示本刀具为负前角外圆车刀。

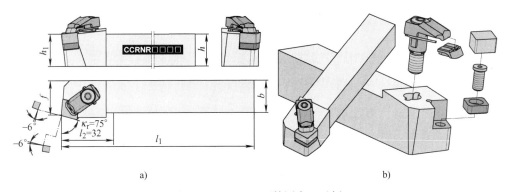

a)　　　　　　　　　　　　b)

图 2-99　CCRNR 型外圆车刀示例

a）几何结构参数　b）3D 模型与刀片夹紧机构分解

4）图 2-100 所示的外圆车刀型号为 CCKNR □□□□，其中第③位头部型式代号为 K，代表它是主偏角为 75° 的偏头端切刀头，可用于端面车削加工。本刀具刀片及刀尖角的应用与图 2-99 所示刀具相似，可认为是图 2-99 所示刀具 R 型刀头的镜像。

（5）WN 型无固定孔刀片配置的外圆车刀　WN 型无固定孔刀片指的是法后角为 0°刀尖角为 80° 的 W 型刀片，可构造出的主、副偏角与图 2-97 所示刀具 C 型刀片 L 型刀头相同，因此它们的切削性能基本相同。本刀片虽增加了一条切削刃但切削刃长度较短，车削时的背吃刀量不宜太大。

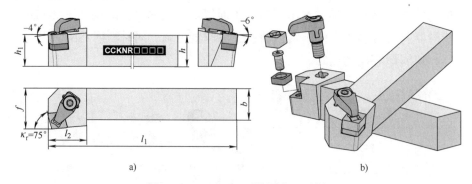

图 2-100 CCKNR 型外圆车刀示例

a）几何结构参数 b）3D 模型与刀片夹紧机构分解

图 2-101 所示刀具型号为 CWLNR □□□□，刀片夹紧方式为 C 型，刀片夹紧可靠，W 型刀片性价比稍高，L 型刀头可用于外圆与端面车削，第④位 N 显示它为负前角外圆车刀。

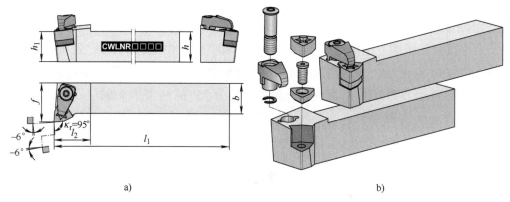

图 2-101 CWLNR 型外圆车刀示例（无断屑器）

a）几何结构参数 b）3D 模型与刀片夹紧机构分解

（6）DN 型无固定孔刀片配置的外圆车刀 DN 型无固定孔刀片指的是法后角为 0°，刀尖角为 55° 的菱形刀片。

1）图 2-102 所示为 DN 型无固定孔刀片配置的外圆车刀示例，刀具型号为 CDJNR □□□□，刀片采用顶面带凹槽的 C 型夹紧机构，刀片夹紧可靠。D 型刀片刀尖角为 55°，单面有 2 条可转位切削刃，配合主偏角为 93° 的偏头侧切 J 型刀头，可计算出副偏角为 32°，这个副偏角还是较大的，这种刀头适用于精车或半精车仿形车削加工。

2）图 2-103 所示刀具型号同为 CDJNR □□□□，它与图 2-102 中刀具相比，差异为刀片夹紧机构，本刀具为有断屑器的刀片夹紧机构，刀片顶面无凹槽，刀片通用性好，同时断屑器可较好地控制切削形态。

（7）RN 型无固定孔刀片配置的外圆车刀 RN 型无固定孔刀片指的是法后角为 0° 的圆形刀片（R），主要用于较大曲率外圆曲面的仿形车加工。在 GB/T 5343.1—2007 中规定，S 和 D 型刀头型式刀杆可以安装圆形刀片。

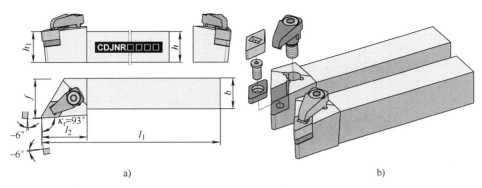

图 2-102　CDJNR 型外圆车刀示例（无断屑器）

a）几何结构参数　b）3D 模型与刀片夹紧机构分解

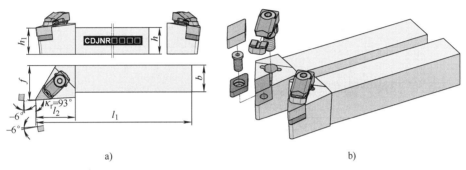

图 2-103　CDJNR 型外圆车刀示例（有断屑器）

a）几何结构参数　b）3D 模型与刀片夹紧机构分解

1）图 2-104 所示刀具型号为 CRSNR □□□□，刀片采用 C 类夹紧方式，并配有断屑器，刀片通用性好并可较好地控制切屑形态。刀片为圆形结构，适合仿形车削加工，但刀片圆弧半径较大（常用的刀片直径为 12.7mm），相当于刀尖圆角较大，因此加工面的最小曲率半径不能太小；同时由于刀尖圆弧半径较大，车削时的径向分力较大，故要求工件的刚性较好，如短而粗的工件。S 型刀头为偏头结构，因此加工曲面主要从右往左进给车削（指本例的右手刀 R）。

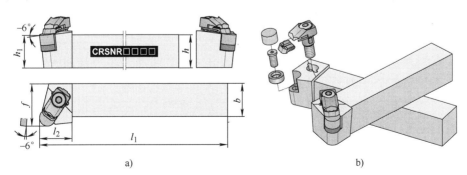

图 2-104　CRSNR 型外圆车刀示例

a）几何结构参数　b）3D 模型与刀片夹紧机构分解

2）图 2-105 所示刀具型号为 CRDNN □□□□，它与图 2-104 所示刀具型号的差异是第③、⑤位。其中，第③位 D 表示刀头为直头侧切，这里实际为中置型直头结构；第⑤位 N 表示的左右切削方向正好适应中置型直头刀头，适合于对称结构的曲面仿形加工。

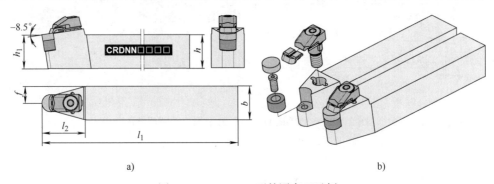

a)   b)

图 2-105　CRDNN 型外圆车刀示例

a）几何结构参数　b）3D 模型与刀片夹紧机构分解

2.2.2　正前角刀片外圆车削刀具结构分析

正前角刀片指刀片的法后角 α_n 大于 0° 的刀片，它对应的外圆车刀称为正前角刀片外圆车刀，简称正前角外圆车刀。

正前角外圆车刀即使刀片水平安装（即刀片安装姿态前角为 0°），依然存在刀具后角，这是最常见的正前角外圆车刀类型。另外，在切削铝合金和非金属材料时，为了确保刀具更为锋利，常常采用较大法后角刀片，并将刀片安装姿态前角设计为大于 0°。

第 1 章刀片介绍时已谈到，GB/T 2080—2007 和 GB/T 2079—2015 中机夹车刀用正前角刀片的法后角主要有 7°、5° 和 11° 三种，对应代号为 C、B 和 P。其中，7° 法后角正前角刀片多用于 0° 安装姿态角正前角车刀。实际中，由于各刀具商对切削原理与加工实践的感悟不同，应用的法后角可能更多。

1.0° 正前角外圆车刀示例

0° 正前角指刀片前刀面水平安装的姿态，它对应的刀具称为 0° 正前角的外圆车刀，这种刀具的刀片要求有合适的法后角，应用最多的是 7° 法后角刀片（刀片法后角字符代号为 C），在外圆车刀型号中第④位为字符 C，在 GB/T 2078—2019 中可见其常用刀片有正三角形刀片（TC）、正方形刀片（SC）、80° 刀尖角的菱形刀片（CC）、55° 刀尖角的菱形刀片（DC）、35° 刀尖角的菱形刀片（VC）、80° 刀尖角的等边不等角六边形刀片（WC）和圆形刀片（RC），刀片结构多为带沉头固定孔的硬质合金可转位刀片。刀片夹紧方式多采用螺钉沉孔夹紧（符号 S）机构，简称螺钉夹紧机构，其结构简单，占用空间位置较小，多用于中、小型外圆车刀，特别是取消刀垫后，它占用空间位置极小，是小型外圆车刀常用结构，不足之处是夹紧力稍小，主要用于切削力不大的精车与半精车加工，配合适当的断屑槽也可用于粗加工。刀片 7° 的法后角大小适中，主要用于碳钢和铸铁等材料的加工。

（1）CC 型刀片配置的外圆车刀　CC 型刀片指刀尖角 80° 法后角 7° 的菱形各规格刀片，其配置的外圆车刀多为 0° 正前角外圆车刀，以下给出两个示例进行分析。

1）SCACR 型外圆车刀，如图 2-106 所示，刀片为 S 型夹紧方式，应用广泛。C 型刀片通用性好，单面两条可转位切削刃。A 型主偏角 90° 直头侧切刀头，刀杆结构简单、成本低。90° 主偏角径向切削力较小，适用于外圆轮廓车削加工。7° 法后角以及 0° 刀片安装姿态角，使其切削力小于负前角车刀。刀片典型夹紧机构为有刀垫结构，如图 2-106b 所示，小型刀具受限结构空间，可采用无刀垫结构，图 2-106a 所示。本车刀主要用于精车与半精车加工，但考虑它的通用性更好，刀具商一般会提供精车、半精车，甚至粗车断屑槽型，因此，它也可用于粗车加工，当然，批量生产时建议采用负前角外圆车刀粗车。刀具切削方向、刀杆截面、刀具长度与刀片长度等参数与前述讨论类似。

图 2-106 中，无刀垫结构主要用于小型刀具，如刀杆截面参数 $h \times b$ 为 8mm × 8mm、10mm × 10mm、12mm × 12mm、16mm × 16mm，一般以截面参数 16mm × 16mm 为分界，大于这个截面参数的刀具多采用有刀垫结构，如 20mm × 20mm、25mm × 25mm 等，由于刀杆截面参数较大的外圆车刀可选用 P 型夹紧方式的外车刀，因此，对于这种应用范围不宽泛的 S 型夹紧方式 A 型刀头的外圆车刀，多数刀具商常常不生产较大截面参数的外圆车刀品种。

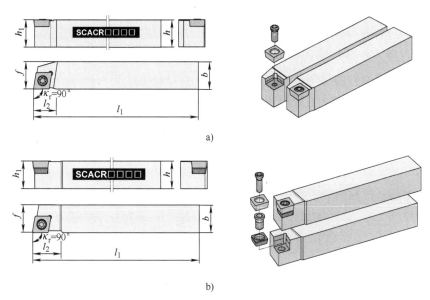

图 2-106　SCACR 型外圆车刀结构参数、夹紧原理与外观图示例
a）无刀垫结构　b）有刀垫结构

2）SCLCR 型外圆车刀，如图 2-107 所示。本车刀与图 2-106 所示车刀的差异是头部型式，本车刀为 L 型主偏角 95° 的偏头侧切与端切刀头，偏头刀头虽然结构略显复杂，但它的应用受限更小，同时，由于外圆侧切与端面端切时主、副偏角均相等，因此，它

是一款应用广泛的外圆车刀，特别是在单件小批量生产时，可减小刀具的备份与更换。由于其适用范围宽泛，故刀具规格也较多，以刀杆截面参数 $h \times b$ 为例，8mm×8mm、10mm×10mm、12mm×12mm、16mm×16mm、20mm×20mm、25mm×25mm 规格较为常见，同理，小规格刀具多采用无刀垫结构。

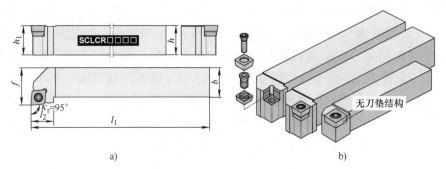

a)　　　　　　　　　　　　　　　b)

图 2-107　SCLCR 型外圆车刀示例

a）几何结构参数　b）3D 模型与刀片夹紧机构分解

（2）SC 型刀片配置的外圆车刀　SC 型刀片指刀尖角 90° 法后角 7° 的正方形各规格刀片。它多为 0° 正前角外圆车刀，以下给出几个示例进行分析。

1）SSBCR 型外圆车刀，如图 2-108 所示，刀片为 S 型夹紧方式，应用广泛。正方形刀片通用性好，4 条可转位切削刃，性价比高。B 型主偏角 75° 直头侧切刀头，刀杆结构简单、成本低。本车刀适用于外圆表面车削加工，75° 主偏角将切削力大部分分解到工件刚性较好的轴向，故进给量可以取得较大，15° 副偏角使已加工表面残留面积高度不大，但较小的副偏角造成径向切削分力稍大，因此本车刀对工件径向刚性要求较高，适合于加工长径比不大的轴类零件，主要用于精车、半精车加工，选择适当断屑槽型也可用于粗车加工，由于加工表面单一，因此主要用于批量生产。刀具切削方向、刀尖高度、刀杆截面、刀具长度与刀片长度等参数与前述讨论类似。

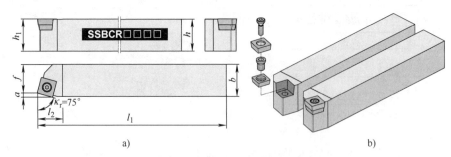

a)　　　　　　　　　　　　　　　b)

图 2-108　SSBCR 型外圆车刀示例

a）几何结构参数　b）3D 模型与刀片夹紧机构分解

2）SSKCR 型外圆车刀，如图 2-109 所示。本车刀与图 2-108 所示刀具相比，差异主要在第③位头部型式，本刀具为 K 型主偏角 75° 偏头侧切刀头，适用于端面车削加工。本车刀的刀头可认为是图 2-108 所示车刀刀头的镜像结构，因此其他性能分析与之基本相似。

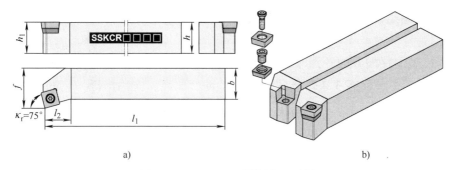

图 2-109　SSKCR 型外圆车刀示例

a）几何结构参数　b）3D 模型与刀片夹紧机构分解

3）SSSCR 型外圆车刀，如图 2-110 所示，刀片为 S 型螺钉夹紧方式，通用性好，性价比高。S 型主偏角 45° 偏头端切刀头，虽然名称为偏头端切，但实质上是可以侧切的，且端切与侧切主偏角、副偏角和刀尖角均相同，切削性能相似，应用范围广泛。本刀具由于副偏角较大（45°），加工表面残留面积高度较大，精车加工不占优势，适用于碳钢类钢铁材料的半精车加工，选择合适的断屑槽，也可用于粗车加工。

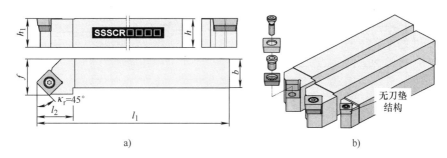

图 2-110　SSSCR 型外圆车刀示例

a）几何结构参数　b）3D 模型与刀片夹紧机构分解

4）SSDCN 型外圆车刀，如图 2-111 所示。本刀具与图 2-110 所示刀具的差异是第③和⑤位。本车刀为 45° 主偏角的 D 型直头侧切刀头，中置型式结构，可左、右方向进给加工，因此第⑤位为左、右切削方向 N，适用于工件刚性较好的短粗类零件的外圆与仿形车削加工，它主要用于半精车加工。

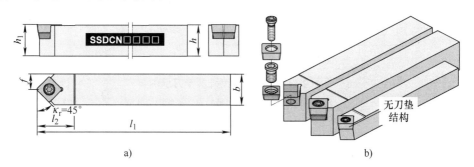

图 2-111　SSDCN 型外圆车刀示例

a）几何结构参数　b）3D 模型与刀片夹紧机构分解

需要说明的是，S 型和 D 型刀头还可用于圆刀片的外圆车刀，如图 2-122 和图 2-123 所示。

（3）TC 型刀片配置的外圆车刀　TC 型刀片指刀尖角 60° 法后角 7° 的正三角形各规格刀片，T 型刀片单面有 3 条可转位切削刃，性价比高，应用广泛。它的配置多为 0° 正前角外圆车刀，切削力小于负前角车刀，以下给出两个示例进行分析。

1）STGCR 型外圆车刀，如图 2-112 所示，刀片为 S 型夹紧方式，应用广泛。正三角形刀片通用性好，3 条可转位切削刃，同等切削刃长度下体积最小，因此性价比高。G 型主偏角 90° 偏头侧切刀头，适应性好，应用广泛。90° 主偏角配以较大的副偏角，使径向切削力较小，因此适用于外圆轮廓车削加工，即使切削刚性差的细长轴工件也有一定优势。刀尖角较小，副偏角较大，加工残留面积较大，因此本车刀常用于半精车与粗车加工。螺钉沉孔刀片夹紧方式，结构简单、紧凑，若取消刀垫，适用于结构空间受限的小型车刀。

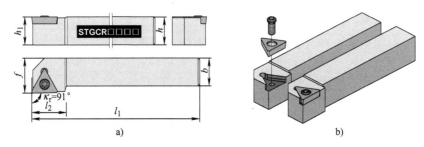

图 2-112　STGCR 型外圆车刀示例
a）几何结构参数　b）3D 模型与刀片夹紧机构分解

2）STFCR 型外圆车刀示例，如图 2-113 所示。与图 2-112 刀具相比，差异在第③位头部型式，F 型刀头是 90° 偏头端切刀头，可看做是 G 型刀头的镜像结构，其余信息相同，因此该外圆车刀适应于端面半精车与粗车加工。

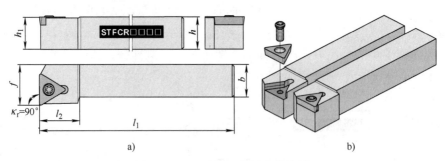

图 2-113　STFCR 型外圆车刀示例
a）几何结构参数　b）3D 模型与刀片夹紧机构分解

（4）DC 型刀片配置的外圆车刀　DC 型刀片指刀尖角 55° 法后角 7° 的菱形各规格刀片，单面有 2 条可转位切削刃。多配置为 0° 正前角的外圆车刀。以下给出几个示例供研习。

1）SDACR 型外圆车刀，如图 2-114 所示，刀片为 S 型夹紧方式，应用广泛。D 型刀片，可用于仿形车削加工。A 型主偏角 90° 直头侧切刀头，刀杆结构简单、成本低。90° 主偏角、较小的刀尖角（55°）和较大的副偏角（35°）使其径向切削分力较小，因此，本车刀不仅适用于仿形车削加工，且在车削刚性较差的细长轴时仍占有优势，因此，它的加工通用性较好。本车刀结构简单、紧凑，在中、小型外圆车刀中应用广泛。

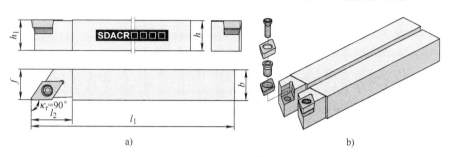

图 2-114　SDACR 型外圆车刀示例
a）几何结构参数　b）3D 模型与刀片夹紧机构分解

2）SDJCR 型外圆车刀，如图 2-115 所示。本车刀与图 2-114 所示刀具相比，差异在第③位刀具头部型式，J 型刀头是主偏角 93° 偏头侧切刀头，主偏角略微的增加，使其不仅仿形加工性能更好，且配合径向退刀，可切削出较为平整的阶梯端面。同时，93° 主偏角车削外圆时，主切削刃会产生反向的径向切削刃，达到平衡刀尖圆角与副切削刃产生的径向切削分力的效果，因此，本车刀更适用于刚性较差的细长轴零件的外圆车削加工。

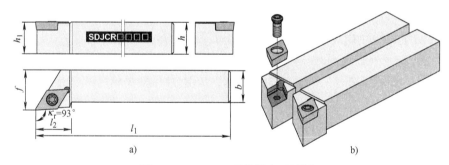

图 2-115　SDJCR 型外圆车刀示例
a）几何结构参数　b）3D 模型与刀片夹紧机构分解

3）SDNCN 型外圆车刀，如图 2-116 所示。本车刀的头部型式为 N 型，即主偏角 63° 直头侧切刀头（实际主偏角为 62.5°），中置结构设计，适应于左、右切削方向（第⑤位符号 N）。由刀头名称可见，侧切刀头多指单向切削刀头，但若选用左、右切削刀片，刀具就可左、右切削，实际中多采用这种配置。由于本车刀刀尖角为 55°，介于 S 型 90° 和 V 型 35° 刀尖角之间，因此仿形车削性能介于这两种刀片配置的中置结构外圆车刀之间，故本刀具适用于外圆仿形车削加工，且加工时的径向切削分力较小。

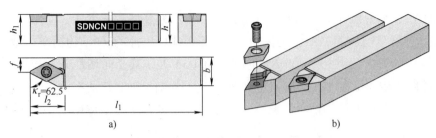

图 2-116　SDNCN 型外圆车刀示例

a）几何结构参数　b）3D 模型与刀片夹紧机构分解

4）SDHCR 型外圆车刀，如图 2-117 所示。本车刀最大的特点是 H 型 107.5° 主偏角的偏头侧切刀头，可适用于进给切削根部有内凹结构的工件加工，也可用于端面浅凹曲面仿形车削。

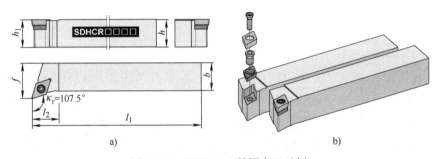

图 2-117　SDHCR 型外圆车刀示例

a）几何结构参数　b）3D 模型与刀片夹紧机构分解

（5）VC 型刀片配置的外圆车刀　VC 型刀片指刀尖角 35° 法后角 7° 的菱形各规格刀片，特别适用于仿形车削加工。多配置为 0° 正前角的外圆车刀，以下给出几个示例进行分析。

1）SVJCR 型外圆车刀，如图 2-118 所示，刀片为 S 型夹紧方式，应用广泛。V 型刀片，单面 2 条可转位切削刃，适用于仿形车削加工。J 型主偏角 93° 偏头侧切刀头，单方向车削加工时可较好地适应各种曲面轮廓的仿形车削加工，同时略大于 90° 的主偏角，小的刀尖角和大的副偏角，使其车削加工时的径向力很小，因此在车削加工刚性较差的细长轴时优势明显。

主偏角略大于 90°，使其不仅仿形加工性能更好，且配合径向退刀，还可切削出较为平整的阶梯端面，同时，93° 主偏角车削外圆时，主切削刃会产生反向的径向切削力，达到平衡刀尖圆角与副切削刃的径向切削分力的效果，因此，本车刀特别适用于刚性较差的细长轴零件的外圆车削加工。7° 法后角以及 0° 刀片安装姿态前角，切削力小较小，螺钉沉孔夹紧刀片结构简单、紧凑，在中、小型外圆车刀中应用广泛。

图 2-118b 图中，刀垫的固定方式采用了刀垫定位销预定位，结构简单，成本低，因此受到多家刀具商青睐。

2）SVVCN 型外圆车刀，如图 2-119 所示。本车刀与图 2-118 所示刀具相比，型号差异在第③和⑤位。第③位为 V 型主偏角 72.5° 的直头侧切刀头，刀头为中置结构，适用于左、右切削方向车削（体现在第⑤位），加之较小的刀尖角，特别适用于外轮圆仿形车削加工。

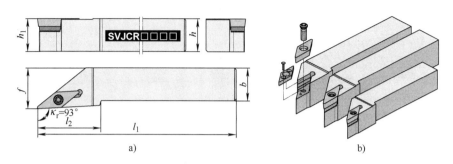

图 2-118　SVJCR 型外圆车刀示例

a）几何结构参数　b）3D 模型与刀片夹紧机构分解

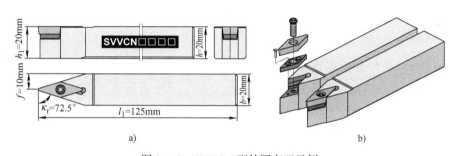

图 2-119　SVVCN 型外圆车刀示例

a）几何结构参数　b）3D 模型与刀片夹紧机构分解

3）SVPCR 型外圆车刀，如图 2-120 所示。本车刀与图 2-119 所示刀具相比，差异在第③位，本刀具采用 P 型主偏角 117.5° 的偏头侧切刀头，它并不是 GB/T 5343.2—2007 推荐优先采用刀杆，但它有较大的主偏角，不仅具有如图 2-117 所示 107.5° 主偏角外圆车刀可切削根部凹陷结构的特点，还可用于端面曲面仿形车削加工。

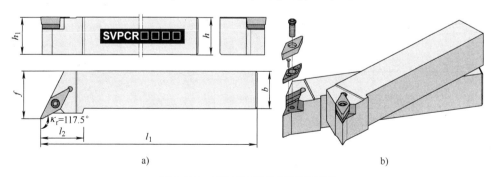

图 2-120　SVPCR 型外圆车刀示例

a）几何结构参数　b）3D 模型与刀片夹紧机构分解

（6）WC 型刀片配置的外圆车刀　WC 型刀片指 80° 刀尖角 7° 法后角的等边不等角六

边形（又称凸三角形）各规格刀片，它配置的外圆车刀多为 0° 正前角外圆车刀，图 2-121 所示为其常见的 SWLCR 型刀具，对照图 2-107 所示 SCLCR 型刀具，不难看出其差异是第②位刀片形状，W 型刀片单面有 3 条可转位切削刃，其余刀具主偏角、副偏角、刀尖角、刀尖圆弧半径等结构参数均相等，这是其受重视的原因。但要注意，同等规格内切圆直径的条件下，其有效切削刃长度较短，其性价比高的优点只能体现在小切深车削场合。

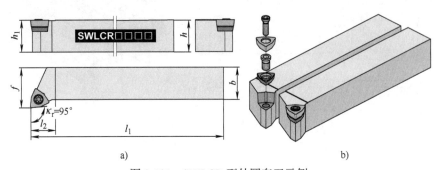

图 2-121　SWLCR 型外圆车刀示例
a）几何结构参数　b）3D 模型与刀片夹紧机构分解

（7）RC 型刀片配置的外圆车刀　RC 型刀片指圆形（形状代号 R）和 7° 法后角的各规格刀片，这种刀片适用于曲率较小的外轮廓曲面仿形车削加工，它配置的外圆车刀多为 0° 正前角的外圆车刀，对应的刀头型式为 D 型和 S 型，以下给出两个示例进行分析。

1）SRDCN 型外圆车刀，如图 2-122 所示，刀片为 S 型夹紧方式，应用广泛。R 型刀片特别适用于大曲率半径轮廓曲面仿形车削加工，由于切削刃为圆形，因此，可进行较多次的转位使用，性价比较高。D 型刀头借用图 2-111 所示中置结构外圆车刀的头部型式，直头型式刀具结构简单，中置结构特别适用于左右仿形车削加工，见刀具型号第⑤位代号 N。圆形刀片使用时要注意，其当量主偏角与背吃刀量有关，背吃刀量增大，则当量主偏角增大。另外，圆形刀片的切削刃相当于普通刀片的刀尖圆角，因此，它车削时的径向切削力较大，表面残留面积高度较小，表面质量较好。故该刀具主要用于仿形精车或半精车加工。

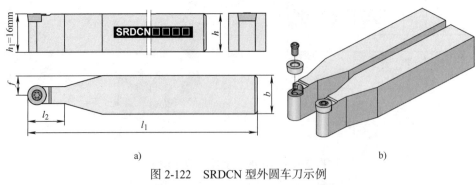

图 2-122　SRDCN 型外圆车刀示例
a）几何结构参数　b）3D 模型与刀片夹紧机构分解

2）SRSCR 型外圆车刀，如图 2-123 所示。本刀具对比图 2-122 所示刀具，差异在型号第③位头部型式，GB/T 5343.1—2007 规定的圆形刀片头部型式为 S 型偏头端切刀头，但实际中很多刀具商用 G 型偏头侧切刀头，具体以刀具商样本为例。本刀具既可侧切外圆也可端切端面，并且小曲率曲面在仿形车削时有明显优势。本刀具以单向进给切削为主，注意它与图 2-120 所示刀具曲面车削的差异性。

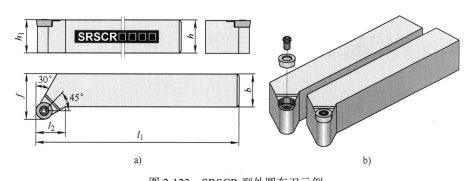

a)   b)

图 2-123　SRSCR 型外圆车刀示例

a）几何结构参数　b）3D 模型与刀片夹紧机构分解

2. 其他正前角外圆车刀示例

以上介绍的 0° 正前角外圆车刀的刀片法后角为 7°，应用较为广泛。以下列举部分非 7° 法后角的正前角刀片的外圆车刀示例，供参考。

（1）S 类夹紧方式的外圆车刀示例　以下通过几个示例进行介绍。

1）几款不同法后角的 V 型刀片外圆车刀。V 型刀片刀尖角较小，广泛用于仿形车削加工，以下介绍几款非 7° 法后角刀片的正前角外圆车刀。

图 2-124 所示为 5° 法后角 V 型刀片（VB 型刀片）外圆车刀，刀具型号为 SVJBR 型。前述 7° 法后角刀片虽然通用性较好，但对于刀尖角较小的 V 形刀片，7° 法后角略大，对刀尖强度等影响较大，5° 法后角介于 0° 至 7° 之间，它比 VC 型刀片刀尖强度更大，但又不需像 VN 型刀片一样负前角刀片安装姿态，并可与 VC 型刀片正前角外圆车刀实现刀杆通用，因此它与 VC 型刀片外圆车刀的性能与用途基本相同，但刀具寿命长。图 2-124b 分别显示了有、无刀垫刀具示例，表明这种刀应用较广泛。

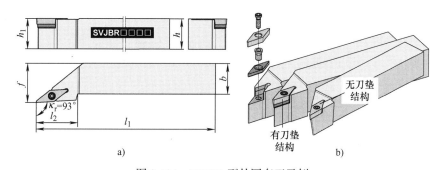

a)   b)

图 2-124　SVJBR 型外圆车刀示例

a）几何结构参数　b）3D 模型与刀片夹紧机构分解

图 2-125 所示为 11° 法后角 V 型刀片（VP 型刀片）外圆车刀，刀具型号为 SVLPR 型。本车刀刀尖角为 35°，主偏角为 95°，适合外圆和仿形车削加工。它最大的特点是刀片法后角较大，切削刃更显锋利，适合较软的铝材或非金属材料等车削，同时，大于 90° 主偏角和较大副偏角的优点依然存在，如可退刀车削阶梯端面，可适应车削刚性差的零件，可仿形车削加工等。由于刀片刚性差，因此它主要用于精车加工和小型外圆车刀。

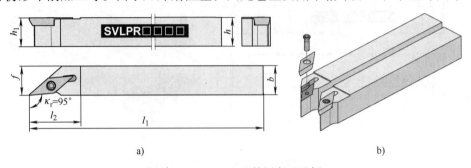

图 2-125　SVLPR 型外圆车刀示例

a）几何结构参数　b）3D 模型与刀片夹紧机构分解

图 2-126 所示为 15° 法后角 V 型刀片（VD 型刀片）外圆车刀，刀具型号为 SVJDR 型。由图 2-126a 可见刀片安装姿态前角较大，且进给前角 γ_f 和背前角 γ_p 均较大（图中未示出，大约 7°），刀片后角大是为了补偿大前角的需要，实际后角约为 8°，但刀片 15° 的法后角使刀片的法楔角大为减小，因此刀片显得非常锋利，但刀片强度也因此大幅下降，这种刀具一般是为强度稍低的铝合金和非金属材料等精车加工而设计的，刀片材料除了可以为硬质合金外，还有超硬的 PCD 材料刀片供选用。就 93° 的主偏角而言，本车刀适用于外圆和仿形精车加工。

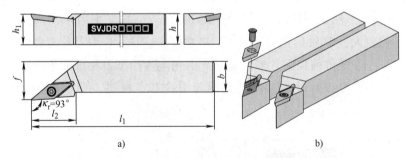

图 2-126　SVJDR 型外圆车刀示例

a）几何结构参数　b）3D 模型与刀片夹紧机构分解

2）20° 大法后角 T 型刀片（TE 型刀片）外圆车刀。图 2-127 和图 2-128 分别是螺钉夹紧正三角形刀片偏头侧切和端切外圆车刀。该两款车刀的共同点是刀片法后角较大，比 GB/T 2080—2007 规定的 11° 法后角刀片（TP 型刀片）大许多。由图 2-127a 可见，刀片进给前角 γ_f 和背前角 γ_p 均较大，因此本车刀适用于铝合金和非金属材料等精车加工。刀片材料可以是硬质合金或 PCD 等。两刀具的主偏角均为 90°（实际 91°）分别适用于外圆和端面精车加工。

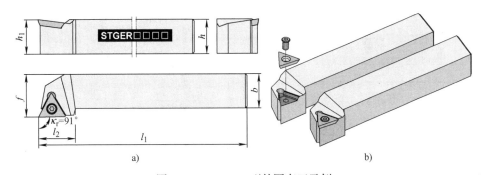

图 2-127　STGER 型外圆车刀示例

a）几何结构参数　b）3D 模型与刀片夹紧机构分解

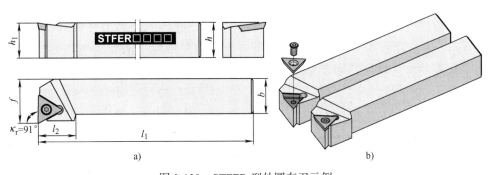

图 2-128　STFER 型外圆车刀示例

a）几何结构参数　b）3D 模型与刀片夹紧机构分解

3）20° 大法后角 D 型刀片（DE 型刀片）外圆车刀示例。如图 2-129 和图 2-130 所示 SDJER 型和 SDNEN 型外圆车刀均是 D 型夹紧方式刀片，刀片法后角为 20° 的外圆车刀，刀具的前角均较大。两者之间的刀头型式不同，分别为 93° 主偏角的偏头侧切头部和 63° 主偏角的直头侧切头部。两车刀均是可用于铝合金等材料精车加工外圆车刀。

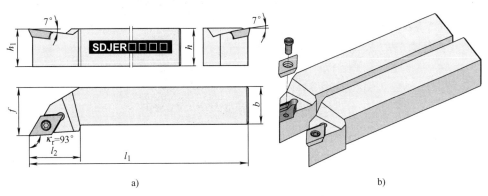

图 2-129　SDJER 型外圆车刀示例

a）几何结构参数　b）3D 模型与刀片夹紧机构分解

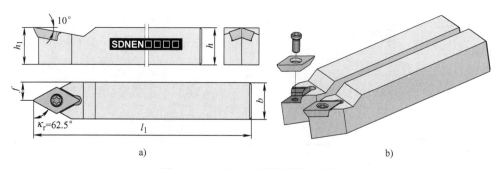

图 2-130　SDNEN 型外圆车刀示例

a）几何结构参数　b）3D 模型与刀片夹紧机构分解

（2）C 型夹紧方式的外圆车刀示例　以下均为无固定孔刀片，C 型夹紧方式，大于 0°安装姿态前角的外圆车刀示例。无固定孔刀片多用于超硬的硬脆刀片材料（如陶瓷刀片等）的刀片。以下几款外圆车刀的刀片法后角均为 11°，符合 GB/T 2079—2015 规定的刀片，属于标准刀片。虽然 C 型夹紧方式压板可能影响切屑流出的卷曲与断屑，但可选用断屑器解决。

1）SP 型无固定孔刀片外圆车刀。以下通过几个示例进行介绍。

图 2-131 所示为 CSBPR 型外圆车刀。刀片为 C 型夹紧方式，适合无固定孔刀片夹紧。S 型刀片，法后角为 11°（符号 P），有 4 条可转位切削刃，性价比高，可用于大于 0°的正前角外圆车刀。图 2-131a 中刀具前角 γ_o 为 5°，刃倾角 λ_s 为 0°。刀具头部为 B 型 75°主偏角的直头侧切型式，适合外圆车削加工。本车刀的特点是有较大的前角、较小的楔角和适当的后角，它主要用于半精车与精车加工。

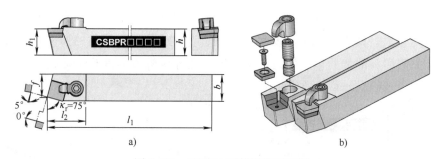

图 2-131　CSBPR 型外圆车刀示例

a）几何结构参数　b）3D 模型与刀片夹紧机构分解

图 2-132 所示为 CSSPR 型外圆车刀，它与图 2-131 所示刀具的差异是刀具型号的第③位刀具头部型式。本车刀为 S 型 45° 主偏角偏头端切刀头，这种刀头也可用于外圆侧切加工，因此，本车刀适用于外圆与端面的半精车与精车加工。

图 2-133 所示为 CSDPN 型外圆车刀，它与图 2-131、图 2-132 所示刀具的差异是刀具型号第③位和第⑤位。第③位显示本车刀为 D 型 45° 主偏角直头侧切刀头，同理，它也可进行左、右切削方向进给加工，如第⑤位字符 N。由于刀具头部中置结构设计，因此，本车刀可用于外圆与外轮廓曲率较小的曲面仿形车削加工，且由于较大的安装姿态前

角、较小的楔角和适当的后角，它也适用于精车与半精车加工。

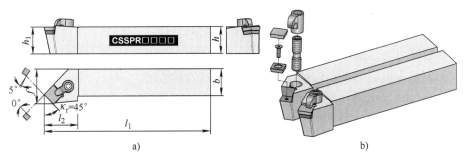

图 2-132　CSSPR 型外圆车刀示例

a）几何结构参数　b）3D 模型与刀片夹紧机构分解

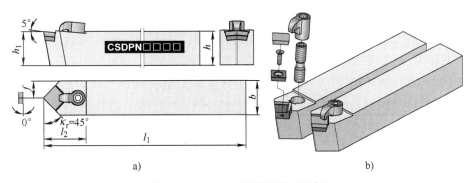

图 2-133　CSDPN 型外圆车刀示例

a）几何结构参数　b）3D 模型与刀片夹紧机构分解

2）TP 型无固定孔刀片外圆车刀，如图 2-134 所示。刀片采用 C 型夹紧方式，适合无固定孔刀片。刀片形状为正三角形，法后角为 11°，有 3 条可转位切削刃，同规格刀片耗材少，性价比高，可用于大于 0° 正前角外圆车刀。图 2-134a 中显示车刀的前角 γ_o 为 5°，刃倾角 λ_s 为 0°。刀具头部为 G 型 90° 主偏角侧切刀头，适合外圆车削加工，应用范围广泛。本车刀较大的前角、较小的楔角和适当的后角，决定其主要用于半精车与精车加工。

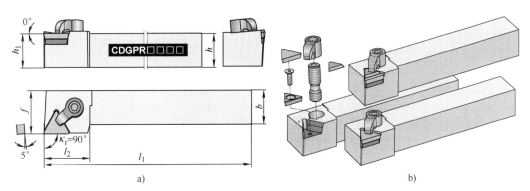

图 2-134　CDGPR 型外圆车刀示例

a）几何结构参数　b）3D 模型与刀片夹紧机构分解

2.3　常用外圆车削刀具结构参数与选用

以上介绍了主流外圆车刀相关知识，此处将按刀具用途分四类介绍常用外圆车刀结构参数，供参考研习与选用。在前述车刀主要结构参数分析时已谈到，市场上大部分外圆车刀的结构参数基本遵循 GB/T 5343.2—2007 中推荐的参数值，因此，下述同类型刀头的外圆车刀结构参数基本相同，可供参考，最终选择应以刀具商样本为准。另外，不同刀具商同系列的型号规格略有差异，以下参数不代表任何刀具商数值。为减少篇幅，结构参数列表中不含刀具配件信息等。

2.3.1　外圆端面型外圆车削刀具示例

外圆端面型车削刀具指能够进行外圆与端面车削的刀具，这类刀具通用性较好，适用于单件小批量生产选用，或批量不大，加工零件外形几何特征不确定场合。选用这类刀具可节省刀具库存，减少刀具安装与对刀次数，降低综合成本。

（1）PCLNR/L 型外圆车刀　表 2-12 为 95° 主偏角偏头侧切与端切型头部，P 型夹紧刀片的负前角外圆车刀结构参数，刀具型号为 PCLNR/L 型，刀片选用 CN 型负前角刀片，适用于外圆与端面车削和直径单调增加的仿形车削加工。

表 2-12　PCLNR/L 型外圆车刀结构参数

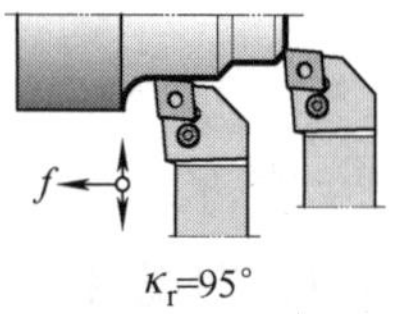

$\kappa_\mathrm{r}=95°$
加工示意图

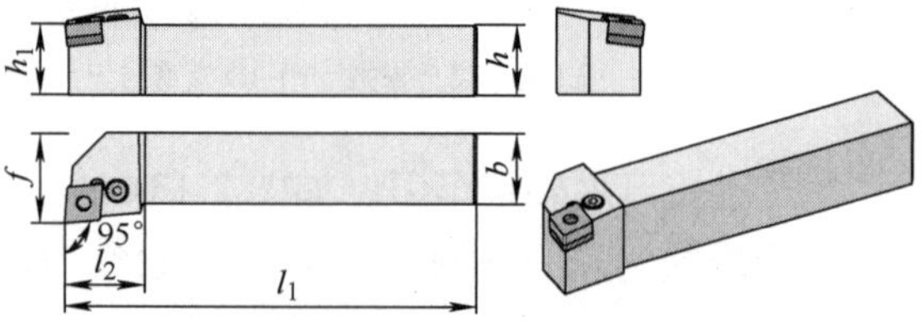

刀具结构型式简图（图示为 R 型）

型号		基本几何尺寸 /mm						适用刀片
		h	b	l_1	l_2	h_1	f	
PCLNR/L	2020K12	20	20	125	32	20	25	1204□□
	2525M12	25	25	150	32	25	32	1204□□
	2525M16	25	25	150	38	25	32	1606□□
	3225P12	32	25	170	38	32	40	1204□□
	3232P12	32	32	170	32	32	40	1204□□
	3225P16	32	25	170	32	32	40	1606□□
	3232P16	32	32	170	38	32	40	1606□□
	3232P19	32	32	170	42	32	40	1906□□

注：带线框的型号按订单生产。

（2）SCLNR/L 型外圆车刀　表 2-13 为 95° 主偏角的偏头侧切与端切型头部，S 型夹紧刀片的正前角外圆车刀结构参数，刀具型号为 SCLNR/L 型，刀片选用 CC 型正前角刀片，适用于外圆与端面车削和直径单调增加的仿形车削加工。S 型夹紧型外圆车刀在小型刀具中应用较多，优势明显，如表中最小规格 $h \times b$ 为 8mm×8mm，建议在16mm×16mm 以下选用。

表 2-13　SCLNR/L 型外圆车刀结构参数

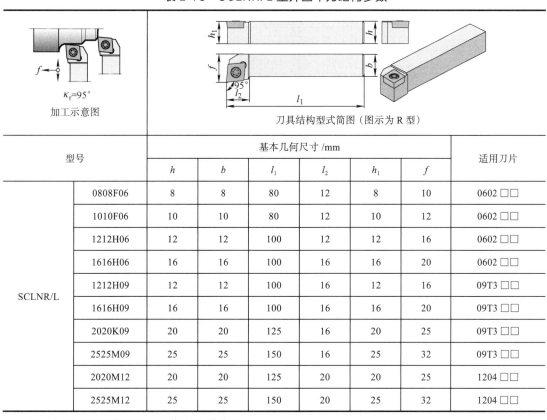

加工示意图

刀具结构型式简图（图示为 R 型）

型号		基本几何尺寸 /mm						适用刀片
		h	b	l_1	l_2	h_1	f	
SCLNR/L	0808F06	8	8	80	12	8	10	0602□□
	1010F06	10	10	80	12	10	12	0602□□
	1212H06	12	12	100	12	12	16	0602□□
	1616H06	16	16	100	16	16	20	0602□□
	1212H09	12	12	100	16	12	16	09T3□□
	1616H09	16	16	100	16	16	20	09T3□□
	2020K09	20	20	125	16	20	25	09T3□□
	2525M09	25	25	150	16	25	32	09T3□□
	2020M12	20	20	125	20	20	25	1204□□
	2525M12	25	25	150	20	25	32	1204□□

注：大规格的刀具带有刀垫，具体以刀具商为准。

（3）PWLNR/L 型外圆车刀　表 2-14 为 95° 主偏角的偏头侧切与端切型头部，P 型夹紧刀片的负前角外圆车刀结构参数，刀具型号为 PWLNR/L 型，刀片选用 WN 型负前角刀片，适用于外圆与端面车削和直径单调增加的仿形车削加工。

表 2-14　PWLNR/L 型外圆车刀结构参数

加工示意图

刀具结构型式简图（图示为 R 型）

（续）

型号		基本几何尺寸 /mm						适用刀片
		h	b	l_1	l_2	h_1	f	
PWLNR/L	1616H06	16	16	100	23	16	20	0604□□
	2020K06	20	20	125	23	20	25	0604□□
	2525M06	25	25	150	23	25	32	0604□□
	2020K08	20	20	125	28	20	25	0804□□
	2525M08	25	25	150	28	25	32	0804□□
	3232P08	32	32	170	28	32	32	0804□□

注：带线框的型号按订单生产。

（4）PSSNR/L 型外圆车刀 表 2-15 为 45° 主偏角的偏头端切型头部，P 型夹紧刀片的负前角外圆车刀结构参数，刀具型号为 PSSNR/L 型，刀片选用 SN 型负前角刀片，适用于外圆与端面车削加工。

表 2-15　PSSNR/L 型外圆车刀结构参数

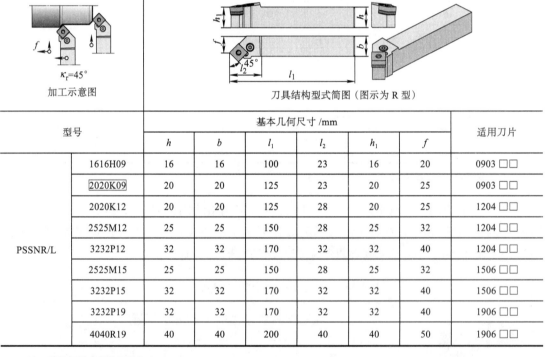

加工示意图　$\kappa_r = 45°$　　刀具结构型式简图（图示为 R 型）

型号		基本几何尺寸 /mm						适用刀片
		h	b	l_1	l_2	h_1	f	
PSSNR/L	1616H09	16	16	100	23	16	20	0903□□
	2020K09	20	20	125	23	20	25	0903□□
	2020K12	20	20	125	28	20	25	1204□□
	2525M12	25	25	150	28	25	32	1204□□
	3232P12	32	32	170	32	32	40	1204□□
	2525M15	25	25	150	28	25	32	1506□□
	3232P15	32	32	170	32	32	40	1506□□
	3232P19	32	32	170	32	32	40	1906□□
	4040R19	40	40	200	40	40	50	1906□□

注：带线框的型号按订单生产。

此处外圆、端面型车刀主要列举了 P 型夹紧方式和 S 型夹紧方式刀具系列，其余刀片夹紧方式的同刀头车刀也有相似型式刀具供选择，具体以刀具商样本为准。

2.3.2　外圆单一型外圆车削刀具示例

外圆单一型外圆车削刀具指单一功能车削外圆的刀具，这类刀具专业性强，在大批量生产时可获得极佳性价比。此处以 M 型夹紧方式的外圆车刀为例，P 型夹紧方式的外圆车刀也有类似刀具供选择。

（1）MSRNR/L 型外圆车刀　表 2-16 为 75° 主偏角的偏头侧切型头部，M 型夹紧刀片的负前角外圆车刀结构参数，刀具型号为 MSRNR/L 型，刀片选用 SN 型负前角刀片，适用于外圆车削加工。

表 2-16　MSRNR/L 型外圆车刀结构参数

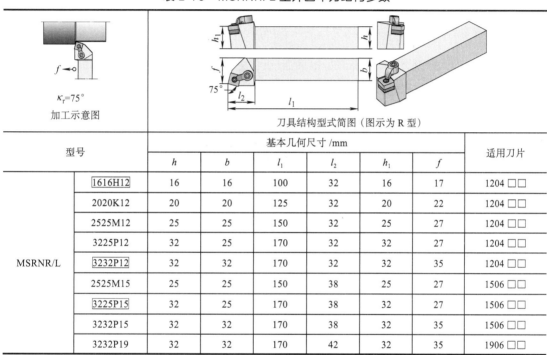

型号		基本几何尺寸 /mm						适用刀片
		h	b	l_1	l_2	h_1	f	
MSRNR/L	1616H12	16	16	100	32	16	17	1204□□
	2020K12	20	20	125	32	20	22	1204□□
	2525M12	25	25	150	32	25	27	1204□□
	3225P12	32	25	170	32	32	27	1204□□
	3232P12	32	32	170	32	32	35	1204□□
	2525M15	25	25	150	38	25	27	1506□□
	3225P15	32	25	170	38	32	27	1506□□
	3232P15	32	32	170	38	32	35	1506□□
	3232P19	32	32	170	42	32	35	1906□□

注：带线框的型号按订单生产。

（2）SSBCR/L 型外圆车刀　表 2-17 为 75° 主偏角的直头侧切型头部，S 型夹紧刀片的正前角外圆车刀结构参数，刀具型号为 SSBCR/L 型，刀片选用 SC 型正前角刀片，适用于外圆车削，多用于中、小型刀具，特别是小型刀具。P、M、D 等刀片夹紧方式的外圆车刀难以将刀杆做小。

表 2-17　SSBCR/L 型外圆车刀结构参数

（续）

型号		基本几何尺寸 /mm						适用刀片
		h	b	l_1	l_2	h_1	f	
SSBCR/L	1212H09	12	12	100	16	12	9	09T3 □□
	1616H09	16	16	100	16	16	13	09T3 □□
	2020K09	20	20	125	20	20	17	09T3 □□
	2525M09	25	25	150	20	25	22	09T3 □□
	2020K12	20	20	125	22	20	17	1204 □□
	2525M12	25	25	150	22	25	22	1204 □□

注：带线框的型号按订单生产。

（3）MTGNR/L 型外圆车刀　表 2-18 为 90° 主偏角的偏头侧切型头部，M 型夹紧刀片的负前角外圆车刀结构参数，刀具型号为 MTGNR/L 型，刀片选用 TN 型负前角刀片，适用于外圆车削加工。

表 2-18　MTGNR/L 型外圆车刀结构参数

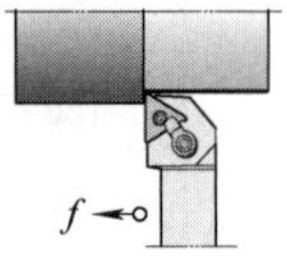

$\kappa_r = 90°$
加工示意图

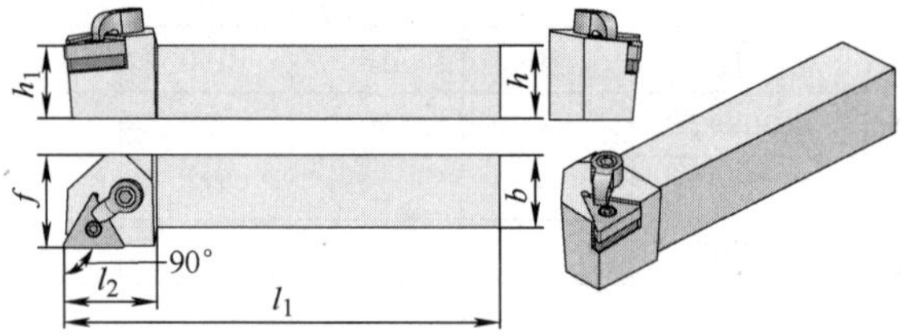

刀具结构型式简图（图示为 R 型）

型号		基本几何尺寸 /mm						适用刀片
		h	b	l_1	l_2	h_1	f	
MTGNR/L	1616H16	16	16	100	32	16	20	1604 □□
	2020K16	20	20	125	32	20	25	1604 □□
	2525M16	25	25	150	32	25	32	1604 □□
	3225P16	32	25	170	32	32	32	1604 □□
	3232P16	32	32	170	32	32	40	1604 □□
	2525M22	25	25	150	32	25	32	2204 □□
	3225P22	32	25	170	38	32	32	2204 □□
	3232P22	32	32	170	38	32	40	2204 □□

注：带线框的型号按订单生产。

（4）MCBNR/L 型外圆车刀　表 2-19 为 75° 主偏角的直头侧切型头部，M 型夹紧刀片的负前角外圆车刀结构参数，刀具型号为 MCBNR/L 型，刀片选用 CN 型负前角刀片，适用于外圆车削加工，由于副偏角较小，加工表面残留面积高度较小。

表 2-19　MCBNR/L 型外圆车刀结构参数

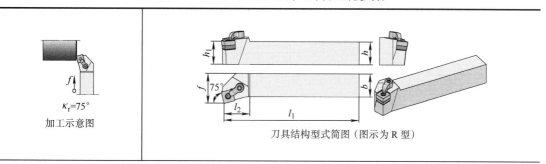

加工示意图　　　　刀具结构型式简图（图示为 R 型）

型号		基本几何尺寸 /mm						适用刀片
		h	b	l_1	l_2	h_1	f	
MCBNR/L	1616H12	16	16	100	35	16	13	1204 □□
	2020K12	20	20	125	35	20	17	1204 □□
	2525M12	25	25	150	35	25	22	1204 □□
	3232P12	32	32	170	35	32	27	1204 □□
	2525M16	25	25	150	42	25	22	1606 □□
	3232P16	32	32	170	42	32	27	1606 □□
	3232P19	32	32	170	42	32	27	1906 □□

注：带线框的型号按订单生产。

　　此处单一型外圆车外圆车刀主要列举了 M 型夹紧刀片车刀系列，P 型和 D 型夹紧方式系列也有相似型式刀具供选择，具体以刀具商样本为准。

2.3.3　端面单一型外圆车削刀具示例

　　端面单一型外圆车削刀具指单一功能车削端面的刀具，适用于大批量生产。

　　（1）MSKNR/L 型外圆车刀　表 2-20 为 75° 主偏角的偏头端切型头部，M 型夹紧刀片的负前角外圆车刀结构参数，刀具型号为 MSKNR/L 型，刀片选用 SN 型负前角刀片，适用于端面车削加工。

表 2-20　MSKNR/L 型外圆车刀结构参数

加工示意图　　　　刀具结构型式简图（图示为 R 型）

（续）

型号		基本几何尺寸 /mm						适用刀片
		h	b	l_1	l_2	h_1	f	
MSKNR/L	1616H12	16	16	100	32	16	20	1204□□
	2020K12	20	20	125	32	20	25	1204□□
	2525M12	25	25	150	32	25	32	1204□□
	3225P12	32	25	170	32	32	32	1204□□
	3232P12	32	32	170	32	32	40	1204□□
	2525M15	25	25	150	38	25	32	1504□□
	3225P15	32	25	170	38	32	32	1504□□
	3232P15	32	32	170	38	32	40	1504□□
	3232P19	32	32	170	42	32	40	1904□□

注：带线框的型号按订单生产。

（2）MTFNR/L 型外圆车刀　表 2-21 为 90° 主偏角的偏头端切型头部，M 型夹紧刀片的负前角外圆车刀结构参数，刀具型号为 MTFNR/L 型，刀片选用 TN 型负前角刀片，适用于端面车削加工。

表 2-21　MTFNR/L 型外圆车刀结构参数

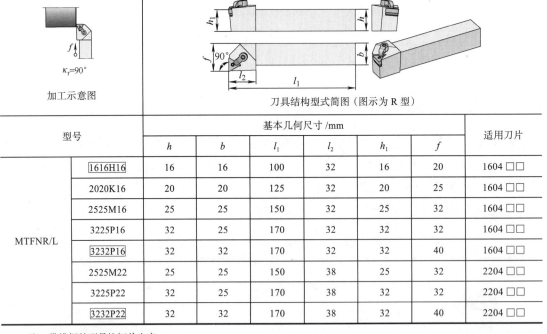

加工示意图　　　　刀具结构型式简图（图示为 R 型）

型号		基本几何尺寸 /mm						适用刀片
		h	b	l_1	l_2	h_1	f	
MTFNR/L	1616H16	16	16	100	32	16	20	1604□□
	2020K16	20	20	125	32	20	25	1604□□
	2525M16	25	25	150	32	25	32	1604□□
	3225P16	32	25	170	32	32	32	1604□□
	3232P16	32	32	170	32	32	40	1604□□
	2525M22	25	25	150	38	25	32	2204□□
	3225P22	32	25	170	38	32	32	2204□□
	3232P22	32	32	170	38	32	40	2204□□

注：带线框的型号按订单生产。

（3）STFCR/L 型外圆车刀　表 2-22 为 90° 主偏角的偏头端切型头部，S 型夹紧刀片的正前角外圆车刀结构参数，刀具型号为 STFCR/L 型，刀片选用 TC 型正前角刀片，适用于端面车削加工。

表 2-22　STFCR/L 型外圆车刀结构参数

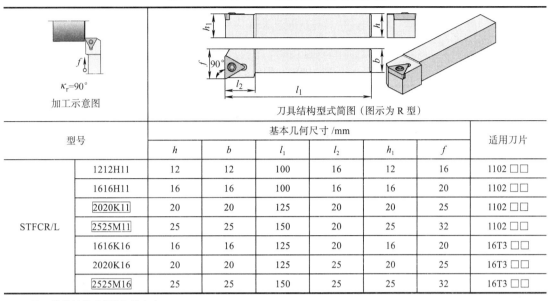

型号		基本几何尺寸 /mm						适用刀片
		h	b	l_1	l_2	h_1	f	
STFCR/L	1212H11	12	12	100	16	12	16	1102 □□
	1616H11	16	16	100	16	16	20	1102 □□
	2020K11	20	20	125	20	20	25	1102 □□
	2525M11	25	25	150	20	25	32	1102 □□
	1616K16	16	16	125	20	16	20	16T3 □□
	2020K16	20	20	125	25	20	25	16T3 □□
	2525M16	25	25	150	25	25	32	16T3 □□

注：带线框的型号按订单生产。

2.3.4　外轮廓仿形型外圆车削刀具示例

（1）MDJNR/L 型外圆车刀　表 2-23 为 93° 主偏角的偏头侧切型头部，M 型夹紧刀片的负前角外圆车刀结构参数，刀具型号为 MDJNR/L 型，刀片选用 DN 型负前角刀片，适用于外轮廓仿形车削加工。

表 2-23　MDJNR/L 型外圆车刀结构参数

型号		基本几何尺寸 /mm						适用刀片
		h	b	l_1	l_2	h_1	f	
MDJNR/L	1616H11	16	16	100	32	16	20	1104 □□
	2020K11	20	20	125	32	20	25	1104 □□
	2525M11	25	25	150	32	25	32	1104 □□
	3232P11	32	32	170	32	32	40	1104 □□
	2020K15	20	20	125	38	20	25	1506 □□
	2525M15	25	25	150	38	25	32	1506 □□
	3225P15	32	25	170	38	32	32	1506 □□
	3232P15	32	32	170	38	32	40	1506 □□

注：带线框的型号按订单生产。

（2）PDJNR/L 型外圆车刀　表 2-24 为 93° 主偏角的偏头侧切型头部，P 型夹紧刀片的负前角外圆车刀结构参数，刀具型号为 PDJNR/L 型，刀片选用 DN 型负前角刀片，适用于外轮廓仿形车削加工。

表 2-24　PDJNR/L 型外圆车刀结构参数

型号		基本几何尺寸 /mm						适用刀片
		h	b	l_1	l_2	h_1	f	
PDJNR/L	1616H11	16	16	100	28	16	20	1104 □□
	2020K11	20	20	125	28	20	25	1104 □□
	2525M11	25	25	150	28	25	32	1104 □□
	2020K15	20	20	125	38	20	25	1506 □□
	2525M15	25	25	150	38	25	32	1506 □□
	3232P15	32	32	170	38	32	40	1506 □□

（3）MDNNN 型外圆车刀　表 2-25 为 63°（实际中使用 62.5°）主偏角的直头侧切型头部，中置结构刀具，可左、右往复进给车削，M 型夹紧刀片的负前角外圆车刀结构参数，刀具型号为 MDNNN 型，刀片选用 DN 型负前角刀片，适用于外轮廓仿形车削加工。

表 2-25　MDNNN 型外圆车刀结构参数

型号		基本几何尺寸 /mm						适用刀片
		h	b	l_1	l_2	h_1	f	
MDNNN	1616H11	16	16	100	35	16	8	1104 □□
	2020K11	20	20	125	35	20	10	1104 □□
	2525M11	25	25	150	42	25	12.5	1104 □□
	3232P11	32	32	170	42	32	16	1104 □□
	2020K15	20	20	125	42	20	12.5	1506 □□
	2525M15	25	25	150	42	25	12.5	1506 □□
	3225P15	32	25	170	42	32	12.5	1506 □□
	3232P15	32	32	170	42	32	16	1506 □□

注：带线框的型号按订单生产。

（4）PDNNN 型外圆车刀　表 2-26 为 63°（实际中使用 62.5°）主偏角的直头侧切型头部，中置结构刀具，可左、右往复进给车削，P 型夹紧刀片的负前角外圆车刀结构参数，刀具型号为 PDNNN 型，刀片选用 DN 型负前角刀片，适用于外轮廓仿形车削加工。

表 2-26　PDNNN 型外圆车刀结构参数

加工示意图　　　　　　　　　　刀具结构型式简图

型号		基本几何尺寸 /mm						适用刀片
		h	b	l_1	l_2	h_1	f	
PDNNN	2020K15	20	20	125	38	20	8	1506 ▢▢
	2525M15	25	25	150	38	25	12.5	1506 ▢▢
	3232P15	32	32	170	38	32	16	1506 ▢▢

（5）MTENN 型外圆车刀　表 2-27 为 60° 主偏角的直头侧切型头部，中置结构刀具，可左、右往复进给车削，M 型夹紧刀片的负前角外圆车刀结构参数，刀具型号为 MTENN 型，刀片选用 TN 型负前角刀片，适用于外轮廓仿形车削加工。

表 2-27　MTENN 型外圆车刀结构参数

加工示意图　　　　　　　　　　刀具结构型式简图

型号		基本几何尺寸 /mm						适用刀片
		h	b	l_1	l_2	h_1	f	
MTENN	1616H16	16	16	100	32	16	8	1604 ▢▢
	2020K16	20	20	125	32	20	10	1604 ▢▢
	2525M16	25	25	150	32	25	12.5	1604 ▢▢
	3232P22	32	32	170	32	32	16	2204 ▢▢
	3232P27	32	32	170	35	32	16	2704 ▢▢

（6）SDJCR/L 型外圆车刀　表 2-28 为 93° 主偏角的偏头侧切型头部，S 型夹紧刀片的正前角外圆车刀结构参数，刀具型号为 SDJCR/L 型，刀片选用 DC 型正前角刀片，适用于外轮廓仿形车削加工。

表 2-28　SDJCR/L 型外圆车刀结构参数

型号		基本几何尺寸 /mm						适用刀片
		h	b	l_1	l_2	h_1	f	
SDJCR/L	0808F07	8	8	80	15	8	10	0702 □□
	1010F07	10	10	80	15	10	12	0702 □□
	1212H07	12	12	100	15	12	16	0702 □□
	1414H07	14	14	100	15	14	18	0702 □□
	1616H07	16	16	100	15	16	20	0702 □□
	2020K07	20	20	125	20	20	25	0702 □□
	2525M07	25	25	150	20	25	32	0702 □□
	1212K11	12	12	125	22	12	16	11T3 □□
	1616K11	16	16	125	22	16	20	11T3 □□
	2020K11	20	20	125	22	20	25	11T3 □□
	2525M11	25	25	150	22	25	32	11T3 □□

注：带线框的型号按订单生产。

（7）SDNCN 型外圆车刀　表 2-29 为 63°（实际中使用 62.5°）主偏角的直头侧切型头部，中置结构刀具，可左、右往复进给车削，S 型夹紧刀片的正前角外圆车刀结构参数，刀具型号为 SDNCN 型，刀片选用 DC 型负前角刀片，适用于外轮廓仿形车削加工。

表 2-29　SDNCN 型外圆车刀结构参数

型号		基本几何尺寸 /mm						适用刀片
		h	b	l_1	l_2	h_1	f	
SDNCN	0808F07	8	8	80	15	8	4	0702 □□
	1010F07	10	10	80	15	10	5	0702 □□
	1212H07	12	12	100	15	12	6	0702 □□
	1616H07	16	16	100	15	16	8	0702 □□
	2020K07	20	20	125	20	20	10	0702 □□

（续）

型号		基本几何尺寸 /mm						适用刀片
		h	b	l_1	l_2	h_1	f	
SDNCN	2525M07	25	25	150	20	25	12.5	0702 □□
	1616K11	16	16	125	22	16	8	11T3 □□
	2020K11	20	20	125	22	20	10	11T3 □□
	2525M11	25	25	150	22	25	12.5	11T3 □□
	3225M11	32	25	150	22	32	12.5	11T3 □□
	3232P11	32	32	170	22	32	16	11T3 □□

（8）DVJNR/L 型外圆车刀　表 2-30 为 93° 主偏角的偏头侧切型头部，D 型夹紧刀片的负前角外圆车刀结构参数，刀具型号为 DVJNR/L 型，刀片选用 VN 型负前角刀片，适用于外轮廓仿形车削加工。

表 2-30　DVJNR/L 型外圆车刀结构参数

型号		基本几何尺寸 /mm						适用刀片
		h	b	l_1	l_2	h_1	f	
DVJNR/L	2020K16	20	20	125	41	20	25	1604 □□
	2525M16	25	25	150	41	25	32	1604 □□

（9）DVVNN 型外圆车刀　表 2-31 为 72.5° 主偏角的直头侧切型头部，中置结构刀具，可左、右往复进给车削，D 型夹紧刀片的负前角外圆车刀结构参数，刀具型号为 DVVNN 型，刀片选用 VN 型负前角刀片，适用于外轮廓仿形车削加工。

表 2-31　DVVNN 型外圆车刀结构参数

型号		基本几何尺寸 /mm						适用刀片
		h	b	l_1	l_2	h_1	f	
DVVNN	2020K16	20	20	125	44	20	10	1604 □□
	2525M16	25	25	150	44	25	12.5	1604 □□

2.4　外圆车削刀具应用注意事项

外圆车削加工是车削加工的基础，选择时的注意事项比后续的内孔车刀、切槽与切断车刀以及螺纹车刀多，具有启迪性。

2.4.1　外圆车削刀具选择注意事项

1.刀杆的选择

外圆车刀刀杆的选择应注意以下问题：

（1）与数控机床的接口　选择车刀首先必须确保刀具能够安全可靠的安装在所使用的数控机床上，各种数控车床的刀架是确定刀具安装的基础，刀架的型式决定了刀具的安装方式。目前而言，方形截面刀杆依然是大部分数控车床外圆车削刀具首选的刀具安装方式。

（2）刀尖安装高度尺寸　理想的刀具安装方式是刀具在车床刀架上安装时不需或尽可能少的使用垫铁安装，因此，刀尖安装高度 h_1 必须与机床刀架相适应，一般数控车床的使用说明书中均会提供推荐的刀尖安装高度尺寸。

（3）刀杆主要参数　刀杆主要参数包括刀具长度 l_1、刀头长度 l_2、刀尖高度 h_1 和刀尖偏距 f、刀杆截面尺寸 $h×b$、主偏角 κ_r 和刀片型号与规格等。目前而言，外圆车刀的标准化工作做得较好，商品化的外圆车刀基本遵循 GB/T 5343.2—2007 中推荐的参数，见表 2-10。只是刀具商的常供规格基于市场行为，各商家略有差异。这些参数中，选择使用时的主要参数为 $h×b$、h_1、l_1、κ_r 等，如 $h×b$ 为刀架匹配参数，h_1 和 l_1 为刀尖安装必须参数，且 h_1 必须保证，数控加工不建议用垫片调整 h_1，κ_r 是加工主要考虑的参数，当然，其他参数也是必须有所考虑。

（4）刀杆型式的选择　机夹可转位车刀的刀杆从其作用看可认为是数控车床的标配和必备的机床附件，具有一定的可重复使用性和通用性。作为数控车床的使用者，如何配备一套合理数量和型式的刀杆是一个复杂的问题，不可能将所有车刀型式的刀杆均配齐，一般主要考虑自身加工产品材料与常见几何特征、产品的批量大小等因素。一般情况下要考虑以下的用途。

1）必须考虑机械加工的工艺性质，如粗加工、半精加工与精加工，至少粗加工与精加工刀杆必须考虑。一般而言，0°法后角刀片所配的刀杆多设计成负前角和负刃倾角刀杆（确保刀具的工作后角大于0°），通过不同断屑槽的型式实现粗、精加工，0°法后角刀片不仅切削刃强度好，且刀片可能做成双面可转位使用，增加了刀片的性价比。刀片夹紧方式多选择夹紧力较大，夹紧可靠性好的 M 型夹紧方式或 P 型夹紧方式等，这类刀杆的设计目标就是为了适应重载荷、断续车削等恶劣的工作环境，所以适用于粗车。当然，通过刀片断屑槽的合理设计与选择，刀具同样可用于半精加工甚至精加工。而 S 型夹紧方式的外圆车刀刀杆，多采用非 0° 法后角的刀片（如 7° 法后角，代号为 C），设计成 0° 前角的刀杆，若再配上合适的断屑槽型和刀尖圆角等，其精加工效果是极佳的，因此它是精车加工的常选刀杆型式之一。

2）工件的几何特征是选择刀头几何形状与主偏角的主要依据。若加工零件多为外圆、端面和锥度等基本几何特征，则刀头的型式变化不会太多，但若考虑复杂轮廓形状，特别是曲线轮廓时，则头部型式的选择就需考虑选择具有仿形功能的刀尖角较小的刀片。一般而言，作为数控车削刀具，复杂轮廓曲线仿形加工是其特色之一，这类刀具的选择依据个人的编程与使用习惯选择。

关于工件材料的问题，实际上涉及到刀具材料和几何参数问题。一般而言，主要考虑常用的黑色金属材料，多选择硬质合金刀片，且尽可能选择涂层硬质合金刀片。除非专业加工铝合金或高温合金等难加工材料，才会考虑配备相应的刀片甚至专门设计的刀杆。刀片材料的选择对切削用量的选择有极大的影响。

2. 刀片与刀具头部型式的选择

从宏观上看，主要是刀具主偏角和刀片刀尖角的组合，不同的组合型式加工的工件形状是不同的，参见 2.1.3 中的介绍，如图 2-30a 加工示意图中的进给方向，大部分刀具制造商的车刀样本中会有这类选择的参考图样，参见 2.3 节中各示例刀具结构参数表中的加工示意图，如图表 2-12 中主偏角 95°L 型刀头加工示意图。主偏角的选择还会影响刀尖强度，以图 2-135 为例，当 $\kappa_r>90°$ 时，刀尖先接触工件，容易崩刃；$\kappa_r=90°$ 时，同时接触的切削刃长度大，切削力突变也不利于刀尖的保护；而 $\kappa_r<90°$，则是刀尖后切入，不容易崩刃。当然，刃倾角也会产生这类情况，如负刃倾角刀具就不易崩刃。

除了上述容易看到的问题外，以下细节问题也是刀具选择必须要考虑的。

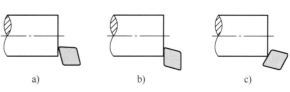

图 2-135　主偏角与刀尖强度的关系
a）$\kappa_r>90°$　　b）$\kappa_r=90°$　　c）$\kappa_r<90°$

1）刀片形状。不同形状的刀片强度是不相同的。一般刀尖角越大，刀片强度就越好。图 2-136 所示为刀片形状与刀尖强度的关系。事实上，刀片形状还会产生其他影响，如图 2-136 中越往左边，刀尖角越大，吸收的切削热越多，刀具寿命也是会增加的；从产生振动的角度看，图 2-136 中越往右边，切削时产生的振动就越小；从抗热冲击的角度看，图 2-136 中往左边，切削温度越低且变化小，同时刀片强度越好，因此抗热冲击的能力就强。

从有效可转位切削刃数看，S 型为 4，W 型和 T 型为 3，C 型、D 型和 V 型为 2。当然，在同等规格（内切圆直径相同）条件下，刀片的体积是不同的，这也影响刀片的成本，W 型刀片较好的兼顾了 S 型刀片刀尖角大和 T 型刀片体积小的特点，综合性能较好。

若考虑刀片侧面的法后角，0° 法后角刀片可设计成为双面使用，有效切削刃翻倍增加，同时，切削刃锲角大，增加了切削刃的强度，所以粗加工刀具选用 0° 法后角刀片较多。

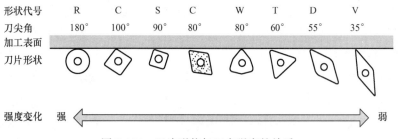

图 2-136　刀片形状与刀尖强度的关系

从切削仿形性能看，刀尖角小、主偏角一定的情况下，副偏角可做的更大，这有利于数控仿形加工，D 型和 V 型刀片最适合仿形车削加工。

从刀片用途看，C 型刀片可做成两种主偏角型式，这有助于减少刀片库存，这也是这种刀片受青睐的原因之一。

圆形刀片是一种特殊设计的刀片，它的有效切削刃始终为圆弧，可认为是刀尖圆弧较大的车刀加工。在进给量一定的情况下，刀尖圆弧半径增大有利于表面粗糙度值的减小，这有利于高效精车加工，但切削刃长容易造成振动，因此，粗加工时选用它的不多。

2）刀尖圆角。它会直接影响加工表面残留面积高度和刀尖强度。车削加工属单刃切削，刀尖以圆弧为主，评价参数是刀尖圆弧半径 r_ε。刀尖圆弧半径大，则刀尖强度好。在进给量一定的情况下，刀尖圆弧半径大，则加工表面残留面积高度小，表面粗糙度值小，如图 2-137 所示。

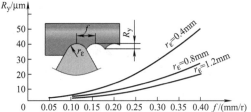

图 2-137　刀尖圆弧半径与表面粗糙度的关系

刀尖圆弧半径除直接影响加工表面粗糙度外，还对其他因素产生影响。较大的刀尖圆弧半径有利于提高刀具强度，提高进给速度，适用于粗加工大切削深度的场合，而较小的刀尖圆弧半径可减小刀具振动，减小径向切削分力，提高加工精度，多用于小切削深度的精车加工。

3）有效切削刃长度。每种刀片都有一个刀片长度参数 l，由刀片型号第⑤位（表 1-10）和刀具型号第⑨代号表示，l 一般为刀片的长边长度，实际切削时，一般不可能用这个切削刃长度作为实际的切削刃进行加工，图 2-138 所示为推荐的有效切削刃长度，图 2-138 中，刀片中部字母为刀片形状代号，l 为刀片长度参数，d 为刀片内切圆直径参数，l_a 为有效切削刃长度。一般 $l_a<l$，有效切削刃长度 l_a 适用于粗加工，可

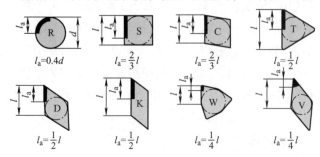

图 2-138　刀片有效切削刃长度 l_a

在连续稳定工作状态下正常使用。短时间也允许使用更大
的切削刃长度，甚至整个刀片长度。有效切削刃长度一般
可在刀具样本上查得。

必须注意的是，有效切削刃长度不等于背吃刀量，
它受主偏角的影响，如图 2-139 所示，$a_p=l_a\sin\kappa_r$。为简
化计算，便于使用，可将它制作成表格供快速查阅，见
表 2-32。

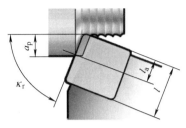

图 2-139　l_a 与 a_p 的关系

表 2-32　有效切削刃长度与背吃刀量的关系

主偏角 $\kappa_r/$ (°)	背吃刀量 a_p/mm										
	1	2	3	4	5	6	7	8	9	10	15
	有效切削刃长度 l_a/mm										
90	1	2	3	4	5	6	7	8	9	10	15
75（105）	1.05	2.1	3.1	4.1	5.2	6.2	7.3	8.3	9.5	11	16
60（120）	1.2	2.3	3.5	4.7	5.8	7	8.2	9.3	11	12	18
45（135）	1.4	2.9	4.3	5.7	7.1	8.5	10	12	13	15	22
30（150）	2	4	6	8	10	12	14	16	18	20	30
15（165）	4	8	12	16	20	24	27	31	35	39	58

4）刀片断屑槽。对某一具体刀杆而言，刀片安装前角和刃倾角等参数是一定的，唯
有通过断屑槽的型式变化来改善性能，实现粗、精加工。断屑槽的具体参数往往是刀具制
造商的商业秘密，只通过某一代号表明某刀片适用于粗加工、半精加工或精加工。有的厂
家可能会给出更为详细的断屑多边形图形，以描述进给量与背吃刀量对断屑性能的影响。
更为具体的可能会给出切削刃断面形状及其几何参数。

2.4.2　切削用量的选择

切削用量是指切削用量三要素，即切削速度 v_c、进给量 f 和背吃刀量 a_p。

从金属切削原理的理论分析可知，在切削用量三要素中，切削速度 v_c 对刀具寿命的
影响最大，进给量 f 的影响次之，背吃刀量 a_p 的影响最小。因此在选用切削用量时，应
遵循优先选用最大的背吃刀量 a_p，其次选用大的进给量 f，最后在兼顾刀具寿命的情况下
确定切削速度 v_c 的选择原则。

不同的加工性质，对切削用量的选择也是有所影响的，粗加工一般以去除金属材料为
主要目的，对加工表面质量和加工精度要求不高，因此粗加工的背吃刀量要尽可能大，进
给速度也可以相对较大，因此切削速度一般不高；而精加工是以保证加工精度和表面粗糙
度为目的，因此其进给量不能太大，背吃刀量一般也不大，因此其切削速度可相对较高。

切削速度的提高受刀具材料的影响很大，考虑到性价比等综合因素，目前数控加工中
主要采用硬质合金或涂层硬质合金刀具材料，且多以机夹可转位刀片的形式出现；对于需

要自身刃磨的特殊车刀，可考虑选用高速钢车刀条材料；对于难加工的高硬度、高温合金材料，可选用陶瓷或立方氮化硼等刀具材料。切削用量的选择多以试验数据或经验为主，推荐的参数如下：

① 粗加工：a_p=5 ～ 15mm，f=0.5 ～ 1.5mm/r，切削速度则以刀具不出现非正常磨损为前提，它与刀具材料关系较大，硬质合金材料切削碳钢材料一般取 v_c=150 ～ 300m/min。

② 精加工：a_p=0.5 ～ 2.0mm，f=0.1 ～ 0.3mm/r，v_c=200 ～ 450m/min（甚至更大）。

③ 半精加工一般介于两者之间，取值较为灵活。

机夹式可转位刀片的刀尖圆弧半径是选择刀片应考虑的参数之一，正常车削情况下，要求背吃刀量大于刀尖圆弧半径值 r_ε，最小不得小于刀尖圆弧半径值的 2/3，进给量 f（单位为 mm/r）不得超过圆弧半径的 1/2，粗加工时可适当增加，但不要超过刀尖圆弧半径的80%。表 2-33 为不同刀尖圆弧半径所推荐的最大进给量。

表 2-33　不同刀尖圆弧半径推荐的最大进给量 f　　　　　　（单位：mm/r）

加工方式	负前角刀片刀尖圆弧半径 r_ε/mm					正前角刀片刀尖圆弧半径 r_ε/mm			
	0.4	0.8	1.2	1.6	2.4	0.2	0.4	0.8	1.2
精加工	0.25	0.4	0.5	0.7	—	0.1	0.2	0.3	0.4
半精加工	0.3	0.5	0.6	0.8	1.0	0.15	0.3	0.4	0.5
粗加工	0.3	0.6	0.8	1.0	1.5	—	—	—	—

目前为止，切削用量的选择还是基于试验数据制作的表格供用户选用，不同厂家由于刀片材料性能以及试验条件的差异等因素，推荐的数据可能略有差异。事实上，用户的使用条件也不可能完全等同于厂家的试验条件，因此，推荐的数据仅是一个参考依据，实际使用时还必须根据具体条件和自身习惯进行修正。表 2-34 为某刀具商推荐的外圆车削切削用量推荐表。

表 2-34　外圆车削切削用量推荐表

ISO	材料		硬度 HBW	CVD 涂层硬质合金			PVD 涂层硬质合金			无涂层硬质合金	
				YBC151	YBC251	YBC351	YBG102	YBG202	YBG302	YC10	YC40
				进给量 /（mm/r）							
				0.1 ～ 0.6	0.1 ～ 0.8	0.1 ～ 0.6	0.2 ～ 0.4	0.1 ～ 0.6	0.05 ～ 0.8	0.1 ～ 0.4	0.1 ～ 0.5
				切削速度 /（m/min）							
P	碳素钢	ω_c=0.15%	125	430 ～ 200	430 ～ 190	380 ～ 160	460 ～ 220	380 ～ 180	360 ～ 165	360 ～ 165	300 ～ 145
		ω_c=0.35%	150	380 ～ 180	410 ～ 180	300 ～ 150	440 ～ 210	300 ～ 170	280 ～ 150	280 ～ 150	220 ～ 130
		ω_c=0.60%	200	330 ～ 150	350 ～ 150	260 ～ 130	380 ～ 180	260 ～ 150	240 ～ 130	240 ～ 130	180 ～ 80
	合金钢	退火	180	350 ～ 170	350 ～ 150	300 ～ 150	380 ～ 180	300 ～ 120	180 ～ 100	180 ～ 100	160 ～ 80
		淬硬	275	230 ～ 100	210 ～ 100	140 ～ 70	240 ～ 120	140 ～ 90	120 ～ 70	120 ～ 70	120 ～ 50
		淬硬	300	210 ～ 100	190 ～ 70	125 ～ 60	220 ～ 100	125 ～ 80	100 ～ 60	100 ～ 60	80 ～ 40
		淬硬	350	180 ～ 80	170 ～ 70	110 ～ 55	200 ～ 100	110 ～ 75	90 ～ 55	90 ～ 55	70 ～ 45

（续）

ISO	材料		硬度 HBW	CVD 涂层硬质合金			PVD 涂层硬质合金			无涂层硬质合金	
				YBC151	YBC251	YBC351	YBG102	YBG202	YBG302	YC10	YC40
				进给量 /（mm/r）							
				0.1～0.6	0.1～0.8	0.1～0.6	0.2～0.4	0.1～0.6	0.05～0.8	0.1～0.4	0.1～0.5
				切削速度 /（m/min）							
P	高合金钢（退火）		200	320～150	260～120	175～80	290～150	175～100	155～80	155～80	135～60
	高合金钢（淬硬）		325	140～90	100～50	85～40	130～80	85～60	65～40	65～40	45～30
	铸钢（非合金）		180	240～120	200～100	135～75	230～125	135～95	115～75	115～75	95～55
	铸钢（低合金）		200	230～70	170～60	120～80	200～90	120～100	100～80	100～80	80～60
	铸钢（高合金）		225	160～70	140～50	95～55	170～80	95～55	95～55	95～55	75～35

ISO	材料		硬度 HBW	CVD 涂层硬质合金			PVD 涂层硬质合金			金属陶瓷	涂层金属陶瓷
				YBM151	YBM251	—	YBG202	YBG302	—	YNG151	YNG151C
				进给量 /（mm/r）							
				0.2～0.6	0.2～0.6	—	0.1～0.4	0.2～0.6	—	0.1～0.3	0.1～0.3
				切削速度 /（m/min）							
M	不锈钢	铁素体	180	280～180	250～140	—	300～190	250～150	—	330～220	350～210
		奥氏体	260	250～150	200～110	—	250～160	220～120	—	250～150	270～140
		马氏体	330	200～140	210～130	—	260～170	210～120	—	270～170	290～160

ISO	材料		硬度 HBW	CVD 涂层硬质合金					金属陶瓷	硬质合金	
				YBD052	YBD151	YBD102	YBD152	YBD252	YNG151	YC10	YC40
				进给量 /（mm/r）							
				0.1～0.4	0.1～0.6	0.1～0.4	0.1～0.5	0.1～0.8	0.1～0.4	0.1～0.3	0.1～0.4
				切削速度 /（m/min）							
K	可锻铸铁（铁素体）		130	350～230	315～210	330～220	320～105	250～170	280～160	150～90	105～45
	可锻铸铁（珠光体）		230	250～105	225～95	230～100	230～100	180～75	220～120	120～70	80～30
	低度铸铁		180	520～200	450～180	480～200	480～190	380～150	400～250	170～100	130～60
	高度铸铁		260	230～120	210～110	220～115	210～100	170～90	360～240	130～70	95～40
	球墨铸铁（铁素体）		160	310～150	285～140	300～150	290～140	220～110	330～190	140～80	115～45
	球墨铸铁（珠光体）		250	230～110	210～100	220～105	210～100	170～90	310～200	110～70	80～30

2.4.3 外圆车削刀具使用出现的问题及解决措施

表 2-35 列举了外圆车刀加工过程中可能出现的问题及其解决措施, 供参考。

表 2-35 外圆车刀加工过程中可能出现的问题及解决措施

问题	导致的后果	可能的原因	解决的方法
① 后刀面磨损 ② 沟槽磨损	① 后刀面迅速磨损导致加工表面粗糙和超差 ② 沟槽磨损导致表面组织变差和崩刃	① 切削速度过高 ② 进给不匹配 ③ 刀片牌号不对 ④ 加工硬化材料	① 选择更耐磨的刀片 ② 调整进给量和背吃刀量 (加大进给量) ③ 选择正确刀片牌号 ④ 降低切削速度
切削刃出现细小缺口	切削刃出现细小缺口导致表面粗糙	① 刀片过脆 ② 振动 ③ 进给过大或背吃刀量过大 ④ 断续切削 ⑤ 切屑损坏	① 选择韧性好的刀片 ② 选择刃口带负倒棱刀片 ③ 使用带断屑槽的刀片 ④ 增加系统刚性
前刀面磨损 (月牙洼磨损)	① 月牙洼磨损会削弱刃口的强度 ② 在切削刃后缘破裂导致加工表面粗糙	① 切削速度或进给量过大 ② 刀尖角偏小 ③ 刀片不耐磨 ④ 冷却不够充分	① 降低切削速度或进给速度 ② 选用正前角槽型刀片 ③ 选择更耐磨的刀片 ④ 增加冷却或加大切削液流量
塑性变形	周刃凹陷或侧面凹陷引起切屑控制变差或加工表面粗糙	① 切屑温度过高、切削压力过大 ② 基体软化 ③ 刀片涂层被破坏	① 降低切削速度 ② 选择更耐磨的刀片 ③ 增加冷却
积屑瘤	积屑瘤导致加工表面粗糙, 当它脱落时刃口会破损	① 切削速度过低 ② 刀片前角偏小 ③ 缺少冷却或润滑 ④ 刀片牌号不正确	① 提高切削速度 ② 加大刀片前角 ③ 增加冷却 ④ 选择正确的刀片牌号
崩刃	崩刃损坏刀片和工件	① 切削力过大 ② 切削不够稳定 ③ 刀尖强度差 ④ 错误的断屑槽型	① 降低进给量或背吃刀量 ② 选择韧性更好的刀片 ③ 选择刀尖角大的刀片 ④ 选择正确的断屑槽型
热裂	垂直于刃口的热裂纹会引起切削刃崩碎和加工表面粗糙	① 断续切削引起温度变化过大 ② 切削液的供给量变化	① 断续切削不用切削液 ② 增加切削液的供应量 ③ 切削液位置更准确

第 ③ 章

内孔车削刀具结构分析与应用

3.1 内孔车削刀具概述

内孔车削刀具简称内孔车刀，主要用于已存在预孔的内轮廓回转体表面的加工，也可用于扩大孔径，获得所需的内回转体型面，或提高加工精度，减小表面粗糙度值等各种工序的加工。

内孔车削又称镗削或镗孔，故内孔车刀又称内孔镗刀，简称镗刀。但镗孔的概念更为宽泛，镗孔是指镗铣类机床上工件固定不动，镗刀（单刃或多刃镗刀）旋转运动的同时轴向进给，镗削出所需孔的加工工序。基于这种细微的差异，本书主要采用内孔车刀称呼。

3.1.1 数控内孔车削刀具基础

数控内孔车刀的特点依然是机夹、可转位、不重磨，内孔加工是仅次于外圆车削加工的车削加工类型，其刀具结构与外圆车刀既有相同之处，也有自身特点，在车削加工中应用广泛。

1. 内孔车削加工特性分析

从金属切削原理上分析，内孔车削与外圆车削均属于单刃切削加工，当工件直径较大时，两者车削性能基本相同，刀具选择与使用上的差异性并不明显。但大部分情况下，加工的孔径并不太大，特别是遇到较小孔径时，内孔车削与外圆车削相比需要考虑的问题存在一定的差异，其差异性可归结为以下几点。

1）刀杆刚性差。内孔车削加工由于受加工表面与空间的限制，刀杆直径必然小于加工件内孔直径，且悬伸较长，导致车削刀具整体刚性差，容易引起振动，影响加工质量。

2）排屑困难。为获得尽可能大的刀杆刚度，刀具的直径就不能太小，带来的问题之一就是排屑问题。内孔车削的排屑与切屑的形态以及工件上的预孔是否贯通等有关，如图 3-1 所示。对于管状通孔，沿着进给的贯通方向排屑显然不受刀杆障碍的影响，而且切屑形态为连续不断的螺旋状效果最佳，具体可通过调整合适的刃倾角、前角以及背吃刀量等参数控制。若是不连续切屑，也可考虑内冷却刀杆，借助切削液或压缩空气辅助排屑。当然，沿刀具进给反方向排屑也是一条可选的途径。对于未贯通的孔，切屑只能沿刀具进给的反方向排出，孔径较大时自然排屑还是有可能的，否则，建议使用内冷却刀杆，借助切削液冲刷带出切屑不失为一种好方法，如图 3-2 所示。

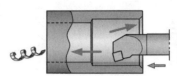
图 3-1　内孔车削排屑途径

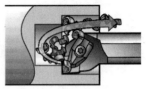
图 3-2　非贯通孔排屑

3）冷却问题。内孔车削的散热远不如外圆车削，并且常见的外冷却方式，切削液不易进入切削区域，较好的冷却方式还是内冷却，切削液直接喷射至切削区，且在流出的同时带出切屑。但这要求选用内冷却刀杆，且车床刀架上要有切削液供给接口。

4）防止刀杆与孔壁碰撞。由于刀杆在孔内工作，安全空间不大，同时，刀杆安装若偏低一点或刀杆变形导致刀尖偏低，会造成工作后角的减小。内孔车刀刀体基本形态是圆柱体，过刀尖的基面与刀体轴线重合，因此，理论刀尖安装高度为零，实际安装高度偏差不超过 0.1mm，考虑刀杆变形，刀尖安装"宁高毋低"，这样可避免刀杆与孔内壁碰撞，也可减小振动和扎刀现象。

5）结构特点。虽然数控内孔车削的刀具结构仍以机夹可转位刀具为主，但对于孔径较小的内孔车刀，整体式结构有时也是有的，如图 3-25、图 3-26 所示的微径内孔车刀。

2. 数控机夹式内孔车刀概述

与数控外圆车刀类似，数控内孔车刀同样以机夹、可转位、不重磨的型式为主流，机夹式结构特征的引入，并未改变传统车削刀具的基础理论，但由于加工表面的变化，切削部分与刀具结构发生了一定的变化，图 1-17 为内圆车削加工分析示例，供参考。

机夹式内孔车刀的切削部分具体来讲，主要集中在刀片的相关部分，但注意内孔车刀主切削刃 S 在刀杆的前端，读者可参考图 1-17 分析图 3-3 中切削部分标注的各刀具表面、切削刃和刀尖等。若考虑到刀片的装夹机构，刀杆前段包含刀片与机夹机构的部分仍然可认为是刀头部分，因此，内孔车刀的刀杆可分为刀体与刀头两大部分。实际上，机夹车刀的刀杆更多的是指除刀片和机夹机构之外的与刀体相连的整体。刀杆夹持部分主要为削边圆柱体或圆柱体。另外，内孔车刀的刀杆又称为镗刀杆。

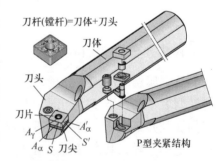
图 3-3　机夹式内孔车刀结构示例

内孔车刀的刀头部分与外圆车刀类似，核心内容是刀片的机械夹固方式和刀片的型式等，由于商品化与标准化的因素，其刀片和夹紧机构与外圆车刀基本通用，仅是夹紧方式的取舍上更多地考虑空间位置较小的 P 型夹紧和 S 型夹紧居多，对于较大孔径的内孔车刀等，其空间限制弱化，因此，仍可考虑 C 型夹紧、M 型夹紧和 D 型夹紧等机构。

从传统的金属切削原理分析内孔车刀切削部分的结构，其同样遵循"三面、两刃、一尖"的构成原则，即前刀面 A_γ、主后刀面 A_α 和副后刀面 A'_α，主切削刃 S 和副切削刃 S'，主、副切削刃的交点（刀尖）。这些构成了相应的几何角度，如图 3-4 所示。注意，专业化、标准化的产品属性决定了刀具商样本上刀具几何参数的标注有其自身特定要求。

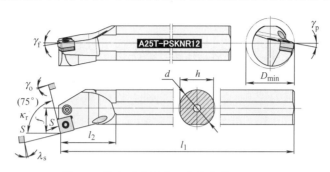

图 3-4 机夹式内孔车刀几何参数

（1）刀具几何角度表述方法 传统的金属切削原理与刀具知识学习中，刀具几何角度是重要的学习内容之一，但是数控内孔车刀中的学习略有不同，数控内孔车刀常见的刀具几何角度表述方法主要有以下几种。

1）正交平面参考系中的标注角度是传统刀具学习中的基础，是重要的学习内容之一，但数控内孔车刀中，常见的刀具标注角度仅有主偏角 κ_r、前角 γ_o 和刃倾角 λ_s 三个，看似缺少了副偏角 κ'_r 和后角 α_o，但通过刀具型号信息，这些角度还是可以计算出来的，例如刀具型号第④位 S 显示刀片形状为正方形，自然副偏角就是 15°，同理，刀具型号第⑦位 N 显示刀片法后角为 0°，自然其后角 α_o 也等于前角值，且为了获得大于 0° 的后角，其前角必然为负值（即负前角刀片或负前角内孔车刀）。实际上，专业生产的机夹不重磨刀片，更多地借助前刀面断屑槽控制切削性能，因此，前角 γ_o 和刃倾角 λ_s 的标注只是初步判断切削性能的参数。

2）假定工作平面与背平面参考系中的标注角度，如图 3-4 所示的侧前角 γ_f 和背前角 γ_p，准确计算对应的后角值较为复杂，但依据刀片法后角估算误差也不会太大。机夹车刀切削性能的控制是借助于前刀片上的断屑槽，且商品化的刀具侧前角 γ_f 和背前角 γ_p 的标注更多地已转化为刀片安装的姿态角度。图 3-4 所示是负前角内孔车刀，它的侧前角 γ_f 和背前角 γ_p 均为负值，不同刀头型式角度值存在差异，即使同型号的内孔车刀，各刀具商的角度值也会略有差异。侧前角 γ_f 和背前角 γ_p 作为刀片安装姿态角度对刀杆上刀片安装槽的加工指导意义更大。

3）仅标注主偏角的表述。数控内孔车刀选择时，应关注的刀具角度是主偏角，这个参数同时隐含在刀具型号第⑥位刀头型式中，这种刀具几何角度的表示方式，在很多刀具商样本上都可以见到。

（2）内孔车刀几何结构参数 内孔车刀由于结构与使用的差异，其主要参数与外圆车刀略有差异，如图 3-4 所示。内孔车刀几何结构参数主要有刀具长度 l_1、最小镗孔直径 $D_{\min}$、刀尖偏置距离 f、刀杆直径 d 和削边尺寸 h，部分刀具商还会给出刀头长度 l_2 等。

另外，商品化内孔车刀上还会在刀杆上印制刀具型号，由于内孔车刀型号表示方法基本已标准化，且大部分刀具商遵循这个标准，因此其隐含了许多刀具信息，特别是用户感兴趣的刀片信息，若能对照相应的刀具样本选择，可看到的刀具信息会更多。

3. 内孔车刀型号表示分析

与外圆车刀类似，机夹式内孔车刀的基本尺寸取决于各种车刀的类型与型号，国外较为知名的刀具商有些有自己的型号表示规则，但国内外大部分刀具商仍然是依据ISO 6261:1995《装可转位刀片的镗刀杆（圆柱形）代号》进行型号表示。我国的国家标准GB/T 20336—2006《装可转位刀片的镗刀杆（圆柱形）代号》等同采用了ISO 6261:1995。另外，GB/T 20335—2006《装可转位刀片的镗刀杆（圆柱形）尺寸》给出了机夹式整体圆柱镗刀杆的通用尺寸以及优先采用的镗刀杆，供参考。

（1）型号表示规则 GB/T 20336—2006规定了带标准尺寸 f（见GB/T 20335—2006）、装可转位刀片的镗刀杆（圆柱柄刀杆）的代号表示规则。带矩形柄的可转位车刀、仿形车刀和刀夹的代号仍可按GB/T 5343.1—2007中的规定。

GB/T 20336—2006规定镗刀杆的型号用9位符号，分别表示刀片和刀杆的尺寸和特征。除这9位外，制造厂为了更好地描述产品特征可以最多增加三个字母和（或）三个数字符号，但要用破折号将其与标准型号分开。图3-5所示为内孔车刀型号表示规则示例。

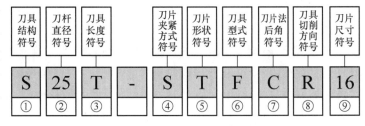

图3-5 内孔车刀型号表示规则示例

代号①：刀具结构符号，见表3-1。第①位字母符号所指的刀具即刀杆，其中S、A、C、E等几种用得较多。

表3-1 刀具结构符号

字母符号	刀具结构说明
S	整体钢制刀具（即全钢制刀杆）
A	带冷却孔的整体钢制刀具（即S型刀杆基础上增加冷却孔的刀杆）
B	带防振装置的整体钢制刀具（即S型刀杆基础上增加防振装置的刀杆）
D	带防振装置和冷却孔的整体钢制刀具（即B型刀杆基础上增加冷却孔的刀杆）
C	带钢制刀杆的硬质合金刀具（即带钢头的硬质合金刀杆）
E	带钢制刀杆和冷却孔的硬质合金刀具（即C型刀杆基础上增加冷却孔的刀杆）
F	带钢制刀杆和防振装置的硬质合金刀具（即C型刀杆基础上增加防振装置的刀杆）
G	带钢制刀杆，防振装置和冷却孔的硬质合金刀具（即F型刀杆基础上增加冷却孔的刀杆）
H	重金属刀具（用于大负载加工的刀杆）
J	带冷却孔的重金属刀具（即H型刀杆基础上增加冷却孔的刀杆）

代号②：刀杆直径符号，直径值的单位为 mm，如果直径值是一位数，则在数字前加"0"。刀杆直径的定义与数值参见 GB/T 20335—2006 的规定，参见表 3-4。

代号③：刀具长度符号，见表 3-2，其中符号 X 为特殊长度，待定。刀具长度的定义与数值参见 GB/T 20335—2006 的规定，参见表 3-4。

表 3-2　刀具长度 l_1 符号

符号	F	G	H	J	K	L	M	N	P	Q	R	S	T	U	V	W	Y	X
刀具长度 /mm	80	90	100	110	125	140	150	160	170	180	200	250	300	350	400	450	500	待定

代号④：刀片夹紧方式符号，同外圆车刀代号①的规定，即字母符号 C、M、P 和 S 等。各刀具制造商的夹紧方式符号的规定也是与外圆车刀基本相同。

代号⑤：刀片形状符号，同外圆车刀代号②的规定，详见外圆车刀的叙述。

代号⑥：刀具型式符号，相当于外圆车刀的刀头型式符号，GB/T 20336—2006 的规定参见表 3-3。各刀具制造商的规定可能会略有不同，或者更多。

表 3-3　刀具型式符号

符号	刀具型式		符号	刀具型式	
F	90°	90° 主偏角，偏心柄，端面切削	S	45°	45° 主偏角，偏心柄，侧面切削和端面切削
K	75°	75° 主偏角，偏心柄，端面切削	U	93°	93° 主偏角，偏心柄，端面切削
L	95° 95°	两个切削刃均为95°主偏角，偏心柄，侧面切削和端面切削	W	60°	60° 主偏角，偏心柄，端面切削
P	117.5°	117.5° 主偏角，偏心柄，端面切削	Y	85°	85° 主偏角，偏心柄，端面切削
Q	107.5°	107.5° 主偏角，偏心柄，端面切削	—	—	—

注：S 型刀具可安装圆形刀片。

代号⑦：刀片法后角符号，同外圆车刀的代号④的规定，参见表 2-2 或表 1-5。

代号⑧：刀具切削方向符号，分别用字母 R 和 L 表示右切削和左切削。内孔车刀切削方向示意如图 3-6 所示。左切削 L/ 右切削 R 又称为

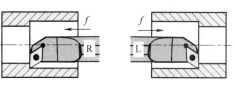

图 3-6　内孔车刀切削方向示意

左手型 L/ 右手型 R、左手刀 L/ 右手刀 R 等。

代号⑨：刀片尺寸符号，与外圆车刀代号⑨表示方法相同，参见表 2-4 和表 1-10 所示。

（2）型式与尺寸　GB/T 20335—2006 修改采用了 ISO 5609:1998《装可转位刀片的镗刀杆　尺寸》，规定了装可转位刀片的整体钢制圆柱形镗刀杆的通用尺寸，并规定了优先采用的镗刀杆。该标准中镗刀杆的型号按 GB/T 20336—2006 中的规定。

1）通用尺寸参见表 3-4。

表 3-4　内孔车刀基本尺寸　　　　　　　　　　（单位：mm）

车刀简图

柄部直径 d（g7）		08	10	12	16	20	25	32	40	50	60
刀具长度 l_1（k16）	优先系列	80	100	125	150	180	200	250	300	350	400
	其次系列	100	125	150	200	250	300	350	400	450	500
尺寸 $f_{-0.25}^{0}$		6	7	9	11	13	17	22	27	35	43
镗孔的最小直径 $D_{\min}$		11	13	16	20	25	32	40	50	63	80

注：柄上可制出一个或多个削平面，由制造厂自定。

在基本尺寸中，尺寸 h_1 值得讨论，其他车刀中，h_1 多指刀尖高度，表 3-4 中简图也表达出该含义，但纵观各刀具商样本资料，刀具简图中均不标注该尺寸与参数，这是因为 $h_1=d/2$，标注刀杆直径 d 后，即隐含标注了 h_1。实际上，车床上内孔车刀的安装是基于圆柱面定位，即内孔车刀安装的定位基准是刀具轴线，因此准确的刀尖安装高度定义应理解为过刀尖的基面 p_r 在基面垂直方向度量的基面与刀杆轴线之间的距离，其理论值为零，考虑到内孔车刀夹紧面为刀杆上部削边平面，因此，刀杆直径的尺寸偏差对刀具安装高度是有影响的。

2）尺寸 l_1 和 f 的规定长度。尺寸 l_1 是指基准点 K 至刀柄末端的距离。尺寸 f 是指基准点 K 与镗刀杆轴线之间的距离。基准点 K 的定义同外圆车刀，参见图 2-7 及其相关说明，其刀尖圆弧半径值有 3 个，即 0.4mm、0.8mm 和 1.2mm，它与刀片内切圆直径的对应关系见表 2-9。

（3）优先采用的推荐刀杆　GB/T 20335—2006 中列举了优先采用的推荐刀杆的代号与尺寸，见表 3-5。

表 3-5　优先采用的推荐刀杆　　　　　　　　　（单位：mm）

型式		d(g7)	08	10	12	16	20	25	32	40	50	60
		l_1 (k16)	80	100	125	150	180	200	250	300	350	400
		$f_{-0.25}^{0}$	6	7	9	11	13	17	22	27	35	43
		D_{min}	11	13	16	20	25	32	40	50	63	80
F		刃长 l 代号	06	06	—	—	—	—	—	—	—	—
		刃长 l 代号	—	11	11	11	11/16	16	16	16/22	22	22/27
K		刃长 l 代号	—	—	—	09	09	09/12	12	12/15	15/19	15/19
L		刃长 l 代号	06	06	06	09	09	12	12	12	16/19	16/19
		刃长 l 代号 (W 型刀片)	L3	04	04	04/06	06	06/08	06/08	06/08	—	—
Q		刃长 l 代号	—	—	07	07	11	11/15	11/15	15	15	—
		刃长 l 代号	—	—	—	11	11/13	13/16	16	16	—	—
U		刃长 l 代号	—	—	07	07	11/15	11/15	15	15	15/19	15/19
		刃长 l 代号	—	—	—	11	11/13	13	16	—	—	—

3.1.2 内孔车削刀具的结构分析

从内孔车刀型式表示规则分析可以看出刀具相关特点，以下对内孔车刀的主要结构特点展开讨论。

1. 内孔车刀刀杆结构分析

内孔车刀刀杆虽然是一个整体，但可分为刀体和刀头两部分，刀体部分主要用于刀具的装夹，又称柄部，刀头部分为机夹结构，核心是刀片，主要负责切削加工。

内孔车刀的刀杆柄部主要有圆柱体与削边圆柱体两种，如图 3-7 所示。圆柱体刀杆多用于小尺寸内孔车刀，为实现刀具安装时刀尖位置的控制，圆柱体刀杆前端一般会做出一个对刀平台，也有在顶面刻出对刀标定线。为快速可靠地实现装刀时刀尖位置的控制，实际中多将刀杆做成削边型式，包括上削边或上下同时削边，尺寸较大的圆柱体还对侧面进行削边。

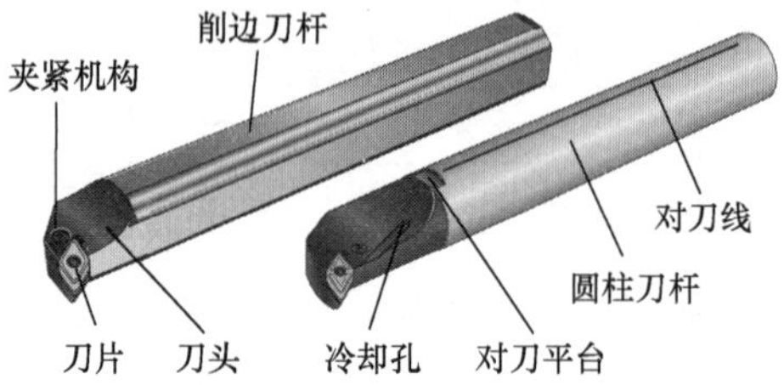

图 3-7　机夹式内孔车刀的结构组成

关于内孔车刀圆截面刀杆削边结构，GB/T 20335—2006 和 GB/T 20336—2006 均未做规定，但在相应国际标准 ISO 5609-1:2012 和 ISO 6261:2011 均有所规定并推荐了削边参数，如图 3-43 和表 3-6 所示，国内外刀具商基本遵循该标准，具体以刀具商样本为准。

刀头部分的结构主要涉及刀片型式、刀片夹紧机构和刀片安装姿态等。刀片型式基本已固定，可参阅表 3-5 推荐的优先采用内孔车刀等学习。内孔车刀的刀片主要为平装结构，并与外圆车刀类似，有负前角与正前角内孔车刀两大类。

学习表 3-1 也可体会出内孔车刀的刀具结构有基本的整体钢制结构、带冷却孔结构、防振刀杆结构设计，包括刀头特殊设计的整体式防振、钢刀头硬质合金刀体复合结构、刀杆内部增加防振装置的刀杆结构等。

2. 内孔车刀刀片夹紧方式分析

内孔车刀刀片夹紧方式与外圆车刀基本相同，但中小尺寸内孔车削时，刀头的空间位置受到限制，因此中小尺寸内孔车削加工常常采用 P 型夹紧和 S 型夹紧方式。加工工艺多为先钻预孔，然后再半精车与精车加工，因此，这两种夹紧机构基本能满足中小尺寸内孔车刀的结构需要。若是较大尺寸的内孔车削，其毛坯内孔则采用预制毛坯内孔（包括铸造和锻造内孔等），这时的加工工艺则存在粗车内孔阶段，所以大尺寸内孔车刀的刀片夹紧同样有 M 型夹紧和 D 型夹紧方式。另外，铝合金等精车加工常常采用无固定孔超硬材料的刀片，因此 C 型夹紧方式的内孔车刀同样存在，以下通过图例进行研习。

（1）P 型夹紧方式　P 型夹紧方式是基于有直通固定孔刀片的孔内横向锁紧力固定刀片的。

经典的 P 型夹紧机构是杠杆夹紧机构，由于直型杠杆刀杆径向尺寸较大，因此内孔车刀多采用直角型或称 L 型杠杆夹紧机构。图 3-8 所示为直角型杠杆夹紧机构示例，分有刀垫与无刀垫结构两种。图 3-8a 所示为有刀垫结构，刀头空间占用较大，多用于稍大规格刀具，如刀杆直径 d 在 32mm 以上内孔车刀上，刀垫的存在，在刀片崩碎后可对刀杆起到保护作用，延长刀杆的使用寿命。但小规格刀杆，由于加工孔径较小，限制了刀头空间，这时常通过减少刀垫实现，如图 3-8b 所示，刀杆直径 d 在 25mm 规格及更小的内孔车刀多采用这种结构。图中给出了刀片装配后的刀具外观图，读者研习到一定程度后，应该做到通过观察刀具外观能分辨出刀片夹紧方式，并了解它的夹紧机构工作原理、主要组成零件及其刀片装夹方法。

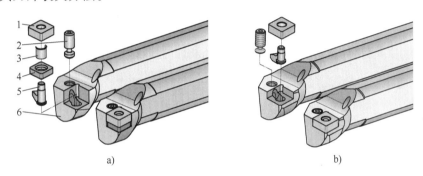

图 3-8　P 型夹紧机构示例（直角型杠杆）

a）有刀垫结构　b）无刀垫结构

1—刀片　2—夹紧螺钉　3—刀垫挡销　4—刀垫　5—L 型杠杆　6—刀杆

图 3-8a 所示结构中，刀垫挡销 3 为钣金冲压件，装配时有专用的工具辅助装配，刀垫挡销直径略大于刀杆安装孔径，装入时由于弹性变形可基本固定刀垫 4 不脱落，同时，也压住了 L 型杠杆 5 在刀头凹槽中不易脱落。而图 3-8b 所示结构中，由于缺乏限制，杠杆在刀片装配和更换过程中可能会脱落，使用不便，为此，有刀具商设计了一个钣金框架，如图 3-9 中弹性框 1，放大图较详细地显示出其结构，使用时先将弹性框 1 套入杠杆 4 横向的杠杆上，然后压入刀头的凹槽中，由于弹性框外部尺寸略大于凹槽宽度，因此它可约束杠杆脱落。

图 3-10 所示为偏心销型 P 型夹紧机构示例，用内六角扳手从偏心销 2 下部操作旋转，可横向锁紧或放松刀片，偏心销下部外圆柱上开设有半圆截面环形槽，偏心销装入刀头后，横向装入圆柱销 6，正好与偏心销凹槽配合，防止偏心销脱落，螺钉 5 堵住圆柱销，确保圆柱销可靠工作。

偏心销型 P 型夹紧机构也分有刀垫与无刀垫结构两种，图 3-10a 所示为有刀垫结构，借助偏心销 2 固定刀垫 3，防止脱落。图 3-10b 所示为无刀垫结构，

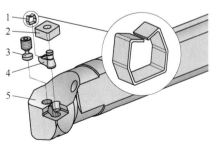

图 3-9　P 型夹紧机构示例（弹性框结构）

1—弹性框　2—刀片　3—夹紧螺钉

4—杠杆　5—刀杆

由于取消了刀垫，可用于较小尺寸的刀具。偏心销型 P 型夹紧机构比 L 型杠杆简单，径向空间限制较小，适合于内孔车削刀具，不足之处是耗材多。偏心销型 P 型夹紧机构的核心是偏心销 2，其偏心不大，旋转后具有自锁效果。

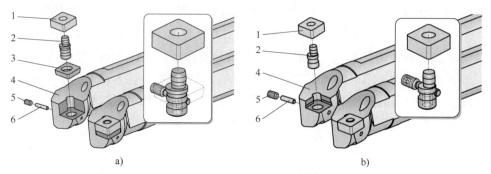

图 3-10　P 型夹紧机构示例（偏心销型）

a）有刀垫结构　b）无刀垫结构

1—刀片　2—偏心销　3—刀垫　4—刀杆　5—螺钉　6—圆柱销

（2）S 型夹紧方式　S 型夹紧也称螺钉夹紧，刀片固定孔为沉头孔，这种夹紧机构是空间占用最小的，因此很适合内孔车刀使用，但其夹紧力不大，主要用于中、小规格内孔车刀，且以精车、半精车加工为主。

图 3-11 所示为 S 型夹紧机构示例，图 3-11a 所示为典型的有刀垫结构示例，刀垫 4 的设置可有效保护刀杆 5，刀垫螺钉外螺纹用于固定刀垫，同时还有内螺孔，通过夹紧螺钉 1 固定刀片 2，其中夹紧螺钉 1 的固定螺孔轴线略有偏心，夹紧刀片的同时可有效保证刀片侧面与刀杆相应部分接触，因此，旋入螺钉 3 的过程包括定位与夹紧两个动作。刀垫的存在，必然要占用一定的空间位置，因此，小尺寸内孔车刀常常取消刀垫设计，如图 3-11b 所示。

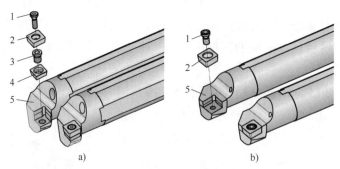

图 3-11　S 型夹紧机构示例

a）有刀垫结构　b）无刀垫结构

1—夹紧螺钉　2—刀片　3—螺钉　4—刀垫　5—刀杆

（3）M 型夹紧方式　刀片有固定圆孔，刀片夹紧力包括孔内的横向力和压板的顶面下压力，因此，刀片夹紧力较大且可靠，不足之处是夹紧机构所占空间较大，多用于尺寸稍大的中、大规格内孔车刀，如刀杆直径 d 在 25mm 之上，最小镗孔直径 D_{min} 在 32mm 以上。

图 3-12 所示为 M 型夹紧机构示例，图 3-12a 为有刀垫结构，锁销 3 下部有螺纹，通过刀垫 4 的固定孔拧入刀杆，预固定刀垫防止脱落，刀杆 6 上锁销固定孔上部为锥沉孔结构，锥沉孔与下部的螺孔略有偏心，因此，锁销向下拧的同时，锁销上锥杆部分会在锥孔的作用下产生略微的弯曲变形，通过锁销上部的圆柱横向压紧刀片。另外，压板 1 通过夹紧螺钉 5 与刀杆连接，夹紧螺钉为双头螺钉结构，两头螺纹旋向相反，因此旋转夹紧螺钉可实现压板的压紧与松开。同样道理，这种机构可通过取消刀垫设计来缩小夹紧机构所占空间，适应小尺寸内孔车刀使用。

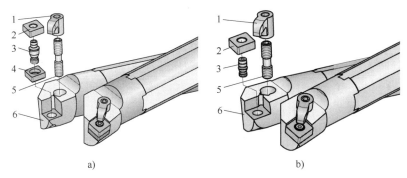

图 3-12　M 型夹紧机构示例

a）有刀垫结构　b）无刀垫结构

1—压板　2—刀片　3—锁销　4—刀垫　5—夹紧螺钉　6—刀杆

（4）D 型夹紧方式　D 型夹紧方式是国家标准规定的四种夹紧方式之外的夹紧方式，但近年来被大部分刀具商所采用，在内孔车刀中也有应用。这种机构夹紧力大，压板夹紧的同时实现刀片的横向定位与夹紧，操作快速。它在内孔车刀中应用存在的问题同 M 型夹紧机构，即所占空间位置较大等，因此它多用于尺寸稍大的中、大规格内孔车刀。图 3-13 和图 3-14 显示了两种典型的 D 型夹紧机构内孔车刀。

图 3-13a 所示刀具结构，夹紧螺钉 1 为带螺钉头结构的单头螺钉，它穿过压板 4 上的通孔，并继续穿过弹簧 6，再与刀杆 7 相连，正向旋转螺钉可借助压板夹紧刀片，压板前段有一凸台，可嵌入刀片固定孔中，压板后部为斜面结构，压板下压的同时，向后拉紧刀片横向定位与夹紧，因此，其刀片的定位与双向夹紧同步联动完成，操作效率高于 M 型夹紧机构，弹簧 6 的作用是松开压板时可托住压板，便于刀片的转位和更换。图 3-13b 所示刀具结构与图 3-13a 所示刀具结构的工作原理基本相同，差异在于刀垫的固定方式，图 3-13a 所示为刀垫挡销 3 固定，图 3-13b 所示为刀垫螺钉 3 固定，前者刀垫挡销与 P 型夹紧机构共用，后者刀垫螺钉与 C 型夹紧机构共用，采用哪种结构取决于刀具商的生产技术，目标是降低成本。

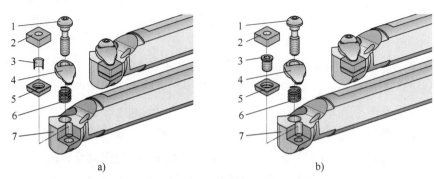

图 3-13   D 型夹紧机构示例 1

a）刀垫挡销结构   b）刀垫螺钉结构

1—夹紧螺钉   2—刀片   3—刀垫挡销或刀垫螺钉   4—压板   5—刀垫   6—弹簧   7—刀杆

图 3-14 所示刀具的夹紧螺钉 6 为双头螺钉结构，两端螺纹旋向相反，螺钉两端分别与压板 1 和刀杆 5 连接，旋转夹紧螺钉 6 可实现压板的压紧与松开，压板前端与后端结构分别设计有凸台与斜面，通过刀片 2 上的固定孔和刀杆上的斜面，实现刀片的横向与顶面下压的夹紧，防转销 7 用于防止旋转夹紧螺钉时带动压板旋转。图 3-14a、b 所示刀具结构的差异在于是否设计有刀垫，有刀垫可保护刀杆，但占用空间位置大，而无刀垫可进一步减小夹紧机构所占空间。

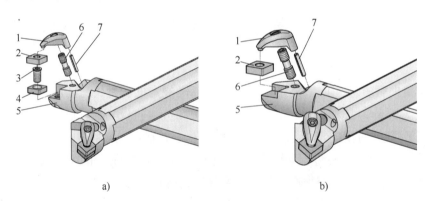

图 3-14   D 型夹紧机构示例 2

a）有刀垫结构   b）无刀垫结构

1—压板   2—刀片   3—刀垫螺钉   4—刀垫   5—刀杆   6—夹紧螺钉   7—防转销

（5）C 型夹紧方式   C 型夹紧方式是典型的刀片夹紧方式之一，可用于无固定孔刀片内孔车刀。

图 3-15a 所示为典型结构示例，具有刀垫保护刀杆，断屑器 2 为可选附件，可用于控制切屑的卷曲与断屑，刀片 3 为无固定孔结构，刀垫 6 用刀垫螺钉 4 固定在刀杆 7 上，压板 1 和夹紧螺钉 5 与 M 型夹紧机构共用。图 3-15b 所示为无刀垫结构设计，目的是为了减小夹紧机构所占空间。

图 3-16 所示 C 型夹紧机构在外圆车刀中已有介绍，特点是刀片顶面设计有凹槽，压板上相应位置有相适应的凸台，这种夹紧机构的优点是刀片夹紧可靠性好，不足之处是刀

片不通用。其余有关刀片夹紧机构分析参见前述外圆车刀相应示例。

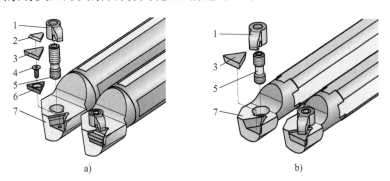

图 3-15　C 型夹紧机构示例 1

a）有刀垫结构　b）无刀垫结构

1—压板　2—断屑器　3—刀片　4—刀垫螺钉　5—夹紧螺钉　6—刀垫　7—刀杆

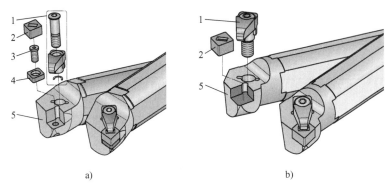

图 3-16　C 型夹紧机构示例 2

a）有刀垫结构　b）无刀垫结构

1—压板组件　2—刀片　3—刀垫螺钉　4—刀垫　5—刀杆

图 3-17 所示 C 型夹紧机构与图 3-16 所示机构的差异是刀片 1 为顶面无凹槽的通用刀片，同时增加了断屑器 4，用于控制切屑的卷曲与断屑，压板组件 2 与外圆车刀通用，结构与工作原理如图 2-17 所示，该示例刀具为负前角车刀，刀片刚性较好，但压板占用空间大，车削预孔较大，适合于有预孔的铸造与锻造毛坯的内孔粗车加工。

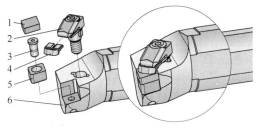

图 3-17　C 型夹紧机构示例 3

1—刀片　2—压板组件　3—刀垫螺钉　4—断屑器　5—刀垫　6—刀杆

以上介绍了目前国内外刀具商应用较为广泛的刀片夹紧机构内孔车刀示例，实际中个别刀具商还有其他夹紧机构，但由于其应用不广泛，这里不做介绍。

3. 外冷却与内冷却内孔车刀分析

内孔车刀型号表示规则中，第①位刀具结构符号表示了结构型式，字母 S 和 A 是常用的整体钢制外冷却与内冷却内孔车刀的结构符号，图 3-18 和图 3-19 分别为外冷却与内冷却内孔车刀示例。

外冷却内孔车刀为最基础的结构型式，具备了内孔车削刀具的基本特征，结构简单，可满足大部分内孔车削加工的需要，不足之处是切削液难以供给到金属切削变形区，冷却效果受一定影响，多用于批量不大的场合。

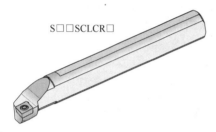

图 3-18　外冷却内孔车刀示例

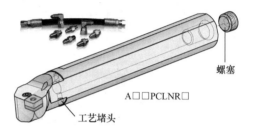

图 3-19　内冷却内孔车刀示例

内冷却内孔车刀将刀杆内部制作出冷却水道，从后部供液，通过刀杆内部水道，从刀头的喷口喷出，直接喷射至切削区域，如图 3-19 所示。冷却水道后部开设有螺孔，用于与机床冷却系统相连，不用时可用螺塞堵住，如图 3-19 所示的螺塞。前端水道横向钻孔，改变冷却水道向上行进，加工后要用螺塞或钢球堵住，如图 3-19 所示工艺堵头。刀头上端再钻一斜孔与横向水道相连成为冷却喷口，一般冷却喷口尽可能正对着刀片的主切削刃部位，若由于结构限制，不能对准切削区，还可以在刀头喷口处设计一个球头喷嘴（图中未示出），调节和引导切削液对准切削区。内冷却车刀选用时要确保机床具有切削液自动供给装置，并需选择相应的冷却软管和管接头等附件，如图 3-19 所示。

4. 小孔内孔车刀结构分析

小孔是实际中不可回避的几何结构，内孔车削加工的重点是刀具能够进入所加工孔内部，每一把内孔车刀有一个最小镗孔直径参数 D_{min}，刀杆直径 d 不可能大于 D_{min}。一般而言，刀杆直径 d 小于 8mm 的内孔车刀可归属为小孔内孔车刀。

（1）机夹式小孔内孔车刀结构与应用分析　机夹式小孔车刀由于是机夹机构的缘故，其直径难以做得较小，目前可见资料上，机夹式小孔内孔车刀的刀杆直径规格有 6mm、5mm、4mm，甚至 3mm，且刀片夹持机构多为螺钉夹紧型式。小孔车刀的主要问题是刀杆尺寸与刀杆刚性。以下列举几个机夹式小孔内孔车刀示例进行分析。

1）直通型小孔内孔车刀。直通型刀具结构简单，通用性好。

图 3-20a 所示为带冷却孔的整体钢制刀杆内孔车刀，刀杆直径 d=5mm，最小镗孔直径 D_{min}=5.8mm，刀具长度 l_1=64mm。使用的刀片型号为 CD □□ S4T002，其刀片法后角

为 15°，第⑤位刀片长度代号 S4 在表 1-10 中未见，原厂信息显示它是 C 型刀片、内切圆直径 d=3.97mm 的长度代号，这与图 3-20a 中刀具型号第⑨位代号是吻合的。同样第⑥位刀片厚度代号 T0 在表 1-11 中也未见，原厂资料显示刀片厚度 s=1.00mm，显而易见，该刀片极小，类似于专用刀片。整体钢制刀杆加工性能较好，但刀具刚性差。内冷却刀具不仅可较好地冷却与润滑，而且有助于排屑，但要求机床具有相应切削液供给装置。该刀具系列的刀杆直径规格有 4mm、5mm、6mm、8mm 四种，对应最小镗孔直径参数为 4.6mm、5.8mm、7.1mm、9.0mm。

图 3-20b 所示为钢制刀头硬质合金刀杆内孔车刀，刀杆直径 d=5mm，最小镗孔直径 D_{min}=6mm，刀具长度 l_1=100mm。使用的刀片型号为 CCGT03S102，其刀片法后角为 7°，第⑤位刀片长度代号 03 也是非标的，同样是 C 型刀片、内切圆直径 d=3.97mm 的长度代号，第⑥位刀片厚度代号 S1 也是非标的，原厂资料显示刀片厚度 s=1.39mm，其刀片同样是非常小的。该刀具系列的刀杆直径为 4mm、5mm、6mm、7mm 四种规格，对应最小镗孔直径为 5mm、6mm、7mm、8mm。硬质合金刀杆刚性较好，可获得较大悬伸长度，即刀具长度更长。该刀具不足之处是非内冷却型。

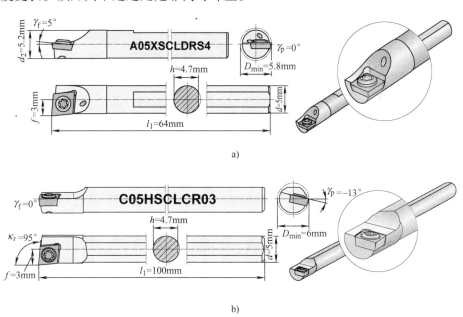

图 3-20　小径内孔车刀示例（直通型）

a）钢制刀杆　b）硬质合金刀杆

2）变径型小孔内孔车刀。针对直通型刀具刚性差的问题，将整个刀体设计为两段直径不等的结构，变径结构设计的优点有两点：一是小型机床可以直径安装刀具，二是可适当提高刀具的整体刚性。

图 3-21 所示为整体变径型小孔内孔车刀示例，刀杆为整体钢制内冷却型，刀具夹持段直径 d=10mm，工作段直径 d_2 和长度 l_2 分别为 5.2mm 和 25.4mm，刀片型号同图 3-20a 所示刀具。

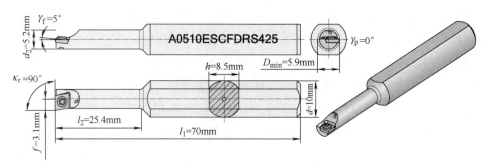

图 3-21　小径内孔车刀示例（整体变径型）

图 3-22 所示的变径结构则较为复杂，为组合结构。刀杆工作段为带内冷却的钢头硬质合金刀杆结构（型号第①位 E，图中未表示冷却系统），夹持段采用碳钢材料，两端之间焊接连接。

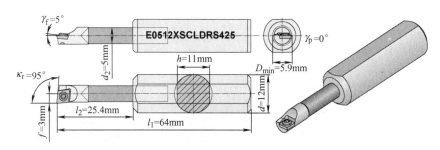

图 3-22　小径内孔车刀示例（组合变径型）

小孔内孔车刀由于制作难度较大，刀片为非标产品，制作的刀具商不是很多。

3）小孔内孔车刀安装。直通型小孔刀具的刀体直径 d 一般较小，且规格较多，未直接考虑刀体与机床的安装连接问题，变径小孔车刀虽然夹持段直径变大，可满足小型机床的安装，但对于稍大型式的机床，直径仍偏小，为此，刀具商往往会提供小孔车刀过渡镗刀杆供用户选用，如图 3-23 所示。

图 3-23 所示镗刀杆，孔径 D 主要根据小孔内孔车刀刀杆直径系列设计，外径 d 主要考虑与机床的连接，一般按普通内孔车刀刀杆直径系列设计，刀杆上部削平结构，便于圆周定位与装夹。应用这种过渡镗刀杆，可解决小孔车刀的安装问题，图 3-24 所示为小孔车刀装入过渡镗刀杆的应用示例。

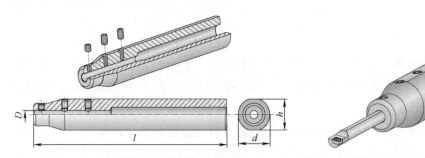

图 3-23　小径内孔车刀过渡镗刀杆示例　　　　图 3-24　小孔车刀装入过渡镗刀杆的应用示例

（2）整体式小孔内孔车刀结构与应用分析　为进一步克服机夹式结构空间占用较大的问题，满足加工直径进一步缩小的需要，部分刀具商将小孔内孔车刀做成整体结构，使最小镗孔直径 D_{min} 可做得更小，这种小孔刀具可称为微小孔内孔车刀，现有刀具商资料显示，最小镗孔直径可做到 $\phi 2mm$，甚至更小。这种刀具由于刀体直径较小，一般均需通过图 3-23 所示过渡镗刀杆与机床相连。若将过渡镗刀杆看成是机夹式刀具的刀杆，则这个整体式小孔车刀可看成是机夹式刀片，若将整体式刀具做成双头结构，则可看成是机夹可转位小孔车刀。

图 3-25 所示为微小直径镗刀及其应用示例。该微小直径镗刀系列中，刀杆直径 d=2 ～ 8mm，对应的最小镗孔直径 D_{min}=2.2mm（$l/d \leqslant 3$）或 8.2mm（$l/d \leqslant 3$），其中 l

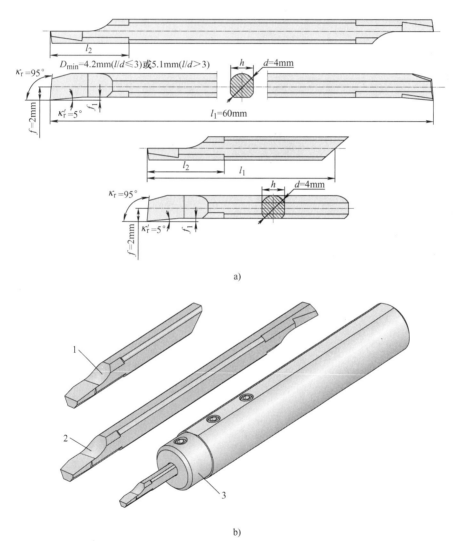

a)

b)

图 3-25　微小直径镗刀及其应用示例

a）主要参数　b）应用示例

1—单头镗刀　2—双头镗刀　3—镗刀与过渡镗刀杆装配后

为镗刀在过渡镗刀杆上安装时的悬伸长度，可见最小镗孔直径与镗刀工作长径比有关。图 3-25 所示刀具摘录了直径 d=4mm，最小镗孔直径 D_{min}=4.2mm（$l/d \leqslant 3$）或 5.1mm（$l/d > 3$）实例刀具的相关参数供研习。

这种镗刀为非标设计，因此镗刀型式、结构参数等以各刀具商样本为准。图 3-26 所示为某刀具商单头结构整体式微小直径镗刀示例，图 3-26a 所示镗刀设计较为灵活，包括车削内孔与孔底面车削镗刀，图 3-26b 所示包括内孔车刀仿形、切槽、车螺纹等，几乎涵盖各种内表面特征的加工，其过渡镗刀杆基本通用。这种刀具由于结构尺寸较小，加工精度较高，部分刀具制造商还提供超硬材料（如 PCBN）镶尖的微小直径镗刀。这种微小直径整体镗刀用户几乎不可能自行刃磨，所以均是以外购为主。这种刀具的材料以涂层硬质合金为主，主要用于小型自动化车床上。

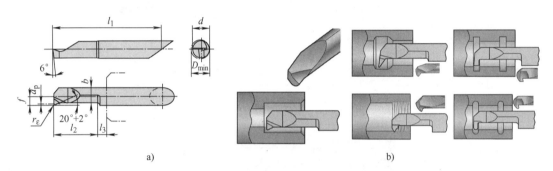

图 3-26　整体式微小直径镗刀示例

a）内孔与孔底车刀主要参数　b）仿形、切槽与车螺纹刀片

5. 减振、防振与可换头内孔车刀分析

（1）减振与防振原理分析　加工振动始终是内孔车削常见问题之一，究其原因主要是孔加工镗刀杆太细、刚性差的原因，目前各刀具商减振与防振的措施主要有以下方法及组合。

1）增加刀杆的刚性，减少振动。在表 3-1 中字母 C 表示硬质合金刀杆，但刀头由于加工的需要仍然是碳钢材料制作。硬质合金刀杆刚性好，可有效减少振动，常用于 PCBN 刀片（聚晶立方氮化硼刀片）或 PCD 刀片（聚晶金刚石刀片）等硬脆刀片的镗刀中。与钢制刀杆相比，同等几何参数下，刀杆装夹悬伸长度可多 1 倍。

2）刀具头部轻量化，减振。内孔车刀刀头是悬伸最远点的部分，若能减轻其重量，可有效减少振动。最典型的措施是头部相关部位开设适当凹槽减轻重量，如图 3-29 所示。对于硬质合金材料等刚性较好的刀杆，缩短头部长度，即增长刀杆长度，可认为是使刀头轻量化的措施。

3）增加减振装置，防止或减小振动。常见的方法是在刀杆内部加装专用的减振装置，这些减振装置的减振原理包括增加阻尼吸收振动能量减振，或增加振动方向反向的干扰力抵消振动力减振等。图 3-27 所示为阻尼减振装置。图 3-28 所示为干扰力减振，刀杆中增加冲击块，在刀杆振动时，由于间隙的作用，动作滞后，产生与刀杆振动不同步甚至反向的撞击力能减振。增加减振装置后，振动出现后可迅速衰减。

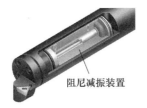

图 3-27　阻尼减振装置

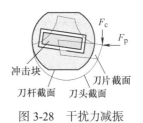

图 3-28　干扰力减振

　　加装专用减振装置的刀杆可认为是主动防振的刀杆，各刀具商的方法与结构略有差异，但可统称为减振刀杆。关于减振原理，还可利用以上方法组合实现。另外，增大刀杆装夹长度（推荐大于 4 倍刀杆直径），尽可能减少刀杆悬伸长度等也可有效减少振动。

　　（2）减振与防振内孔车刀示例分析　图 3-29 所示为刀头轻量化减振内孔车刀示例，其刀头部分通过设计两个凹窝减轻重量。按刀具商介绍，其头部结构经过计算机仿真设计，在减轻重量的同时，由于凹窝形成了独特的断面形状，使得刀头上主切削力 F_c 与背向力 F_p 得到良好的平衡，挠曲可减少达 17% 之多，试验显示，某刀具刀头重量由 70.1g 减少至 49.7g，同时振动停止时间从 20ms 减少至 15.8ms。

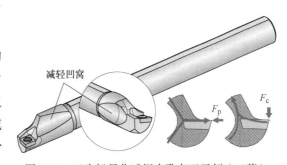

图 3-29　刀头轻量化减振内孔车刀示例（三菱）

　　图 3-30 所示为刀头轻量化与硬质合金刀杆组合减振的内冷却内孔车刀示例，头部开设减轻凹窝轻量化刀头减振的同时，其刀杆采用硬质合金材料制作，增加刀杆刚度，同时，头部长度适当缩短，进一步增加减振效果。另外，该刀具为内冷却结构，充分满足内孔车削加工的需要。

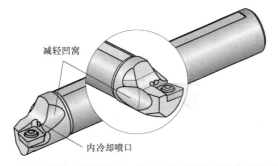

图 3-30　刀头轻量化与硬质合金刀杆组合减振的内冷却内孔车刀示例

　　图 3-31 所示为可换头内孔车刀示例。刀头与刀杆分离设计的优点是，刀头可设计成不同型式，且刀头一般设计的较短，具有减振效果。刀杆独立设计，可采取不同措施减振

与防振，如采用刚性好的材料和结构设计，刀杆内部可设计冲击块减振结构或嵌入阻尼减振装置等较好地实现主动防振与减振。

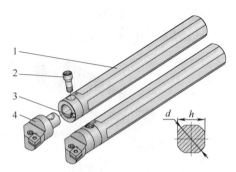

可换头内孔车刀的关键点之一就是刀头 4 与刀杆 1 的有效连接，图 3-31 所示刀头尾部设计有大圆柱销，与刀杆连接端面内孔小间隙配合装配，确保刀杆与刀头的同轴度，同时，刀杆端面还设计有一个短的防转销 3，一般设计为菱形销结构，实现刀头的径向定位，安装螺钉 2 中段为圆柱形，端头有螺纹，装入刀杆后，安装螺钉按

图 3-31　可换头内孔车刀示例 1

1—刀杆　2—安装螺钉　3—防转销　4—刀头

图 3-31 所示位置插入刀杆径向孔，并穿过刀头圆柱销上带有沉头端的圆柱孔，与刀杆下端的螺纹连接，旋入安装螺钉的同时，螺钉锥面与刀头沉头端锥孔作用，将刀头拉入刀杆内，直至刀头与刀杆的圆形平面紧密接触，完成刀头的安装连接。这种连接结构类似于"一面两销"定位。

图 3-32 所示可换头内孔车刀示例，刀头与刀杆定位与图 3-31 类似，采用刀头 2 后端中心的大圆柱销与刀杆圆柱孔定位，刀头上的防转销防转，外加两者间结合平面，属于"一面两销"定位，差异是夹紧结构，该刀具采用 3 个内六角螺钉 3 夹紧，结构简单。图 3-32 中显示了刀头分解图与安装后的 3D 图，从刀头后端（背面）结构可看到上部有一个小的防转销和 3 个螺钉过孔。

图 3-33 所示可换头内孔车刀与图 3-31 所示车刀的差异点之一是将刀头与刀杆的结合面设计成锯齿形啮合面，并取消了径向防转销，齿形槽不仅可实现径向防转功能，同时接触面大，接触刚性好，不足之处是加工成本稍高。由于结合面接触刚性好，因此中心定位销做得较小。图 3-33 中刀杆内部虚线表示其可安装专用的阻尼减振装置，并可做成内冷却结构，具体细节以刀具商信息为准。

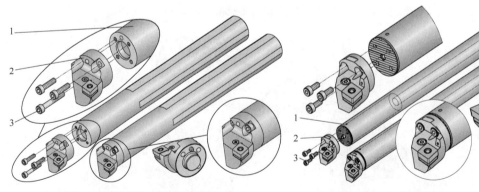

图 3-32　可换头内孔车刀示例 2

1—刀杆　2—刀头　3—螺钉

图 3-33　可换头内孔车刀示例 3

1—刀杆　2—刀头　3—安装螺钉

6. 专用接口内孔车刀示例分析

与外圆车刀类似（图 2-9），内孔车刀的刀杆安装接口也可设计为专用接口型式，图 3-34 所示为肯纳金属（Kenna metal）公司 KM 工具系统中 KM-TS 系统的内孔车刀示例，该示例刀具的刀片夹紧方式为 M 型夹紧。该专用接口内孔车刀一般系列化设计，如刀片形状代号有C、D、V、T、W 等，且刀片法后角有多种供选择，刀片夹紧方式有 M、P 和 S 等型式，KM 接口有 32mm、40mm、50mm、63mm 等多种规格，刀杆直径、长度和刀头型式有多种不同组合，最大限度地满足用户需要。

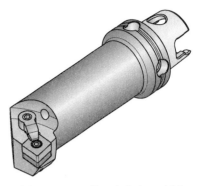

图 3-34　KM 接口内孔车刀示例

关于专用接口的内孔车刀，很多大的刀具制造商均有自己的接口刀具，如山特维克集团的 Capto 接口等，这里不详细展开介绍。

7. 刀杆顶端立装刀片内孔车刀结构分析

图 3-35 所示为一款设计较好的小孔车刀示例，刀片采用螺钉夹紧方式固定在刀杆端面，刀片可认为是立装结构，刀片与刀杆端面接触部分有榫卯结构，不仅可径向定位，且能传递较大的转矩。该型式车刀的刀片同样属于非标刀片，因此，不同刀具商的刀片与刀杆结构型式等略有差异。机械夹固型式刀片最小加工孔径会略大于图 3-25 所示的车刀，例如某刀具商介绍的最小镗孔直径 $D_{\min}$ 可达 10 ~ 8mm，这种型式的内孔车刀刚性较好，还是值得研习的，不足之处是，刀片为非标结构与设计。

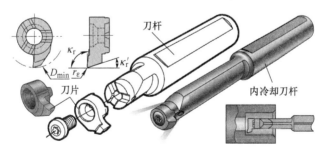

图 3-35　小孔车刀应用示例

同样道理，刀片也可设计为不同的型式，图 3-36 所示为端面螺钉夹紧的内孔车刀机夹刀片示例，它几乎涵盖各种内表面特征的加工。

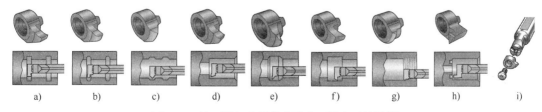

图 3-36　端面螺钉夹紧的内孔车刀机夹刀片示例

a）、b）切槽　c）车槽　d）~ f）车内孔　g）车螺纹　h）车孔底面槽　i）刀具结构原理

3.1.3　内孔车削刀具主偏角与加工形状匹配分析

内孔车刀型号表示规则第⑥位表示的是刀具型式（即刀具头部型式），表 3-3 为标准规定的刀具型式符号、简图及其简要说明，每种型式包含的信息主要有主偏角和主切削刃等，其隐含表达了切削进给允许方向和加工表面形状，与外圆车刀类似，内孔加工表面包括内圆柱孔、孔底面和内轮廓仿形等，不同表面对刀具头部型式有所要求。表 3-5 为标准推荐的优先采用刀杆，其刀杆截面为表 3-4 中的圆截面刀杆，这里的圆截面实质上包括削边型圆截面，可参考图 3-43 和表 3-6。在标准推荐的优先采用刀杆中，还表述了刀片信息，包括刀片形状、刀尖角和切削刃长度等。

考虑标准推荐的优先采用的刀具型式为市场主流的内孔车刀型式，基本满足实际生产的需要，因此，本书主要基于 GB/T 20335—2006 的刀头型式（表 3-5）展开介绍。

1. 主偏角 90° 的偏心柄端切刀头——F 型刀头

主偏角 κ_r=90° 的偏心柄端切刀头（F 型刀头）广泛用于内孔车削加工，如图 3-37 所示。准确的 90° 主偏角实际上是不存在的，必然存在偏差，一般"宁大勿小"，按 GB/T 20335—2006 优先推荐的刀杆看，其极限偏差为" $^{+2°}_{0°}$ "，角度中值为 91°，因此这种型式的刀头，部分刀具商直接标注为 91°，当然，按照惯例依然称为 90° 主偏角。

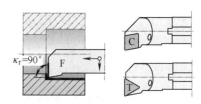

图 3-37　κ_r=90° 偏心柄端切刀头（F 型刀头）

主偏角 κ_r=90° 的 F 型刀头，主要用于内孔车削，进给运动方向以轴向为主，端面切削刃为主切削刃，在背吃刀量不大的情况下可自然形成平底阶梯面，应用的刀片形状主要有 C 型、刀尖角为 80° 的菱形刀片和 T 型、刀尖角为 60° 的正三角形刀片，其特性分析如下：

第一，T 型刀片有 3 条可转位切削刃，且同样切削刃规格下，刀片体积小，而 C 型刀片仅有 2 条，且体积大，故 T 型刀片性价比稍高。

第二，C 型刀片刀尖角大，刀片寿命长于 T 型刀片。

第三，依据刀尖角可方便地计算出 C 型和 T 型刀片的副偏角分别为 10° 和 30°。副偏角小，则加工表面残留面积较小，表面质量较好，但径向切削分力稍大。

第四，两刀片刀头均以轴向进给车削内孔为主，但 C 型刀片可径向进给车削内孔阶梯端面，获得较好的阶梯孔端面加工精度。

综合可见，C 型和 T 型刀片的 F 型刀头各有优势，实际应用较为广泛。

2. 主偏角 75° 的偏心柄端切刀头——K 型刀头

主偏角 κ_r=75° 的偏心柄端切刀头（K 型刀头）也是内孔车削加工主选刀头型式之一，如图 3-38 所示。标准推荐的刀片形状为 S 型（正方形），也可见有 C 型（刀尖角 80° 的菱形）。K 型刀头进给运动只能是轴向的，即仅用于内圆柱面的车削加工，但其刀尖角较大，刀具寿命长，在大批量车削内孔时还是有优势的，其特性分析如下：

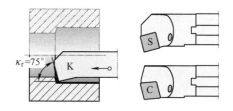

第一，S 型刀片有 4 条可转位切削刃，性价比高于 2 条可转位刃的 C 型刀片，且这两者刀尖角相差不大，刀具寿命相差也不大。

图 3-38　κ_r=75° 偏心柄端切刀头（K 型刀头）

第二，C 型刀片的副偏角较小（为 5°），加工表面残留面积小，加工表面质量较好，但径向切削分力稍大，造成刀杆弯曲变形增大。而 S 型刀片虽然主偏角稍大（15°），但径向切削分力减小，加工通用性较好。

据此可见，K 型刀头在大批量生产、专一加工内圆柱面时仍然是首选刀头型式。

3. 主偏角 95° 的偏心柄侧切与端切刀头——L 型刀头

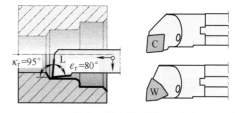

主偏角 κ_r=95° 的偏心柄侧切与端切刀头（L 型刀头），如图 3-39 所示，是内孔车削加工常用的刀具型式之一，其轴向端切和径向侧切的主偏角均为 95°，副偏角均为 5°，即双向切削性能相近。标准推荐的刀片配置形状为 C 型（刀尖角 80° 的菱形）和

图 3-39　κ_r=95° 偏心柄侧切与端切刀头（L 型刀头）

W 型（等边不等角六边形）。L 型刀头的进给方向以轴向进给为主，但径向进给侧切加工效果也较好，甚至可双向联动车削锥面和曲率较小的曲面，因此这种刀头是通用性较好的刀头，应用广泛，特别是单件小批量生产时，应用灵活。W 型刀片虽然有 3 条可转位切削刃，性价比略高于有 2 条可转位切削刃的 C 型刀片，但其有效切削刃较短，应用场合受一定限制，在一定批量的加工时效果较好。虽然 C 型刀片的可转位切削刃仅有 2 条，但其通用性较好，可用于多种刀头型式，应用场合较广，实际中 C 型刀片 L 型刀头的刀具依然被广泛选用。

4. 主偏角 107.5° 的偏心柄端切刀头——Q 型刀头

主偏角 κ_r=107.5° 的偏心柄端切刀头（Q 型刀头），如图 3-40 所示，标准推荐的刀片形状为刀尖角 55° 和 35° 的菱形刀片 D 型和 V 型，这两种形状的刀片主要为仿形车削而设计，故 Q 型刀头主要用于内孔曲面、斜角切入的侧凹曲面车削加工，由进给运动方向可

见，其主要的进给运动方向为轴向，但径向也可进给，特别是径向与轴向的联动切削曲面是其强项，但要注意切入与切出的限制。如图 3-40 所示的切入角 θ 一般要小于刀具副偏角 2° ～ 5°，切出的限制较小，切出角 θ′ 最大可达 90°，且两轴联动可切出曲面和锥面。以上两种刀片形状，D 型刀片刀具寿命较长，在切入角度允许的情况下优先选用。

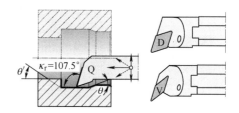

图 3-40　κ_r=107.5° 偏心柄端切刀头
（Q 型刀头）

5. 主偏角 93° 的偏心柄端切刀头——U 型刀头

主偏角 κ_r=93° 的偏心柄端切刀头（U 型刀头），如图 3-41 所示，刀片的配置形状与 Q 型刀头相同，仅刀具的主偏角不同，为 93°，显然，它可被认为集成了 F 型或 L 型刀头的端切性能和 Q 型刀头的仿形车削性能，因此其端切主要以轴向进给为主，但可适应一定侧凹的曲面与锥面形状的加工。

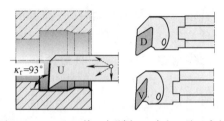

图 3-41 κ_r=93° 偏心柄端切刀头（U 型刀头）

在以上分析的优先采用的推荐内孔车刀型式之外，标准还规定了另外几种刀具型式，见表 3-3，由于应用不多，刀具商一般采用定制生产，大型刀具商的刀具样本上常常可见。根据生产需要，刀具商的刀头型式可能更多，如图 3-56 所示的反车型内孔车刀。

3.1.4　内孔车削刀具主要几何结构参数

与外圆车刀类似，内孔车刀同样存在影响刀具选择的刀具参数，包括狭义的几何结构参数和广义的影响刀具选择的加工表面示意图及刀具附件等信息。

内孔车刀的主要几何结构参数包括：主偏角 κ_r、最小镗孔直径 D_{min}、刀尖位置尺寸 h_1（默认 h_1=d/2，可以不标注）、刀尖偏置尺寸 f、刀杆圆截面直径 d、削边结构与参数（如削边尺寸 h）、刀具长度 l_1 与刀头长度 l_2、刀片型号与规格等。对于内冷却刀杆，还有冷却接口螺纹参数。由于型号系列化，因此具体参数值一般另列表处理，表格中还会包括刀杆匹配的刀片型号与规格和夹紧附件等。图 3-42b 所示为某内孔车刀主要几何结构参数，其中括号标注的参数为可选参数（可不标注），从主视图的刀片安装姿态（具体角度值未注）可看出其为负前角车刀，匹配的刀片为 0° 法后角的 CN 型刀片，如图 3-42a 所示，其中 C 型刀片是主偏为 95° 内孔车刀典型的配置方案之一。关于刀具安装姿态角度，各刀具商表达不一，有的不标，或标注出主剖面参考系中的角度等。实际上，这个安装姿态角度用户选择的余地不大，仅是大致表述刀具的性能，如表述负前角刀具，刀片的断屑槽型式对切削性能的影响更大，所以刀片安装姿态的角度参数不标注也无妨。

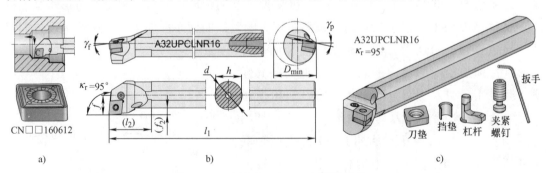

图 3-42　内孔车刀主要几何结构参数
a）加工示意图　b）主要参数示例　c）3D 外观与配件图

内孔车刀刀杆截面是一个涉及刀具安装的参数，标准刀杆截面轮廓为圆形，实际应用中大部分刀杆均进行了不同型式的削边处理，关于内孔车刀刀杆截面形状，GB/T 20335—2006 并未涉及，仅规定圆截面削边柄可由刀具制造商自行决定或通过协议提供，但它参照的国际标准 ISO 5609-1:2012 有所叙述，该标准中推荐了 1 ～ 4 种削边型式，并给出了参考尺寸，以下以该标准为主，介绍内孔车刀截面削边问题。

在 ISO 5609-1:2012 中，以圆形截面为基准，规定了 4 个单削边，2 个双削边，4 个三削边和 1 个四削边截面，并给出了数字编号，如图 3-43 所示。图中，编号 10 为标准圆截面；编号 11 ～ 14 为单削边截面，其中编号 11 和 12 为宽度削边，13 和 14 为高度削边；编号 21 和 22 分别为宽度和高度双削边，双削边一般为对称结构；编号 31 ～ 34 为三削边，编号 31、33 为高度双削边、宽度单削边，编号 32、34 为宽度双削边、高度单削边；编号 41 为四削边截面。

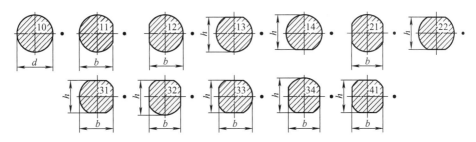

图 3-43　内孔车刀刀杆削边截面图

•—刀尖位置　d—刀杆直径　h—削边高度　b—削边宽度

该标准同时规定了截面的削边尺寸，见表 3-6。

表 3-6　刀杆削边截面尺寸　　　　　　　　　（单位：mm）

刀杆截面	d	8	10	12	16	20	25	32	40	50	60
宽度单削边	b	7.6	9.5	11.5	15	19	24	31	39	48.5	58.5
	h	7.2	9	11	14	18	23	30	38	47	57
宽度双削边	b	7.2	9	11	14	18	23	30	38	47	57
	h	7.2	9	11	14	18	23	30	38	47	57

从广义角度看，影响刀具选择的参数还包括加工示意图（图 3-42a）和刀具附件信息等，如图 3-42c 所示的刀垫、挡垫、杠杆、夹紧螺钉和扳手等，部分刀具商还提供冷却螺纹堵头附件，供不用内冷却时使用，如图 3-19 所示。

刀具商的刀具一般为系列化产品，几何结构参数多以表格的型式给出，参数值基本遵循相关国家标准的规定，如表 3-4 中的基本尺寸和表 3-5 中的刀杆尺寸等。表 3-7 为

图 3-42 所示内冷却整体钢制刀杆的内孔车刀系列（通用型号 A-PCLN）的部分几何结构参数，其刀具附件信息略。

表 3-7　A-PCLN 型内孔车刀部分几何结构参数

型号 A □□ PCLN □□	基本几何尺寸							适用刀片
	D_{min}/mm	d/mm	h/mm	f/mm	l_1/mm	l_2/mm	γ_f/(°)	
A25TPCLNL/R12	32	25	24	17	300	40	−12	CN □□ 120408
A32UPCLNL/R12	40	32	30	22	350	50	−10	CN □□ 120408
A32UPCLNR16	40	32	30	22	350	50	−10	CN □□ 160612
A40VPCLNL/R12	50	40	38	27	400	55	−10	CN □□ 120408
A40VPCLNL/R16	50	40	38	27	400	55	−11	CN □□ 160612

关于内孔车刀主要的几何结构参数，广义的理解还应包括以下几项：

1）刀具结构。内孔车刀型号第①位表示刀具结构型式，见表 3-1。刀具材料主要有钢制和硬质合金两种，钢制刀杆成本较低，应用广泛，优先选用；硬质合金刀杆刚性好，深孔加工时，刀杆装夹悬伸较长，可考虑选用，但成本稍高。是否考虑内冷却刀杆取决于加工需要，批量较大时优先考虑选用内冷却刀杆，以提高自动化加工的效率。带防振装置的内孔车刀，在深孔加工中效果明显，可适当考虑选用。

2）刀杆直径和长度。内孔车刀型号第②和第③位表示刀杆直径和长度。刀杆直径选用主要考虑加工孔直径，在满足排屑的条件下"宁大勿小"；刀具长度直接影响装夹伸出长度，而刀杆伸出长度的选用原则是尽可能短。

3）刀片夹紧方式。内孔车刀型号第④位表示刀片夹紧方式。由于内孔加工要考虑夹紧机构与内孔空间的冲突，因此，中小直径孔的加工，一般选用 P 型夹紧和 S 型夹紧方式。P 型夹紧的夹紧力较大，可用于半精加工与精加工，而 S 型夹紧的夹紧力稍小，多用于精车加工。中小直径孔加工时，车内孔前的预孔多为钻孔获得，因此后续主要是半精车与精车加工。孔径较大的内孔加工时，预孔往往由锻造或铸造获得，此时要进行粗车内孔加工，因此，可考虑选用夹紧力较大的 M 型夹紧、C 型夹紧或 D 型夹紧的内孔车刀，目前市场上主流的商品化内孔车刀主要是 P 型夹紧和 S 型夹紧的内孔车刀。

4）刀片信息。内孔车刀型号第⑤和第⑦位表示刀片信息，包括刀片形状与法后角信息。刀片形状选择的余地不大，市场上的内孔车刀多按国标推荐的优先采用刀杆型式组织生产，参见表 3-5，由表可见，每种刀具型式最多推荐两种刀片方案。刀片法后角由刀具商根据实际生产确定，如刀片夹紧方式为 S 型的刀具主要用于中小孔的精车加工，因此刀片法后角多大于 0°（法后角符号 C、B、P 等）；而 P 型夹紧的刀具，考虑其半精加工的需要，刀片则增加了 0° 法后角（法后角符号 N）的选择。而 M、C 和 D 型夹紧的内孔车刀多选用法后角为 0° 的刀片，即正前角车刀，主要用于粗车加工。

5）刀具型式。内孔车刀型号第⑥位表示刀具型式，主要考虑加工表面轮廓的特点，参见前述 3.1.3 节的讨论。

6）刀具附件。一般与外圆车刀共用，选择要求参见刀具商样本资料。

3.2 常见内孔车削刀具结构与分析

与外圆车刀类似，按刀片法后角的不同，内孔车刀也可分为正前角型与负前角型两大类。若按刀片夹紧方式，外圆车刀的 S、P、M、C、D 型夹紧均在内孔车刀中可见，由于内孔车刀工作空间受到限制，S 型和 P 型内孔车刀应用较多，M、C、D 型也有使用。另外，内孔车刀由于悬伸较长，加工振动无法回避，因此减振与防振型内孔车刀也逐渐成为内孔车刀中的一族。

3.2.1 正前角刀片内孔车削刀具结构分析

正前角内孔车刀指安装正前角刀片（刀片法后角 $\alpha_n>0°$）的内孔车刀，由于刀片法后角大于 0°，因此刀片安装正前角可大于等于 0°。正前角车刀主要用于精车加工，因此内孔车刀的刀片夹紧方式主要以 S 型夹紧为主。S 型夹紧方式是经典夹紧方式之一，由于其所占空间较小，在内孔车削刀具中得到广泛应用。

（1）L 型刀头内孔车刀 L 型刀头内孔车刀即主偏角 $\kappa_r=95°$ 的偏心柄端切与侧切刀头内孔车刀，如图 3-44 所示，包括有刀垫和无垫结构两种刀具型式，有刀垫结构还绘制出了冷却水道。本车刀适用于内孔纵向和横向双向车削，且双向车削时主、副偏角均相等，切削性能相近，可车削内孔圆柱、圆锥和孔底平面，图 3-44 所示刀具采用 C 型刀片，具有 2 条可转位切削刃，且切削刃较长，通用性好。选用正前角刀片，常用法后角为 7° 的刀片，刀片采用正前角安装姿态，切削性能适中，广泛用于碳钢和铸铁等黑色金属的加工。S 型夹紧方式结构紧凑，适合中小型规格的内孔车刀，由于夹紧力相对较小，故多用于内孔的精车与半精车加工，满足中小型孔"钻 – 扩 – 镗"的经典加工工艺。刀具常规设计为有刀垫的结构，刀垫可起到保护刀杆的作用，但对于小规格的刀具，由于受空间位置限制，会做成无刀垫型式，如图 3-44b 所示，为了简化结构，有的刀具商也可能将刀具均做成无刀垫结构。常规的刀具结构为整体钢制结构（第①位符号为 S），为提高加工性能，可在刀杆上做出内冷却水道，如图 3-44a 所示的带冷却孔整体钢制刀具（第①位符号为 A）。为进一步提高刀杆刚性，也可做成硬质合金刀杆内孔车刀（第①位符号为 C 或 E）。从刀具的长径比看，以上刀具按 S、A、C、F 依次增加，其价格也会相应增加。

图 3-44 刀具示例中，刀具主要几何参数包括：主偏角 κ_r、最小镗孔直径 D_{min}、刀尖偏置尺寸 f、刀杆圆截面直径 d、削边结构与削边尺寸 h、刀具长度 l_1 等，刀片的具体规格与断屑槽等可参照刀具样本选择，对于内冷却刀杆，还应考虑冷却接口螺纹参数（图中未示出）。刀具长度与刀杆直径的具体匹配方式各刀具商略有差异，但相差不大。

L 型刀头内孔车刀还有一种常见结构是采用 W 型（等边不等角六边形）刀片的型式，

如图 3-45 所示，这种刀片具有 3 条可转位切削刃，性价比稍高，但有效切削刃长度小于 C 型刀片，因此，加工时背吃刀量受到限制。其他结构、性能、参数等与 C 型刀片基本相同。

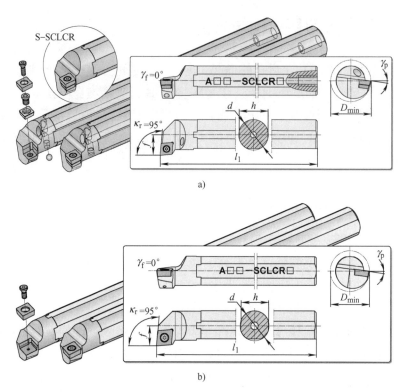

图 3-44　S 型夹紧 L 型刀头 C 型刀片内孔车刀主要几何参数与 3D 模型

a) 有刀垫结构　b) 无刀垫结构

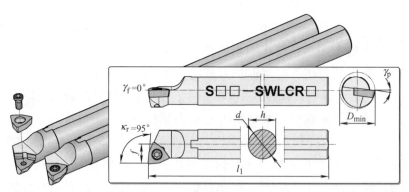

图 3-45　S 型夹紧 L 型刀头 W 型刀片内孔车刀主要几何参数与 3D 模型

（2）F 型刀头内孔车刀　F 型刀头内孔车刀即主偏角 $\kappa_r = 90°$ 的偏心柄端切刀头内孔车刀，如图 3-46 所示，它广泛用于内孔和阶梯内孔车削加工，为获得孔底平面的装配性能，刀具主偏角为公称 90°，"宁大勿小"，一般在 91° 左右。F 型刀头内孔车刀的刀片形状常见为 C 型和 T 型，如图 3-46 和图 3-47 所示。刀片夹紧方式、主要几何参数，刀杆冷却与抗振性分析与 L 型刀头分析基本相同。

图 3-46 所示为 C 型刀片示例，刀片仅有两条可转位切削刃，由于主偏角变小，刀尖角不变，因此副偏角变大，刀片寿命略有提高，加工表面质量相差不大。由于其特有的孔底面加工特性，刀具主要用于阶梯圆孔的精车与半精车加工。

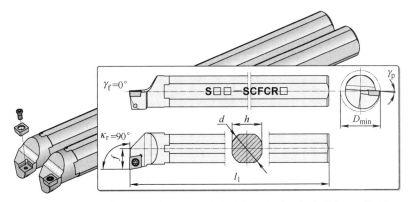

图 3-46　S 型夹紧 F 型刀头 C 型刀片内孔车刀主要几何参数与 3D 模型

图 3-47 所示为 T 型刀片示例，刀片具有 3 条可转位切削刃，且切削刃长度较长，刀片耗材更少，因此性价比更高。但由于刀尖角较小，因此副偏角较大，加工表面质量稍差，刀具主要用于批量生产时的内孔半精车加工。图 3-47 给出了有刀垫与无刀垫结构示例，两者主要几何参数相差不大，仅夹紧机构相差刀垫。

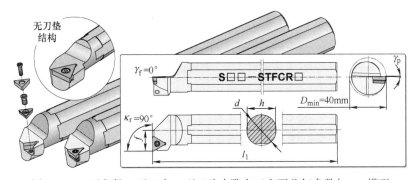

图 3-47　S 型夹紧 F 型刀头 T 型刀片内孔车刀主要几何参数与 3D 模型

（3）K 型刀头内孔车刀　K 型刀头内孔车刀即主偏角 $\kappa_r=75°$ 的偏心柄端切刀头内孔车刀，如图 3-48 所示。本刀具以内孔纵向切削为主，广泛用于批量生产内圆孔车削加工。75° 主偏角，切屑控制较好，材料塑性较好时以螺旋状切屑为主，通孔切削时前向排屑效果好，径向切削力不大，较为适应内孔车削。虽然 GB/T 20336—2006 中刀头型式还有45°、60° 和 85° 等主偏角，但综合性能不如 75° 主偏角，因此 GB/T 20335—2006 仅推荐了 75° 主偏角型式优先采用。K 型刀头标准推荐的刀片形状为 S 型（正方形），具有 4 条可转位切削刃，性价比较高。刀尖角 90° 的刀具寿命较长，同时副偏角 15° 也算适中，用于半精车内孔较好，也可用于精车内孔。刀片夹紧方式、主要几何参数，刀杆冷却与抗振性分析与 L 型刀头分析等基本相同。

K 型刀头内孔车刀也有基于 C 型刀片，100° 刀尖角的设计方案，如图 3-49 所示。该刀具选用 C 型刀片，菱形 100° 内角为刀夹角，两条可转位切削刃。由于刀尖角较大，刀具寿命提高，同时，副偏角 5° 较小，加工表面质量较好。由于副偏角较小，为避免后刀面加工干涉，选用了更大刀片法后角（代号为 P，法后角为 11°）的刀片。

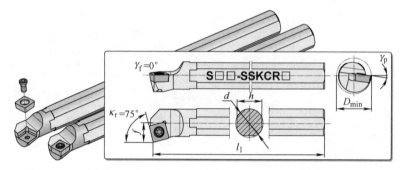

图 3-48　S 型夹紧 K 型刀头 S 型刀片内孔车刀主要几何参数与 3D 模型

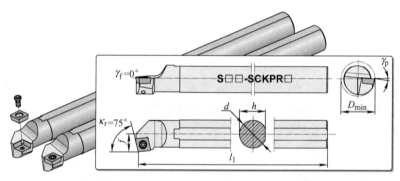

图 3-49　S 型夹紧 K 型刀头 C 型刀片内孔车刀主要几何参数与 3D 模型

（4）U 型刀头内孔车刀　U 型刀头内孔车刀是基于刀尖角较小的 D 型和 V 型刀片设计的主偏角 κ_r=93° 的偏心柄端切刀头内孔车刀，如图 3-50、图 3-51 所示。由于刀尖角较小，副偏角较大，在纵向切削内孔的同时融入了仿形车削的性能，因此，适合内孔与曲面仿形车削加工。

图 3-50 所示 U 型刀头内孔车刀，选用 D 型刀尖角 55° 的菱形刀片，刀尖角稍大，刀片寿命较长，但曲面车削切入角稍小，适合较为平缓的曲面车削，同时接近 90° 的主偏角，仍具备一定的内圆柱面车削性能。图 3-50 分别显示了有刀垫与无刀垫结构，其主要取决于刀具规格，小规格刀具多设计为无刀垫结构。

图 3-51 所示 U 型刀头内孔车刀，选用 V 型刀尖角为 35° 的菱形刀片，由于刀尖角小，副偏角更大，因此在仿形车削性能上优势更为明显。

（5）Q 型刀头内孔车刀　Q 型刀头内孔车刀即主偏角 κ_r=107.5° 的偏心柄端切刀头的内孔车刀，如图 3-52、图 3-53 所示，它与 U 型刀头相比，本刀具主偏角加大近 15°，同时刀具副偏角减小了近 15°。从刀片形状分析，它主要用于仿形车削，加大了主偏角，改善了切出性能，切出角度可更多，同时对切削内孔底面也较为灵活，可适应深度不大的底面曲面仿形车削。刀具副偏角的减小，限制了曲面切削切入角不宜太大。

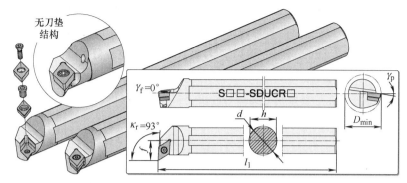

图 3-50　S 型夹紧 U 型刀头 D 型刀片内孔车刀主要几何参数与 3D 模型

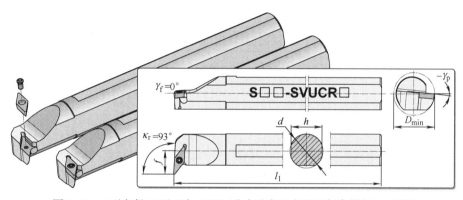

图 3-51　S 型夹紧 U 型刀头 V 型刀片内孔车刀主要几何参数与 3D 模型

图 3-52 所示为选用 D 型刀片的 Q 型刀头内孔车刀，D 型刀片刀尖角较大，刀具寿命较长。

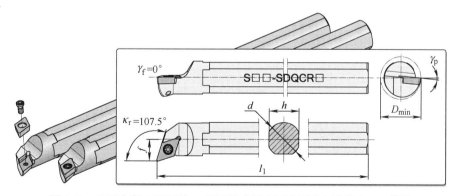

图 3-52　S 型夹紧 Q 型刀头 D 型刀片内孔车刀主要几何参数与 3D 模型

图 3-53 所示为选用 V 型刀片的 Q 型刀头内孔车刀，V 型刀片的刀尖角较小，使仿形车削性能更好。

（6）其他型式内孔车刀　刀片螺纹夹紧的内孔车刀是内孔车刀中的主流产品，刀具型式变化较多，以下列举几例进行分析。

1）P型刀头内孔车刀，如图3-54所示，采用主偏角 κ_r=117.5° 偏心柄端面切削刀头。图3-54中列举了两示例刀具，主要几何结构基本相同，但从刀具型号可看出，第①位刀具结构符号不同，符号C指的是钢制刀头的硬质合金刀杆刀具，而符号S指的是整体钢制刀具，显然硬质合金刀杆刀具刚性更好，刀具长径比可做得更大，加工时刀具悬伸可更长，即同规格刀具，硬质合金刀杆刀具可加工的孔更深，或在同样孔深的情况下，硬质合金刀杆刀具刚性更好，加工质量更佳。

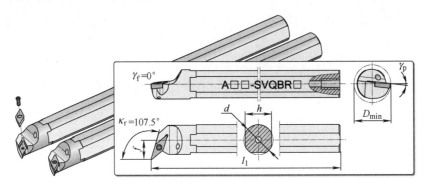

图 3-53　S 型夹紧 Q 型刀头 V 型刀片内孔车刀主要几何参数与 3D 模型

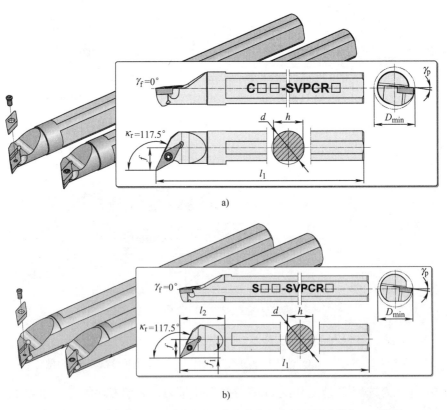

图 3-54　S 型夹紧 P 型刀头 V 型刀片内孔车刀主要几何参数与 3D 模型

a) 钢制刀头的硬质合金刀杆刀具　b) 整体钢制刀具

2）W 型刀头内孔车刀，如图 3-55 所示，采用主偏角 κ_r=60° 偏心柄端面切削刀头，这款刀头是标准中推荐优先选用刀头之外的刀头型式，其主要特点是选用了较为匹配的 T 型（正三角形）刀片，具有 3 条可转位切削刃，性价比较高。刀具的主偏角为 60°，刀尖角为 60°，因此副偏角也为 60°，刀片为左右对称结构，且刀尖角不算大，往复进给车削加工性能基本相同，因此可用于内孔曲面的仿形车削加工。

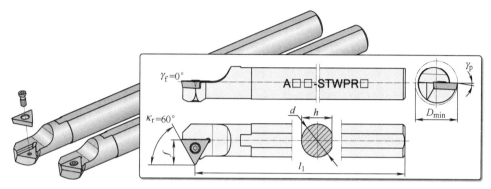

图 3-55　S 型夹紧 W 型刀头 T 型刀片内孔车刀主要几何参数与 3D 模型

3）反车（背镗）内孔车刀，如图 3-56 所示，这种刀头 GB/T 20336—2006 并未给出刀头符号（刀具型号第⑥位），具体代号以刀具商的规定为准。反车指刀具通过通孔后，反向进给运动加工反向的内圆和底面，其加工示意图如图 3-56a 所示，按照 GB/T 20336—2006 关于刀具型式的命名规则（表 3-3），背镗刀头为 95° 主偏角偏心柄反向侧切与端切刀头，该刀头刀片偏置方案有两种，分别为 C 型 80° 刀尖角的菱形刀片和 D 型 55° 刀尖角的菱形刀片，图 3-56a、b 分别为这两种刀片配置的反车内孔车刀。图 3-56a 所示刀具的主偏角为 95°，副偏角为 5°，加工特性类似于图 3-44 所示 L 型刀头内孔车刀。而图 3-56b 所示刀具主偏角为 95°，副偏角为 30°，加工特性接近于图 3-50 所示 U 型刀头的内孔车刀。在分析时注意刀尖内偏距 f_2 对切削性能的影响。图 3-56b 所示刀具的差异主要是副偏角加大至 30°，显然是增强了内孔曲面切削能力。

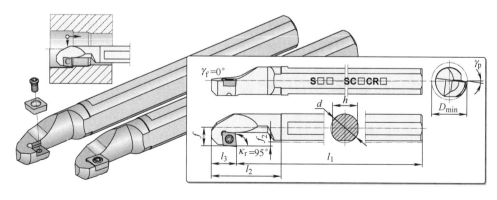

a)

图 3-56　反车（背镗）内孔车刀主要几何参数与 3D 模型

a）C 型刀片配置

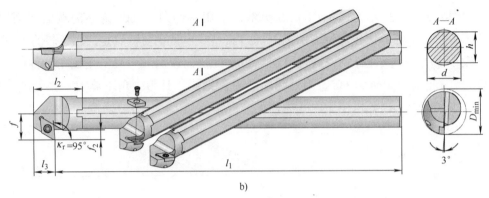

b)

图 3-56　反车（背镗）内孔车刀主要几何参数与 3D 模型（续）

b）D 型刀片配置

　　4）大主偏角内孔车刀，如图 3-57 所示，这种车刀的刀头也是在 GB/T 20336—2006 中未规定符号的刀头，具体代号以刀具商的规定为准。本示例刀具最大的特点是主偏角超大，且采用了 V 型刀片，刀尖角很小，主要用于内表面仿形车削加工，图 3-57 中显示其加工示意图，可见其加工面的几何特征与前述刀具均不相同，可用于从圆柱面到底面之间的过渡曲面精车加工。

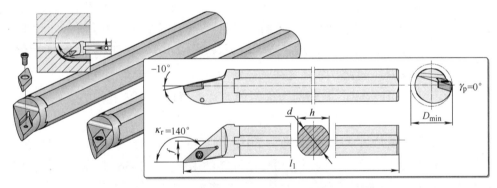

图 3-57　端面仿形内孔车刀主要几何参数与 3D 模型

3.2.2　负前角刀片内孔车削刀具结构分析

　　负前角内孔车刀指安装负前角刀片的内孔车刀，负前角刀片的法后角等于 0°，为保证必要的加工后角，刀片在刀杆上的安装姿态前角必须为负前角。

　　负前角刀片由于法后角等于 0°，因此刀具楔角等于 90°，大于正前角刀具，故刀片强度更好，在半精车与粗车时优势更大，刀片的夹紧力也需要更大。若考虑前刀面的空间位置，P 型夹紧方式的夹紧力大于 S 型夹紧方式，因此 P 型夹紧方式应用较多；对于加工孔径较大的场合，由于空间占位的限制较少，M 型夹紧方式以及 D 型夹紧方式也是可以采用的，且 M 型和 D 型夹紧方式的夹紧力较大，适用于预铸和预锻毛坯内孔工件的粗加工，选择合适的断屑槽型也可进行半精车甚至精车加工。

1. P 型夹紧方式的负前角内孔车刀示例

P 型孔夹紧方式又称杠杆夹紧方式，是经典的刀片夹紧方式之一。这种刀片夹紧方式的内孔车刀，夹紧机构零部件一般可与外圆车刀共用，因此，大部分刀具商均具有 P 型夹紧方式的内孔车刀，且多做成负前内孔车刀。以下主要基于 GB/T 20335—2006 推荐的五种优先采用的刀具型式展开介绍。

（1）L 型刀头内孔车刀　L 型刀头内孔车刀即双向主偏角 $\kappa_r=95°$ 的偏心柄端切与侧切刀头内孔车刀，适用于内孔纵向和横向双向切削，且双向切削时主、副偏角相等，切削性能相近，可车削内孔圆柱、圆锥和孔底端面等。L 型刀头内孔车刀的刀片形状主要有 C 型和 W 型两种。

图 3-58 所示为负前角 C 型刀片的内孔车刀，包括有刀垫与无刀垫两种结构。空间位置允许的情况下，优先采用有刀垫结构，能够更好地保护刀杆。C 型刀片有两条可转位切削刃，且有效切削刃长度较大，通用性较好，广泛由于碳钢和铸铁等黑色金属的加工，P 型夹紧刀具前刀面无障碍，切屑流出较为顺畅，可用于半精车和精车加工，甚至粗车加工。与前述 S 型夹紧车刀类似，刀具可做成无或有冷却孔结构，以及硬质合金刀杆结构，即刀具型号的第①位符号有 S、A、C、F 等几种型式。图 3-58 所示刀具是带冷却孔的整体钢制内孔车刀结构型式，其通用性较好，若做成无冷却孔整体钢制刀具（即全钢制刀杆）则结构简单，也是常用的结构型式之一。示例刀具的工程图标注了其主要几何参数，由于为负前角刀具，刀具的安装姿态角背前角 γ_p 和侧前角 γ_f 均为负值，具体数值各刀具商略有差异，但从数控刀具以外购为主的特性看，使用者可以不用过多地考虑具体数值，因为影响切削性能的参数主要还是由刀片前刀面上断屑槽等确定，因此有的刀具产品样本上不标注刀片安装姿态角。另外，刀头长度 l_2 对切削加工的影响不大，也可以不用标注，但刀具主偏角 κ_r、最小镗孔直径 D_{min}、刀尖偏距 f 等、刀杆圆截面直径 d、削边结构与削边尺寸 h、刀具长度 l_1 等参数对刀具选择影响较大，属于内孔车刀的主要几何参数。另外，熟悉图示刀具分解图以及刀具前段局部放大图对研习刀具是有帮助的。

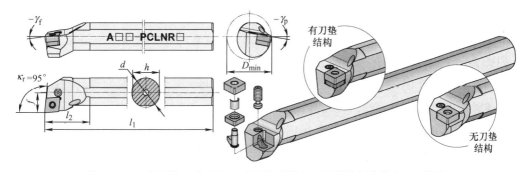

图 3-58　P 型夹紧 L 型刀头 C 型刀片内孔车刀主要几何参数与 3D 模型

图 3-59 所示为 L 型刀头内孔车刀的另一典型示例，采用 W 型（等边不等角六边形）刀片构成，其优点是具有 3 条可转位切削刃，性价比高，但有效切削刃长度比 C 型刀片短，加工时背吃刀量受到限制，在精车与半精车加工时表现不明显，适合批量生产时背吃

刀量相对固定的场合。注意，图 3-59 中刀具型号的第①位为符号 S，即无冷却孔的整体钢制刀具（又称全钢制刀杆）结构型式。

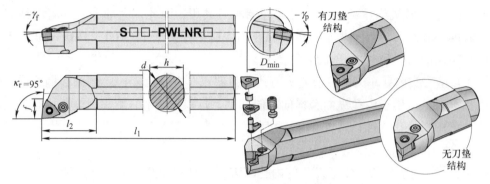

图 3-59　P 型夹紧 L 型刀头 W 型刀片内孔车刀主要几何参数与 3D 模型

（2）F 型刀头内孔车刀　F 型刀头车刀即主偏角 $\kappa_r=90°$ 的偏心柄端切刀头内孔车刀，广泛用于内孔和阶梯内孔车削加工，主偏角是公称 90° 角在实际制作时一般在 91° 左右。F 型刀头的刀片形状配置主要有 C 型和 T 型两种，C 型刀片刀尖角大，刀具寿命长，副偏角小，加工表面残留面积小，表面质量较好；而 T 型刀片可转位切削刃多，刀片耗材少，性价比高。图 3-60 所示为 T 型刀片配置的内孔车刀，刀片夹紧方式、主要几何参数，刀杆冷却与抗振性分析与前述讨论基本相同。

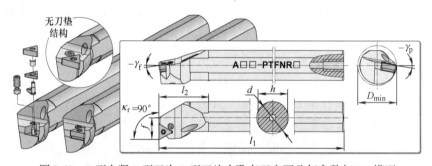

图 3-60　P 型夹紧 F 型刀头 T 型刀片内孔车刀主要几何参数与 3D 模型

（3）K 型刀头内孔车刀　K 型刀头内孔车刀即主偏角 $\kappa_r=75°$ 的偏心柄端切刀头内孔车刀，如图 3-61 所示，包括有刀垫与无刀垫结构型式，本车刀以内孔纵向切削为主，广泛用于批量生产内圆孔车削加工。本车刀采用的 S 型（正方形）刀片为常见的刀具型式，S 型刀片具有 4 条可转位切削刃，性价比较高，主要用于批量生产时的内孔半精车与精车加工。

（4）U 型刀头内孔车刀　U 型刀头内孔车刀即主偏角 $\kappa_r=93°$ 的偏心柄端切刀头内孔车刀，是在纵向切削内孔的同时融入了仿形车削的性能，因此，适合内孔曲面仿形车削加工。刀片配置型式主要有 D 型和 V 型两种：D 型刀片刀尖角稍大，刀具寿命长，副偏角稍小，曲面切入角较大，加工曲面形状受一定限制；而 V 型刀片刀尖角较小，副偏角较大，因此曲面切入角较大，加工曲面更为灵活。图 3-62 所示为配置 D 型刀片的内孔车刀，包括有刀垫与无刀垫结构型式。

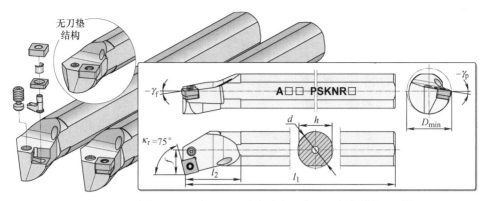

图 3-61　P 型夹紧 K 型刀头 S 型刀片内孔车刀主要几何参数与 3D 模型

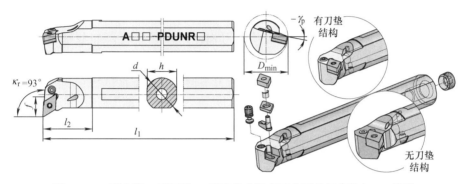

图 3-62　P 型夹紧 U 型刀头 D 型刀片内孔车刀主要几何参数与 3D 模型

（5）Q 型刀头内孔车刀　Q 型刀头内孔车刀即主偏角 $\kappa_r=107.5°$ 的偏心柄端切刀头内孔车刀，它与 U 型刀头相比，本车刀的主偏角更大，内孔曲面加工更为灵活，特别是孔底面加工时可加工出适量的凹陷结构，主要用于内孔曲面加工。图 3-63 给出了两种配置 D 型刀片的 Q 型刀头内孔车刀结构图解，图 3-63a 所示为直角型杠杆结构，应用较为广泛；图 3-63b 所示为偏心销结构，结构简单。

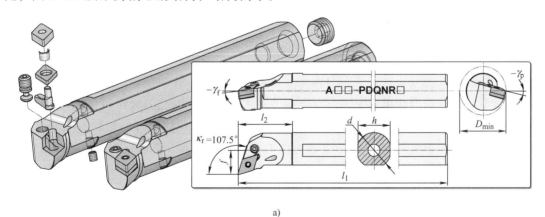

a)

图 3-63　P 型夹紧 Q 型刀头 D 型刀片内孔车刀主要几何参数与 3D 模型

a）直角型杠杆结构

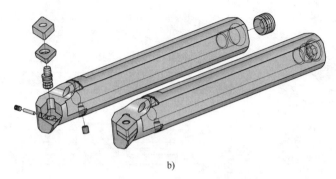

b)

图 3-63　P 型夹紧 Q 型刀头 D 型刀片内孔车刀主要几何参数与 3D 模型（续）

b）偏心销结构

（6）其他型式内孔车刀　图 3-64 给出了一款配置 D 型刀片的反车（背镗）内孔车刀示例，它与图 3-56 所示反车（背镗）内孔车刀相比，差异表现为本车刀的刀片夹紧方式为 P 型，刀片夹紧力更大，可用于背镗反向内孔、底面和反向内孔曲面加工，包括粗车、半精车与精车加工，通用性较好。注意，这种刀头型式是非标的，因此刀具型号第⑥位的符号各刀具商的规定略有差异。

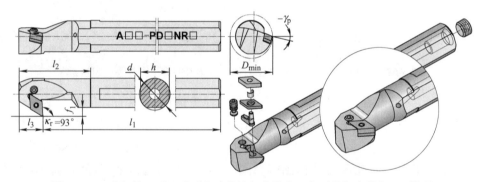

图 3-64　P 型夹紧 D 型刀片反车（背镗）内孔车刀主要几何参数与 3D 模型

2. M 型夹紧方式的负前角内孔车刀示例

M 型夹紧方式也是经典的刀片夹紧方式之一，为与外圆车刀基本可保持资源共享，很多刀具商也开发这种夹紧方式的内孔车刀系列。但由于压板的存在，一定程度上会干扰切屑的流出，特别是内孔车削空间位置不如外圆车削开放，因此，这种夹紧方式的内孔车刀更多的是用于孔径稍大环境的车削加工，即这种刀具的规格尺寸一般比 S 型和 P 型夹紧方式的内孔车刀偏大。由于 M 型夹紧方式刀片夹紧力更大、更可靠，因此还可用于铸、锻件毛坯预孔的粗车加工。以下通过部分示例进行介绍。

（1）L 型刀头内孔车刀　L 型刀头内孔车刀即主偏角 $\kappa_r=95°$ 的偏心柄端切与侧切刀头内孔车刀，适用于内孔纵向和横向双向切削，且双向切削时主、副偏角相等，切削性能相近，可车削内孔圆柱、圆锥和孔底端面等。L 型刀头内孔车刀的刀片形状主要有 C 型和 W 型两种。

图 3-65 所示为 M 型夹紧 L 型刀头 C 型刀片内孔车刀，包括有刀垫结构与无刀垫结构。有刀垫结构为优先采用的结构，无刀垫结构可减小夹紧机构空间占位。C 型刀片有两条可转位切削刃，且有效切削刃长度较大，通用性较好，广泛用于碳钢和铸铁的黑色金属的加工，M 型夹紧方式的夹紧力较大，可用于粗车、半精车，甚至精车加工。图 3-65 所示刀具为无冷却孔整体钢制刀具结构，简单实用，也可制作出有冷却孔的内冷却刀杆结构。负前角刀具在粗车时效果优于正前角刀具。

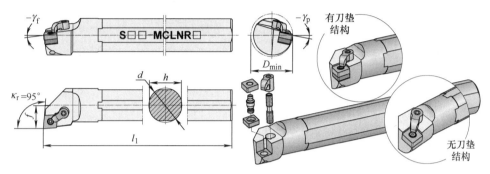

图 3-65　M 型夹紧 L 型刀头 C 型刀片内孔车刀主要几何参数与 3D 模型

图 3-66 所示为 M 型夹紧 L 型刀头 W 型刀片内孔车刀，也是 L 型刀头常见的刀片配置型式，包括有刀垫结构与无刀垫结构。W 型刀片有 3 条可转位切削刃，刀具性价比更高，不足之处是加工时要注意背吃刀量的选择不能太大，适用于批量生产、背吃刀量相对固定的粗车与半精车加工。

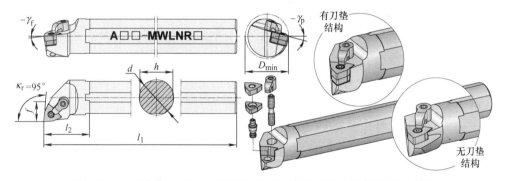

图 3-66　M 型夹紧 L 型刀头 W 型刀片内孔车刀主要几何参数与 3D 模型

（2）F 型刀头内孔车刀　F 型刀头内孔车刀即主偏角 $\kappa_r=90°$ 的偏心柄端切刀头内孔车刀，广泛用于内孔和阶梯内孔车削加工，考虑到加工误差，实际主偏角一般在 91° 左右。F 型刀头刀片配置有 C 型和 T 型两种，C 型刀片刀尖角较大，刀具寿命长，副偏角小，加工表面粗糙度值小，适合于精车加工；T 型刀片有 3 条可转位切削刃，性价比更高，但副偏角较大，不宜进行径向进给车削加工，且较大的副偏角加工会留下较大的残留面积，适用于粗车与半精车加工。图 3-67 所示为 M 型夹紧 F 型刀头 T 型刀片有刀垫内孔车刀，尺寸较小时也可做成无刀垫结构，本刀具刀杆为无冷却孔的整体钢制结构，也可做成有冷却孔结构。

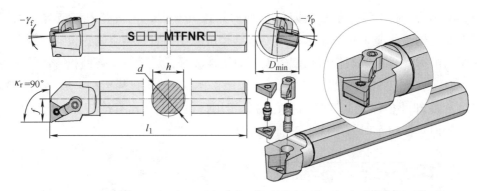

图 3-67　M 型夹紧 F 型刀头 T 型刀片有刀垫内孔车刀主要几何参数与 3D 模型

图 3-68 所示为 M 型夹紧 F 型刀头 C 型刀片有刀垫内孔车刀，尺寸较小时也可做成无刀垫结构，适用于精车与半精车加工。

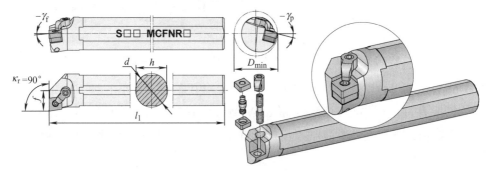

图 3-68　M 型夹紧 F 型刀头 C 型刀片有刀垫内孔车刀主要几何参数与 3D 模型

（3）K 型刀头内孔车刀　K 型刀头内孔车刀即主偏角 $\kappa_r = 75°$ 的偏心柄端切刀头内孔车刀，本车刀以内孔纵向切削为主，广泛用于批量生产内圆孔车削加工。K 型刀头在标准中刀片配置型式有 S 型和 C 型两种，但 S 型正方形刀片具有 4 条可转为切削刃，性价比较高，更受青睐，主要用于批量生产时的内孔半精车与精车加工。

图 3-69 所示为 M 型夹紧 K 型刀头 S 型刀片有刀垫内孔车刀示例，尺寸较小时也可做成无刀垫结构，图中刀具 3D 图还显示有断屑器，装上它可更好的控制切屑的流向与形态。有些刀具商 M 型夹紧机构的断屑器会作为附件供用户选用。

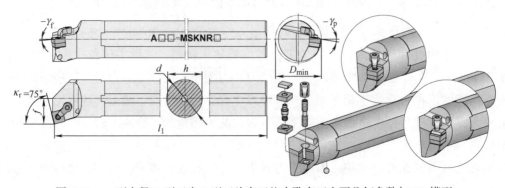

图 3-69　M 型夹紧 K 型刀头 S 型刀片有刀垫内孔车刀主要几何参数与 3D 模型

（4）U 型刀头内孔车刀　U 型刀头内孔车刀即主偏角 κ_r=93° 的偏心柄端切刀头内孔车刀，可纵向进给车削内孔和内表面仿形车削加工，刀片配置型式有 D 型 V 型两种，刀具同样包含有刀垫和无刀垫的结构型式。

图 3-70 所示为 M 型夹紧 U 型刀头 D 型刀片有刀垫内孔车刀，其刀尖角稍大，副偏角稍小，曲面切入角度较小，曲面加工性能略差。

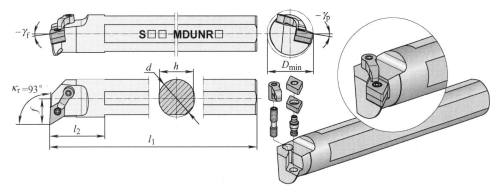

图 3-70　M 型夹紧 U 型刀头 D 型刀片有刀垫内孔车刀主要几何参数与 3D 模型

图 3-71 所示为 M 型夹紧 U 型刀头 V 型刀片有刀垫内孔车刀，其刀尖角稍小，副偏角稍大，曲面切入角度更大，更适合于内孔曲面仿形加工。

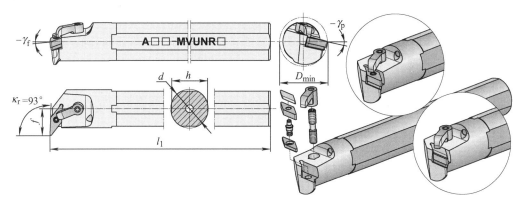

图 3-71　M 型夹紧 U 型刀头 V 型刀片有刀垫内孔车刀主要几何参数与 3D 模型

（5）Q 型刀头内孔车刀　实际中，关于 M 型夹紧 Q 型刀头内孔车刀并不多见，因此此处不予讨论。

（6）其他型式内孔车刀　图 3-72 给出了一款配置 D 型刀片主、副切削刃对称布置的仿形车削内孔车刀，主、副偏角相等，往复进给车削加工性能基本相同。图 3-55 所示主、副偏角均为 60° 的内孔车刀用于内孔曲面仿形加工，而本例刀具主副偏角更大，因此仿形曲面车削性能更佳。注意本刀具型式为非标结构，因此各刀具商对刀具型号第⑥位的符号的规定略有差异。

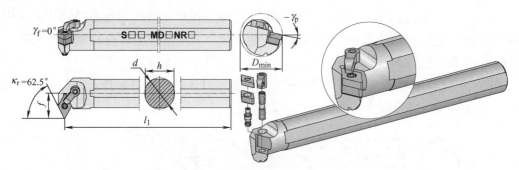

图 3-72　M 型夹紧非标型刀头 D 型刀片内孔车刀主要几何参数与 3D 模型

3. D 型夹紧方式的负前角内孔车刀示例

D 型夹紧方式是 D 型双重夹紧方式的简称，虽然是 GB/T 20336—2006 型号规则表示方式之外的夹紧方式，出现的时间也不长，但由于其优异的综合夹紧性能，自出现后就被大部分刀具商所接受，不仅在外圆车刀中系列化，在内孔车刀中也逐渐系列化。D 型夹紧与 M 型夹紧方式类似，压板的存在可能干扰切屑的流出与卷曲，但其夹紧力大，可靠性好，在中大规格内孔车刀，以及粗车加工时效果明显。由于刀具结构尺寸一般较大，故刀片夹紧机构多设计为有刀垫结构。以下列举部分 D 型夹紧方式的负前角内孔车刀示例进行分析，刀片夹紧机构与工作原理如图 3-13a 所示。

（1）L 型刀头内孔车刀　L 型刀头内孔车刀即主偏角 $\kappa_r = 95°$ 的偏心柄端切与侧切刀头内孔车刀，适用于内孔纵向和横向双向切削，可车削内孔圆柱、圆锥和孔底端面等。刀片配置形状主要有 C 型和 W 型两种。

图 3-73 所示为 D 型夹紧 L 型刀头 C 型刀片内孔车刀，C 型刀片有效切削刃较长，通用性较好，应用广泛；配以 D 型夹紧机构，夹紧力大，且可靠性好，操作方便，广泛应用于碳钢和铸铁的黑色金属加工，可用于粗车、半精车，甚至精车加工，特别是铸件、锻件毛坯预制孔的粗车加工效果较好。

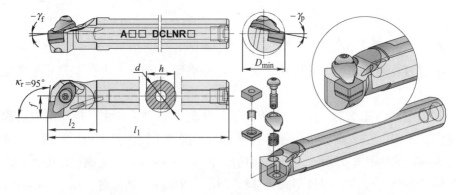

图 3-73　D 型夹紧 L 型刀头 C 型刀片内孔车刀主要几何参数与 3D 模型

图 3-74 所示为 D 型夹紧 L 型刀头 W 型刀片内孔车刀，虽然它的有效切削刃长度较短，但 3 条可转位切削刃性价比较高，因此，也得到较好的应用。

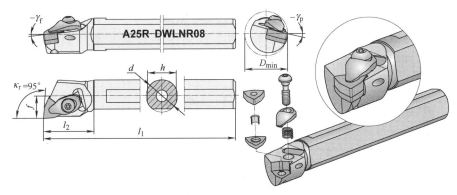

图 3-74　D 型夹紧 L 型刀头 W 型刀片内孔车刀主要几何参数与 3D 模型

（2）F 型刀头内孔车刀　F 型刀头内孔车刀即主偏角 κ_r=90° 的偏心柄端切刀头内孔车刀，广泛用于内孔和阶梯内孔车削加工，作为主流的内孔车刀刀头型式，D 型夹紧内孔车刀系列中同样也少不了这种型式的刀具品种。F 型刀头内孔车刀的刀片配置型式有 C 型和 T 型，图 3-75 所示为 D 型夹紧 F 型刀头 T 型刀片内孔车刀。除夹紧方式外，其他刀具方面的分析，读者可参照前述类似刀具的讨论自行研习。

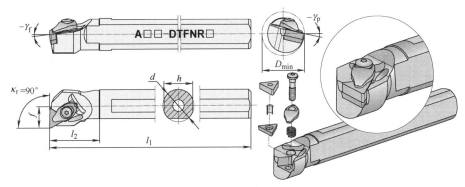

图 3-75　D 型夹紧 F 型刀头 T 型刀片内孔车刀主要几何参数与 3D 模型

（3）K 型刀头内孔车刀　K 型刀头内孔车刀即主偏角 κ_r=75° 的偏心柄端切刀头内孔车刀，刀具采用 S 型（正方形）刀片，4 条可转位切削刃，性价比高，因在批量生产内孔车削加工时具有明显优势而被广泛选用，它可用于粗车、半精车与精车加工。图 3-76 所示为 D 型夹紧 K 型刀头 S 型刀片内孔车刀，内冷却钢制刀杆，负前角车刀，是其主要特点。

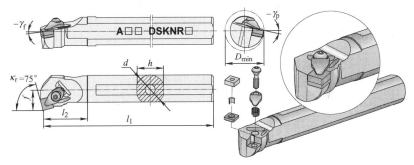

图 3-76　D 型夹紧 K 型刀头 S 型刀片内孔车刀主要几何参数与 3D 模型

（4）U型刀头内孔车刀　U型刀头内孔车刀即主偏角 κ_r=93° 的偏心柄端切刀头内孔车刀，刀片配置型式有 D 型和 V 型两种。图 3-77 所示为 D 型夹紧 U 型刀头 D 型刀片内孔车刀，可用于内孔车削和内表面仿形车削的半精车与精车加工。

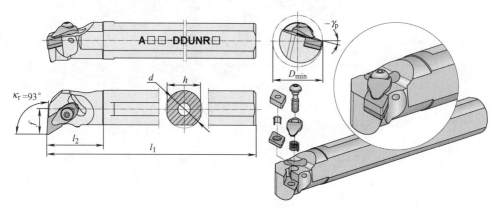

图 3-77　D 型夹紧 U 型刀头 D 型刀片内孔车刀主要几何参数与 3D 模型

3.3　常用内孔车削刀具结构参数与选用

以上介绍了主流内孔车刀相关知识，为增强应用型研习，此处按刀具夹紧方式分类介绍部分常用内孔车刀结构参数，供研习与选用参考。为减少篇幅等，结构参数列表中不含刀具配件信息等。

3.3.1　S 型夹紧方式内孔车削刀具示例

S 型夹紧方式内孔车刀是内孔车刀的主流产品，几乎所有刀具商均提供这一系列刀具。

（1）S-SCLCR/L 型内孔车刀　表 3-8 所示为主偏角 κ_r=95° 的偏心柄端切与侧切刀头内孔车刀主要几何结构参数，刀具结构为整体钢制型式，刀片选用刀尖角 80°，法后角 7° 的 C 型正前角刀片，刀片型号为 CC 型，刀具型号为 S-SCLCR/L 型，适用于内孔、阶梯孔和直径单调递减的内表面仿形车削加工。

（2）S-SWLCR/L 型内孔车刀　表 3-9 所示为双向主偏角 κ_r=95° 的偏心柄端切与侧切刀头内孔车刀的主要几何结构参数，刀具结构为整体钢制型式，刀片选用刀尖角为 80°，法后角为 7° 的 W 型正前角刀片，刀片型号为 WC 型，刀具型号为 S-SWLCR/L 型，适用于内孔、阶梯孔和直径单调递减的内表面仿形车削加工。

（3）S-STFCR/L 型内孔车刀　表 3-10 所示为主偏角 κ_r=90° 的偏心柄端切刀头内孔车刀主要几何结构参数，刀具结构为整体钢制型式，刀片选用 T 型（正三角形）正前角刀片，刀片型号为 TC 型，刀具型号为 S-STFCR/L 型，适用于圆形与阶梯形内孔车削加工。

表 3-8　S-SCLCR/L 型内孔车刀结构参数

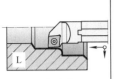

$\kappa_r = 95°$

加工示意图

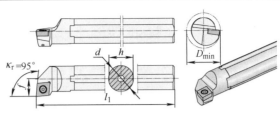

$\kappa_r = 95°$

刀具结构型式简图（图示为 R 型）

刀具型号	基本几何尺寸 /mm					刀垫	适用刀片
	D_{min}	d	h	l_1	f		
S08K-SCLCR/L06	10	8	7.4	125	5.5	无	0602 □□
S10K-SCLCR/L06	13	10	9	125	6.5	无	0602 □□
S12M-SCLCR/L06	16	12	11	150	7.5	无	0602 □□
S12M-SCLCR/L09	16	12	11	150	8	无	09T3 □□
S14N-SCLCR/L09	18	14	13	160	9	无	09T3 □□
S16Q-SCLCR/L09	20	16	15	180	10	无	09T3 □□
S20R-SCLCR/L09	25	20	19	200	12	无	09T3 □□
S25S-SCLCR/L09	32	25	24	250	15.5	无	09T3 □□
S20R-SCLCR/L12	25	20	19	200	12.5	无	1204 □□
S25S-SCLCR/L12	32	25	24	250	15.5	无	1204 □□
S32T-SCLCR/L12	39	32	30	300	20	有	1204 □□
S40U-SCLCR/L12	50	40	38	350	24.5	有	1204 □□

表 3-9　S-SWLCR/L 型内孔车刀结构参数

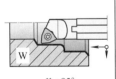

$\kappa_r = 95°$

加工示意图

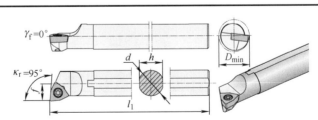

$\gamma_f = 0°$

$\kappa_r = 95°$

刀具结构型式简图（图示为 R 型）

刀具型号	基本几何尺寸 /mm					刀垫	适用刀片
	D_{min}	d	h	l_1	f		
S10K-SWLCR/L04	13	10	9	125	7	无	040204
S12K-SWLCR/L04	16	12	11	125	9	无	040204
S16M-SWLCR/L06	20	16	15	150	11	无	06T308
S20Q-SWLCR/L06	25	20	18	180	13	无	06T308

（4）S-SSKCR/L 型内孔车刀　表 3-11 所示为主偏角 $\kappa_r=75°$ 的偏心柄端切刀头内孔车刀主要几何结构参数，刀具结构为整体钢制型式，刀片选用 S 型（正方形）正前角刀片，刀片型号为 SC 型，刀具型号为 S-SSKCR/L 型，适用于圆柱形内孔车削加工。

表 3-10　S-STFCR/L 型内孔车刀结构参数

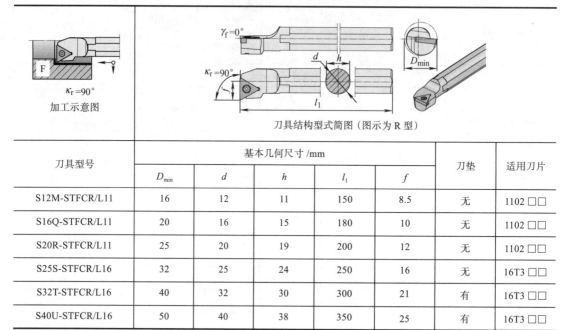

刀具结构型式简图（图示为 R 型）

刀具型号	基本几何尺寸 /mm					刀垫	适用刀片
	D_{min}	d	h	l_1	f		
S12M-STFCR/L11	16	12	11	150	8.5	无	1102 □□
S16Q-STFCR/L11	20	16	15	180	10	无	1102 □□
S20R-STFCR/L11	25	20	19	200	12	无	1102 □□
S25S-STFCR/L16	32	25	24	250	16	无	16T3 □□
S32T-STFCR/L16	40	32	30	300	21	有	16T3 □□
S40U-STFCR/L16	50	40	38	350	25	有	16T3 □□

表 3-11　S-SSKCR/L 型内孔车刀结构参数

刀具结构型式简图（图示为 R 型）

刀具型号	基本几何尺寸 /mm					刀垫	适用刀片
	D_{min}	d	h	l_1	f		
S12M-SSKCR/L09	16	12	11	150	9	无	09T3 □□
S16Q-SSKCR/L09	20	16	15	180	11	无	09T3 □□
S20R-SSKCR/L09	25	20	19	200	13	无	09T3 □□
S25S-SSKCR/L12	32	25	24	250	17	无	1204 □□
S32T-SSKCR/L12	40	32	30	300	22	有	1204 □□

（5）S-SDUCR/L 型内孔车刀　表 3-12 所示为主偏角 $\kappa_r=93°$ 的偏心柄端切刀头内孔

车刀主要几何结构参数，刀具结构为整体钢制型式，刀片选用刀尖角为 55°，法后角为 7° 的 D 型正前角刀片，刀片型号为 DC 型，刀具型号为 S-SDUCR/L 型，适合内孔与曲面仿形车削加工。

表 3-12　S-SDUCR/L 型内孔车刀结构参数

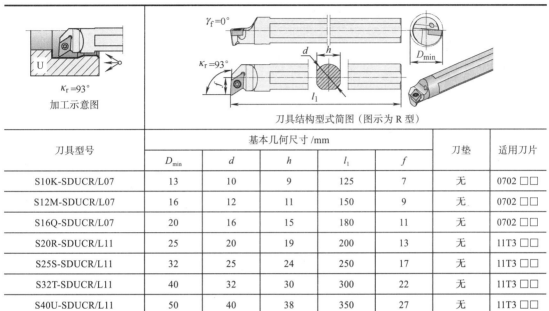

刀具型号	基本几何尺寸 /mm					刀垫	适用刀片
	D_{min}	d	h	l_1	f		
S10K-SDUCR/L07	13	10	9	125	7	无	0702 □□
S12M-SDUCR/L07	16	12	11	150	9	无	0702 □□
S16Q-SDUCR/L07	20	16	15	180	11	无	0702 □□
S20R-SDUCR/L11	25	20	19	200	13	无	11T3 □□
S25S-SDUCR/L11	32	25	24	250	17	无	11T3 □□
S32T-SDUCR/L11	40	32	30	300	22	无	11T3 □□
S40U-SDUCR/L11	50	40	38	350	27	无	11T3 □□

（6）S-SVUCR/L 型内孔车刀　表 3-13 所示为主偏角 κ_r=93° 的偏心柄端切刀头内孔车刀主要几何结构参数，刀具结构为整体钢制型式，刀片选用刀尖角为 35°，法后角为 7° 的 V 型正前角刀片，刀片型号为 VC 型，刀具型号为 S-SVUCR/L 型，适合内孔与曲面仿形精车加工。

表 3-13　S-SVUCR/L 型内孔车刀结构参数

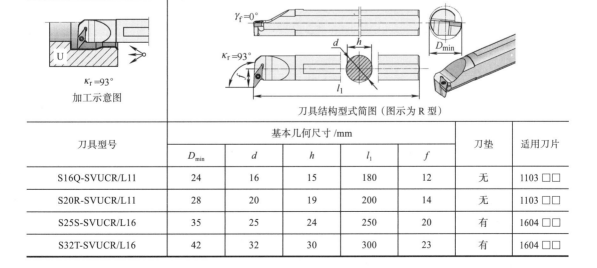

刀具型号	基本几何尺寸 /mm					刀垫	适用刀片
	D_{min}	d	h	l_1	f		
S16Q-SVUCR/L11	24	16	15	180	12	无	1103 □□
S20R-SVUCR/L11	28	20	19	200	14	无	1103 □□
S25S-SVUCR/L16	35	25	24	250	20	有	1604 □□
S32T-SVUCR/L16	42	32	30	300	23	有	1604 □□

（7）S-SDQCR/L 型内孔车刀　表 3-14 所示为主偏角 κ_r=107.5° 的偏心柄端切刀头的内孔车刀主要几何结构参数，刀具结构为整体钢制型式，刀片选用刀尖角为 55°，法后角为 7° 的 D 型正前角刀片，刀片型号为 DC 型，刀具型号为 S-SDQCR/L 型，适合圆柱面与底面曲面仿形车削加工。

表 3-14　S-SDQCR/L 型内孔车刀结构参数

刀具型号	基本几何尺寸 /mm					刀垫	适用刀片
	D_{min}	d	h	l_1	f		
S10K-SDQCR/L07	13	10	9	125	7	无	0702□□
S12M-SDQCR/L07	16	12	11	150	9	无	0702□□
S16Q-SDQCR/L07	20	16	15	180	11	无	0702□□
S20R-SDQCR/L11	25	20	19	200	13	无	11T3□□
S25S-SDQCR/L11	32	25	24	250	17	无	11T3□□
S32T-SDQCR/L11	40	32	30	300	22	无	11T3□□
S40T-SDQCR/L11	50	40	38	350	27	无	11T3□□

（8）S-SVQCR/L 型内孔车刀　表 3-15 所示为主偏角 κ_r=107.5° 的偏心柄端切刀头的内孔车刀主要几何结构参数，刀具结构为整体钢制型式，刀片选用刀尖角为 35°，法后角为 7° 的 V 型正前角刀片，刀片型号为 VC 型，刀具型号为 S-SVQCR/L 型，适合圆柱面与底面曲面仿形精车加工。

表 3-15　S-SVQCR/L 型内孔车刀结构参数

刀具型号	基本几何尺寸 /mm					刀垫	适用刀片
	D_{min}	d	h	l_1	f		
S16Q-SVQCR/L11	22	16	15	180	12	无	1103□□
S20R-SVQCR/L16	27	16	19	200	14	有	1604□□
S25S-SVQCR/L16	35	25	24	250	20	有	1604□□
S32T-SVQCR/L16	42	32	30	300	23	有	1604□□

3.3.2　P 型夹紧方式内孔车削刀具示例

P 型夹紧方式内孔车刀也是内孔车刀的主流产品，很多刀具商均提供这一系列刀具，这种夹紧方式夹紧力大于 S 型夹紧方式，且多选用负前角刀片，因此属于负前角内孔车刀。

（1）S-PCLNR/L 型内孔车刀　表 3-16 所示为主偏角 κ_r=95° 的偏心柄端切与侧切刀头内孔车刀主要几何结构参数，刀具结构为整体钢制型式，刀片选用刀尖角为 80°，法后角为 0° 的 C 型负前角刀片，刀片型号为 CN 型，刀具型号为 S-PCLNR/L 型，适用于内孔、阶梯孔和直径单调递减的内表面仿形车削加工。

表 3-16　S-PCLNR/L 型内孔车刀结构参数

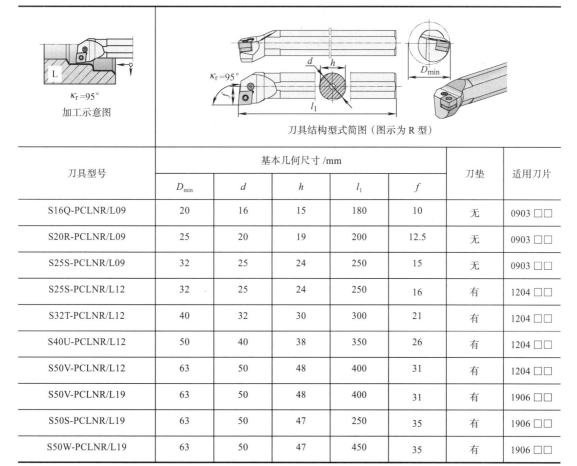

刀具型号	基本几何尺寸 /mm					刀垫	适用刀片
	D_{min}	d	h	l_1	f		
S16Q-PCLNR/L09	20	16	15	180	10	无	0903 □□
S20R-PCLNR/L09	25	20	19	200	12.5	无	0903 □□
S25S-PCLNR/L09	32	25	24	250	15	无	0903 □□
S25S-PCLNR/L12	32	25	24	250	16	有	1204 □□
S32T-PCLNR/L12	40	32	30	300	21	有	1204 □□
S40U-PCLNR/L12	50	40	38	350	26	有	1204 □□
S50V-PCLNR/L12	63	50	48	400	31	有	1204 □□
S50V-PCLNR/L19	63	50	48	400	31	有	1906 □□
S50S-PCLNR/L19	63	50	47	250	35	有	1906 □□
S50W-PCLNR/L19	63	50	47	450	35	有	1906 □□

（2）S-PWLNR/L 型内孔车刀　表 3-17 所示为主偏角 κ_r=95° 的偏心柄端切与侧切刀头内孔车刀主要几何结构参数，刀具结构为整体钢制型式，刀片选用刀尖角为 80°，法后角为 0° 的 W 型负前角刀片，刀片型号为 WN 型，刀具型号为 S-PWLNR/L 型，适用于内孔、阶梯孔和直径单调递减的内表面仿形车削加工。

（3）S-PTFNR/L 型内孔车刀　表 3-18 所示为主偏角 κ_r=95° 的偏心柄端切刀头内孔车

刀主要几何结构参数，刀具结构为整体钢制型式，刀片选用法后角为 0° 的 T 型负前角刀片，刀片型号为 TN 型，刀具型号为 S-PTFNR/L 型，适用于内孔半精车与精车加工。

（4）S-PSKNR/L 型内孔车刀　表 3-19 所示为主偏角 κ_r=75° 的偏心柄端切刀头内孔车刀主要几何结构参数，刀具结构为整体钢制型式，刀片选用法后角为 0° 的 S 型负前角刀片，刀片型号为 SN 型，刀具型号为 S-PSKNR/L 型，适用于内孔的半精车与精车加工。

表 3-17　S-PWLNR/L 型内孔车刀结构参数

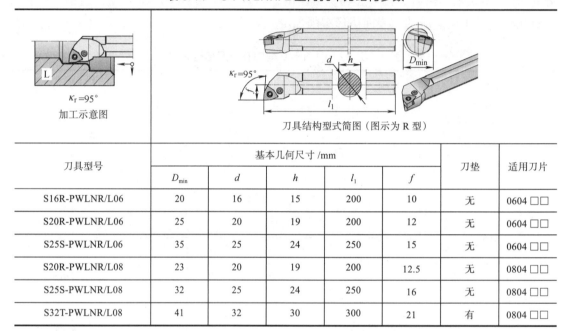

加工示意图　κ_r=95°　刀具结构型式简图（图示为 R 型）

刀具型号	基本几何尺寸 /mm					刀垫	适用刀片
	D_{min}	d	h	l_1	f		
S16R-PWLNR/L06	20	16	15	200	10	无	0604 □□
S20R-PWLNR/L06	25	20	19	200	12	无	0604 □□
S25S-PWLNR/L06	35	25	24	250	15	无	0604 □□
S20R-PWLNR/L08	23	20	19	200	12.5	无	0804 □□
S25S-PWLNR/L08	32	25	24	250	16	无	0804 □□
S32T-PWLNR/L08	41	32	30	300	21	有	0804 □□

表 3-18　S-PTFNR/L 型内孔车刀结构参数

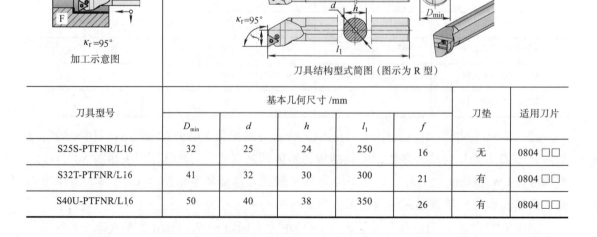

加工示意图　κ_r=95°　刀具结构型式简图（图示为 R 型）

刀具型号	基本几何尺寸 /mm					刀垫	适用刀片
	D_{min}	d	h	l_1	f		
S25S-PTFNR/L16	32	25	24	250	16	无	0804 □□
S32T-PTFNR/L16	41	32	30	300	21	有	0804 □□
S40U-PTFNR/L16	50	40	38	350	26	有	0804 □□

表 3-19　S-PSKNR/L 型内孔车刀结构参数

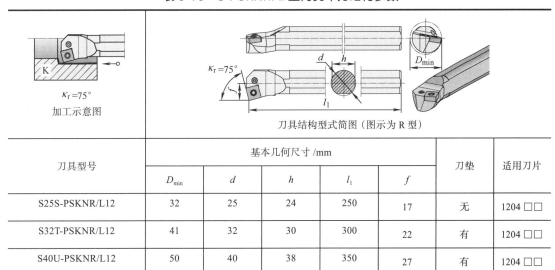

刀具型号	基本几何尺寸 /mm					刀垫	适用刀片
	D_{min}	d	h	l_1	f		
S25S-PSKNR/L12	32	25	24	250	17	无	1204□□
S32T-PSKNR/L12	41	32	30	300	22	有	1204□□
S40U-PSKNR/L12	50	40	38	350	27	有	1204□□

（5）S-PDUNR/L 型内孔车刀　表 3-20 所示为主偏角 κ_r=93° 的偏心柄端切刀头内孔车刀主要几何结构参数，刀具结构为整体钢制型式，刀片选用刀尖角为 55°、法后角为 0° 的 D 型负前角刀片，刀片型号为 DN 型，刀具型号为 S-PDUNR/L 型，适用于内孔及曲面的半精车与精车仿形加工。

表 3-20　S-PDUNR/L 型内孔车刀结构参数

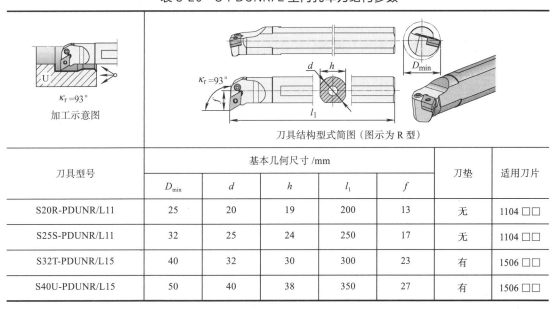

刀具型号	基本几何尺寸 /mm					刀垫	适用刀片
	D_{min}	d	h	l_1	f		
S20R-PDUNR/L11	25	20	19	200	13	无	1104□□
S25S-PDUNR/L11	32	25	24	250	17	无	1104□□
S32T-PDUNR/L15	40	32	30	300	23	有	1506□□
S40U-PDUNR/L15	50	40	38	350	27	有	1506□□

（6）A-PDQNR/L 型内孔车刀　表 3-21 所示为主偏角 κ_r=107.5° 的偏心柄端切刀头内孔车刀主要几何结构参数，刀具结构为带冷却孔的整体钢制型式，刀片选用刀尖角为 55°、法后角为 0° 的 D 型负前角刀片，刀片型号为 DN 型，刀具型号为 A-PDQNR/L 型，适用于内孔曲面的半精车与精车加工。

表 3-21　A-PDQNR/L 型内孔车刀结构参数

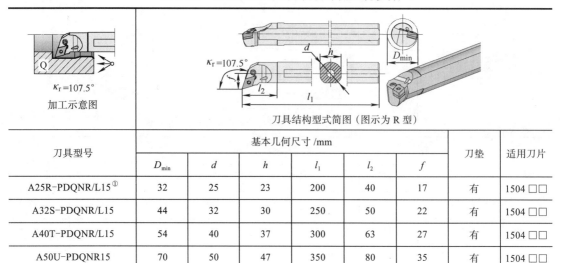

$\kappa_r = 107.5°$
加工示意图

刀具结构型式简图（图示为 R 型）

刀具型号	基本几何尺寸 /mm						刀垫	适用刀片
	D_{min}	d	h	l_1	l_2	f		
A25R-PDQNR/L15[1]	32	25	23	200	40	17	有	1504□□
A32S-PDQNR/L15	44	32	30	250	50	22	有	1504□□
A40T-PDQNR/L15	54	40	37	300	63	27	有	1504□□
A50U-PDQNR15	70	50	47	350	80	35	有	1504□□

① 该刀具夹紧结构参见图 3-63。

3.3.3　M 型夹紧方式内孔车削刀具示例

M 型夹紧方式内孔车刀也是内孔车刀的主流产品，由于其夹紧机构可与外圆车刀共用，因此很多刀具商均提供这一系列刀具。由于 M 夹紧方式夹紧力大于 S 型和 P 型夹紧方式，且多选用负前角刀片，因此属于负前角内孔车刀。M 型夹紧方式的不足之处是压板的存在可能会干扰切屑的卷曲与断屑，但随着内孔尺寸的加大，影响因素会减小，因此只要加工孔的直径较大时，均可考虑 M 型夹紧方式内孔车刀系列产品。

（1）S-MCLNR/L 型内孔车刀　表 3-22 所示为主偏角 $\kappa_r = 95°$ 的偏心柄端切与侧切刀头内孔车刀主要几何结构参数，刀具结构为整体钢制型式，刀片选用刀尖角为 80°，法后角为 0° 的 C 型负前角刀片，刀片型号为 CN 型，刀具型号为 S-MCLNR/L 型，适用于内孔、阶梯孔和直径单调递减的内表面仿形车削加工。

表 3-22　S-MCLNR/L 型内孔车刀结构参数

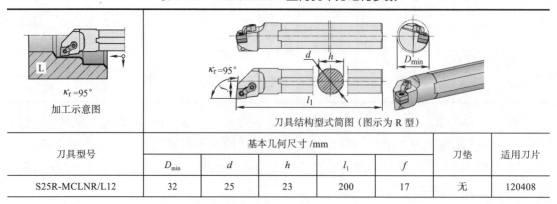

$\kappa_r = 95°$
加工示意图

刀具结构型式简图（图示为 R 型）

刀具型号	基本几何尺寸 /mm					刀垫	适用刀片
	D_{min}	d	h	l_1	f		
S25R-MCLNR/L12	32	25	23	200	17	无	120408

（续）

刀具型号	基本几何尺寸 /mm					刀垫	适用刀片
	D_{min}	d	h	l_1	f		
S25T-MCLNR/L12	32	25	23	300	17	无	120408
S32S-MCLNR/L12	40	32	30	250	22	有	120408
S32U-MCLNR/L12	40	32	30	350	22	有	120408
S40T-MCLNR/L12	50	40	37	300	27	有	120408
S40V-MCLNR/L12	50	40	37	400	27	有	120408
S50U-MCLNR/L12	63	50	47	350	35	有	120408
S50W-MCLNR/L12	63	50	47	450	35	有	120408
S40T-MCLNR/L16	50	40	37	300	27	有	160612
S40V-MCLNR/L16	50	40	37	400	27	有	160612
S50U-MCLNR/L16	63	50	47	350	35	有	160612
S50W-MCLNR/L16	63	50	47	450	35	有	160612

（2）S-MWLNR/L 型内孔车刀　表 3-23 所示为主偏角 κ_r=95° 的偏心柄端切与侧切刀头内孔车刀主要几何结构参数，刀具结构为整体钢制型式，刀片选用刀尖角为 80°，法后角为 0° 的 W 型负前角刀片，刀片型号为 WN，刀具型号为 S-MWLNR/L 型，适用于内孔、阶梯孔和直径单调递减的内表面仿形车削加工。

表 3-23　S-MWLNR/L 型内孔车刀结构参数

κ_r=95°
加工示意图

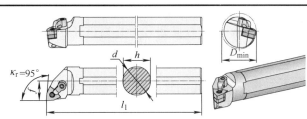

刀具结构型式简图（图示为 R 型）

刀具型号	基本几何尺寸 /mm					刀垫	适用刀片
	D_{min}	d	h	l_1	f		
S25R-MWLNR/L08	32	25	23	200	17	无	80408
S25T-MWLNR/L08	32	25	23	300	17	无	80408
S32S-MWLNR/L08	40	32	30	250	22	有	80408
S32U-MWLNR/L08	40	32	30	350	22	有	80408
S40T-MWLNR/L08	50	40	37	300	27	有	80408
S40V-MWLNR/L08	50	40	37	400	27	有	80408
S50U-MWLNR/L08	63	50	47	350	35	有	80408
S50W-MWLNR/L08	63	50	47	450	35	有	80408

（3）S-MCFNR/L 型内孔车刀　表 3-24 所示为主偏角 κ_r=90° 的偏心柄端切刀头内孔车刀主要几何结构参数，刀具结构为整体钢制型式，刀片选用刀尖角为 80°，法后角为 0° 的 C 型负前角刀片，刀片型号为 CN 型，刀具型号为 S-MCFNR/L 型，适用于内孔与阶梯孔的半精车与精车加工。

表 3-24　S-MCFNR/L 型内孔车刀结构参数

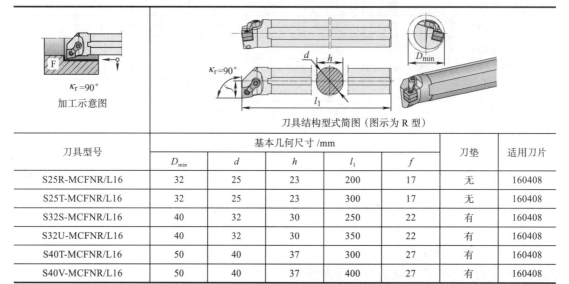

刀具型号	基本几何尺寸 /mm					刀垫	适用刀片
	D_{min}	d	h	l_1	f		
S25R-MCFNR/L16	32	25	23	200	17	无	160408
S25T-MCFNR/L16	32	25	23	300	17	无	160408
S32S-MCFNR/L16	40	32	30	250	22	有	160408
S32U-MCFNR/L16	40	32	30	350	22	有	160408
S40T-MCFNR/L16	50	40	37	300	27	有	160408
S40V-MCFNR/L16	50	40	37	400	27	有	160408

（4）S-MTFNR/L 型内孔车刀　表 3-25 所示为主偏角 κ_r=90° 的偏心柄端切刀头内孔车刀主要几何结构参数，刀具结构为整体钢制型式，刀片选用法后角为 0° 的 T 型负前角刀片，刀片型号为 TN 型，刀具型号为 S-MTFNR/L 型，适用于内孔与阶梯孔的半精车与精车加工。

表 3-25　S-MTFNR/L 型内孔车刀结构参数

刀具型号	基本几何尺寸 /mm					刀垫	适用刀片
	D_{min}	d	h	l_1	f		
S25R-MTFNL16	32	25	23	200	17	无	160408
S25T-MTFNL16	32	25	23	300	17	无	160408
S32S-MTFNL16	40	32	30	250	22	有	160408
S32U-MTFNL16	40	32	30	350	22	有	160408
S40T-MTFNL16	50	40	37	300	27	有	160408
S40V-MTFNL16	50	40	37	400	27	有	160408

（5）S-MSKNR/L 型内孔车刀　表 3-26 所示为主偏角 $\kappa_r=75°$ 的偏心柄端切刀头内孔车刀主要几何结构参数，刀具结构为整体钢制型式，刀片选用法后角为 0° 的 S 型负前角刀片，刀片型号为 SN 型，刀具型号为 S-MSKNR/L 型，适用于内孔半精车与精车加工。

表 3-26　S-MSKNR/L 型内孔车刀结构参数

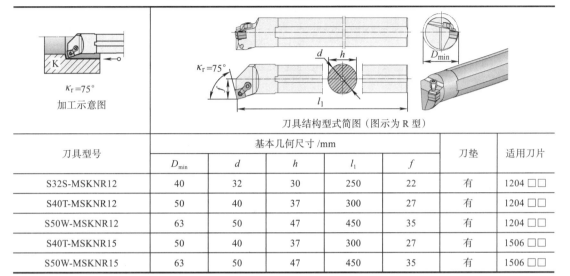

刀具型号	基本几何尺寸 /mm					刀垫	适用刀片
	D_{min}	d	h	l_1	f		
S32S-MSKNR12	40	32	30	250	22	有	1204 □□
S40T-MSKNR12	50	40	37	300	27	有	1204 □□
S50W-MSKNR12	63	50	47	450	35	有	1204 □□
S40T-MSKNR15	50	40	37	300	27	有	1506 □□
S50W-MSKNR15	63	50	47	450	35	有	1506 □□

（6）S-MDUNR/L 型内孔车刀　表 3-27 所示为主偏角 $\kappa_r=93°$ 的偏心柄端切刀头内孔车刀主要几何结构参数，刀具结构为整体钢制刀具，刀片选用刀尖角为 55°，法后角为 0° 的 D 型负前角刀片，刀片型号为 DN 型，刀具型号为 S-MDUNR/L 型，可用于纵向进给车削内孔和内表面仿形精车加工。

表 3-27　S-MDUNR/L 型内孔车刀结构参数

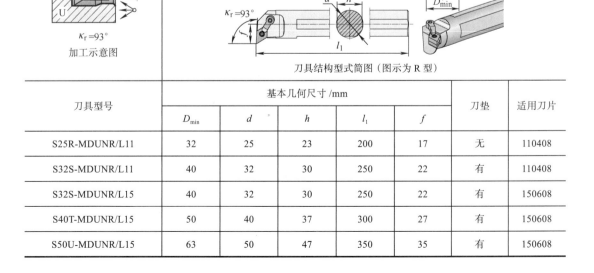

刀具型号	基本几何尺寸 /mm					刀垫	适用刀片
	D_{min}	d	h	l_1	f		
S25R-MDUNR/L11	32	25	23	200	17	无	110408
S32S-MDUNR/L11	40	32	30	250	22	有	110408
S32S-MDUNR/L15	40	32	30	250	22	有	150608
S40T-MDUNR/L15	50	40	37	300	27	有	150608
S50U-MDUNR/L15	63	50	47	350	35	有	150608

（7）S-MVUNR/L 型内孔车刀　表 3-28 所示为主偏角 κ_r=93° 的偏心柄端切刀头内孔车刀主要几何结构参数，刀具结构为整体钢制型式，刀片选用刀尖角为 35°，法后角为 0°的 V 型负前角刀片，刀片型号为 VN 型，刀具型号为 S-MVUNR/L 型，适用于内孔曲面仿形精车加工。

表 3-28　S-MVUNR/L 型内孔车刀结构参数

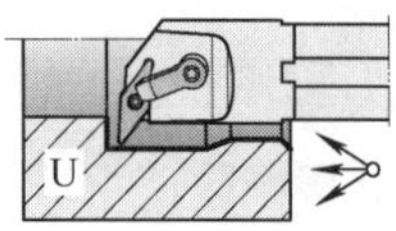

加工示意图　κ_r=93°

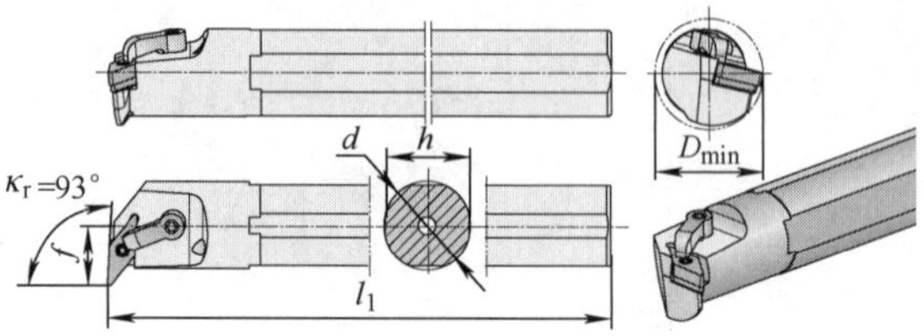

刀具结构型式简图（图示为 R 型）

刀具型号	基本几何尺寸 /mm					刀垫	适用刀片
	D_{min}	d	h	l_1	f		
S32S-MVUNL16	40	32	30	250	22	有	160408
S40T-MVUNL16	50	40	37	300	27	有	160408

3.4　内孔车削刀具应用注意事项

3.4.1　内孔车削刀具刀具型式的选择

内孔车削与外圆车削在原理上基本相同，因此，2.4.1 节中有关外圆车刀选择应考虑的某些问题对内孔车刀的选择也是适用的，如刀片形状与刀尖强度的关系，刀尖圆角半径与加工表面粗糙度的关系，刀片有效切削刃长度等。但内孔车削由于加工部位为内表面、空间位置受限制等原因使内孔车刀型式选择时有其一定的差异。内孔车刀选择时应考虑的问题如下。

1. 刀具结构的选择

（1）刀片夹紧方式的选择　粗车与半精车时，一般选择 P 型杠紧方式、D 型夹紧和 M 型夹紧方式等刀具；精加工一般选择 S 型夹紧方式的刀具。D 型和 M 型夹紧方式的刀具切屑流出易受压板影响，因此结构尺寸较小的内圆车削最好选用 P 型夹紧方式的刀具。螺钉夹紧式刀具虽然刀片夹紧力稍小，但满足精车与半精车加工要求，且切屑流出顺畅，是内孔精加工常选的刀具。

（2）刀具结构型式的选择　刀具结构型式代号见表 3-1。从刀具成本而言，整体钢制刀具 S 型是最基础的刀具型式，成本最低，市场占有率较高，是首选的刀具结构型式。增加内冷却孔后（代号 A，内冷却整体钢制刀具），加工成本提高，但其冷却性能和排屑性能均得到加强，长径比稍大的孔加工可考虑选择此类刀具。硬质合金刀杆（代号 C，带钢头硬质合金刀杆）刀具刚性增加，适合长径比更大的孔加工，增加冷却功能后（代号 E，带钢头硬质合金内冷却刀杆），可进一步提高长径比较大孔加工冷却与排屑性能。

（3）刀杆内部增加防振装置的刀具　该刀具是指表 3-1 中字母符号 B、D、E、G 结构的刀具，在专业化生产中多采用图 3-31 ～图 3-33 所示可换头结构，这样可将刀杆设计为不同防振原理与结构的刀杆，便于模块化生产，这类刀杆的防振装置各刀具商略有差异，具体以刀具商资料为准。因此，这类内孔车刀可认为是专用刀具。

（4）刀片断屑槽型的选择　由于刀片型号国家标准未对断屑槽型式做规定，因此各刀具制造商的代号不统一，具体以刀具制造商的推荐或刀具样本为准。

（5）最小镗孔直径 D_{min} 的选择　内孔加工时孔的直径直接决定了刀具的径向尺寸，最小镗孔直径 D_{min} 是所选刀具车削内孔的最小尺寸极限，大于刀具最小镗孔直径 D_{min} 的孔都能加工，考虑到刀具刚性的问题，在不影响排屑的前提下，刀杆的直径越大越好，这一点在小孔内孔车刀选择时尤为重要。

（6）刀杆伸出长度的问题　内孔加工孔的深度直接决定了刀杆安装的伸出长度，也间接决定了刀杆长度参数的选择，一般要求内孔车削时刀杆的伸出长度尽可能短，且装夹长度不得小于刀杆直径的 3 ～ 4 倍。

（7）加工振动问题　振动是影响内孔车削质量的重要因素之一。就内孔车刀而言，伸出段的长径比是重要的影响因素，对于钢制刀杆，长径比一般不超过 4，较为可靠。从防振性的角度看，整体钢制刀杆（S 型）的抗振型最差，硬质合金刀杆（C 型）由于材料的刚性较好，因此具有较好的抗振性能，带专业设计了防振装置的刀杆的抗振和减振性最好，但刀具结构复杂。

2. 刀片与刀具头部型式的选择

（1）内孔车削切削力与变形分析　内孔车削受加工空间占位的限制，刀杆不能取得较粗，自然刀杆的刚性就差。图 3-78 所示为内孔车削刀杆受力与变形分析示意图，图 3-78a 所示为受力及变形分析，内孔车削时，镗刀上受到的影响刀杆变形的切削分力主要有径向方向的背向力 F_p 和切线方向的主切削力 F_c，这使刀杆产生了径向方向的变形偏移 Δ_r 和切向方向的变形偏移 Δ_t。变形偏移量随背吃刀量 a_p 的变化而变化。图 3-78b 所示为变形偏移 Δ 与背吃刀量 a_p 的关系，切向偏移 Δ_t 随着背吃刀量 a_p 的增加而呈线性规律变化；而且径向偏移 Δ_r 的变化还受到刀尖圆弧半径的影响，当 $a_p < r_\varepsilon$ 时，径向偏移 Δ_r 与背吃刀量 a_p 呈线性规律变化，而当 $a_p > r_\varepsilon$ 后，径向偏移 Δ_r 保持不变。

（2）刀片与刀具头部型式对切削振动的影响　刀杆刚性差，变形量增加的结果是极易造成切削振动，影响切削加工质量。表 3-29 为刀片与刀具头部型式对切削振动的影响。内孔车削的主偏角尽可能选择 90° 左右，一般在 75° ～ 90° 之间，避免选择接近 45° 主偏角，大于 90° 主偏角更有利于减少振动。刀尖圆角的选择取决于工序性质，因为刀尖圆角太小，散热差，易磨损，所以粗加工的刀尖圆角还是不宜选太小，况且粗加工时的背吃刀量一般远大于刀尖圆角半径，因此，此时刀尖圆角对切削振动的影响已经不明显。机夹式车刀实际切削的工作前角受刀片安装前角与断屑槽型的综合影响，因此，其切削振动的影响要综合考虑。切削刃倒钝及其负倒棱等均会造成切削力的增加，其振动趋势也会有所增加。对于内孔车削而言，后刀面的磨损对径向切削力的影响比外圆车削更为明显，对径向切削力和振动的影响显而易见。

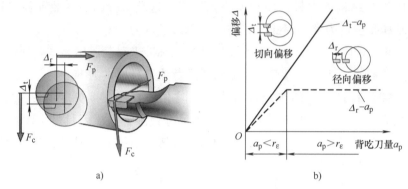

图 3-78 内孔车削刀杆受力与变形分析

a) 受力分析与变形分析 b) 变形偏移与背吃刀量的关系

表 3-29 刀片与刀具头部型式对切削振动的影响

影响因素	图解说明	文字说明
振动变化	弱 ← 振动变化趋势 → 强	振动变化趋势为从左至右振动逐渐增强
主偏角 κ_r	90° 75° 45°	主偏角减小，切削振动增加
刀尖圆角 r_ε	$r_\varepsilon=0.2mm$ $r_\varepsilon=0.4mm$ $r_\varepsilon=0.8\sim1.2mm$	刀尖圆角增大，切削振动增加
断屑槽与刀片安装角	+ + 0° + - -	正的刀片前角与刀片安装角振动最小，平刀片负刀片安装角振动最大
切削刃状态	尖锐切削刃 切削刃倒圆 后刀面磨损	尖锐切削刃振动最小，切削刃到钝或刃磨负倒棱振动增加。同时，刀具磨损严重也会造成振动增加

（3）刀具切入角　对于仿形车削加工，副偏角的大小有时对切削加工切入角度有较大的影响，正常切削时副切削刃与加工轮廓之间的安全角度必须大于 2°，如图 3-79 所示。

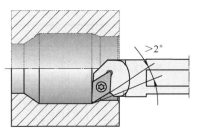

图 3-79　副偏角的选择

3. 内孔车刀的安装分析

内孔车刀安装必须注意以下几点：

1）刀杆装夹长度与悬伸长度。为保证刀杆安装的可靠，其装夹长度一般必须大于 3 倍的刀杆直径。刀杆装夹的悬伸长度应尽可能短，一般钢制刀杆（S 型）不超过刀杆直径的 4 倍，硬质合金刀杆（C 型）不超过刀杆直径的 6 倍，带防振装置的钢制刀杆（B 型）可达刀杆直径的 7 ～ 10 倍，带防振装置的硬质合金刀杆（F 型）可达刀具直径的 14 倍。

2）刀具安装时，刀尖安装高度尽可能通过主轴中心，一般高度差不超过 ±0.1mm，考虑到刀杆切削时有向下变形的可能，因此刀尖安装高度"宁高勿低"。

3）内孔车刀刀杆的直径随不同的加工直径而有所变化，因此它不能向外圆车刀一样用刀杆底面做安装基准，为保证刀杆中心与机床主轴中心重合，内孔车刀安装的定位基准一般设定为刀杆轴线。数控车床的转塔刀架上一般设置专用的内孔镗刀安装刀座，其安装孔的轴线与转塔轴线构成的平面与基面是重合的，可参见本书参考文献[1]中图 2-66。若借用刀架上外圆方截面刀杆安装槽装夹内孔镗刀时，则借用一个专用镗刀刀座过渡，具体可参见本书参考文献［1］中图 2-65，有兴趣的读者可前往查阅。

3.4.2　切削用量的选择

内孔车削的形态与外圆车削基本相同，影响切削用量选择的主要因素是刀杆刚性较差，特别是长径比较大的深孔车削，因此，切削用量的选择可在参阅外圆车削切削用量的基础上，通过减小背吃刀量和进给量确定，长径比越大，减小的背吃刀量越多。表 3-30 为内孔车刀背吃刀量 a_p 和进给量 f 推荐表，供参考。

表 3-30　内孔车刀背吃刀量 a_p 和进给量 f 推荐表

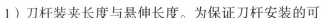

1. P 型夹紧内孔车刀							
工件材料		硬度 HBW	加工形态	$L/D \leqslant 3$		$L/D=3 \sim 4$（刀柄直径 $\geqslant 16\text{mm}$）	
				f /（mm/r）	a_p /mm	f /（mm/r）	a_p /mm
P	碳钢、合金钢	180 ～ 280	半精加工	0.1 ～ 0.4（0.25）	<5.0	0.1 ～ 0.3（0.2）	<4.0
M	不锈钢	≤ 220	半精加工	0.1 ～ 0.3（0.2）	<4.0	0.1 ～ 0.25（0.15）	<3.0
K	铸铁	170 ～ 230	半精加工	0.1 ～ 0.4（0.25）	<5.0	0.1 ～ 0.3（0.2）	<4.0

（续）

2. S型夹紧内孔车刀

工件材料		硬度 HBW	加工形态	$L/D \leqslant 3$		$L/D = 4$		$L/D = 5$		$L/D = 6$	
				f / (mm/r)	a_p /mm	f / (mm/r)	a_p /mm	f / (mm/r)	a_p /mm	f / (mm/r)	a_p /mm
P	碳钢、合金刚	180～280	精加工	0.05～0.15 （0.1）	<0.2	0.05～0.15 （0.1）	<0.2	—	—	—	—
			半精加工	0.15～0.35 （0.25）	<3.0	0.1～0.2 （0.15）	<1.5	—	—	—	—
M	不锈钢	≤220	精加工	0.05～0.15 （0.1）	<0.2	0.05～0.15 （0.1）	<0.2	—	—	—	—
			半精加工	0.15～0.25 （0.2）	<2.0	0.1～0.2 （0.15）	<1.0	—	—	—	—
N	铝合金	—	精加工	0.05～0.15 （0.1）	<0.2	0.05～0.15 （0.1）	<0.2	0.05～0.15 （0.1）	～0.15	0.05～0.15 （0.1）	～0.1
			半精加工	0.05～0.15 （0.1）	<2.0	0.05～0.15 （0.1）	<1.5	0.05～0.15 （0.1）	～1.0	0.05～0.15 （0.1）	～1.0

注：表中括号内的进给量为推荐参数值。

第4章

切断与切槽车削刀具结构分析与应用

切断与切槽是数控车削加工中常见的加工形态，两者貌似相同，但实际是存在差异的。

从刀头结构而言，切断刀与切槽刀较为相似，基本具备切削部分宽度不大，前端为主切削刃，左、右各有一条副切削刃的特征。切削进给运动以径向切入为主，横向切削运动为辅。

切断主要指对直径不大的棒料或管材等在车床上利用切断刀具径向切入直至工件分离的加工工序（图4-1a、b），常用于零件切削完成前的最后一道工步。一般来说，切断的刀具运动较为简单，主要是径向进给运动（一般未切至中心切断件即可断落），它对切断件的端面不做太多要求，主要追求槽宽尽可能窄，以减少材料浪费，提高材料的利用率。

当切断过程中刀具不进给至中心切断工件时可认为是径向切槽，又称切断式切槽。因此，径向切槽可认为是源于切断的加工工序。实际上，随着数控车削技术的引入，通过控制切槽刀具按一定的轨迹运动可切削出外圆、端面、倒角，甚至形状较为复杂的槽型，如图4-1c、d所示，这种复杂刀具运动轨迹切槽型的加工已远超简单的直线切入切槽的概念，而拓展为车槽的概念。

即使是简单的切槽往往对槽的宽度和底径也有精度要求，同时对槽的三个表面（一底两侧）的表面粗糙度也会有要求，这已超出了切断的概念。若进一步分析，切槽的内容更为丰富，包括加工槽的位置（外圆切槽、内孔切槽和端面切槽）、加工槽的深度（直接切入的浅槽与啄式切入的深槽）、加工槽的宽度（单刀直接切入的窄槽和多刀切削拓宽的宽槽）和加工槽型（简单的矩形槽和复杂的阶梯槽甚至曲面槽）等的不同。

可以说，切槽加工内涵远超切断，甚至可拓展到车槽，但它与外圆或内孔的仿形车削仍存在差异，切槽仿形车削的刀具仍然保留有切断刀具的特征。正是基于这个特征，人们往往对车槽与切槽不做过多的区分，而统称为切槽，甚至将切断与切槽归属同一类型的加工形态。图4-1所示为数控切断与切槽图解。

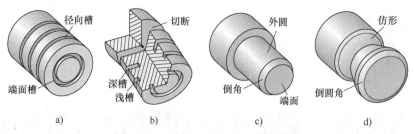

图 4-1　数控切断与切槽加工图例

a）径向、端面切槽与切断　b）剖切效果　c）槽刀车削　d）仿形车削

4.1　切断与切槽加工概述

4.1.1　切断与切槽加工工艺分析

1. 切断加工工艺分析

切断是使用较窄的切断车刀径向进给至工件中心使棒料分离的工艺过程，如图 4-2 所示。切断加工的切削参数包括主轴转速 n 或切削速度 v_c 和进给量 f 等。切断过程中刀具的悬伸长度 L 不宜太长，以保证刀具的刚性，提高加工的稳定性。切断加工时，若转速 n 和进给量 f 不变，则随着刀具逐渐接近中心，工作后角 α_{oe} 逐渐减小，甚至出现负后角的情形，同时切削速度 v_c 也是逐渐减小的。负后角的出现使切削加工转化为后面的挤压加工，可能出现崩刃现象，同时，挤压的结果使得待切断部分歪斜，借助于旋转的离心力，一般刀具未移动至中心时待切断部分就挤断落下。而切削速度的下降使切断端面的表面质量逐渐下降，甚至出现积屑瘤等。所以，切断加工后的端面一般要再进行车端面加工。减小以上切削不足的措施是刀具接近中心时，进给量应逐渐减小，这种方法在数控加工时比较容易实现。

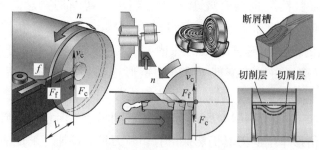

图 4-2　切断加工工艺分析

切断加工还有一个问题是切屑形态的控制，如切屑为带状切屑易出现缠绕，影响切断加工的自动进行。同时切断加工的沟槽窄而深，切屑的流出易受到端面摩擦的影响而出现拥堵。大部分刀具制造商的切断车刀均设置合适的断屑槽，如图 4-2 所示的断屑槽，切断时控制切屑向中部流动，使切屑宽度小于切削宽度，减小切屑流出时的摩擦阻力，同时

控制切屑卷曲成为盘状，盘卷至一定大小时会自动断裂排出，保证了数控加工自动连续的工作。

对于切断车刀而言，刀具宽度应尽可能窄，以减小材料损耗，切削深度必须足够抵达工件中心而不出现刀杆干涉，悬伸长度应尽可能短，以提高刀具刚性。切断加工时，刀具受到的切削力方向单一，主要有切削力 F_c 和进给力 F_f，基本不存在横向力。

2. 外圆与内孔切槽车刀及其加工基础

（1）外圆切槽　切槽加工是在圆柱面上切削获得一定尺寸与形状的槽型，如图 4-3 所示。外圆切槽是典型的切槽加工，可分为切断式切槽与宽槽切槽加工。切断式切槽仅有径向进给运动，类似于切断加工，但刀具不切削至棒料中心且棒料不分离，切槽宽度取决于刀片宽度，如图 4-3 右上角示例所示，切削参数有主轴转速 n 或切削速度 v_c、进给量 f_x 和切槽深度 c_d 等。对于宽度大于刀片宽度的槽型，一般可多刀径向切削或径向切削与轴向车削组合实现，如图 4-3 右下角示例所示，切削参数增加了进给量 f_z 和背吃刀量 a_p 等。

1）切断式切槽。切断式切槽又称径向切槽，切削深度、宽度和槽底直径的加工精度等是切断式切槽加工时必须考虑的问题。切槽深度与刀杆和刀片型式有关，图 4-2 所示的普通直型刀板的切削深度可通过调整刀板伸出长度精准控制。增强型刀板的切削深度与刀板结构尺寸有关。图 4-3 所示整体式切槽刀的切削深度也与刀头结构尺寸等有关。对于图 4-11 所示的双头双刃切断与切槽刀片，最大切削深度不宜超过尺寸 c_d，以避免待转位切削刃的副切削刃磨损。一般而言，双头双刃切槽刀片的切槽深度一般不大。切槽宽度取决于刀片宽度，专用切槽刀片的宽度公差小于切断刀片 1 个数量级（即切槽刀片的尺寸精度更高），具体可查阅刀具样本。另外，若副切削刃上设置有修光刃，如图 4-4 所示，则可显著提高切槽宽度的精度和槽侧壁表面质量。切槽加工刀位点的运动轨迹是一条阿基米德螺线，因此，进给至槽底时必须有一个进给暂停动作，确保工件旋转一圈以上，暂停时间可通过 NC 程序实现。另外，刀具安装是否垂直等也会影响切槽加工质量。

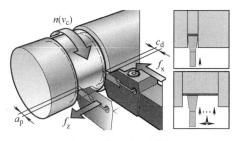

图 4-3　切槽加工分析

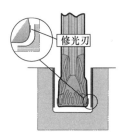

图 4-4　切槽刀修光刃

2）车削式切槽。对于大于刀片宽度的切槽加工，常规的方法是径向多刀切削（切断式切槽配以间歇性轴向移动的切断式切槽），但由于数控加工的出现，车削式车槽成为一种新的解决方案，掌握得当，其加工精度、表面粗糙度与效率俱佳。图 4-5 所示为切槽刀车削加工分析，刀具沿箭头方向轴向进给车削时，由于切削力的作用，刀具产生一定的弹性变形，产生一个微小的工作副偏角 κ'_{re}，并起到修光刃的作用，加工表面质量较好，并可避免切削刃的摩擦，提高加工表面质量，减少刀具磨损，延长刀具寿命。显然，刀具的变形与进给量 f 和背吃刀量 a_p 有关，两者的比值 f/a_p 必须足够大才能产生这种效果，一般最大的背吃刀量 a_{pmax} 可取到刀片宽度的 75%。另外，刀具悬伸长度、刀片宽度、切削速度和工件材料性质等对刀具变形也有影响。切槽刀车削时，由于刀具变形的影响因素较多，因此必须通过试验测定，并通过刀具补偿等给予修正，建议控制 Ra 值在 $0.5\mu m$ 以下。关于车削加工数控编程的刀路规划参见图 4-189、图 4-190。

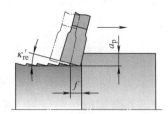

图 4-5　切槽刀车削加工分析

（2）内孔切槽　内孔切槽与外圆切槽方法和原理基本相同，注意事项与内孔车削基本相同，即排屑和断屑、冷却、刀杆刚性等问题，此处不再赘述。

3. 端面切槽车刀及其加工基础

端面切槽指在圆棒端平面上切出圆环槽的加工，以图 4-6b 所示的右手内扫端面切槽刀加工为例，主轴带动工件正转 n，切槽刀轴向进给 f_z 切入端面，若再径向进给 f_x 则可使车削切槽增加槽宽。由于端面槽为圆环槽，为保证刀具可靠进给，刀片支承体必须是圆弧面，如图 4-6b 所示。由于刀杆的限制，首刀切入的直径范围有所限制（图 4-6a），即每一把端面切槽刀均存在一个最大和最小切入直径参数 D_{max} 和 D_{min}，其参数值可在刀具样本上查得。由图可见，最大切入直径 D_{max} 和最小切入直径 D_{min} 的干涉点分别在槽内侧和外侧，超出这个范围，刀具就无法切入或损坏等。

端面切槽车按切削方向不同也分为右手刀 R 与左手刀 L，同时，刀片支承体还有内扫与外扫之分，注意它应与主轴旋转相配，如图 4-6b、c 所示，右手内扫切槽刀适合主轴正转，而左手内扫切槽刀适合主轴反转。

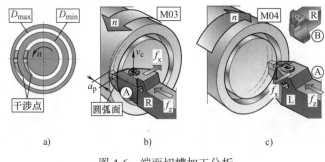

图 4-6　端面切槽加工分析

a）切削直径限制　b）右手刀切槽　c）左手刀切槽

端面切槽车刀左/右手切削方向的判断要充分考虑主轴转速、刀片夹持体弧面走向、刀头结构型式等因素，图 4-7 整理了整体式切槽车刀左/右手刀。端面切槽刀根据圆弧面圆心位置不同，可分为 A、B 型两种弧面，图 4-6 所示为 A 型圆弧面（又称内扫弧面）示例，图 4-6c 右上角显示的 B 型圆弧面（又称外扫弧面）则为直型右手刀 R。切槽车刀刀头有直型（0°）和直角弯头型（90°）两种，读者可对比学习端面切槽车刀左 / 右手、内 / 外扫弧面结构型式的定义。对于浅槽切槽，由于刀片悬绳较短，这时刀杆体上可不设置刀片支承体，如图 4-7 中两个圆刀杆直型刀头切槽刀。

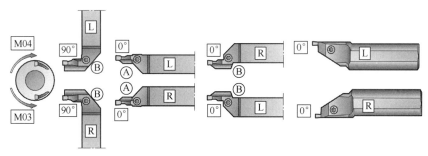

图 4-7　端面切槽车刀左 / 右手刀

4. 拐角槽车刀及其加工基础

拐角槽车刀类似于机械制造过程中的越程槽加工刀具，如图 4-8 所示，属于成形车削，槽截面形状与刀片形状基本吻合。需要指出的是，目前刀具制造商的刀片形状基本未按照 GB/T 6403.5—2008《砂轮越程槽》标准执行，但其加工结果能达到越程槽的标准，如图 4-8 中圆弧形刀片加工示例中，刀具切入的最小深度超过两垂直轮廓线交点 0.5mm 即可。图 4-8 中右侧所示的刀片形状可加工出更接近 GB/T 6403.5—2008 标准的越程槽。

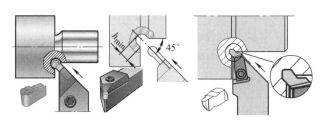

图 4-8　拐角槽车刀及其加工示例

5. 仿形切槽车刀及其加工基础

仿形切槽车刀指全圆切削刃刀片的切槽刀，如图 4-9 所示。通用仿形切槽刀一般是通用切槽刀柄换上专用圆弧刃切槽刀片构成的仿形切槽车刀，如图 4-9a 所示。同时，为适应不同复杂曲面的需要，刀具制造商常常还会设计出不同弯头的专用仿形切槽车刀，如图 4-9b 所示。

图 4-10 所示为仿形切槽刀加工示例。图中示例①显示复杂轮廓曲线的精车加工，示例②显示球头面的精车加工。实际上，仿形切槽刀也可进行粗车加工，只是其加工轨迹复杂，必须借助专业编程软件编程，例如 Mastercam 软件的加工刀路—动态粗车加工策略。图中示例③，上半部分为刀具轨迹，下半部分为加工仿真。示例④说明复杂轮毂曲面车削加工可用仿形切槽刀进行粗、精加工。

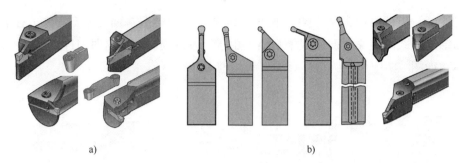

图 4-9　仿形切槽车刀

a）通用仿形切槽车刀　b）专用仿形切槽车刀

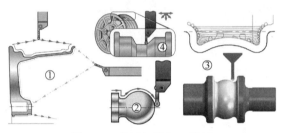

图 4-10　仿形切槽加工示例

4.1.2　切断与切槽刀片结构分析

由于切断与切槽刀片结构的多变性，形状的特殊性等原因，现行的相关标准基本未涉及切断与切槽刀片，因此，各刀具制造商均有一套自行的刀片型式与命名规则，且很多大型刀具商切断与切槽刀片具有自身结构特点、型式与系列。为避免商业嫌疑，本书尽可能不涉及刀具商名称，而注重刀片本身特征分析。

1. 典型切断与切槽刀片形状与安装姿态分析

经过多年的发展，数控切断与切槽刀片形状与结构发展的较为完善，某些结构型式刀片已经被大多数刀具商采用而成为通用性较好的切断与切槽刀片型式，如双头和单头型。部分结构优势较为明确的切槽刀片也被多数刀具商采用，如立装多刃型、小径与微径型切槽刀片。另外，部分刀具商仍然保留部分具有自身特色的切槽与切断刀片。这里重点分析通用性较好的切断与切槽刀片，简述部分有特色的切槽刀片，少量刀具商自身保留的有特色的刀片，则随后续刀具结构分析时同步分析。

（1）双头型切断与切槽刀片结构分析　图 4-11 所示为典型的双头双刃切断与切槽刀片示例，其双头双刃可理解为机夹可转位两刃刀片，刀片上、下采用 V 形卯结构机械装夹。其工作部分与传统切断与切槽刀相似，依然可按外圆车刀"三面两刃一尖"的思路分析，但副后面 A'_α、副切削刃 S' 和刀尖各有两个。切断与切槽刀片多为正前角安装姿态，因此，切断与切槽刀片存在正的法后角 α_n。图 4-11a 所示为切断刀片结构图解，前面 A_γ 与主后面 A_α 相交形成主切削刃 S，位于刀片前端；刀头两侧各有一个副后面 A'_α，它与前面 A_γ 相交

得到两条副切削刃 S'，主切削刃 S 与两条副切削刃 S' 相交得到两个刀尖，刀尖设置有过渡圆弧，即刀尖圆角。前面 A_γ 确定前角及断屑槽信息，数控刀片的断屑槽多为复杂的 3D 形态，且前角还与刀片安装姿态有关，所以数控刀具的刀片很少单独讨论前角。主后面 A_α 较为简单，只需保证它适当地大于 0° 的后角即可。由于副偏角 κ_r' 必须大于 0°，因此切削刃廓形在主剖面 P_o 的投影形似一个两侧略内偏转的 U 形，但由于断屑槽的 3D 结构，实际上切削刃是一条空间曲线；常规的切断与切槽刀片主偏角为 90°（余偏角 ψ_r 等于 0°），因此切削方向代号为 N，可左、右切削，也可以根据需要设计出左、右切削方向（又称左、右手刀片，代号 L、R）刀片，如图 4-14c 所示。数控机夹刀片刀尖圆弧半径 r_ε 必须是一个明确的数值，涉及数控加工刀尖圆弧半径补偿问题可参照 GB 2077—1987 确定。

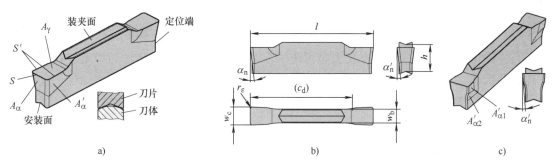

图 4-11　双头双刃切断与切槽刀片示例

a）切断刀片结构分析　b）主要几何参数　c）切槽刀片结构特点

图 4-11b 所示为双头刀片的主要几何参数，包括刀片切削宽度 w_c、刀片长度 l、刀尖圆角 r_ε、刀片高度 h、刀片体宽度 w_b、刀片切削深度 c_d、主后角 α_n 和副后角 α_n' 等。其中参数 w_c 最为重要，并已系列化，常见参数值为 2mm、3mm、4mm、5mm、6mm，小值可延伸出 2.5mm、1.5mm、1mm 甚至更小，大值可延伸出 8mm、10mm 等，也不排除有其他可供选择的切削宽度值。切断加工 w_c 应尽可能选用小值，减小材料消耗，切槽加工则多选用大值，提高刀具强度和刚度，3mm 左右宽度综合性能较好，兼顾切断与切槽加工。刀尖圆角主要为 0.0mm、0.2mm、0.4mm、0.8mm、1.2mm，也可见 0.3mm、0.5mm、0.6mm 等其他值，圆角 0.0mm 为尖角形，实际中绝对的尖角是不存在的。刀片长度是一个参考值，可认为是刀片系列的主参数之一，配套参数有刀片高度和刀片体宽度，同长度参数系列的刀片，根据切削宽度大小不同，存在同胚拓扑变换的刀片体宽度参数差异，它决定了刀杆上刀片槽的规格，即刀片槽规格参数。切削深度参数是选用刀片必须注意的，如图 4-11 所示的双头双刃刀片最大切削深度 c_d 必须保证待用端副切削刃不得接触槽侧面，否则会造成副切削刃的磨损，当然，若选用双头单刃或单头等型式的刀片，则刀片切削深度就不受限制，实际中切削深度还受刀片支承体切入深度的影响。由于切削深度并不是一个非常精确的值，很多刀具商并未在刀片图中标注，而仅在规格参数表中直接写出数值。常规的刀片体宽度是小于切削宽度的，但刀片体宽度直接影响刀片的装夹稳定性与可靠性，一般不小于 2mm，也就是说，切削宽度小于 2mm 时，仅是刀片切削部分的宽度减

小（刀片体宽度不变），其切削深度将进一步受限，变得更小，如图 4-14b 所示。刀片后角参数是仅供参考的参数，用户无法选择，但它直接影响切削性能，因此，用户按用途选择刀片时，即隐含选择了后角参数，如图 4-11c 所示切槽刀片示例，由于切断式切槽对槽两侧面有加工精度和表面质量要求，因此，切槽刀片的副法后角 α'_n 一般略小于切断刀片的副法后角 $3° \sim 4°$，因此，副后面可做成两个法后角，后角参数属于刀具商的商业机密，刀具样本上一般不给出该参数。

刀片的工作后角与刀具安装姿态有关，图 4-11 所示刀片多为水平安装，刀片上标注的法后角（$\alpha_n = 7°$）即为工作后角，而图 4-12 所示刀片的主视图是按安装姿态绘制，故其标注的法后角（$\alpha_n = 7°$）即为工作后角。图 4-12a 所示为基础刀片，其切削刃显示为矩形或方形，主要参数是切削宽度 w_c；图 4-12b 所示为圆弧切削刃刀片，主要参数是切削宽度 w_c 和刀尖圆角 r_ε，且圆弧半径等于切削宽度的一半，因此可不标注，此圆弧半径可认为是刀尖圆角半径。刀片倾斜安装姿态可进一步增强刀片安装的可靠性与稳定性，图示刀片长度参数 $l = 30mm$ 左右，切削宽度 $w_c = 8mm$，适用于切断式切槽与车槽加工，且圆弧切削刃刀片更适合曲面仿形车削加工。

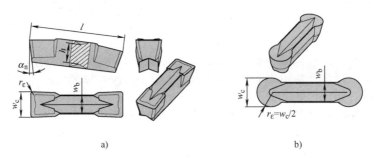

图 4-12　倾斜安装双头双刃切槽刀片示例
a）基础刀片　b）圆弧切削刃刀片

图 4-13 所示为上、下圆弧 V 形安装面双头双刃切断与切槽刀片示例，安装面可认为是图 4-11 刀片的拓扑变换，安装姿态如图 4-13c 所示，这种刀片长度不大，刀片切削宽度系列为 3mm、4mm、5mm、6mm 等，对应刀片长度 13.5 ～ 22.15mm，刀片刃口可变换为圆弧切削刃型式，不仅可用于外圆切槽，还可用于内孔切槽。由于本刀片是双头双刃结构，刀片的切削深度是有限制的。另外，图 4-13c 所示安装姿态的稳定性与可靠性高于图 4-11 和图 4-12 示例，可用于深度不大的切断和切槽以及车槽加工。

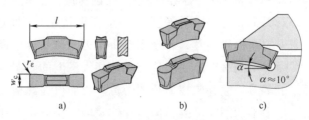

图 4-13　上 / 下圆弧 V 形安装面双头双刃切槽刀片示例
a）基本参数与 3D 模型　b）刃口变换　c）安装姿态

（2）双头型切断与切槽刀片拓扑变换分析　同系列各型刀片可看成是同胚几何图形的拓扑几何变换，简称拓扑变换、几何变换或变换，拓扑变换并不改变图形与形状的同胚特性。如切断刀片的矩形和圆弧形刃口可看成是同胚图形的几何变换；各式不同断屑槽可看成是前面同胚变换的拓扑几何形状。图 4-14 所示为双头切断与切槽刀片的拓扑变换。

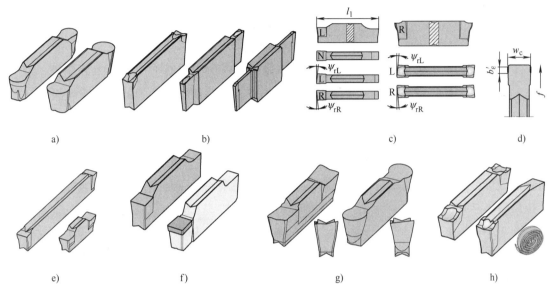

图 4-14　双头切断与切槽刀片的拓扑变换

a）圆弧形切削刃　b）窄切削宽度　c）余偏角及变化　d）修光刃　e）长度变换
f）双头单刃与镶尖结构　g）双头扭曲　h）断屑槽示例

图 4-14a 所示为圆弧形切削刃刀片，是切削刃图形的拓扑变换，主要用于仿形车削以及圆弧形退刀槽刀片。

图 4-14b 所示为窄切削宽度刀片示例，常规刀片体宽度与切削宽度相近的切断刀片，切削宽度最小，一般仅为 2 ～ 1.5mm，如图 4-14b 左图刀片；若继续减小刀片体宽度，则刀片夹固可靠性将受到影响，这时只能在保持刀片体宽度不变的前提下，减小切削部分宽度，如图 4-14b 中间图刀片，这时刀片的切削深度将大为减小；图 4-14c 所示窄切削宽度刀片的切削宽度小，但切削深度较大，在切断加工时材料损耗小。这种特殊设计的刀片最小切削宽度可达 0.8mm，切削深度达 10mm，刀杆上刀片支承体的切削宽度一般要比刀片切削宽度小 0.3mm，甚至取消刀片支承体结构，如图 4-89 所示。这三种刀片在主剖面中的投影图形是封闭的同坯拓扑变换图形。

图 4-14c 所示为具有余偏角的切断刀片，它与图 4-14a 刀片相同，均属于切削刃廓形的拓扑变换。图 4-14c 左图为双头单刃型，右图为双头双刃型。它是在中置型 N 余偏角为 0° 的基础上增加余偏角的刀片，分左手型 L 和右手型 R 两种，主要用于解决切断加工时切断余料最小的问题，参见图 4-184 的分析。

图 4-14d 所示为具有修光刃的切槽刀片，是刀片副切削刃的拓扑变换，它在副切削刃上设计出一段副偏角 κ_r' 等于 0° 的副切削刃——修光刃，以提高加工槽侧壁质量，修光刃

的几何参数为长度 b_ε'，实际使用时每转进给量 f 不得大于修光刃长度。

图 4-14e 所示为刀片长度的拓扑变换，常规的双头双刃切断刀片的切削深度是有限制的，为提高切削深度，加长刀片长度是一种可选方案。图 4-14e 左图为某刀具商样本上的加长型切断与切槽刀片，可参见图 4-75 的分析，刀片切削宽度有 2mm 和 3mm 两种，对应刀片长度为 32mm 和 35mm，对应刀片切削深度为 30mm 和 32.5mm，并提供 6° 余偏角的左、右手刀片。图 4-14e 右下图为长度缩短型双头双刃刀片，主要用于内孔切槽刀具，如图 4-117 所示，该型刀片的刀片长度约 10mm。

图 4-14f 所示为双头单刃型刀片，一头的切削刃已拓扑变换至与刀片体重合，在拓扑变换过程中，刀具长度和刀片体宽度不变，由于仅有单头切削刃，因此刀片切削深度是不受限制的，此时刀具的切削深度主要受刀杆结构的限制，是专业切断的可选方案之一，它与单头单刃切断刀片相比，不足之处是刀片材料较多，但具有与双头双刃切断与切槽车刀共用刀杆的优点，且刀片装夹稳定可靠。另外，图 4-14f 右下角是一款镶尖型刀片，其切削刃部分可焊接镶嵌贵重的超硬刀具材料。若将焊接型式看作是整体型式，则可认为镶尖结构是整体结构的材质拓扑变换，镶尖结构不改变刀片 3D 形状。

图 4-14g 所示为切削部分前面扭曲型双头双刃切断与切槽刀片，简称双头扭曲刀片，这种设计虽不多见，但其设计思想值得研习。若注意前端面视图，可见主切削刃在切削平面上的投影是左低右高的切削刃，若再看刀片 3D 图形，可见后端前面是左高右低，与前端前面左低右高形成扭曲形状，因此可看成是两端前面扭曲拓扑变换。扭曲的目的是为了解决基本型双头双刃刀片切削深度受限的问题。

双头扭曲刀片工作原理如图 4-15 所示。图 4-15a 所示为刀片安装姿态图解，双头扭曲型刀片安装时，刀片偏转一个安装角度 θ，使前面成为水平面，与基面 P_r 重合。这种安装姿态使后端切削刃的工作切削宽度 w_{ce}' 略小于前端切削刃的工作切削宽度 w_{ce}，巧妙地破解了双头双刃切断与切槽刀片切削深度受限的难题。图 4-15b 所示为切削宽度为 4mm 刀片分析计算图解，假设旋转至水平的前端切削宽度为 4mm，偏转角度 θ 为 6°，则后端刀头的前面相当于偏转了 12°，通过计算可知其在基面中的投影长度（即工作切削宽度 w_{ce}'）为 3.913mm，这种姿态即使切槽深度大于刀片长度，也不会出现后侧切削刃磨损的问题。

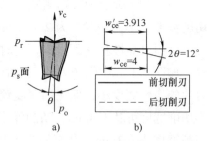

图 4-15　双头扭曲刀片工作原理

a）刀片安装姿态　b）刀片分析计算

图 4-14h 所示为断屑槽示例，不同断屑槽可认为是切削部分前面形状的拓扑变换，数控机夹刀片多为硬质合金材料，模压成型，因此，前面可做成各种 3D 型式。无法刃磨，是数控刀具机夹、不重磨特征的体现之一；各种断屑槽可极大限度地满足加工需求，是机夹刀片选择时最活跃的选择参数之一，不同刀具商有自己的一套断屑槽型式与代号供选择。图 4-14h 中的典型塑性材料带状切屑断屑槽示例，进给方向的凹弧形变化控制切削纵向的卷曲，中间凹陷的断屑槽控制切屑横向变形，使切屑宽度小于切削宽度，减小了切屑与工件的摩擦，切屑流

出更为流畅，两种变形控制切屑卷曲为一圆盘状切屑，切屑卷曲至一定大小与重量时，便会断裂脱落，实现可控的排屑。图 4-16 所示为切断与切槽刀片断屑槽图解与代号示例，供学习参考。按刀具商资料，J 型断屑槽适用于铝合金、不锈钢、合金钢和非金属等材料的加工。LFT 型断屑槽适用于铝合金、不锈钢、合金钢等材料的加工。观察断屑槽形状，LFT 型断屑槽的切削变形量稍小，因此韧性更好的非金属（如尼龙等塑料）材料断屑性能稍差。限于篇幅，其他断屑槽不展开讨论，具体选用时以各刀具商样本资料为准。注意，由于断屑槽型面复杂，本书的刀片基本未绘制断屑槽，这也符合刀具商的意图。

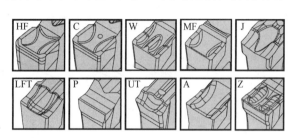

图 4-16　切断与切槽刀片断屑槽示例

此外，若主切削刃图形在基面中的投影拓扑变换为螺纹牙型轮廓，则可得到相关螺纹切削刀片，详见第 5 章。

图 4-17 ～图 4-19 所示是一款具有特色的双头双刃刀片及其拓扑变换示例，与图 4-11 所示刀片略有差异，若以刀片转位方式区分，图 4-11 所示刀片为水平旋转转位，而图 4-17 所示刀片为垂直翻转旋转转位。

图 4-17 所示为双头双刃翻转转位型刀片。图 4-17a 为基本参数，系列规格参数为刀片长度 l 和高度 h，拓扑变换参数为刀片宽度 w_c、刀片体宽度 w_b 和刀尖圆角半径 r_ε。由于双刃型刀片是有切削深度限制的，因此还有切削深度 c_d（图中未示出）。对于图 4-17b 所示的基本型刀片（w_c 为 2mm 以上，$w_c \geqslant w_b$），其切削深度稍大，约 12 ～ 13mm。对于窄切削宽度刀片（图 4-17c、d、e 所示）会在图中标注（图 4-88），这类刀片的特点是 $w_c < w_b$，例如图 4-17c 所示刀片，$w_c = 1.5mm$，$w_b = 2.5mm$，图 b ～ e 所示为窄切削宽度刀片拓扑变换示例，读者可自行分析。注意该型双头双刃刀片，长度尺寸不大，所以主要用于切槽加工，切断时适合小径棒料或管材加工。

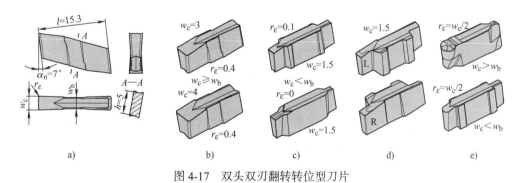

图 4-17　双头双刃翻转转位型刀片

a）基本参数　b）～ e）拓扑变换示例

图 4-18 所示为图 4-17a 所示刀片拓扑变换出的双头单刃刀片，其刀片长度 l 与高度 h 参数相同，因此刀杆是通用的，但注意由于是单刃，切削深度不受限制，因此，适合切

断加工，特别是拓扑变换出的具有余偏角的刀片，可进一步按要求控制切断余料的残留。图 4-18 中的圆弧刃刀片可用于切断式切槽以及轮廓仿形车削加工，镶尖式结构适用于超硬刀具材料的刀片制作。

图 4-19 所示为双头双刃全牙型米制螺纹切削刀片，可与图 4-17a 刀片共用刀杆，可认为是图 4-17a 刀片刃口的拓扑变换，但它已延伸至螺纹刀具类别，且根据不同制式螺纹形成螺纹加工系列刀片。图中刀片安装长度（$l = 17.7$mm）与同等切槽刀片相比，在同一刀杆上装配后要长 1.6mm，其应用如图 5-40 所示。

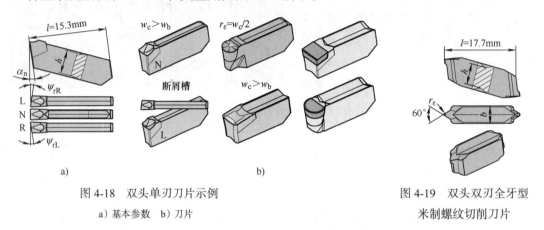

图 4-18　双头单刃刀片示例

a）基本参数　b）刀片

图 4-19　双头双刃全牙型
米制螺纹切削刀片

（3）单头型切断与切槽刀片结构与拓扑变换分析　单头型刀片即单头单刃刀片，可认为是双头双刃刀片的一半，由于其较短，装夹后刀具能承受的横向切削力较小，不宜横向车槽，但单刃的特点使刀片本身的切削深度不受限制，故主要用于切断以及切断式切槽加工。单头刀片的切削部分与双头刀片基本相同，因此，研习该刀片应更关注其装夹方式，图 4-20 所示列举了部分单头型刀片供参考。

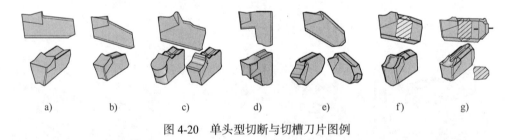

a）　　b）　　c）　　d）　　e）　　f）　　g）

图 4-20　单头型切断与切槽刀片图例

图 4-20a 所示刀片，选用水平安装姿态，上 / 下 V 形卯槽，可认为是双头双刃刀片切去一半后的刀片，安装姿态也基本保持与双头刀片一致，刀片前后定位为上 V 形卯槽前端。

图 4-20b 所示刀片，选用倾斜安装姿态，上 / 下 V 形卯槽，与图 4-20a 相比，主要是安装姿态变为了斜装，同时注意刀片截面成一定锥度，切削力的作用使刀片夹紧更为可靠，特别适合连体弹压自夹紧刀具等，如图 4-101 所示。

图 4-20c 所示刀片，选用倾斜安装姿态，上 V 形卯槽为阶梯结构，因此上部压紧实

际上可更好地确保两点接触（图 4-64），增大夹紧面积，刀片装夹可靠性更好。另外，该刀片前后定位为刀片后部端面，定位精度较高。

图 4-20d 所示刀片，选用垂直安装姿态，刀片具有前水平 V 形卯槽，后部垂直 V 形卯槽，刀片垂直插入刀具刀片槽，并具有一定的锥度，因此，在切削力的作用下，依靠连体压板弹性夹紧，刀片的装夹可靠性极好，且刀片定位精度高，适用于重载切削加工。

图 4-20e 所示刀片，选用倾斜安装姿态，但刀片后部多了一个 V 形卯槽，即上 / 下 / 后三个 V 形卯槽，这种装夹方式可认为是图 4-20c 刀片的增强装夹方式，刀片后部 V 形卯槽同时兼起刀片前后定位的作用，可用于连体弹性压板自夹紧刀具，有较多的刀具商采用它。

以上分析（包括双头刀片），均选择统一的 V 形卯槽装夹结构，以下两例则更新了思路，选用了 V 形榫台结构，即山形结构。

图 4-20f 所示刀片，采用上 / 下 V 形榫台结构，刀片略有倾斜安装（约 10°），刀片前后定位为刀片后端面，该刀片配合图 4-39 连体压板弹性自夹紧设计，刀片装夹可靠性较好。

图 4-20g 与图 4-20e 所示刀片装夹结构类似，具有上 / 下 / 后三面榫卯槽定位，只是该刀片三个方位为 V 形榫台结构。另外，该刀片近似水平安装姿态（3° ~ 4° 倾斜），刀具上、下装夹槽具有 2° 左右的倒锥，有利于刀片装夹的可靠性提高，同时注意它是内冷却刀片结构设计。

以上泛泛地分析了单头刀片的结构特点，实际上，同系列刀片均有一定的拓扑变换结构，下面以图 4-21 所示某刀具商单头型切断与切槽刀片为示例，对其结构进行拓扑变换分析。

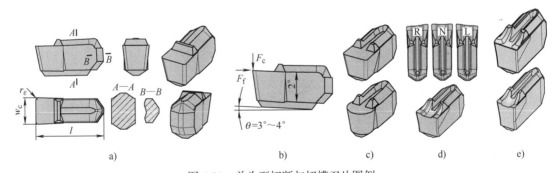

图 4-21　单头型切断与切槽刀片图例

a) 模型参数与 3D 图　b) 工作状态　c) 冷却水道与刃口变换　d) 余偏角变换　e) 断屑槽示例

图 4-21a 所示为该刀片基本参数与几何结构模型，基本参数为切削宽度 w_c，拓扑系列参数为 1.4mm、2mm、3mm、4mm、5mm、6mm、8mm、10mm，刀片长度 l 以及隐含的高度和刀片体宽度等均与参数 w_c 匹配，构成了各刀片的几何模型，分别对应一个刀座规格。刀尖圆角半径 r_ε 也是一个拓扑参数，有 0.1mm、0.2mm、0.4mm、0.8mm、1.2mm 等，每个刀片切削宽度有 1 ~ 2 个不同的刀尖圆角值刀片，且刀尖圆角值与宽度大小有相同变

化趋势。刀片剖面图和 3D 模型图显示刀片上、下和后部均为 V 形榫台结构，用于刀片装夹定位。

图 4-21b 所示为刀片在刀杆上的安装工作位置，可见刀片为约 3° ～ 4° 的倾斜安装，安装位置刀片后部近似垂直，切削力 F_c 和 F_f 不仅不会破坏刀片的夹紧状态，且有利于刀片的装夹稳定性。图 4-21b 中上、下装夹刀轨的夹角为 2°，即高度尺寸前小后大，呈倒锥状态，使夹紧后的刀片不易脱落。

图 4-21c 上图所示刀片显示顶面 V 形榫台上拓扑变换出一个凹槽，其实质为冷却水道（图 4-44），配合刀杆上冷却水道，实现内冷却车刀结构。

图 4-21c 下图所示为切削刃口拓扑变换成为圆弧刃刀片，圆弧半径 r_ε 等于切削宽度 w_c 的一半，刃口圆弧夹角大于 180°，适用于圆弧槽成形车削以及仿形车削加工等。

图 4-21d 上图所示为刀片余偏角的拓扑变换，有 N、L 和 R 三种，图中余偏角未标注，可参考图 4-14。

图 4-21d 下图和图 4-21e 显示断屑槽的拓扑变换，包含前面的形状变换、刃口倒钝等，具体可参见相应刀具样本。

（4）双头和单头刀片装夹部分结构分析　双头和单头切断与切槽刀片的细长结构特点，确定了其装夹部分结构的独特性，从目前市场上商品化的刀片看，装夹结构均采用刀片与刀杆体装夹槽之间榫卯型结构，所谓榫即为凸，卯即为凹，凹、凸相配即为榫卯结构。前述分析时主要选用了上 / 下 V 形卯结构刀片为例介绍工作部分，实际中刀片装夹部分的榫卯结构还有不同变换，图 4-22 和图 4-23 列举了双头和单头切断与切槽刀片的装夹榫卯结构，供研习。

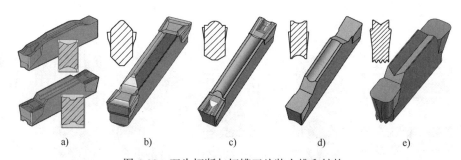

图 4-22　双头切断与切槽刀片装夹榫卯结构

a）上 / 下双 V 形卯结构　b）上 / 下 V 形榫结构　c）上半圆榫 / 下 V 形榫结构　d）上 / 下半圆卯结构
e）上 V 形卯结构 / 下 V 形齿结构

切断与切槽刀片的榫卯结构要考虑两个问题，一是装夹时具有自动对中定位功能，二是夹紧后能承受一定的横向切削力。图 4-22 所示为目前国内外刀具制造商双头结构刀片的榫卯结构示例。图 4-22a 上图为上 / 下 V 形卯结构，这是一种应用较为广泛的结构，如国内的株洲钻石、成都千木（Kilowood）、森泰英格和国外的山特维克（Sandvik）、瓦尔特（Walter）、三菱（Mitsubishi）、住友（Sumitomo）、伊斯卡（Iscar）、特固克（Taegutec）等；而图 4-22a 下图是上 / 下 V 形卯结构的变种，是山特维克的专利设计，由外部大夹角 V 形卯结构与中间小夹角 V 形卯结构组合而成的复合卯结构，用于宽度较大的刀片使用。图 4-22b 所示为威迪亚（Widia）的上 / 下 V 形榫结构；图 4-22c 所示为肯纳（Kenna）的上半圆榫 / 下 V 形榫结构；图 4-22d 所示为泰珂洛（Tungaloy）的上 / 下半圆卯结构；图 4-22e 为山高（Seco）的上 V 形卯 / 下 V 形齿结构，关于各个结构的优缺点涉及到知识产权与刀具制造商评价，这里不予置评，读者自行研习。

单头刀片可认为是双头刀片切去一半的结构，主要用于切断与切断式切槽加工，其刀片本身的切削深度不受限制。单头刀片由于长度较短，在受到横向切削力作用时，装夹稳定性稍差。为适应数控加工的需要，特别是切断刀车槽工艺的需要，开始出现了后端榫卯结构的单头刀片，如图 4-23b、d 所示。上 / 下 / 后三向榫卯结构，配以适当的姿态，使单头刀片的装夹稳定性极大地提高，也能适应切断车刀车槽加工。另外，图 4-23e 所示的前水平后垂直 V 形卯结构单头刀片，前水平 V 形卯结构可实现对中定位功能，后垂直 V 形卯结构可确保刀片承受较大的横向切削力，因此装夹可靠性很好，适用于重载切断与切槽加工。

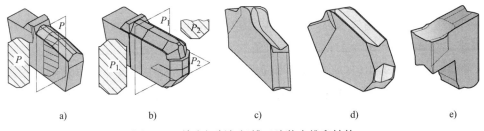

图 4-23　单头切断与切槽刀片装夹榫卯结构

a）上 / 下双 V 形榫结构　b）上 / 下 / 后三 V 形榫结构　c）上 / 下双 V 形卯结构　d）上 / 下 / 后三 V 形卯结构
e）前水平后垂直 V 形卯结构

2. 其他切断与切槽刀片结构分析

除上述常见的典型切断与切槽刀片外，还有其他型式的刀片，以下介绍几款其他型式的切槽刀片供读者研习。

（1）顶面斜凹槽压紧浅切槽刀片示例　图 4-24 所示为一款通用性较好的顶面斜凹槽压紧浅切槽刀片，其切槽刀具与螺纹刀具的刀杆可以通用，因此具有较好的通用性。通过刀片切削部分的拓扑变换，可得到沟槽和螺纹等多种用途的刀片。图 4-24a 所示为该刀片规格参数，主要包括：高度 h 和厚度 w_b，根据 h 和 w_b 组合的不同有八种规格供选用，每种规格中，有多种切削宽度 w_c 供选用。图 4-24b 所示为刀片参数，主要包括：切削宽度 w_c、切削深度 c_d 和刀尖圆角 r_g。图 4-24c 所示为刀片安装姿态（俯视图），刀片安装后将前端的主切削刃偏转 3° 与进给方向垂直，显然，隐含表达了该刀片切削切断加工时的两副偏角均为 3°。同规格系列刀片可以通过刀片参数、切削刃形状和前面断屑槽等变化拓扑变换出多种刀片型式，如图 4-25 所示。

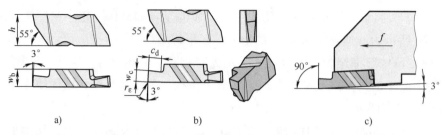

图 4-24　顶面斜凹槽压紧浅切槽刀片

a）规格参数　b）刀片参数　c）安装姿态

　　图 4-25a 所示为图 4-23b 所示典型刀片，切削方向为右手型 R，通过对称拓扑变换可得到图 4-25b 所示的左手型 L 刀片；刀片切削宽度可拓扑变换出一系列宽度不等的刀片，如图 4-25c 所示的切削宽度较小示例，宽度变换的同时，还伴随着刀尖圆角参数的拓扑变换；而切削深度参数也可拓扑变换，如图 4-25d 所示大切削深度刀片；图 4-25e 所示为圆弧切削刃刀片，是切削刃变换之一，主要用于圆弧槽成形车削和曲面仿形车削加工；图 4-25f 所示为切槽并倒角复合成形加工刀片，属刃口拓扑变换；图 4-25g 刀片主切削刃偏转 45°，主要用于仿形车削加工；图 4-25h ～ j 属于前面断屑槽拓扑变换，图 4-25h 具有断屑槽，图 4-25i 和图 4-25j 是 5° 法前角的刀片；图 4-25k 所示为越程槽成形加工专用刀片，图 4-25l 为夹角 40°V 形槽成形加工刀片，这两种刀片均属于切削刃拓扑变换示例；图 4-25m 为刀片毛坯，供用户自行刃磨特殊切削刃刀片；图 4-25n 为镶尖刀片，用于超硬材料（PCBN 等）刀片的制作。

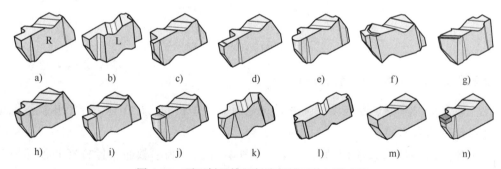

图 4-25　顶面斜凹槽压紧浅切槽刀片拓扑变换

　　（2）立装多刃刀片示例　图 4-26 所示为多款立装式多刃切断与切槽刀片，其切削深度小，以切槽为主，故又称浅切槽刀片。立装刀片切削部分受力方向的材料强度和刚度较好，在切槽加工时，刀片不易折断，因此，刀片切削宽度可以做得较小，且多刃设计可提高刀片的性价比。不足之处是刀片切削深度较小，因此，适用于小径棒料、管材等浅切削深度切断，但在一些弹性挡圈、O 形圈等精确的浅槽加工中，其应用效果更好。图 4-26a 所示的刀片适用于内孔切槽加工，孔径较小（$D \leqslant 12\text{mm}$）时采用单刃结构。图 4-26b 所示的刀片为两刃结构，广泛用于小型车床外圆车槽加工。图 4-26c 所示的刀片为三刃结构，切削刃的增加提高了刀片的性价比，如图 4-26e 所示的刀片增加至五刃型式，注意

图 4-26b 和图 4-26c 所示刀片外侧并未做出副偏角，因此这种刀片安装时也需要按图 4-24 所示刀片那样偏转一个角度安装。图 4-26d 所示为四刃刀片，注意其右侧刀片端面刻了 R 和 L 字样，是指相应切削刃在 R 和 L 切削方向刀杆上安装的工作位置，每面 R 字样的切削刃用于右手刀 R 型刀杆装夹，刀片另一面同样刻有字样，但 R 与 L 的位置对调，因此，每一面旋转转位用两个对角切削刃，另一面安装旋装转位用另外两个切削刃，左、右手刀片通用。在多刃刀片上刻字主要是为了使用者的方便，如图 4-26c、e 所示的三刃和五刃刀片，一般在端面对应每个切削刃刻出数值 1 ～ 3（5），以帮助使用者掌握刀片的使用顺序。

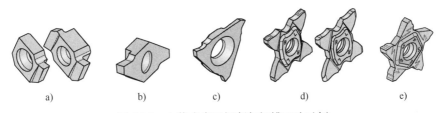

图 4-26　立装式多刃切断与切槽刀片示例

a）单刃刀片　b）两刃刀片　c）三刃刀片　d）四刃刀片　e）五刃刀片

（3）平装多刃刀片示例　图 4-27 所示为平装多刃切槽刀片示例。图 4-27a、b 型式相同，图 4-27a 所示的单刃刀片仅是为适应小孔径切槽加工而设计的，这两种刀片必须要有匹配的专用刀杆，因此应用并不普遍。图 4-27c 所示三刃刀片的结构型式与应用广泛三刃平装螺纹刀片相似，仅刃口轮廓线形状不同，因此这种刀片的切槽车刀与螺纹车刀可共用刀杆，被较多的刀具商所采用。图 4-27c 刀片的相关参数如图 4-27d 所示，可见其与螺纹刀片的相似度极高。

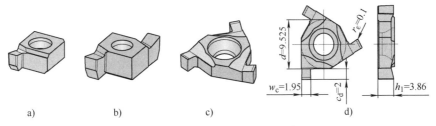

图 4-27　平装多刃切槽刀片示例

a）单刃刀片　b）两刃刀片　c）三刃刀片　d）某三刃刀片参数

　　关于内孔切槽刀，图 3-25、图 3-26 所示的微小直径镗刀系列以及图 3-35、图 3-36 所示端面螺钉夹紧的内孔车刀系列中均具有相应的切槽车刀品种，也可参考图 4-166 和图 4-168。

3. 切断与切槽车刀刀片夹紧方式分析

切断与切槽车刀夹紧方式并不复杂，主要有以下几种。

（1）连体压板螺钉夹紧方式　该夹紧方式主要用于整体式切断与切槽车刀，图 4-28

所示为常见的连体压板螺钉夹紧示例。由于压板
与刀杆体连为一体，因此不易丢失，定位准确，
操作方便，可用于双刃和单刃刀片。

（2）分离压板螺钉夹紧方式　该夹紧方式
对应外圆车刀顶面夹紧，其压板为独立部件。
图 4-29 所示为分离压板螺钉夹紧，是顶面斜凹槽
压紧浅切槽刀片（图 4-24）专用夹紧机构，其刀

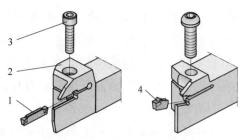

图 4-28　连体压板螺钉夹紧示例

1—双刃刀片　2—刀杆　3—螺钉　4—单刃刀片

片夹紧力较大且可靠，在刀片受力分析图中，夹
紧力 F 来自压板，作用在斜槽中，产生水平分力 F_1 和 F_2，确保刀片在刀片槽中与三个面
接触，定位准确可靠，且刀片不易松脱。

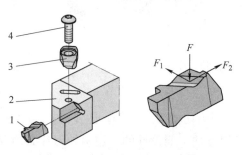

图 4-29　分离压板螺钉夹紧示例

1—刀片　2—刀杆　3—压板　4—螺钉

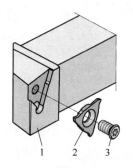

图 4-30　螺钉夹紧示例

1—刀杆　2—刀片　3—螺钉

（3）螺钉夹紧方式　螺钉夹紧如图 4-30 所示，是机夹车刀广泛采用的夹紧方式，螺
钉夹紧机构还需关注刀杆上刀片槽的设计，刀片在刀片槽中，与螺钉孔垂直的大平面定
位确定了刀片水平方向的安装姿态，与该平面垂直的 V 形槽两侧面定位，确定刀片垂直
面内的角向位置，最终确定刀片空间位置的唯一性，同时 V 形槽两侧面还承受主要的切
削力。

（4）连体压板弹性自夹紧方式　连体压板弹性自夹紧方式简称弹性自夹紧方式，是切
断与切槽车刀中较为独特的夹紧方式。图 4-31 列举了部分弹性自夹紧示例，主要基于连
体压板弹性变形产生的弹性力夹紧刀片，以图 4-31a 所示双头刀片的夹紧为例，刀杆刀片
槽高度方向的尺寸略小于刀片相应部分高度，专用的装卸扳手插入刀杆上的两个孔中，旋
转扳手手柄，可控制上部的连体压板略微张开，装卸刀片。注意刀片与刀槽上、下面为榫
卯式结构（图 4-31a 所示为上 / 下双 V 形榫卯结构），有少量倒锥，不仅定位可靠，且可
承受一定的横向切削力。弹性自夹紧机构的结构设计较为灵活，不同刀具商有不同的设
计方案。图 4-31b 所示为单头单刃刀片的夹紧示例。图 4-31c 所示为弹性自夹紧辅助螺钉
夹紧示例，其刀片夹紧力更大，多用于切削宽度较大的刀具。图 4-31d 示例，刀片倾斜安
装，且刀片槽上、下两夹紧面存在一定倾斜夹角，因此，刀片装入时借助软木榔头敲击，
使刀片槽略微涨开，产生弹性力夹紧刀片，注意该刀片是图 4-23d 所示上 / 下 / 后三 V 形

卯结构，刀片后面与刀杆的 V 形榫卯结构进一步加强了刀片安装的可靠性，因此刀具可承受更大的横向切削力。图 4-31e 示例，刀槽为垂直设计，且存在一定的 V 形夹角，刀片前端水平榫卯以定位刀片为主，后端垂直榫卯以承受横向切削力为主，合作完成刀片的装夹，虽然结构略显复杂，但承受的切削力较大，在重载荷场合较为适用。弹性自夹紧机构总体而言不如图 4-28 所示的螺钉夹紧机构，因此，它主要用于切断和切断式切槽刀具。

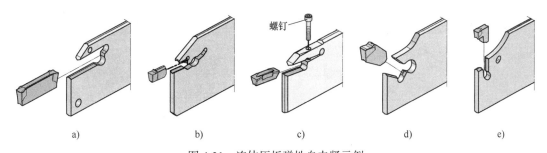

图 4-31　连体压板弹性自夹紧示例

a）双头刀片的夹紧　b）单头单刃刀片的夹紧　c）弹性自夹紧辅助螺钉夹紧
d）刀片倾斜安装的夹紧　e）刀片垂直安装的夹紧

之所以说弹性自夹紧机构机构设计较为灵活，是因为它弹性夹紧力的控制与刀片装卸扳手的设计。首先，连体压板的变形必须控制在弹性变形范围内，且有足够的变形距离，便于刀片装卸；其次，刀片装卸的专用扳手的使用较为灵活，选用这类夹紧机构的车刀，一定要注意配套刀片装卸扳手的选配及使用方法，图 4-32～图 4-37 收集了部分弹性自夹紧机构的装夹方式示例供参考，具体内容以刀具制造商提供的工具与说明书为准。

图 4-32 所示为一种双头切断刀片装夹示例，装卸扳手为双偏心销式，可插入刀片上相应的安装孔，插入后按松开方向旋转扳手，带动偏心销旋转将刀片上部弹性压板略微涨开，刀片即可取出或装入，装入后按夹紧方向旋转扳手，弹性压板弹性回复压住刀片，然后将扳手从刀片孔中抽出。

图 4-33 所示也为双头切断刀片装夹示例，将扳手上两个固定销按夹紧状态图示插入上部孔和下部凸轮槽右侧部位，然后按松开方向扳动扳手，将上部弹性压板略微涨开，拆下后换入刀片，然后将把手按夹紧方向扳动，放开涨开的弹性压板，将刀片夹紧，取下扳手完成刀片装夹。

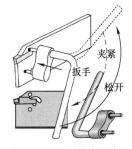

图 4-32　刀片装夹示例 1

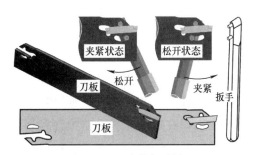

图 4-33　刀片装夹示例 2

图 4-34 所示为双头切断刀片装夹示例，按分解图的方向将扳手插入刀板上相应孔位，按松开箭头方向扳动扳手，将弹性压板上抬松开压板（不能松手），然后装卸刀片，装入刀片，推至刀片槽底位置松开扳手，完成刀片安装。

图 4-35 所示为一种单头切断刀片的装夹示例，装、卸刀片的原理如图 4-35 所示。

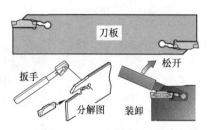

图 4-34　刀片装夹示例 3

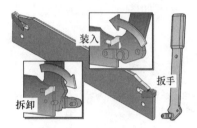

图 4-35　刀片装夹示例 4

图 4-36 所示扳手的工作部分为椭圆结构，插入刀板上相应孔，旋转可松开弹性压板，进行刀片的装、拆操作，然后反向旋转扳手夹紧刀片，取下扳手。图 4-37 采用软质的木榔头或橡胶榔头轻缓敲入，拆卸时使用专用扳手即可。

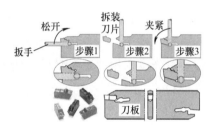

图 4-36　刀片装夹示例 5

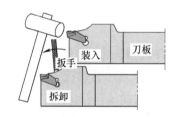

图 4-37　刀片装夹示例 6

图 4-38 示例为图 4-31e 所示弹性自夹紧结构刀片装、拆扳手及操作说明，该扳手基于杠杆原理，借助刀杆上的孔和刀片下部的空间实现刀片的装入夹紧与拆卸脱出的操作。

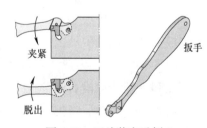

图 4-38　刀片装夹示例 7

4.1.3　切断与切槽车削刀具结构特点

切断与切槽车刀仍然属于车刀范畴，因此，其结构与前述外圆和内孔车刀有许多相同之处，如方形截面或矩形截面刀杆的整体式外圆切断车刀和圆截面内孔切槽的切槽镗刀，基于肯纳金属公司（Kenna metral）KM 工具系统中 KM-TS 系列的切槽车刀，切断车刀左、右手切削方向等。然而，由于加工部分的窄槽特点，以及切削刀片刀头拓扑变换的多样性，它又有很多自身结构特点。相同部分基于第 2、3 章的知识在后续刀具示例中很容易理解，这里仅对切断与切槽车刀自身特点的结构进行分析。

1. 刀板式切断与切槽车刀及其装夹分析

图 4-39 所示为某刀板式切断与切槽车刀及其装夹示例，图中切削宽度 w_c 是系列化的参数组，每个宽度参数对应有刀板体，刀板体的厚度 w_b 小于切削宽度，该刀板的刀片为单头单刃型式，因此刀片切削深度是不受限制的，但考虑到刀板的刚性等因素，刀板本身还有切削深度参数 c_d 限制，建议切削时的最大切削深度不能超过该值。刀板体高度尺寸 h 是刀板的主要参数之一，它与刀座安装槽的参数 h 对应，作为选择刀座的参数。刀板的参数有刀具长度 l_1、刀尖高度 h_1，以及刀板上、下棱台的夹角 150° 等。由于刀板本身较薄，不宜直接在车床刀架上安装，因此要借助图 4-39b 所示的刀座在机床上安装。一般而言，各刀具商均有与其刀板匹配的刀座供选择，但根据现有产品看，大部分刀具商的高度 h 参数系列基本相同。

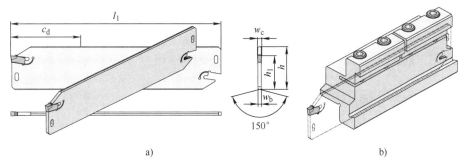

图 4-39 刀板式切断与切槽车刀及其装夹示例

a）刀板式切断刀 b）刀座（与应用）

图 4-39b 所示刀座的结构原理与工程图例可参考图 4-139，刀座与刀板的参数 h 相等 b 匹配即可，刀座上的尺寸 $H \times B$ 对应方形截面刀杆尺寸 $h \times b$，因此，它可方便地安装到数控车床刀架上。

2. 模块化切断与切槽车刀结构分析

对于整体式切断与切槽车刀而言，不同切削宽度的刀片匹配有相应的刀杆，而同一型式的刀片，切削宽度系列值较多，如此造成整体式切断车刀规格远多于外圆与内孔切槽车刀，为此，产生了模块化切断与切槽车刀的设计型式，图 4-40 所示为某模块化切断与切槽车刀示例，图 4-40a 所示为其结构原理，通用的模块化刀柄（又称刀座）通过同规格的模块接口，可与不同刀片的模块化刀板（又称模块化刀头）机械连接构成模块化切断与切槽车刀，如图 4-40b 所示。图 4-40b 所示刀柄为右手刀型式，也有左手刀型式供选择，当然对应的刀板也必须是左手型。图 4-40a 显示了 3 种不同刀片型式的刀板，而每种刀板型式系列中，又有不同切削宽度的刀板供选择。如此设计，可大大减少刀柄的规格，降低加工过程中刀具的费用。由于模块化切断与切槽车刀优势明显，非常受刀具商的青睐，出现了很多型式的模块化切断与切槽车刀型式。按此原理思考，其实图 4-39b 所示的刀板与刀座匹配的型式也具有模块化原理，只是其结构型式出现的较早且系统化，所以人们还是习惯称其为刀板式车刀和刀座。

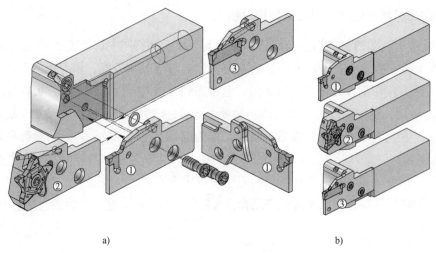

a)   b)

图 4-40　模块化切断与切槽车刀示例

a）结构原理　b）组装示例

3.端面切槽车刀结构分析

切槽车刀刀头结构有其自身特点，图 4-41 所示为一把方形截面刀杆的端面切槽车刀示例，图 4-41a 所示为其结构组成，刀片为通用切槽刀片，但刀杆的刀头部分却与外圆切槽刀有差异，主要表现在刀头上刀片支承体为圆弧形结构，这是为适应端面槽的特点而设计的。使用端面切槽车刀要注意，每把端面切槽车刀都会给出一个切入加工直径范围 $D_{min} \sim D_{max}$，如图 4-41b 上图所示，只是标注的直径要注意是槽的外侧还是内侧，两者相差两倍的刀片宽度，如图 4-41b 中最小直径标注示例，同时会画出刀片加工示意图，这两个位置是出现在刀杆与工件干涉的分界点，注意最大位置干涉点在内侧，而最小位置干涉点在外侧。细心分析会发现，这个加工直径范围实际上是切入时才会出现的干涉现象，车削式切槽则有所变化，以图 4-41b 下图为例，若从最大直径切入后，转为向内车削切槽，则在最小直径处并不会出现干涉，因为槽外侧面材料已经不存在了，可以一直切削至中心，这一点对确定加工工艺有一定的指导意义。

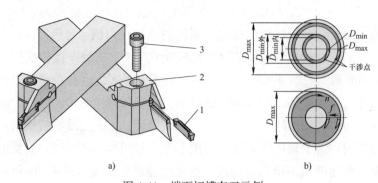

a)   b)

图 4-41　端面切槽车刀示例

a）结构组成（右手刀 R 型）　b）加工直径分析

1—刀片　2—刀杆　3—螺钉

4. 切断与切槽车刀的内冷却特点分析

切削液的作用是冷却和润滑，冷却是车削加工中不可回避的问题，切槽车削加工切屑沿刀头前面流出，温度最高位置为前面靠近刃口处，其次是后面与工件已加工表面的摩擦区。另外，合适的切削液供给有助于排屑。传统的外冷却式喷液存在切削液不易喷入切削区问题，为解决这个问题，专业化生产的数控切槽车刀系列中专门制造出内冷却切槽刀供用户选择。以下通过几个示例显示和分析内冷却切断与切槽车刀冷却原理。

最基本的内冷却车刀切削液出口在刀片上方连体弹性压板上，直接对准刀片前面，如图 4-42 所示，该刀具提供了后、左、右侧三个切削液入口供选择，不用的入口可用螺塞堵住，接口通过管接头和管路与切削液供应口相连。图 4-43 所示刀具增加了刀片下部的切削液出口，可将切削液同时喷射到刀片前、后面，进一步提高冷却效果，同时具有排屑效果，注意该刀具在刀柄下侧有一个 VDI（数控车削刀座）接口。

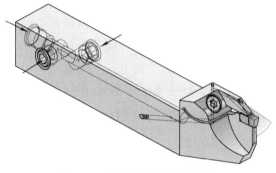

图 4-42　内冷却整体车刀示例 1

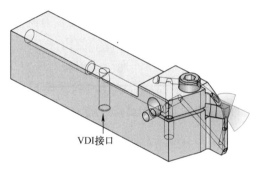

图 4-43　内冷却整体车刀示例 2

图 4-44 所示刀具的冷却原理设计有一定特色，刀片有冷却水道，切削液经刀杆内部管路直接通至该冷却水道，并沿刀片水道直接喷入切削区最高温度处，因此冷却效果非常好。图 4-44 所示的切削液接口有四个，即三个螺纹接口和一个 VDI 接口，灵活性非常好。

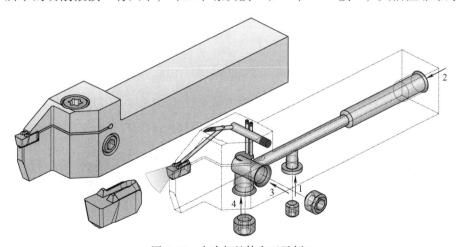

图 4-44　内冷却整体车刀示例 3

1—VDI 接口　2—螺纹接口 1　3—螺纹接口 2　4—螺纹接口 3

对于切断车刀常见的刀板式结构，也有多种内冷却设计方案。图 4-45 所示为内冷却单出口刀板，切削液经箭头所示横孔通过虚线所示管路从刀片上侧喷出至刀片前面，由于刀板体较薄，这个入口横孔一般做成通孔，用螺钉和密封垫盖住孔外侧密封，孔内侧与内冷却刀座（图 4-47）上的切削液输出口连通供液。图 4-46 所示为内冷却双出口刀板，切削液可同时喷射至刀片的前、后面处，注意该刀具密封垫与螺钉为整体设计。

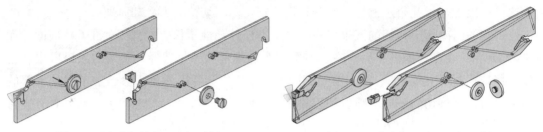

图 4-45　内冷却单出口刀板示例　　　　图 4-46　内冷却双出口刀板示例

图 4-47 所示为内冷却刀板安装刀座（简称刀座），该刀座刀板安装面提供了两个切削液出口，用于右、左手刀板的使用，刀座上切削液出口周边有密封圈，确保刀板前后移动时都能与切削液出口连通。该刀座对应右、左手刀板的使用设计有两套切削液通道，每套切削液通道在下部均有螺纹接口，供管接头连接管路用，装夹部位下部有 VDI 接口，用于 VDI 刀座（GB/T 19448—2004《圆柱柄刀夹》中称为圆柱柄刀夹）供液。

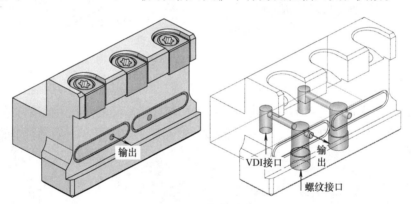

图 4-47　内冷却刀板安装刀座

内冷却效果的优势使内冷却在各种结构型式的刀具中都有所应用，图 4-40 所示的模块化切断与切槽车刀中也是内冷却结构。

4.2　切断与切槽车削刀具结构分析

4.2.1　整体式外圆切断与切槽车削刀具结构分析

整体式外圆切断与切槽车削刀具可认为是由外圆车刀刀头演变而来的车削刀具，其装夹部分保留了外圆车刀方形截面的特点与参数，便于与数控机床连接。

1. 整体直型切断与切槽车刀

双头刀片整体直型切断与切槽车刀是常见的切断与切槽车刀型式，刀杆高度方向多为柱体结构，加工时对工件直径没有限制，只有切削深度的限制。刀片装夹多采用连体压板螺钉夹紧方式。不同刀具商的差异主要表现在刀片装夹榫卯结构上。该型刀具结构简单，应用广泛，几乎各种型式的双头刀片均具有这种型式的切断与切槽车刀。以下列举部分国内外主要刀具商的刀具结构，供参考。

（1）基本型双头刀片整体直型切断与切槽车刀　基本型指兼顾切断与切槽且通用性较好的车刀，刀片多采用图 4-11 所示双头双刃型切断与切槽刀片，刀具切削深度一般控制在接近刀片最大切削深度附近，综合了切断与切槽加工的需要。

图 4-48 所示刀片为双头双刃型上半圆榫 / 下 V 形榫结构，刀片装夹槽上、下均为 V 形卯结构，下部的 V 形榫卯支承刀片与双头刀片结合面较长，支承面积较大；上部压板上的 V 形卯在螺钉的作用下，压紧在刀片的上半圆榫表面，基于压板的螺钉压紧刀片可确保刀片夹紧可靠，该刀具适用于切断、切断式切槽和车槽加工。该刀具的主要参数包括切削参数 w_c、c_d、h_1、f、α_f 和结构参数 h、b、l_1 等，其中切削宽度参数 w_c 对应刀片相应参数，各刀具商的宽度系列略有差异，不同宽度的刀片有相应的匹配刀杆，因此整体式切断与切槽车刀规格较多；切削深度参数 c_d 用到了双头双刃型刀片的切削深度参数，即确保后端切削刃不进入加工区，一般比刀片长度短 3mm 左右，例如图 4-48 所示刀具，切削宽度为 3mm，刀片长度为 20mm，刀具切削深度为 17mm。注意，不同刀片宽度的切削深度有时存在差异，刀片宽度大，则刀片长度可做得更长。关于切削深度参数，要兼顾最大切削深度与刀头刚性问题，基本型式是基于刀片最大切削深度而确定的切断与切槽车刀，但为了提高刀头刚性，也有仅做到刀片长度一半左右的小切削深度刀具结构，主要用于切槽加工。若以切断加工为主，则切削深度参数越大越好，有两种方法可选，一是选用双头单刃型刀片，其优点是刀杆可以通用，但刀片耗材多，增加刀片成本；二是选用单头单刃型刀片，但需另外的刀杆，实际上单头单刃型刀片已经自成系列。同外圆车刀类似，方形截面刀杆切断与切槽车刀的切削刃高度 h_1 一般与刀杆装夹高度 h 相等。刀片安装偏距 f 可标注在刀片中心（图示标注）或刀片外侧，本示例刀具标注在刀片中心，后续有标注在刀片外侧的示例。刀具进给后角是必须标注的，一般在 7° 左右，刀片前角一般不标注，其融入断屑槽型式中。刀杆结构参数 h 和 b 必须与机床刀架匹配，有多种规格供用户选择。长度参数 l_1 以刀具安装可靠为依据，同截面规格可能有 1 ~ 2 种长度供选择。与外圆车刀类似，切断与切槽车刀的切削方向也有左 / 右手刀之分，图 4-48a 所示刀具为右手刀型式，图 4-48c 所示为左、右手刀刀头比较，可看出两个刀头是对称结构，能更好地适应切断加工与前、后置车床刀座装刀的需要。

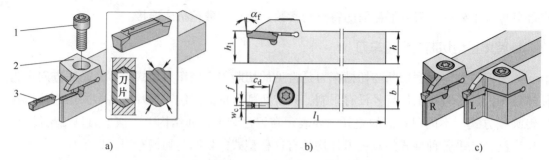

图 4-48　基本型直型切断与切槽车刀示例 1

a）刀具结构组成与刀片装夹原理　b）主要参数　c）切削方向示例

1—螺钉　2—刀杆　3—刀片

　　图 4-49 所示为上 / 下双 V 形卯结构双头双刃切槽刀片的整体基本型直型切断与切槽车刀，这种刀片有较多的刀具商采用，国内市场也较为多见，刀具切削宽度为 3mm，刀片长度为 21.1mm，刀具切削深度为 12mm。为保证刀片装夹可靠，刀杆上刀片槽 V 形榫结构的夹角一般略大于刀片 V 形卯结构的夹角，这时理论上的接触为两条平行的直线，考虑材料变形以及磨损等因素，实际上接触副为两个平面，实现刀片装夹可靠。当然，也有刀具商将刀片的两个 V 形面做成凸曲面（图 4-49a 中放大图的右图），能较方便地实现两个平面的接触副。

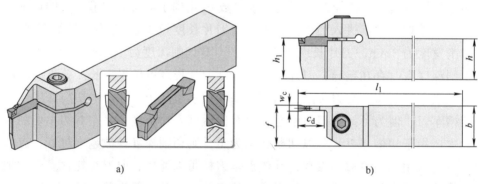

图 4-49　基本型直型切断与切槽车刀示例 2（左手刀）

a）刀具结构组成　b）主要参数

　　图 4-50 所示为上 / 下双 V 形榫结构双头双刃切槽刀片的整体基本型直型切断与切槽车刀，这种刀片的装夹原理与图 4-49 所示车刀结构凹、凸相反，因此装夹原理基本相同。刀片装夹槽断面上、下均为 V 形卯结构，下部支承，上部连体弹性压板在螺钉的作用下施加向下的夹紧力将刀片夹紧。注意刀具的刀片长度设计得略长，其目的是为了增加装夹的稳定性。该刀具刀杆结构所允许的切削深度几乎达到了刀片长度，但在刀具样本上的参数表给出的最大切削深度是小于刀片长度的，例如图 4-50 所示刀具的切削宽度为 3mm，刀片长度为 25.4mm，刀具切削深度为 20mm。图 4-50b 中标注的也是如此，这种要求是符合双头双刃型切断与切槽车刀设计原理的。刀杆切削深度大，加工时的限制就少，但刚

性下降了，这一点要引起注意。

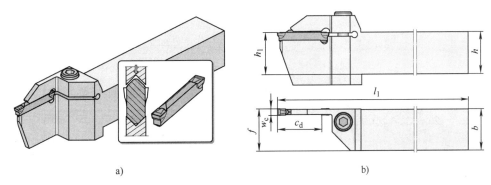

图 4-50　基本型直型切断与切槽车刀示例 3（左手刀）

a）刀具结构组成　b）主要参数

　　图 4-51 所示为上 / 下半圆卯结构双头双刃切槽刀片的整体基本型直型切断与切槽车刀，刀片的上、下半圆弧结构如图 4-51a 放大部分所示，基本圆弧半径为 R，中间增加了一个内凹的小圆弧 r，类似一个退刀槽效果，刀杆上刀片装夹槽为两个整体凸圆弧。下部装夹槽圆弧半径略大于刀片圆弧半径 R（正公差），因此，下部支承为两条距离较远的平行线，支承面积较大。上部装夹槽圆弧半径略小于刀片圆弧半径 R，由于中间小圆弧退刀槽的效果，上部压紧为两条距离较近的平行线，压紧面积近似一条直线，压紧机构不破坏刀片的安装位置。该刀具实际切削深度 c_d 就控制在刀片最大允许切削深度内，加工时后端的切削刃不参与切削，例如图 4-51 所示刀具的切削宽度为 3mm、刀片长度为 20mm、刀具切削深度为 12mm。

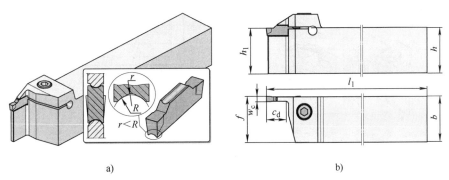

图 4-51　基本型直型切断与切槽车刀示例 4（左手刀）

a）刀具结构组成　b）主要参数

　　图 4-52 所示为上 / 下双 V 形卯结构双头双刃翻转转位型刀片（图 4-17）的整体基本型直型切断与切槽车刀，刀片双榫卯结构与图 4-49 类似，但刀片倾斜安装（图 4-52a 所示放大图中的截面图为图 4-52b 主视图中的剖面 $A—A$），切削力有利于刀片夹紧，因此夹紧更为稳定可靠。图 4-52 所示刀具的刀片切削宽度 $w_c = 3mm$，刀片长度 $l_1 = 15.3mm$，如图 4-17a 所示，而刀具参数为切削宽度 3mm 时的刀具切削深度 $c_d = 9mm$，依然是通过刀

具结构控制后端切削刃不切入工件。该型式刀片还有双头单刃型式，可用于大切削深度切断车刀，故该型刀片还是一款多用途刀片。

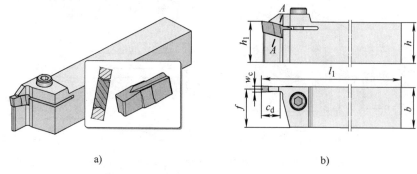

a)   b)

图 4-52　基本型直型切断与切槽车刀示例 5（左手刀）

a）刀具结构组成　b）主要参数

图 4-53 所示为上、下圆弧 V 形安装面双头双刃刀片（图 4-13）的整体基本型直型切断与切槽车刀，刀片双榫卯结构与图 4-49 类似，但刀片不仅倾斜安装，且刀片装夹 V 形榫卯结构为圆弧安装面，使刀片装夹的稳定性进一步提升。图 4-53 所示刀具的刀片切削宽度 $w_c = 3\mathrm{mm}$，刀片长度 $l_1 = 13.5\mathrm{mm}$，而刀具参数为切削宽度 3mm 时的刀具切削深度 $c_d = 7.5\mathrm{mm}$，依然是通过刀具结构控制后端切削刃不切入工件。该刀具商提供的刀片型式显示，它仅有双头双刃型，因此该结构刀具主要用于切槽加工，特别是在车削切槽时效果明显，换上图 4-53a 中的圆弧切削刃刀片，可进行仿形车削加工。

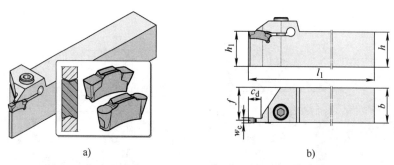

a)   b)

图 4-53　基本型直型切断与切槽车刀示例 6（右手刀）

a）刀具结构组成　b）主要参数

图 4-54 所示为双头扭曲型双刃刀片（图 4-14g）的整体基本型直型切断与切槽车刀，由图 4-15 可见，它最大的特点是刀片切削深度无限制，但作为一款切断与切槽刀片而言，其刀具系列同样有基本型刀具。图 4-54 所示刀具的参数在切削宽度为 3mm 时的切削深度 $c_d = 12\mathrm{mm}$，可较好地适应切断与切槽加工，通用性较好。当然，双头扭曲的优点在此刀具中无法完全体现。

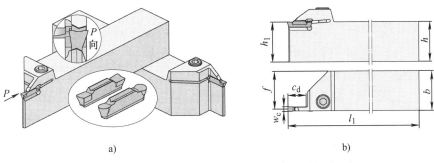

图 4-54　基本型直型切断与切槽车刀示例 7（右手刀）

a）刀具结构组成　b）主要参数

（2）小切削深度整体直型切断与切槽车刀　由于刀体上刀片支承体宽度小于刀片切削宽度，因此该部分的刚性较弱，而在选择切断与切槽车刀时，选择原则是在满足加工需要的前提下，刀具切削深度 c_d 越小越好，为此，各刀具商在整体直型切断与切槽车刀系列中均提供小切削深度型式车刀，甚至直呼其为切槽车刀，小切削深度切槽车刀可用于切断式切槽和车削式切槽，或管件等小切削深度切断加工。

图 4-55 所示为小切削深度整体直型切槽车刀，它与图 4-48 所示车刀为同系列刀具，刀片系列是通用的，刀具结构型式基本相同。本刀具的主要特点是切削深度参数 c_d 较小，一般是刀片切削深度参数的一半左右，图 4-55 所示刀具切削宽度为 3mm，刀片长度为 20mm，切削深度为 8mm。另外，刀片可更换为圆弧切削刃型，如图 4-55a 上面的刀片，它用于曲面仿形车削效果更好。

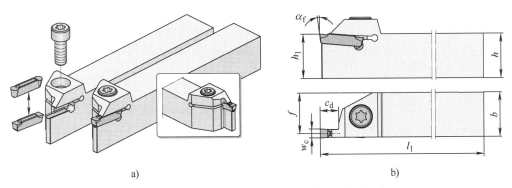

图 4-55　小切削深度直型切槽车刀示例 1（右手刀）

a）刀具结构组成与刀片装夹原理　b）主要参数

图 4-56 所示为小切削深度整体直型切槽车刀（右手刀），它与图 4-49 所示车刀为同系列刀具，刀片系列是通用的，刀具结构型式基本相同，本刀具的主要特点是切削深度参数 c_d 较小。图 4-56 所示刀具参数为切削宽度为 3mm，刀片长度为 21.1mm，刀具切削深度为 6mm，为图 4-49 所示刀具的一半。

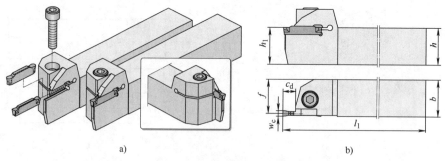

图 4-56　小切削深度直型切槽车刀示例 2（右手刀）

a）刀具结构组成与刀片装夹原理　b）主要参数

图 4-57 所示为小切削深度整体直型切槽车刀（左手刀），它与图 4-50 所示车刀为同系列刀具，刀片是通用的，刀具结构型式基本相同，本刀具的主要特点是切削深度参数 c_d 较小。图 4-57 所示刀具参数为切削宽度为 3mm，刀片长度为 25.4mm；刀具切削深度为 11mm，大约为图 4-50 所示刀具的一半。

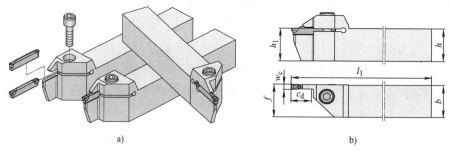

图 4-57　小切削深度直型切槽车刀示例 3（左手刀）

a）刀具结构组成与刀片装夹原理　b）主要参数

图 4-58 所示为小切削深度整体直型切槽车刀（左手刀），它与图 4-51 所示车刀为同系列刀具，刀片是通用的，刀具结构型式基本相同，本刀具的主要特点是切削深度参数 c_d 较小。图 4-58 所示刀具参数为切削宽度为 3mm，刀片长度为 20mm；刀具切削深度为 9mm，大约为刀片长度的一半。

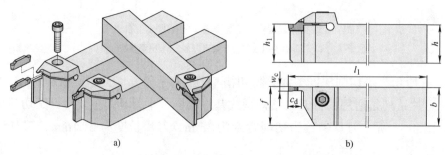

图 4-58　小切削深度直型切槽车刀示例 4（左手刀）

a）刀具结构组成与刀片装夹原理　b）主要参数

以上列举了四例小切削深度整体直型切槽车刀供参考，可见不同刀具商的切削深度不同，且与刀片的长度存在一定的关联，也有刀片长度较短的刀具不提供小切削深度车刀的情况，当然，也可见提供两种不同小切削深度车刀的情况，具体以刀具商的样本资料等为主。

（3）大切削深度整体直型切断与切槽车刀　大切削深度指切削深度大于双头双刃型刀片最大切削深度的车刀，即大于前述基本型直型切断与切槽车刀切削深度的车刀。大切削深度的实现有两种方法：一是选用双头单刃型刀片避开后端切削刃进入加工区域；二是直接选用单头型刀片。前者的优点是刀杆可以通用，但刀片耗材多，大批量生产时存在不足；后者的优点是刀片耗材少，批量生产时更能显示优势，多数刀具商都提供切断车刀。

图 4-59 所示为双头单刃刀片大切削深度直型切断与切槽车刀（左手刀）。它与图 4-51 所示车刀为同系列刀具，刀片也是同系列的，也可更换图 4-59c 所示的双头单刃刀片。图 4-59a、b 所示给出了两款刀具切削深度不同的大切削深度切断刀，其中内冷却刀具在大深度切槽时可有效冷却和辅助排屑。图 4-59c 所示的刀片，上面两款为不同方向余偏角的切断刀片，可控制毛坯或零件上的余料尽可能小，下面一款为镶尖型刀片，镶片部分为超硬材料，可适应难加工材料的切断加工。

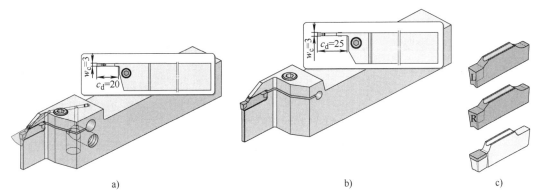

图 4-59　双头单刃刀片大切削深度直型切断与切槽车刀示例 1（左手刀）

a）$c_d = 20$mm，内冷却　b）$c_d = 25$mm，外冷却　c）双头单刃刀片

图 4-60 所示是一款双头单刃刀片大切削深度直型切断与切槽车刀示例（左手刀）。刀片长度约为 30mm，但刀具切削深度达 36mm，显然大于刀片切削深度，因此在切断以及切断式切槽时，一般换上图 4-60 中最上面的双头单刃刀片。图 4-60 所示的三个刀片为可选件，下刀片为常规切断与切槽刀片，可用于切断、切槽与车削加工；中间刀片为圆弧刃刀片，主要用于仿形车削加工；上刀片为双头单刃切断刀片，主要用于切断加工。由于刀具切削宽度较大，因此可见切断刀片中间外凸一段切削刃（详见放大图），起到分屑的作用，有利于切削与排屑。

图 4-61 所示也是双头翻转转位型刀片大切深直型切断与切槽车刀，由于大切削深度的需要，基本选择双头单刃刀片（图 4-18）。当然，切削深度不大时，也可选用双头双刃刀片，但需控制实际切削深度不宜太大。就双头单刃刀片而言，也有圆弧刃与镶尖刀片供选择，如图 4-61 右下角所示。

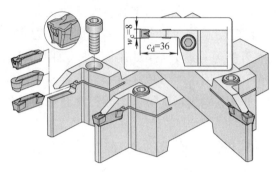
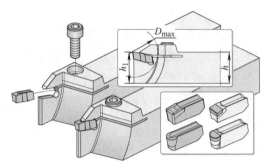

图 4-60　双头单刃刀片大切削深度直型切断与　　　图 4-61　双头单刃刀片大切削深度直型切断与
　　　　　切槽车刀示例 2（左手刀）　　　　　　　　　　切槽车刀示例 3（左手刀）

图 4-62 所示为两款双头扭曲刀片大切削深度切断与切槽车刀示例，双头扭曲刀片自身没有切削深度限制（图 4-15），因此，刀片与基本型通用，图 4-62a 刀具与图 4-54 所示刀具为同系列产品，仅刀具切削深度不同。图 4-62a 所示刀具虽然切削深度较大，但选用了增强型刀头结构，刀头刚性下降不多。图 4-62b 所示刀具的刀片夹紧方式为弹性自夹紧，夹紧力稍小，主要用于切断加工。

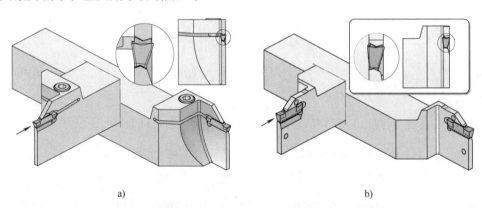

a)　　　　　　　　　　　　　　　　　　　b)

图 4-62　双头扭曲刀片大切削深度切断与切槽车刀示例（右手刀）
a）弹性压板螺钉夹紧　b）弹性压板自夹紧

双头单刃刀片大切削深度整体直型切断与切槽车刀，虽然刀杆可以通用，但刀片与双头双刃刀片耗材相当，制造成本相差不大，大批量加工时性价比不高，因此，长度较大的刀片采用这种设计方案并不是一种好的选择，实际中可见到较多刀具商采用单头型刀片的设计方案。对于大切削深度切断刀而言，后续的刀板式切断车刀也可较方便地实现大切削深度切断加工，所以整体式车刀系列中没有单头型刀片的大切削深度车刀品种也是可以的。

（4）单头刀片整体直型切断与切槽车刀　单头刀片可看成是双头刀片的一半，因此刀片上 / 下榫卯结构与双头刀片基本相同，单头刀片克服了双头双刃刀片切削深度的限制，即单头刀片自身没有切削深度限制，所以可制作较大切削深度的切断式车刀，但刀片装夹长度的减小，使得刀片装夹稳定性下降，特别是车削式切槽时横向切削力易使刀片脱落，所以单头刀片更多用于切断与切断式切槽加工。但近年来水平垂直榫卯结构（图 4-20d）和三向榫卯结构（图 4-20e、g）的单头刀片，使得装夹稳定性得到提高，可更好地适应车削式切槽加工。

1）上 / 下双 V 形榫卯结构，弹性压板螺钉夹紧单头刀片，刀片近似于双头刀片切除一半后的结构，该夹紧机构的单头刀片切断车刀也是常见的车刀型式。

图 4-63 所示为上 / 下榫卯结构单头刀片整体直型切断与切槽车刀，刀片水平安装，上、下均为 V 形卯结构，弹性压板螺钉夹紧机构。下 V 形卯结构实现刀片的支承与左右对称定心，上 V 形卯结构实现夹紧与辅助定心作用，刀片后端单向止动，控制刀片纵向位置，上 / 下榫卯结构装夹刀片，使刀片能够承受一定的横向切削力，但其装夹长度小于双头刀片，装夹力减小，因此横向车削切槽加工时的切削力不宜太大，但纵向切断加工影响不大，因此，其可用作大切深切断车刀。图 4-63 所示刀具切削宽度为 3mm，切削深度分别 12mm 和 22mm，切削深度为 12mm 的车刀通用性好，而切削深度为 22mm 的车刀以切断加工为主。

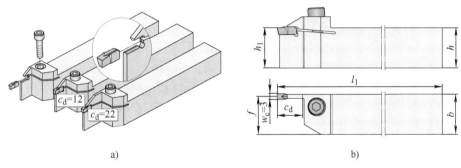

a)　　　　　　　　　　　　　　　　b)

图 4-63　上 / 下榫卯结构单头刀片切断与切槽车刀示例 1（左手刀）

a）刀具 3D 图与刀片装夹原理　b）主要参数

图 4-64 所示为上 / 下榫卯结构单头刀片整体直型切断与切槽车刀，刀片倾斜安装（倾斜角约 15°），有利于刀片装夹稳定，上、下均为 V 形卯结构，但上 V 形卯结构为阶梯形（参见图 4-20c），这种阶梯结构夹紧时压板的略微弹性变形，可确保压板与刀片两点夹紧，夹紧更为可靠。图 4-64 所示刀具切削宽度为 3mm，刀具切削深度达为 20mm。但要注意，大切深固然使用灵活，切断时问题不大，但车削切槽时刀具刚性差，易振动。

图 4-65 所示为上 / 下榫卯结构单头刀片整体直型切断与切槽车刀，刀片略微倾斜安装（倾斜角约 10°），上、下均为 V 形榫结构，刀片后端止动，在切削力作用下有利于刀片装夹稳定，单头刀片切削深度无限制，因此，刀具切削深度可做得较大。图 4-65 所示

刀具显示了两种规格的切断与切槽车刀，切削宽度为 3mm 的刀具切削深度为 16mm，切削深度适中，兼顾切槽与切断加工；而切削宽度为 4mm 的刀具切削深度达 26mm，主要用于切断加工。

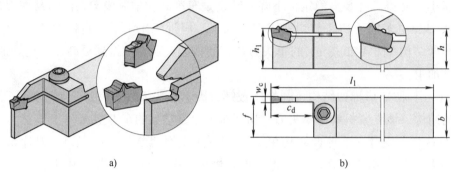

a)　　　　　　　　　　　　　　　b)

图 4-64　上 / 下榫卯结构单头刀片切断与切槽车刀示例 2（左手刀）

a）刀具 3D 图与刀片装夹原理　b）主要参数

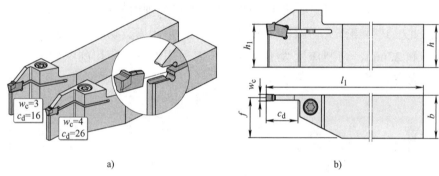

a)　　　　　　　　　　　　　　　b)

图 4-65　上 / 下榫卯结构单头刀片切断与切槽车刀示例 3（左手刀）

a）刀具 3D 图与刀片装夹原理　b）主要参数

不同刀具商上 / 下榫卯结构单头刀片整体直型切断与切槽车刀参数确定基本相同，有切削深度适中，兼顾切槽与切断加工型式的刀具，也有大切削深度以切断加工为主的刀具，差异主要表现在刀片及其装夹原理上，以上三例供参考。

2）上 / 下 / 后三向榫卯结构单头刀片切断与切槽车刀。前述上 / 下双 V 形榫卯结构单头刀片切断与切槽车刀，刀片装夹长度较短，装夹稳定性低于双头刀片切断与切槽车刀，为此，人们探索在单头刀片后端增加榫卯结构，补偿装夹长度较短的不足。

图 4-66 所示为上 / 下 / 后三向榫卯结构单头刀片切断与切槽车刀，刀片结构如图 4-21 所示。刀片的上、下、后三向 V 形榫结构与刀杆上刀片槽对应的三向 V 形卯结构匹配实现刀片的定位，配以弹性压板螺钉夹紧，实现刀片的装夹。加工时的切削力使刀片后端的 V 形榫卯结构紧密结合，增强了刀片承受横向切削力的能力，因此刀片装夹的可靠性高于图 4-63 ~ 图 4-65 所示刀片。本刀具为内冷却车刀，冷却原理如图 4-44 所示。同时，本刀具还可匹配圆弧切削刃刀片，实现仿形车削加工。

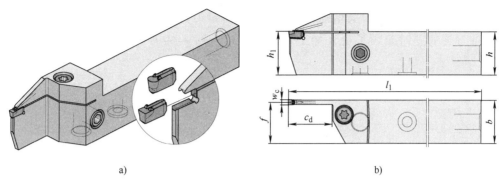

a)　　　　　　　　　　　　　　　　　　b)

图 4-66　上 / 下 / 后三向榫卯结构单头刀片切断与切槽车刀示例（左手刀）

a）刀具 3D 图与刀片装夹原理　b）主要参数

2. 刀头增强型整体直型切断与切槽车刀

前述整体直型切断与切槽车刀高度方向为柱体结构，刀片下部支承体宽度小于刀片切削宽度，表现为刀头刚度不足，在小切削宽度、小规格车刀上更为明显。同时切槽车刀车削式切槽加工由于横向力增大，也希望刀头刚性增加，为此，设计刀头增强型整体直型切断与切槽车刀。

（1）刀头增强原理与结构分析　图 4-67 所示为刀头增强型结构示例，刀具最大切断直径 D_{max} 之外原刀片支承体宽度增加，实现了刀头刚度的增强，图中 R_t 为刀头增强体可切槽圆弧半径（简称增强半径），即去除倒圆角后的半径。该刀具在原切削深度 c_d 表述上增加了一个最大切断直径 D_{max}，其等于 2 倍的增强半径（$D_{max} = 2R_t$）。当加工件直径小于等于 D_{max} 时，可实现切断与非切断的切槽加工；当工件直径大于 D_{max} 时，仅能进行切槽加工；且实际切槽深度小于切削深度 c_d，并且随着直径的增加，最大切削深度减小，部分刀具商会将这种变化给出图表供参考，类似于图 4-75 对应的表 4-1 和图 4-76 中左上角直径 – 切深变化图。本刀具刀片为上 / 下 V 形榫结构（图 4-22b），刀片装夹原理如图 4-50 所示。

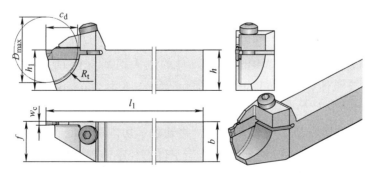

图 4-67　刀头增强型结构示例（$c_d = D_{max}/2$，左手刀）

图 4-68 所示为刀头不完全增强型结构示例，刀具最大切断直径小于 2 倍的增强半径（$D_{max} < 2R_t$），这种结构增强效果略逊于图 4-67 所示结构，若将图 4-67 所示的刀具称

为刀头完全增强型（简称刀头增强），则图 4-68 所示刀具可称为刀头不完全增强型结构，它在增强刀头的同时兼顾了更大加工直径的需求，图 4-69 所示为其切断与切槽加工直径分析。

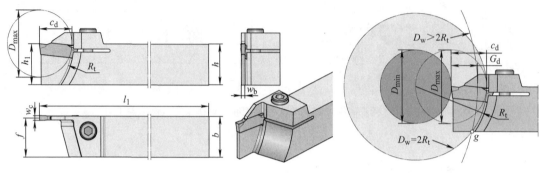

图 4-68　刀头不完全增强型结构示例　　　　图 4-69　不完全增强刀头切断与
切槽加工直径分析

图 4-69 中，c_d 为刀具最大切削深度（简称切削深度）；D_{max} 为刀具最大切断直径；R_t 为刀头增强体圆弧半径（简称增强半径）；D_w 为加工工件直径（简称工件直径）；G_d 为切槽加工槽深（简称槽深）；D_{min} 为切槽加工槽底直径（简称槽底直径）。

当工件直径小于等于最大切断直径（$D_w \leqslant D_{max}$）时，刀具的加工特性同图 4-67 所示刀具，可实现切断与切槽加工，且加工槽深 G_d 可达切削深度 c_d。

当工件直径大于最大切断直径且小于 2 倍增强半径（$D_{max} < D_w < 2R_t$）时，主要用于切槽加工，其加工槽深 G_d 可达切削深度 c_d。

当工件直径大于 2 倍增强半径（$D_w > 2R_t$）时，由于干涉点 g 的限制，实际加工槽深必然小于切削深度，且随着直径的增加，实际切削深度减小。

（2）刀头增强型整体直型切断与切槽车刀结构分析　刀头增强型整体直型切断与切槽车刀（以下简称刀头增强型切断与切槽车刀）指图 4-67 所示刀头结构的车刀。具体分析如下。

图 4-70 所示为刀头增强型切断与切槽车刀，刀片下部支承体最大切削直径 D_{max} 外部增加了材料，增强了刀头刚度。图 4-70 所示刀具主要参数：刀片的切削宽度 w_c 为 2mm，长度为 20mm，最大切削深度为 18mm；刀具的最大切削直径 $D_{max} = 35mm$，切削深度 $c_d = D_{max}/2$；刀片支承体宽度 $b = 1.6mm$，刀杆截面 $h \times b$ 为 20mm×20mm。该刀具由于切削宽度较小，刀片支承体较薄，故对刀头进行了增强。

对比前述基本型切断与切槽车刀而言，此处表示切削深度的参数在原来 c_d 的基础上增加了一个最大切削直径 D_{max}。分析可知，当工件直径小于等于最大切削直径时，实际切削深度是不会超过图 4-70 所示切削深度 c_d 的；但当工件直径大于最大切削直径时，实际切削深度由于与刀头增强部分的材料干涉，达不到图 4-70 所示的最大切削深度 c_d，且工件直径越大，最大允许切削深度越小，因此，这种刀具主要用于批量较大生产场合的切断加工，可最大限度地提高切削用量，提高加工效率。

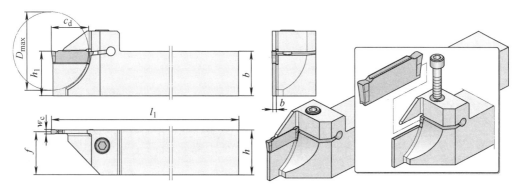

图 4-70　刀头增强型切断与切槽车刀示例 1（左手刀）

头部增强型切断与切槽车刀大部分刀具商均有所生产，主要集中在小切削宽度和小规格车刀上。从现有资料看，切削宽度小于 3mm 切断与切槽车刀和刀杆截面参数 $h \times b$ 为 10mm × 10mm、12mm × 12mm、16mm × 16mm、20mm × 20mm 等规格切断与切槽车刀均可见该刀头增强型刀具。各刀具商刀具的结构差异主要在于刀片型式和装夹方式。以图 4-70 所示刀具为例，刀片为上 / 下双 V 形卯结构（图 4-22a），刀片装夹结构与原理如图 4-49 所示。

图 4-71 所示为小规格车刀的刀头增强型切断与切槽车刀，该刀具的刀杆截面 $h \times b$ 为 16mm × 16mm，切削宽度为 2.4mm，最大切削直径为 32mm，切削深度为 16mm，长度为 150mm，样本中显示还有截面尺寸为 10mm × 10mm 和 12mm × 12mm 规格的车刀。本示例刀具刀片结构和装夹原理与图 4-70 所示刀具相同。

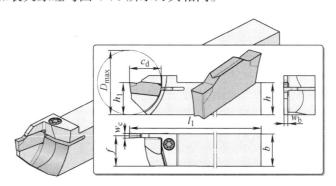

图 4-71　刀头增强型切断与切槽车刀示例 2（左手刀）

图 4-72 所示车刀，刀片装夹结构为上半圆榫 / 下 V 形榫结构，如图 4-22c 所示，刀片装夹结构与原理如图 4-48 所示。图 4-72 所示刀具的切削宽度为 2mm，最大切削直径为 34mm，切削深度为 17mm，刀杆截面为 16mm × 16mm。

图 4-73 所示车刀，刀片为双头双刃翻转转位型，刀片装夹结构为上 / 下 V 形卯结构，如图 4-17 所示，刀片装夹结构与原理如图 4-52 所示。图 4-73 所示刀具的切削宽度为 3mm，最大切削直径为 32mm，切削深度为 16mm，刀杆截面为 16mm × 16mm。注

意，本刀具的刀片，当切削宽度较小时，实际切削深度还会受到刀片切削宽度的限制，如图 4-17 所示。

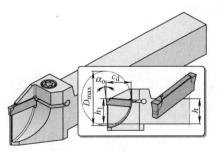

图 4-72　刀头增强型切断与
切槽车刀示例 3（左手刀）

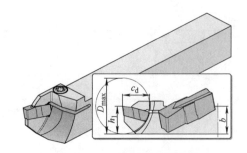

图 4-73　刀头增强型切断与
切槽车刀示例 4（左手刀）

图 4-74 所示车刀，刀片为单头型上、下、后三面榫台结构，如图 4-20g 所示，其系列刀片的拓扑变换结构如图 4-21 所示，刀片装夹结构与原理如图 4-66 所示，另外，本刀具为内冷却结构，冷却水道工作原理如图 4-44 所示。单头刀片自身无切削深度限制，因此，制作切断车刀等较为灵活，以该型式刀具系列的资料看，刀具切削宽度系列有 1.4mm、1.6mm、2mm、3mm、4mm、5mm 六个规格，刀杆截面参数 $h \times b$ 有 12mm × 12mm（$w_c = 1.4 \sim 2$mm）、16mm × 16mm（$w_c = 2 \sim 4$mm）、20mm × 20mm（$w_c = 2 \sim 4$mm）、25mm × 25mm（$w_c = 2 \sim 5$mm）和 32mm × 32mm（$w_c = 4 \sim 5$mm）等规格，且随着刀片宽度的增加切削深度也有所增加。

图 4-75 所示刀具是一把特殊设计的大切深切断车刀，刀片为双头双刃型，刀片装夹结构为上 / 下 V 形卯结构，但刀片为超长设计。以图 4-75 所示刀具为例，刀片切削宽度为 3mm，但刀片长度达 35mm，因此刀具最大切削直径 D_{max} 可达 65mm，由于该刀具刀杆截面 $h \times b$ 仅 20mm × 20mm，刀头空间较小，因此夹紧螺钉改为从下部装入的方式。注意，本刀具在加工工件直径 D 小于等于最大加工直径 D_{max} 时，最大加工深度 c_d 可达 $D_{max}/2$，但工件直径大于 D_{max} 时，最大加工深度是要减小的，在刀具样本上以列表的方式给出了两者之间的关系，见表 4-1。

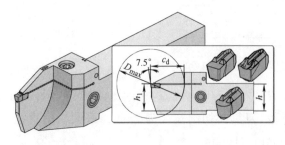

图 4-74　刀头增强型切断与切槽车刀示例 5（左手刀）

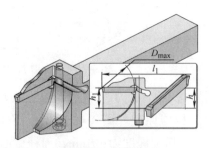

图 4-75　刀头增强型切断与
切槽车刀示例 6（左手刀）

表 4-1　工件直径 D 与最大切削深度 c_d 的关系　　　　（单位：mm）

D	65	70	75	80	85	90	95	105	115	130	150	180	230	300	400	1000	∞
c_d	32.5	31	29	28	27	26	25	24	23	22	21	20	19	18	17	16	15

图 4-76 所示车刀为连体压板弹性自夹紧结构，刀片为上 / 下 / 后三向 V 形卯槽结构，如图 4-23d 所示，与图 4-74 所示车刀结构功效上有异曲同工的效果，同时，该刀片为单头单刃型，以较大的倾斜角安装，上、下安装槽存在锥度，基于刀杆连体压板弹性自夹紧，在切削力的作用下夹紧更为可靠，特别适合切断车刀。图 4-76 所示刀具的切削宽度为 3.1mm，最大切削直径为 58mm，刀杆截面为 20mm × 20mm。另外，该刀具样本上还给出了工件直径与最大切削深度的关系图表，如图 4-76 中左上角所示为其简化图，图中几个关键的数值为：a 点之前显示 $D \leqslant 58$mm 时 $c_d = 29$mm，图线为一条水平直线；$a \sim b$ 点之间曲线显示 D 增加 c_d 减小，b 点显示 $D = 300$mm 时 $c_d = 22$mm；c 点之后显示 $D = \infty$ 时 $c_d = 21$mm。

图 4-77 所示车刀为连体压板水平弹性自夹紧结构，刀片为前水平后垂直 V 形卯结构，如图 4-23e 所示，前端的 V 形卯结构设置在刀片下部，与刀具榫结构配合，在夹紧力的作用下，牢固可靠，后端垂直的 V 形卯结构结合面较长，能承受较大的横向切削力，整个刀片水平安装姿态，垂直插入装夹，在垂直方向存在一定锥度，因此刀片装夹时牢固可靠，能承受较大的切削力。

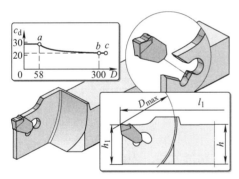

图 4-76　刀头增强型切断与
切槽车刀示例 7（左手刀）

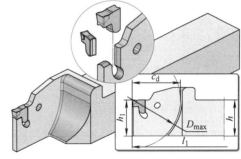

图 4-77　刀头增强型切断与
切槽车刀示例 8（左手刀）

（3）前端夹紧型刀头增强型整体直型切断与切槽车刀结构分析　上述图 4-70 ～图 4-74 所示刀具为夹紧螺钉上部垂直装入刀杆，因此又称为顶部夹紧型刀具，这种结构所占空间稍大，故刀头较长。针对该问题，前端夹紧型刀头增强型整体直型切断与切槽车刀（以下简称前端夹紧刀头增强型切断与切槽车刀）应运而生。

图 4-78 所示为前端夹紧刀头增强型切断与切槽车刀（左手刀），注意到由于其夹紧螺钉前端斜插装入刀头，因此刀头部分所占空间进一步减小，即刀头较短。该刀具系列设计较为完整，刀杆结构为内冷却型，刀片结构与装夹原理与图 4-74 所示刀具相同，可选用圆弧刃刀片，且有多种断屑槽刀片供选择。刀具参数切削宽度系列有 1.4mm、

1.6mm、2.0mm、3.0mm 四个规格，刀杆截面参数 $h \times b$ 有 10mm × 10mm（$w_c = 1.4$mm）、12mm × 12mm（$w_c = 1.4 \sim 2$mm）、16mm × 16mm（$w_c = 1.4 \sim 3$mm）、20mm × 20mm（$w_c = 1.4 \sim 3$mm）等规格，且随着刀片宽度的增加切削深度也有所增加。

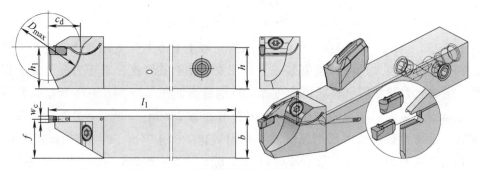

图 4-78　前端夹紧刀头增强型切断与切槽车刀示例 1（左手刀）

图 4-79、图 4-80 所示刀具也为前端夹紧刀头增强型切断与切槽车刀，仅刀片结构型式不同，图 4-79 所示刀片为上 / 下 V 形卯结构；图 4-80 所示为上 / 下半圆卯结构（图 4-22d）。

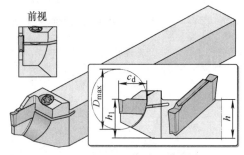

图 4-79　前端夹紧刀头增强型切断与
切槽车刀示例 2（左手刀）

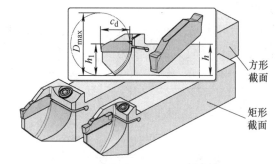

图 4-80　前端夹紧刀头增强型切断与
切槽车刀示例 3（左手刀）

（4）刀头不完全增强型整体直型切断与切槽车刀结构分析　刀头不完全增强型整体直型切断与切槽车刀（以下简称刀头不完全增强型切断与切槽车刀）指图 4-68 所示刀头结构的车刀，可兼顾刀头刚性与切削深度，以下通过几个示例进行分析。

图 4-81 所示刀具为刀头不完全增强型切断与切槽车刀，刀片为双头双刃型、上半圆榫 / 下 V 形榫结构，刀片夹紧原理如图 4-48 所示。由图 4-81 可见增强圆弧半径大于最大切削直径圆的半径，因此，对于切槽加工而言，允许增加工件直径。

图 4-82 所示车刀，刀片为双头双刃翻转转位型刀片拓展变换出的双头单刃结构，如图 4-18 所示。由图 4-82 可见，若采用双头双刃刀片，实际切削深度受刀片限制，不宜发挥最大切断直径参数的效能，即最大切削深度受刀片限制。

图 4-83 所示车刀，刀片结构为上 / 下双 V 形卯结构，如图 4-22a 所示，刀片夹紧原理如图 4-49 所示。本刀具不仅刀头增强半径大于最大切削圆的半径，且增强圆弧体下部多切除了 c'_d 长度范围内的刀头增强体材料，因此可进一步扩大切槽加工时的工件直径。

图 4-84 所示车刀为内冷却型，它与图 4-74 所示刀具属用系列刀具，因此刀片通用，刀片结构与夹紧原理以及内冷却原理也相同。

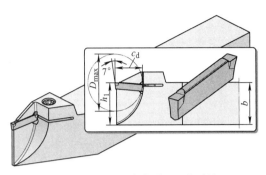

图 4-81　刀头不完全增强型切断与
切槽车刀示例 1（左手刀）

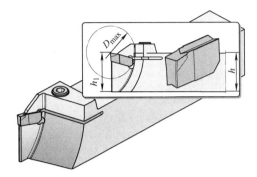

图 4-82　刀头不完全增强型切断与
切槽车刀示例 2（左手刀）

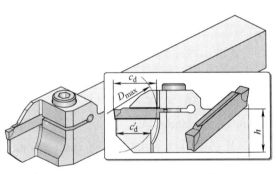

图 4-83　刀头不完全增强型切断与
切槽车刀示例 3（左手刀）

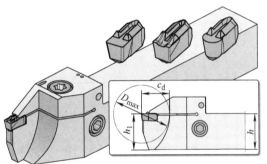

图 4-84　刀头不完全增强型切断与
切槽车刀示例 4（左手刀）

图 4-85 所示刀具刀头增强体未采用圆弧形结构，而是用直线形式替代，同时刀片采用连体压板弹性自夹紧方式，使整个刀具显得结构简单，但由于夹紧力不是很大，因此主要用于切断加工。本刀具的刀片为双头型上、下半圆卯结构，如图 4-22d 所示，刀片夹紧原理如图 4-51 所示。注意图 4-85 中最大切断直径有两个，D_{1max} 较小，用于双头双刃刀片，切削深度受刀片限制；而 D_{2max} 是采用双头单刃刀片（放大图上面的刀片）时的参数，由前述可知，双头单刃刀片自身是没有切削深度限制的，因此，D_{2max} 可认为是刀具的切削深度参数。

图 4-86 示例刀具刀头增强原理同图 4-85 所示刀具，但两者刀片不同，本刀具刀片为单头型前水平后垂直 V 形卯结构单头刀片，参见图 4-20d 和图 4-23e 分析，刀片装夹原理如图 4-86 中放大图所示，包括前端下部的水平和后部侧面的垂直 V 形榫卯结构，同时垂直的刀片装夹插槽有一定的锥度。另外注意，图 4-86 中显示了两把刀具，分别为后面常规的单头结构和前面的双头结构。由于该刀片装夹可靠性较好，能承受一定的横向作用力，故其主要以切断加工为主，也可用于车槽加工。

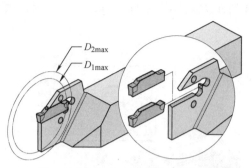 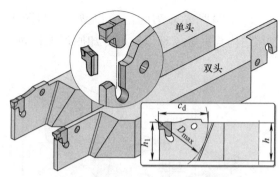

图 4-85　刀头不完全增强型切断与
切槽车刀示例 5（左手刀）

图 4-86　刀头不完全增强型切断与
切槽车刀示例 6（左手刀）

3. 整体直角型切断与切槽车刀

整体直角型切断与切槽车刀的刀片与刀杆呈直角（90°）结构，因此它又被称为直角弯头车刀或 L 型车刀，如图 4-87 所示。图 4-87c 所示为该刀具加工示意图，可见刀杆长度方向与工件轴线平行，这种安装型式刀具径向所占空间较小，因此适合于工件直径较大时外圆切槽加工。整体直角型切断与切槽车刀与直型切断与切槽车刀相同，刀具也存在左、右手结构，图 4-87 所示刀具为右手刀结构，刀具主要参数也基本相同，包括切削参数 w_c、c_d、h_1、f 和结构参数 h、b、l_1 等，其中切削宽度参数 w_c 对应刀片相应参数。两种参数数值也基本相同，如图 4-87 所示刀具 $w_c = 3mm$、$c_d = 10mm$、$h_1 = 20mm$、$f = 32mm$、$h = 20mm$、$b = 20mm$、$l_1 = 125mm$。资料显示，刀具切削宽度 w_c 的系列有 2mm、3mm、4mm、5mm、6mm 等，对应有相应变化的切削深度参数。图 4-87 所示刀具的切削深度约为刀片切削深度的一半，另外还有切削深度接近刀片切削深度的大切深直角型式的刀具。关于整体直角型切断车刀，大部分刀具商均有相应型式的刀具，差异主要在刀片型式上，限于篇幅，此处不展开介绍。

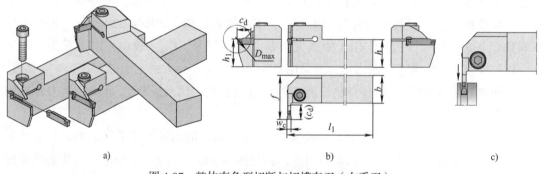

图 4-87　整体直角型切断与切槽车刀（右手刀）

a）3D 图　b）工程图　c）加工示意图

4. 刀片支承体结构变化设计

图 4-88 所示刀具为无刀片支承体整体切槽车刀。图 4-88a 所示为直型结构，装夹的

刀片型式为图 4-17 所示的双头双刃翻转转位型刀片，该型刀具还可设计成图 4-88b 所示的直角型结构。由于刀片下部无支承结构，刀具的切削深度主要取决于刀片的切削深度，且刀片装夹槽的宽度较大，装夹刀片较为灵活，可安装刀片体宽度小于刀片装夹槽宽度的各型式刀片，如图 4-17 所示各式拓扑变换型式的刀片，图 4-88 中显示安装的是图 4-17d 图所示的窄槽切槽刀片。由于刀片悬伸长度不可能太大，故该结构型式刀具主要用于浅槽加工。

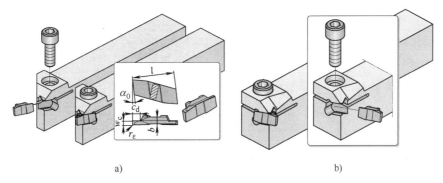

a)　　　　　　　　　　　　　　　　b)

图 4-88　无刀片支承体整体切槽车刀（右手刀）

a）直型　b）直角型

　　图 4-89 所示为窄切削宽度整体切槽车刀，刀片结构型式如图 4-14b 右图所示，是一种切削宽度极窄且切削深度较大（$w_c = 0.8 \sim 1.5\text{mm}$，$c_d = 10\text{mm}$）的刀片，不仅可切削窄槽，还可用于直径 20mm 以下工件的切断，切断时材料损耗极小。由于刀片切削部分宽度极小且较长，刀杆上刀片支承体制作困难且存在价值不大，因此刀杆设计成无刀片支承体结构，将刀片高度设计得较大，以增加刀片强度。使用时要注意，首先控制切削用量，确保切削力不宜太大；其次控制加工方式，不宜有横向切削力；再则加工过程中尽量控制不出现振动。另外，由于窄槽切削加工条件较差，因此刀具设计为内冷却型式，有助于冷却与排屑。

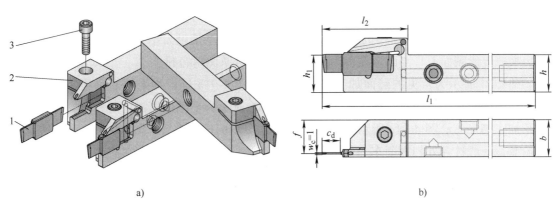

a)　　　　　　　　　　　　　　　　b)

图 4-89　窄切削宽度整体切槽车刀 1（右手刀）

a）3D 图　b）工程图

1—刀片　2—刀杆　3—夹紧螺钉

图 4-90 所示也为窄切削宽度刀片切槽车刀，其刀片结构型式如图 4-14b 中图所示，切削部分做得较窄（w_c = 1mm），小于刀片中段刀片体宽度，对应的刀片切削深度约 3mm，为适应刀片前端较窄的结构特征，刀片支承体对应部分也削薄至 0.75mm，刀片支承体削薄前的厚度 w_b 为 1.2mm），可见其是为切削宽度为 1.5mm 的刀片设计的，即图 4-14b 左图所示结构，这种前端少量的削薄并不影响 1.5mm 宽度刀片的装夹。图 4-90a 中上面的刀片对应图 4-14b 左图结构，下面的刀片对应图 4-14b 中图的结构。

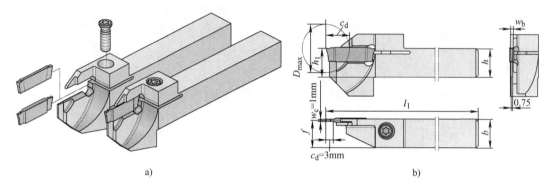

a)

b)

图 4-90　窄切削宽度整体切槽车刀 2（左手刀）

a）3D 图　b）工程图

4.2.2　整体式端面切槽车削刀具结构分析

端面切槽指在圆棒端平面上切出圆环槽的加工，如图 4-6 所示。刀具轴向进给运动切入材料，切入后也可以径向移动车槽加工。端面切槽加工出的端面槽侧面为圆柱面。为保证刀具能够切入端面圆环槽，切槽刀的刀片支承体（刀片托）也必须做出相应的圆弧形，由于径向位置不同的圆环槽圆柱面半径是变化的，因此每一把端面切槽车刀只能在一定的直径范围内切入端面材料内，即每把刀存在一个参数范围 $D_{min} \sim D_{max}$，超出这个范围切入端面时，必然存在刀杆与工件的干涉，如图 4-6a 所示。此外，影响端面切槽车刀结构的因素还有机床主轴旋转方向确定的左 / 右手刀、前置或后置刀架的机床、刀片支承体圆弧面的外扫与内扫（图 4-7 中的 A、B 型）、直型与直角型切槽刀结构、对应外圆与内孔车刀装夹的方形截面刀杆与圆形截面刀杆等，参见图 4-7 图解分析。

图 4-91 所示为常见的端面加工槽几何特征。图 4-91a 所示为平端面窄槽，可选用与槽宽相等切削宽度的刀片，插入式加工；图 4-91b 所示为平端面宽槽，可横向逐段车槽或插车加车槽加工；图 4-91c 所示为平端面孔，是图 4-91b 的特例；图 4-91d 所示为外圆阶梯端面，一般选择外扫端面车刀加工；图 4-91e 所示为孔底端面槽，多选用圆刀杆端面车槽刀加工。

1. 整体直型端面切槽车刀

整体直型端面切槽车刀可分为外扫式与内扫式两种，如图 4-7 所示。

（1）外扫式端面切槽车刀　其应用较为广泛和灵活，可方便的加工图 4-91a～d 所示的端面槽。

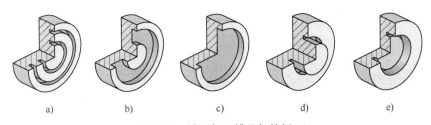

图 4-91　端面加工槽几何特征

a）平端面窄槽　b）平端面宽槽　c）平端面孔　d）外圆阶梯端面槽　e）孔底端面槽

图 4-92 所示整体直型端面切槽车刀为外扫式结构，刀片为双头双刃型式，上 / 下 V 形卯结构，刀片夹紧原理如图 4-49 所示。图 4-92 所示刀具刀片切削宽度为 3mm，刀片长度为 21.1mm；刀具切削深度为 18mm，刀杆截面 $h \times b$ 为 20mm×20mm，切入直径范围 $D_{min} \sim D_{max}$ 为 90～150mm。从参数看，刀具切削深度接近刀片最大允许切削深度，属于大切深切槽车刀，从刀具商资料看，其同规格刀具还有一款切削深度为 12mm 的刀具供选择。

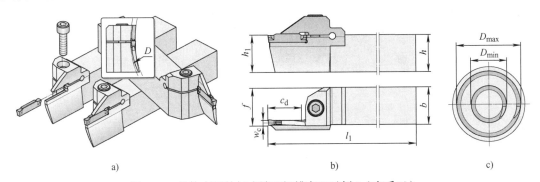

图 4-92　整体直型外扫式端面切槽车刀示例 1（右手刀）

a）3D 图　b）工程图　c）加工示意图

图 4-93 所示整体直型端面切槽车刀为外扫式结构，刀片为双头双刃型式，上半圆榫 / 下 V 形榫结构，刀片装夹原理如图 4-48 所示。图 4-93 所示刀具刀片切削宽度为 3mm，刀片长度为 20mm；刀具切削深度为 14mm，刀杆截面 $h \times b$ 为 20mm×20mm，切入直径范围 $D_{min} \sim D_{max}$ 为 35～48mm。本刀具刀片高度设计得较小，适用于端面切槽加工，同时，由于切入圆直径较小，刀片向外偏转了一定角度，如图 4-93a 所示，这种设计，不仅可避免刀片外侧面与加工槽外侧面干涉，同时也可适当调整左、右两切削刃工作角度尽可能相等。

图 4-94 所示整体直型端面切槽车刀为外扫式结构，刀片为双头双刃型式，上 / 下 V 形榫结构，刀片装夹原理如图 4-50 所示。图 4-94 所示刀具切削宽度为 3mm，切削深度为 16mm，刀杆截面 $h \times b$ 为 25mm×25mm，切入直径范围 $D_{min} \sim D_{max}$ 为 70～100mm。

本刀具刀片副后角较大且刀片体宽度稍窄，端面切削时不会产生干涉。刀片提供多种断屑槽供选择，图 4-94 所示刀片主、副切削刃均有断屑槽，因此适用于切断、切槽与车槽加工，即本刀片可用于端面切槽与车槽加工。

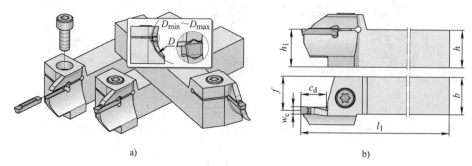

图 4-93　整体直型外扫式端面切槽车刀示例 2（右手刀）

a）3D 图　b）工程图

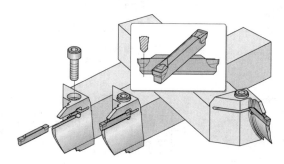

图 4-94　整体直型外扫式端面切槽车刀示例 3（右手刀）

　　一般而言，切入圆直径较大，由于刀片副后角的存在，不至于产生干涉现象且工件角度变化不大，这时用普通的切断与切槽刀片即可。但当切入圆直径较小时，这个问题不可回避。

　　图 4-95 所示为某整体直型端面切槽车刀，刀片也为双头双刃型式，仅装夹结构为上 / 下半圆卯型式，装夹原理如图 4-51 所示。刀片选择方案有多种，如图 4-95b 所示列举了三种可选型式，序号①为通用型的外圆切断与切槽车刀，刀片体两侧为垂直的平行平面；序号②为外圆、内孔和端面多功能刀片，它在序号①刀片的基础上在刀片体两侧面下部向内削出一个斜面，可有效避免端面切削时的干涉现象；序号③为端面切槽与车削专用型刀片，仅在刀片工作外侧面切入深度范围内削出斜面，由于刀片转位安装的需要，两侧切削的部位原点对称，因此这种刀片具有方向性（即有左、右手刀片），图 4-95b 刀片为与图 4-95a 整体直型右手外扫式端面切槽车刀匹配的刀片结构。

　　图 4-96 所示为整体直型外扫式端面切槽车刀，刀片为双头双刃扭曲结构（图 4-14g和图 4-15），刀片装夹为上 / 下双 V 形卯结构，装夹原理如图 4-54 所示。双头双刃扭曲刀片最大的特点是克服了普通的非扭曲刀片切削深度受限制的问题，因此，刀具深度设计较为灵活。以图 4-96 所示刀具系列为例，在其切削宽度 w_c、刀具长度 l_1 和刀杆截面 $h \times b$

不变的情况下，随着切入圆直径的增加，其切削深度相应增加，具体参数 c_d（$D_{min} \sim D_{max}$）有 10mm（25 ～ 30mm）、17mm（28 ～ 31mm）、17mm（31 ～ 35mm）、20mm（35 ～ 40mm）、20mm（40 ～ 45mm）、25mm（45 ～ 55mm）、25mm（55 ～ 70mm）、28mm（70 ～ 79mm）等多种规格。注意，刀片长度约 19mm，也就是说切削深度大于等于 20mm 的五种规格刀具均可认为是大切深端面切槽车刀。同时由于装夹长度较长，因此该刀具适用于端面切入切槽和车槽加工。

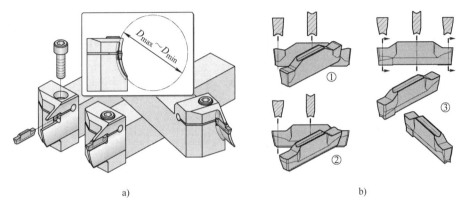

图 4-95　整体直型外扫式端面切槽车刀示例 4（右手刀）

a）3D 图　b）刀片图

图 4-97 所示为整体直型外扫式端面切槽车刀，刀片为单头单刃结构（图 4-21），刀片装夹为上 / 下 / 后三面榫卯槽结构定位，装夹原理如图 4-66 所示，为避免刀片侧面加工干涉，它与图 4-93 所示刀具结构类似，不同切入直径刀具的刀片向外偏转适当角度（偏转原理参考图 4-93 中放大图）。单头刀片的优势是刀片自身无切削深度限制，因此可制作成较大切削深度的切槽刀。另外，本刀具还可制作成类似于图 4-44 所示结构的内冷却端面切槽车刀。

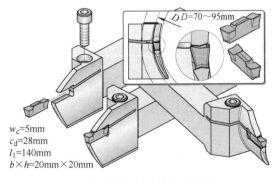

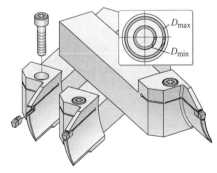

图 4-96　整体直型外扫式端面切槽车刀示例 5（右手刀）

图 4-97　整体直型外扫式端面切槽车刀示例 6（右手刀）

（2）内扫式端面切槽车刀　方形截面刀杆内扫式端面切槽车刀与外扫切槽刀相比，由于刀片支承体两侧圆弧面的切削深度均有限制，在加工图 4-91d 所示外圆阶梯端面槽时，切削深度受到限制，因此，主要用于平端面圆弧槽加工，应用范围相对较窄，生产刀具商较少，若论其存在的价值，优点是刀杆耗材略少，但不足以抵消切削范围较窄的劣势。

图 4-98 所示车刀与图 4-94 所示车刀的参数基本对应，但为内扫式结构。即双头双刃型式刀片，上/下 V 形榫结构，刀片装夹原理相同，刀具切削宽度为 3mm，切削深度为 16mm，刀杆截面 $h \times b$ 为 25mm×25mm，切入直径范围 $D_{min} \sim D_{max}$ 为 70 ～ 100mm 等。

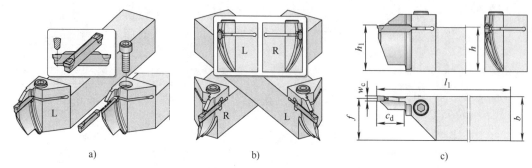

图 4-98　整体直型内扫式端面切槽车刀示例 1

a）3D 结构图（左手刀）　b）左、右手刀示意　c）工程图（左手刀）

图 4-99 所示车刀与图 4-98 所示车刀的差异是刀片装夹原理略有不同，图示刀片为上/下 V 形卯结构，刀片装夹原理如图 4-49 所示。另外，注意加工示意图的表达，前述图 4-92d 所示基于端面视角表达切入直径范围的方法是较为常见的表达方式，在图 4-99 的局部视图中图也有这种表达方式，但其并不能表达图 4-91 所示平端面槽与阶梯面端面槽的几何结构特征，为此，有的刀具商基于局部图左侧圆柱径向视角表达。图 4-99 所示内扫式端面切槽车刀主要用于平端面切槽。读者可以图 4-91d 所示外圆阶梯端面槽结构为例，分析外扫与内扫式切槽车刀加工所存在的异同点。

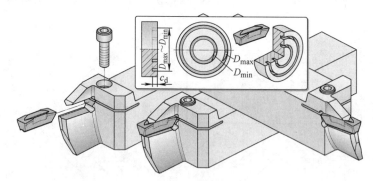

图 4-99　整体直型内扫式端面切槽车刀示例 2（左手刀）

图 4-100 所示车刀的特点是刀片为单头型结构，如图 4-20f 所示，上/下 V 形榫台结构定位与夹紧，后部平面结构，主要起单向定位的作用，刀片装夹原理如图 4-65 所示。由于为单头刀片，刀片自身无切削深度限制，因此，刀具切削深度可不受限制而做得较深。

以上介绍的整体直型内扫式端面切槽刀，夹紧机构均为连体压板螺钉夹紧机构。而图 4-101 所示切槽车刀的特点是弹性自夹紧方式，结构更为简单。图 4-101 所示刀片为单头型式，如图 4-20b 所示，图 4-101 左上角放大图显示出其夹紧原理，上/下 V 形榫卯结构装夹，压板前端与刀片相应部分也有 V 形榫卯结构，在实现装入深度定位的同时，能够进一步提高刀片抵抗横向切削力的能力，同时注意图 4-20b 主视图显示其装入方向存在一定的锥度，装入刀片后，在切削力的作用下，刀片的装夹稳定性还是不错的，它与图 4-66 所示刀片有着异曲同工的效果。

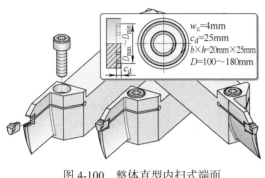

图 4-100　整体直型内扫式端面
切槽车刀示例 3（左手刀）

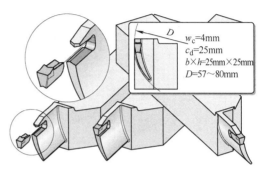

图 4-101　整体直型内扫式端面
切槽车刀示例 4

2. 整体直角型外扫式端面切槽车刀

　　整体直角型外扫式端面切槽车刀的刀片与刀杆垂直，刀片支承体向下向外顺势变化（外扫式），如图 4-102 所示，它与直型外扫式端面切槽车刀相比，在平端面切槽加工时差异不大，但在外圆阶梯端面切槽时存在优势。以图 4-102 局部图右侧的阶梯端面切槽为例，当中间圆柱部分的长度 l 较大时，若用直型外扫式切槽车刀加工，刀具安装的悬伸长度必须大于圆柱长度 l，但若选用直角型外扫式切槽车刀加工，则没有这一限制，短的悬伸长度有利于提高刀具整体刚度。

　　图 4-102 所示车刀的刀片为双头双刃型，上/下 V 形卯结构，刀片装夹原理如图 4-49 所示。该刀具刀片长度为 26.4mm，切削深度为 20mm，切槽过程中可确保待转位切削刃不参与切削，符合双头双刃刀片应用原则。

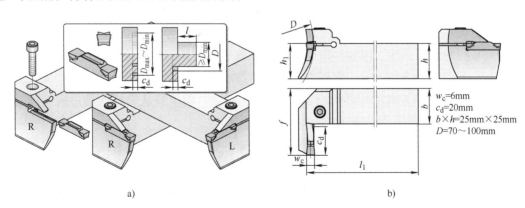

a)　　　　　　　　　　　　　　b)

图 4-102　整体直角型外扫式端面切槽车刀示例 1
a）3D 图　b）工程图

图 4-103 所示车刀与图 4-95 所示车刀同品牌，刀片结构、参数与选用相同，图 4-103 所示车刀选择的是图 4-95b 中序号②所示刀片，但刀具结构型式不同，本图刀具为直角型，在外圆阶梯端面阶梯槽加工中优势明显。

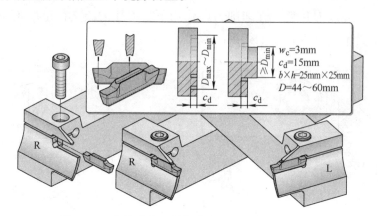

图 4-103　整体直角型外扫式端面切槽车刀示例 2

3. 整体直型圆柱刀杆端面切槽车刀

图 4-104 所示为整体直型圆柱刀杆端面切槽车刀，在图 4-7 所示的端面切槽车刀中也可见，刀具的刀杆为削边圆柱体，与内孔车刀相同，在车床上的安装方式与内孔车刀也相同。从刀片支承体结构看，它与前述方形截面刀杆内扫式端面切槽车刀相近，但由于采用了圆柱刀杆，刀片支承体外圆弧面与刀杆外圆柱面径向位置相同，因此在孔底端面切槽加工（图 4-91e）时不与孔壁干涉，克服了方形截面刀杆内扫式端面切槽车刀的加工限制，可在更深的孔底端面切槽加工。当然，这种深孔底端面槽的几何结构，在实际生产中应用较少，故生产这类刀具的刀具商也不多，可用其他方案替代，如模块化结构，如图 4-157a 和图 4-158a 所示。

图 4-104 所示车刀的刀片为双头双刃型式，上半圆榫 / 下 V 形榫结构，刀片装夹原理如图 4-48 所示。由于加工圆弧直径较小，刀片沿圆弧槽走向顺势偏转一个角度，如图 4-104a 左上角刀具前端视图及其局部分放大图所示。本刀具适合加工孔底端面槽，由前述分析可知，常规双头双刃刀片切削深度是有限制的，因此该刀具的切深度是指以孔底平面为基准的切削深度，但要注意的是，加工槽底距离外端面的深度不宜大于刀片切削深度。由于孔底端面槽加工时，刀杆进入孔后，影响外冷却方式切削液进入切削加工区，因此，刀具可以设计为内冷却结构，如图 4-104b 所示，切削液从刀杆后端进入，前端与刀头弹性压板开设的槽连通，使切削液可以进入切削区。

图 4-105 示例刀具是一款基于单头刀片设计的整体直型圆柱刀杆端面切槽车刀，设计较为全面，刀具的参数如图 4-105a 所示。刀片采用单头结构，参见图 4-21 分析，刀片装夹原理与结构如图 4-23b 和图 4-66a 所示。由于加工圆直径较小，因此将刀片按端面槽圆弧顺势偏转一个角度，如图 4-105a 中 K 向视图及其局部放大图。另外，本刀具还可做成

内冷却刀具，图 4-105b 所示，提供了两种切削液出口方案。若采用图 4-105b 左上角所示的冷却方案，则选用具有内冷却水道的刀片，并用螺塞 3 堵住该喷口，此时切削液只能从刀片前面喷出，冷却方案与图 4-44 相同；若采用图 4-105b 右下角所示的冷却方案，则需将螺塞 3 拆除，此时切削液主要从该喷口喷出，冷却方案类似于图 4-42。

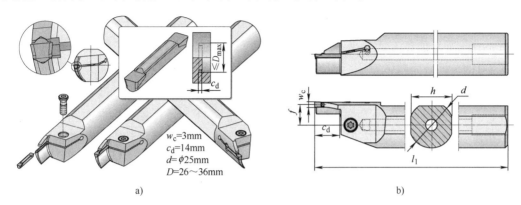

图 4-104　整体直型圆柱刀杆端面切槽车刀示例 1（左手刀）

a）3D 结构原理图　b）工程图

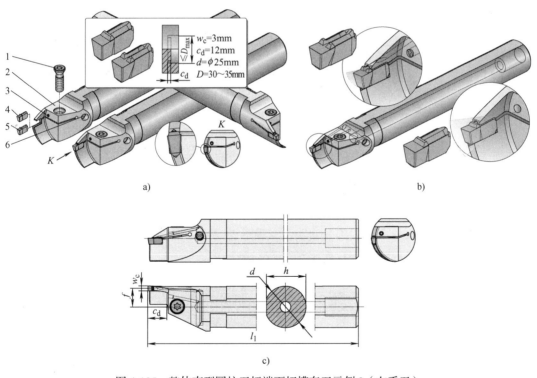

图 4-105　整体直型圆柱刀杆端面切槽车刀示例 2（左手刀）

a）3D 结构原理图　b）内冷却原理　c）工程图

1—夹紧螺钉　2—刀杆　3—螺塞　4、5—无有冷却刀片　6—工艺堵头

4. 无刀片支承体端面切槽车刀

关于无刀片支承体端面切槽车刀，图 4-88 车刀是选用窄浅槽刀片的应用示例，这种结构型式的车刀由于无刀片支承体，因此端面切槽加工时不存在支承体与加工槽侧面的干涉，但若刀片较高、较窄，还是可能出现刀片体与加工槽侧面干涉的，因此无刀片支承体端面切槽车刀在设计时一般配备高度较小的刀片，或特殊设计的刀片。

图 4-106 所示两款车刀刀片选择与装夹原理基本相同，均选择了双头双刃扭曲型刀片。图 4-106a 所示为整体直型，而图 4-106b 所示为整体直角型，两刀具均未设计刀片支承体，因此刀片体宽度的选择范围更宽，可适应宽度 3 ~ 6mm 刀片的装夹，由于无刀片支承体，刀片的悬伸长度不宜太大，约 5mm 左右。另外，刀片装夹沿端面圆弧槽顺势偏转一个角度安装，避免刀片体加工干涉，同时注意到，刀片虽然偏转，但扭曲的前面正好水平；切削性能较好，而刀片偏转可调节刀片端面切槽加工时两侧面切削工作后角尽可能相等。另外，图 4-106 中刀片偏转方向均类似于外扫式刀具结构。

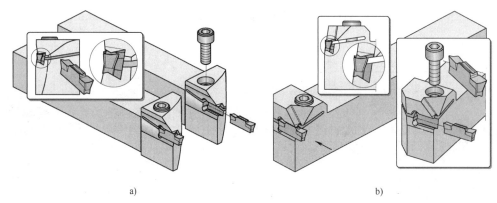

图 4-106　无刀片支承体整体端面切槽车刀

a) 直型（左手刀）　b) 直角型（右手刀）

图 4-107 所示刀具结构类似于图 4-105 所示车刀，双头双刃扭曲刀片除了工件角度的调整效果外，由于双头双刃扭曲刀片自身无切削深度限制，因此，虽然切槽深度不大，但仍可对孔深超过刀片长度的较深孔底平面进行切槽加工。

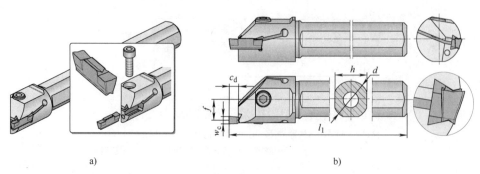

图 4-107　无刀片支承体圆刀杆直型端面切槽车刀（右手刀）

a) 3D 结构原理图　b) 工程图

图 4-108 所示刀具为左、右手型合一的整体直角型端面切槽车刀，刀片结构为双头双刃型式，上半圆榫 / 下 V 形榫结构，为了适应端面槽加工，特别是直径较小时可能出现刀片体与端面槽圆弧面的干涉问题，应将刀片高度方向的尺寸适当减小。本刀具刀片装夹槽后端的止动定位可调螺钉，通过变换位置可实现左、右手型刀具的变换。

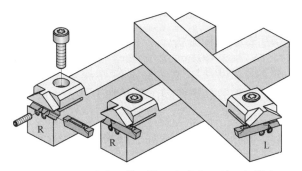

图 4-108 无刀片支承体整体双向直角型端面切槽车刀

4.2.3 整体式内孔切槽车削刀具结构分析

内孔切槽车刀主要用于内圆表面圆环槽车削加工，它与外圆切槽车刀类似，也可进行内孔车槽加工。从刀具结构上看，内孔切槽车刀是以内孔车削刀具为基础，刀头部分（主要指刀片）按切槽车刀原理设计的刀具。

1. 整体式内孔切槽车刀结构与主要参数分析

图 4-109 所示的结构型式是一款较为常见的整体式内孔切槽车刀结构型式，基于双头双刃刀片设计，大部分刀具商均有生产。该内孔切槽车刀的刀片垂直安装在刀杆的端面，安装空间较为充裕，满足双头双刃刀片装夹的要求，而双头双刃刀片装夹长度较长，安装较为稳定可靠，并可实现机夹可转位的需要，性价比较高。整体式内孔切槽车刀由于采用外冷却方式，切削液较难直接进入切削区，因此，多做成内冷却结构，刀具从刀杆尾端供液，与前端弹性压板开槽部位相通，供给至加工孔底的切削加工区域，不用时可用螺塞尾端封住（图中未示出），这种方式结构简单，加工方便。与内孔车刀相比，内孔切槽车刀的刀片结构以加工内孔槽为目标，刀杆部分与内孔车刀的圆形削边结构相同，由此可见，内孔切槽车刀可认为是内孔车刀的特例设计。

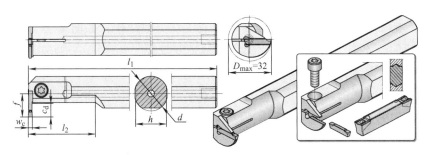

图 4-109 整体式内孔切槽车刀结构

内孔车刀的主要几何参数包括：最小加工孔径 D_{min}、切削宽度 w_c 和切削深度 c_d，刀杆长度 l_1 与刀头长度 l_2，刀杆直径 d 与削边高度 h，以及内冷却结构螺纹参数（图中未示出）及其供选用的螺钉堵头等。其中，刀具切削宽度与刀片切削宽度相同，刀片装夹结构取决于刀片结构，各刀具商存在差异，一般与同系列外圆切槽车刀通用。图 4-109 所示刀具的刀片为上半圆榫 / 下 V 形榫结构，刀片装夹原理如图 4-48 所示。

2. 典型整体式内孔切槽车刀结构分析

以下列举部分典型整体式内孔切槽车刀，主要阐述与图 4-109 所示刀具的结构差异点，供进一步研习。其中，刀片的差异代表了某品牌刀具，为避免广告嫌疑，此处不指明刀具商名称。

图 4-110 所示与图 4-109 所示刀具同系列，两者的差异主要在头部弹性压板部分结构。图 4-109 所示刀具弹性压板槽仅一条，且相对较长，即悬伸长度较长，使弹性压板刚性不大，在夹紧螺钉的作用下，可压紧刀片。但当刀杆直径较粗，刀片宽度较大，需要较大夹紧力时，一条压板槽就必须开设得更长，这必然造成刀头刚性下降，同时，刀杆粗、弹性压板变形时可能造成刀尖部位产生位移，影响刀具精度。而图 4-110 所示刀具通过增加一道垂直槽使弹性压板槽缩短，弹性变形位移小，刀头刚性好，因此它的切削效果优于图 4-109 所示刀具。

图 4-111 所示刀具的刀片为上 / 下半圆卯双头双刃结构，如图 4-22d 所示，刀片装夹结构与原理如图 4-51 所示，除冷却水道略有差异外，其余与图 4-109 基本相同。图 4-111 所示刀具在刀杆前段侧面开设有切削液喷口，可对准刀片工作切削刃，冷却效果较好，应用广泛。

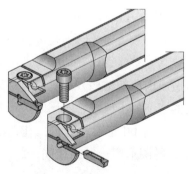

图 4-110　整体式内孔切槽车刀示例 1

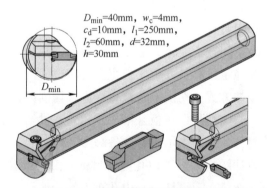

$D_{min}=40mm$, $w_c=4mm$,
$c_d=10mm$, $l_1=250mm$,
$l_2=60mm$, $d=32mm$,
$h=30mm$

图 4-111　整体式内孔切槽车刀示例 2

图 4-112 所示刀具的刀片为上 \ 下双 V 榫双头双刃型结构，如图 4-22b 所示，刀片装夹结构与原理如图 4-51 所示。本刀片的特点是长度较长，V 形榫结构角度略小，使刀片夹持稳定性较好，因此，其制作的切槽刀切削深度较大。

图 4-113 所示刀具，刀片为上 \ 下双 V 卯双头双刃型结构，如图 4-22a 所示，刀片装夹结构与原理如图 4-49 所示，采用这种结构的刀具商有多家。刀具特点也是在弹性压板槽下方布局冷却喷口。从 A 向视图看，刀片略微前倾，再从 B 向视图看，弹性压板槽是与刀片平行的，同时也与压板上表面平行，因此它是一个空间位置的槽，这样做的好处是

弹性压板厚度均匀，再配置垂直于弹性槽的夹紧螺钉压紧，使压板弹性变形以弯曲为主，基本不受到扭曲，刀片装夹精度高，不足之处是弹性压板槽加工时略显复杂。另外，夹紧螺钉采用沉头螺钉，主要用于小直径内孔切槽车刀。

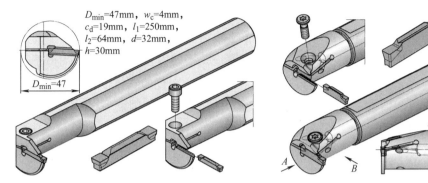

　　图 4-112　整体式内孔切槽车刀示例 3　　　　　图 4-113　整体式内孔切槽车刀示例 4

　　图 4-114 所示刀具的刀片为内孔切槽专用的双头双刃翻转转位型刀片（刀片水平安装，法前角以及断屑槽专为内孔车削设计），刀片装夹结构为上＼下双 V 形卯结构，与外圆同型刀片类似，也可以进行多种拓扑变换，如图 4-114 中序号①～⑤，分别是：①基本型方刃口刀片，图中示例刀具安装的就是这种刀片；②圆弧刃口刀片，又称仿形刀片，用于成形切削圆弧槽或车削曲面；③双头单刃型刀片，是在双头双刃结构的基础上取消一端切削刃的刀片，它与对应的双头双刃刀片可共用刀杆，在平底不通孔切槽时可避免双头双刃刀片后端待用切削刃的磨损；④偏置型浅窄槽刀片，分左、右切削型，图中为内孔切槽 R 型；⑤中置型浅窄槽刀片。刀具刀杆上弹性压板槽向上斜切，并与弹性压板上表面平行，压板夹紧变形基本上不出现扭曲变形，装夹精度较高。

　　图 4-115 所示刀具的刀片为上／下圆弧 V 形安装面双头双刃刀片，如图 4-13 所示，刀片为上／下双榫卯结构，与图 4-49 所示刀具类似，刀片装夹结构与原理如图 4-53 所示，这种刀片的装夹稳定性更高。刀具刀杆弹性压板槽向上斜切，主要是为了避开冷却水道，但弹性压板槽底工艺圆孔轴线与弹性压板上表面平行，使压板弹性夹紧变形基本也是以弯曲为主。

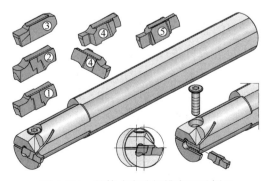
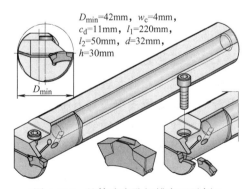

　　图 4-114　整体式内孔切槽车刀示例 5　　　　图 4-115　整体式内孔切槽车刀示例 6

3. 其他型式内孔切槽车刀

与前述不同，图 4-116 所示刀具是基于单头单刃刀片设计的整体式内孔切槽车刀，一般单头单刃刀片长度较短，装夹稳定性略逊色于双头双刃刀片，但本刀片是上 / 下 / 后三个 V 形榫台结构，如图 4-21 所示，刀片装夹原理如图 4-66 所示，由于增加了后端榫卯配合，因此它的装夹稳定性优于无后端榫卯配合的单头单刃刀片的刀具。这款刀片在前述外圆、端面切槽车刀均可见相应的刀具，甚至在后续刀板式槽刀以及模块化槽刀均可看到它的应用。这是刀具商大批量专业生产刀具所需的系列化与通用化的具体体现。图 4-116 中的刀具还可设计成内冷却结构，图示刀具仅示意了刀杆前段上的切削液喷口，另外刀片还有圆弧切削刃的仿形刀片。

图 4-117 所示刀具为一款无刀片支承体（无刀片托）的整体式内孔切槽车刀，由于要适应小孔内切槽，刀杆设计为无刀片支承体结构，加之专门设计的内孔切槽刀片（刀片长度较短，约 10mm），刀杆端面垂直安装等处理，使刀具适用于小孔切槽加工。图 4-117 所示刀具的刀杆直径为 12mm，最小加工孔径为 14mm，算是小径内孔切槽车刀，无刀片支承体的结构使刀片悬伸不宜太长，因此该刀具的切削深度较小。

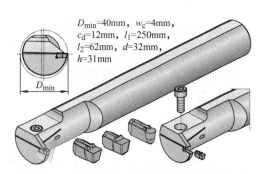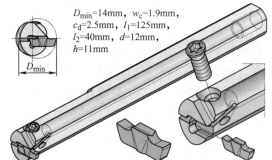

图 4-116　单头单刃刀片整体式内孔切槽车刀　　　　图 4-117　无刀片托整体式内孔切槽车刀示例

4.2.4　刀板式切断与切槽车削刀具结构分析

关于刀板式切断与切槽车削刀具在章节 4.1.3 中已有所涉及，此处进一步深入介绍，为简化叙述，以下刀板式切断与切槽车削刀具简称为刀板式车刀。传统加工高速钢刀具时代基于切断刀条的整体切断刀板可认为是刀板式车刀的雏形，进入数控刀具时代，整体式高速钢刀板已进化为基于切断与切槽车刀刀片设计的机夹可转位结构的刀板式车刀，刀板式车刀的应用离不开的安装刀座也相应变化，如机夹式刀板与刀座也出现有内冷却结构型式。数控时代的刀板式车刀与刀座的组合已具备模块化切断与切槽车刀的基本属性，甚至可以归纳入模块化切断与切槽车刀体系，考虑到刀板式车刀多年来独立发展及其用户的接受程度，这里仍然独立介绍。

1. 典型刀板式切断与切槽车削刀具结构与参数分析

图 4-118 所示为一款基于双头双刃刀片设计的具有内冷却功能的双头切断刀板，这里的双头指的是刀板两头均可安装刀片，该刀具结构设计较为典型与规范。图 4-118a 所示工程图是工程上常用的三视图表示，是刀具商产品样本上常见的表达方式，主要针对较为熟悉刀具知识的用户，不仅可表达刀具结构，且可表达刀具参数，但对不太熟悉刀具知识的用户，其细节的表达略显不足。图 4-118b 所示 3D 图对于初学者或希望进一步了解刀具结构的用户帮助很大，但其绘制复杂，且不便标注刀具参数。因此，许多刀具商以工程图表达为主，配以简单的 3D 图表达结构。

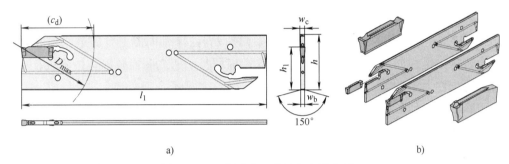

图 4-118　刀板式车刀结构与参数分析
a）工程图　b）3D 图

关于刀具参数，刀板式车刀的主要参数及其表达如图 4-118a 所示。图 4-118a 左视图上的参数包括：w_c、h_1、h、w_b 和 150° 夹角。其中，刀具切削宽度 w_c 等于刀片切削宽度，且一般可以有一定的系列变化供选择；刀具高度 h 参数与装配刀座匹配，常见参数有 26mm 和 32mm 两种，刀尖高度各刀具商略有差异，一般能与自己提供的刀座匹配；刀板宽度 w_b 小于切削宽度约 0.5～1.0mm；下部 150° 为上、下棱台对称斜面的夹角，其半角等于 75°，匹配刀座上装刀部位 75° 角的燕尾槽结构，如图 4-139 所示，实现刀板的夹紧与定位联动。图 4-118a 主视图上的参数主要有刀具长度 l_1 和最大加工直径 D_{max}，也有刀具商用切削深度 c_d 表述，两倍的切削深度就是最大加工直径。另外，注意这里的 D_{max} 是刀具的最大加工直径，实际上图示双头双刃刀片（图 4-118b 左上角所示）自身还有一个最大切削深度限制，若刀具切断式切槽的深度大于刀片切削深度时，应选用双头单刃刀片（图 4-118b 右下角所示），或选用单头单刃刀片型式的刀板式车刀。工程图上一般不宜表达刀片细节，具体结构与参数要查阅相应的刀片参数了解。另外，刀板式车刀还有一个刀片装拆扳手必须了解，各刀具商会在样本上说明，例如图 4-118 所示刀板式车刀的刀片拆装扳手与原理如图 4-32 所示。

关于刀具结构，图 4-118b 所示的 3D 图表达较为详细，包括刀具分解图（爆炸图）与外观图，分解图详细表达了刀片与刀板的装配关系与原理，外观图表现出近乎实际刀具的立体效果，实际中各刀具商的表达略有差异。

图 4-118 所示刀具还有一个内冷区问题，它的结构原理如图 4-45、图 4-46 所示，图

示表达一般较为简洁，图示未表达水道工艺堵头，相关螺纹，主要考虑其结构较小，难以细致表达，但一般会在相关资料中单独细述。

2. 常见刀板式切断与切槽车削刀具结构分析

目前，提供刀板式车刀的刀具商还是较多的。但切断与切槽刀片无标准约束与指导、结构型式多样，且弹性压板刀片拆装原理与结构有差异，导致刀板式切断车刀的结构型式变化较多；另外，刀板体结构要考虑刀座的型式（这部分变化相对较少）。

（1）双头刀片刀板式车刀　我们收集了部分国内外不同结构双头刀片的刀板式车刀，通过图解形式并配以适当文字说明进行介绍。

图 4-119 所示刀板式车刀与图 4-118 刀具属同系列产品，刀片通用，但冷却方案略有差异。刀具的刀片设计有水道（图 4-119 左上角所示），与刀板体上专门的水道相通，切削液可直接供给至前面与切屑之间，尽可能渗入前面与切屑之间需要冷却的部位，不足之处是刀片通用性差。

由于冷区水道加工成本较高，且对车床冷却系统有一定要求，因此，无冷区水道的刀板式车刀依然是大部分刀具商主推的产品。

图 4-120 左上角所示无冷区水道的结构型式在大部分刀具商资料中均可见，其特点是刀板厚度均等，刀板厚度 w_b 略小于刀具切削宽度 w_c，图 4-120 所示刀具 $w_c = 3mm$，而 $w_b = 2.4mm$。刀板厚度均等的刀板，刀具切削深度一般可做得较大，目前刀板厚度均等的刀板车刀，切削宽度一般做到 $w_c = 2mm$ 为止，对于更小切削宽度的刀板车刀，则由于刀板较薄，刚性下降较多，实际加工时刀板悬伸长度不可能太长，为此出现了图 4-120 右下所示兼顾小切削宽度与刀板刚性的增强型刀板式车刀，图 4-120 所示刀具的切削宽度 $w_c = 1.4mm$，刀板厚度 $w_b = 2.5mm$，刀片支承体厚度 $w_{b1} = 1.0 \sim 1.1mm$。当然，增强型刀板式车刀的切削深度是受结构限制的，图 4-120 所示刀具 $D_{max} = 26mm$，这个参数值各刀具商略有差异。

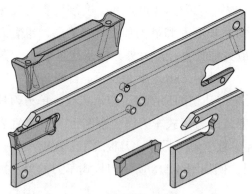

图 4-119　双头刀片刀板式车刀示例 1

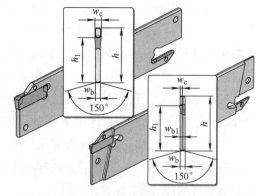

图 4-120　双头刀片刀板式车刀示例 2

图 4-120 右下所示增强型刀板式车刀是针对小切削宽度刀具而言，实际中，图 4-120 左上刀杆厚度均等型刀板式车刀，在切削宽度不大（如 $w_c = 2mm$、3mm、4mm）、切削力较大时，刀具刚性仍显不足，为此，出现了刀板装夹部分加厚增强型刀

板车刀，如图 4-121 所示。

图 4-121 所示增强型刀板式车刀，由于刀具具有偏置结构，因此，这种刀具存在加工方向，刀具为右手型（R 型），注意其切削方向是基于刀板安装在刀座的状态定义的。该系列产品较为完整，有单头与双头型式，分右手刀 R 与左手刀 L 切削方向，刀板高度 h 有 26mm 和 32mm 两种规格，切削深度有超过刀片切削深度（左、中图）和等于刀片切削深度的型号（右图）。对于切入式切槽深度超过刀片切削深度的加工，建议选用双头单刃刀片（图左上角处左侧刀片）。刀板体截面图显示，刀板体单侧上、下斜削边 15°，另一边仅仅只有一个小工艺倒角，刀板体增强体厚度 b 为 8mm 左右，刀具切削宽度 w_c 有 2mm、3mm、4mm 规格，刀板厚度 w_b 比对应切削宽度小 0.4 ~ 0.6mm。

图 4-122 所示刀具为具有螺钉夹紧的增强型刀板式车刀，螺钉夹紧机构刀片夹紧力更大，圆弧增强结构可最大限度地增强刀板的刚性。另外，刀具为普通的圆弧增强结构，右侧刀具进一步增加了小切削宽度，可认为是阶梯增强结构，它是为图 4-14b 中所示窄切削宽度刀片而设计，图 4-122 所示刀片切削宽度为 1mm。

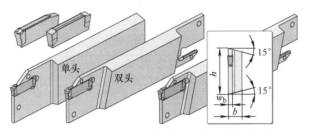

图 4-121　双头刀片刀板式车刀示例 3（右手刀）

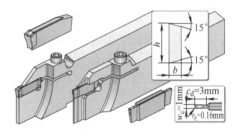

图 4-122　双头刀片刀板式车刀示例 4

图 4-118 ~ 图 4-122 所示几例刀具的刀片为同大类产品，刀片可相互通用，刀片均为上 / 下双 V 形卯结构，结构型式如图 4-22a 所示，图 4-119 右下角为刀片装夹结构与原理，可参见图 4-49a 文字说明。

图 4-123 所示刀板式车刀的刀片采用上 / 下半圆卯双头双刃结构型式，如图 4-22d 所示。为克服双头双刃刀片切削深度受限制的问题，其同样具有双头单刃结构型式供选择，如图 4-123 左上角处右侧刀片。刀片装夹结构与原理如图 4-51 所示。刀具结构型式有双头与单头型式，图 4-123 中刀具高度 h = 26mm 规格的为单头结构，h = 32mm 规格的为双头结构，刀具切削宽度 w_c 有 1.4mm、2mm、3mm、4mm、5mm、6mm 和 8mm 等多种规格，且 w_c = 8mm 刀板式车刀为螺钉辅助夹紧型，结构类似于图 4-122。其 w_c 有 2mm、3mm、4mm、5mm、6mm 等规格，常用规格中还有内冷却式刀板式车刀供选择。

前述刀板式车刀是通过选装双头单刃刀片实现较大切削深度切入加工的，而图 4-124 所示刀具则是通过双头扭曲刀片实现较大切削深度的加工，双头扭曲刀片的结构与原理如图 4-14g 和图 4-15 所示。这种刀片装夹结构依然采用上 / 下双 V 形卯结构，只是刀具安装时刀片偏转了一个角度，避免了后切削刃的干涉问题，实现了刀片切削深度不受限制。图 4-124 中右下为刀片装夹原理分解图，左上为刀片放大图，中间圆形放大图为刀板前向放大视图。

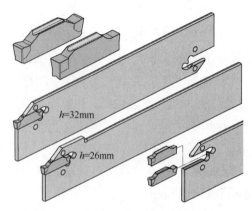

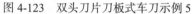

图 4-123　双头刀片刀板式车刀示例 5

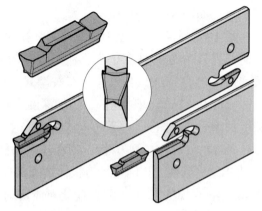

图 4-124　双头刀片刀板式车刀示例 6

图 4-125 所示刀板式车刀是基于双头双刃刀片（图 4-17）设计的刀板式车刀。实际上刀板式车刀的切削深度可做得较大，但对于切入式切断加工，切削深度受刀片切削深度限制，可选装双头单刃刀片（图 4-18）。图 4-125 中左上角处分别显示了双头双刃、双头单刃（包含方形刃与圆弧刃）刀片，与图 4-126 所示刀板式车刀刀片通用，但夹紧力较小，因此刀板的切削深度较小，在这样短悬伸长度下，借助刀座压板的压力，可获得较大的刀片夹紧力。对比两同规格刀板的参数可体会其特点，以主参数 $w_c = 3mm$、$h = 32mm$ 刀具为例，图 4-125 所示刀具的 $c_d = 25 \sim 50mm$，而图 4-126 刀具的 $c_d = 15 \sim 19mm$，相差较为明显，以上切削深度上限值主要用于切断时切槽，车槽加工建议不超过下限值。图 4-126 所示刀具看似不占优势，但实际上由于其夹紧力有刀座辅助，夹紧力更大，（图 4-143）因此在车槽加工时的切削用量可更大。

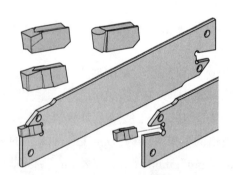

图 4-125　双头刀片刀板式车刀示例 7

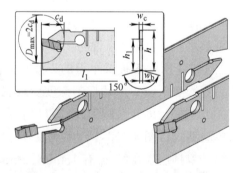

图 4-126　双头刀片刀板式车刀示例 8

图 4-127 所示刀具的刀片为图 4-13 所示的上 / 下圆弧 V 形安装面双头结构，这种刀片的装夹可靠性很好，刀片装夹结构与原理如图 4-53a 所示。注意，这种刀具的刀片较短，刀片切削深度较小，且无双头单刃刀片可选，因此这种刀具在切断式切槽加工时优势不甚明显。但其弹性压板缺口槽较深，刀板前端与刀板体等高，因此它也可以借助安装刀座的压板辅助夹紧，刀具可承受较大的横向切削力，故这种刀板切断时切槽深度较小，但车槽加工的效果较好。

图 4-128 所示刀具是在连体弹性自夹紧基础上增设了螺钉夹紧，主要特点是夹紧力很大，主要用于切削力较大的重载加工，或切削宽度较大的刀板车刀上。图 4-128 所示刀具的主要参数为 $w_c = 8mm$，$h = 52.6mm$，$c_d = 70mm$。

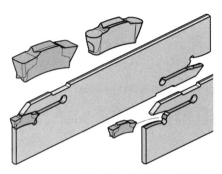
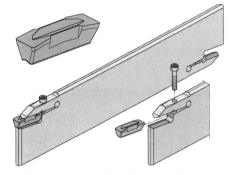

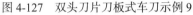

图 4-127　双头刀片刀板式车刀示例 9　　　　图 4-128　双头刀片刀板式车刀示例 10

（2）单头刀片刀板式车刀　单头刀片自身无切削深度限制，因此设计制作的刀板式车刀切削深度仅取决刀板式车刀自身切削深度，故这种刀板式车刀在切断加工时效果较好。作为专业化的刀具商，其同类产品一般均系列化设计，以下相关叙述可见这种设计思想。

图 4-129 所示刀具为图 4-39a 所示刀具同系列产品，刀片采用图 4-20f 所示结构，该刀片为上 / 下 V 形榫台结构，刀片装夹原理分析参阅图 4-65 及其说明。图 4-129 中，左侧刀板厚度均等型（又称直通型或直型）为基本型，多用于切削宽度 w_c 在 2mm 以上的刀板车刀，对与更小的刀板，多采用头部局部减薄型式（即增强型），如图 4-129 中 $w_c = 1.4mm$ 的刀板式车刀，夹持部分厚度为 1.8mm，头部减薄处厚度为 1.1mm，此时，刀板的切削深度受限于减薄部分的长度，刀具切削深度 $c_d = 15mm$（即 $D_{max} = 30mm$）。另一种增强型是刀板夹持体部分增厚型，主要针对切削宽度为 $2 \sim 4mm$ 的基本型刀板，为增强刀板刚度而设计，如图 4-129 中右侧图例所示，它有双头与单头结构两种，头部结构有圆弧与斜线两种过渡型式，由于前端刀片托与后端夹持体为偏置结构，因此这种刀板有左、右手切削方向型结构。

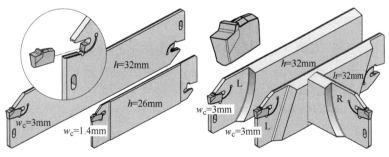

图 4-129　单头刀片刀板式车刀系列示例 1

图 4-130 所示刀具为图 4-46 所示刀板式车刀同系列产品，该系列刀具的刀片结构型式如图 4-21 所示，刀片为上 / 下 / 后三面 V 形榫台结构，有内冷却专用刀片，刀片

装夹原理分析参阅图 4-66 及其说明。图 4-130 中序号②刀板厚度均等型双头直型刀板式车刀为基本型，图 4-46 所示的刀具是其变化型之一，而图 4-130 中序号①刀具为头部减薄的增强型刀板图例，序号③刀具为刀板夹持体增厚的增强型内冷却刀板式车刀，另外图中还可看到外冷却与内冷却刀片、方形与圆弧刃刀片、左右余偏角刀片等图例。

图 4-131 所示刀具为图 4-45 所示刀板式车刀同系列产品，该系列刀具的刀片结构型式如图 4-20d 所示，为前水平后垂直 V 形卯槽结构，刀片装夹原理分析参阅图 4-77 及其说明。图 4-131 中序号①刀板厚度均等的双头直型刀板式车刀为基本型，图 4-45 所示刀具是其变化型之一，而图 4-131 序号②刀具为头部减薄的增强型刀板式车刀，图 4-131 中序号③和④分别为刀板夹持体增厚的增强型内冷却刀板式车刀，包括单头与双头刀板式车刀。

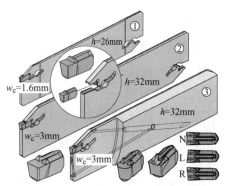

图 4-130　单头刀片刀板式车刀系列示例 2

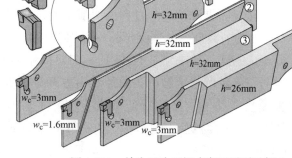

图 4-131　单头刀片刀板式车刀系列示例 3

图 4-132 所示切断刀板式车刀的刀片采用如图 4-20e 所示结构，以倾斜姿态安装，刀片结构为上 / 下 / 后三个 V 形卯槽结构，刀片装夹原理分析参阅图 4-76 及其说明。刀具的切削宽度 w_c 有 3mm、4mm、5mm、6mm 等多种规格，并提供不同余偏角刀片供切断加工选用，比较适合切断加工。

图 4-133 所示刀板式车刀的刀片采用如图 4-20b 所示结构，以倾斜姿态安装，装夹结构为上 / 下 / 前三个 V 形卯槽结构，图 4-133 中箭头所指为刀片上前端 V 形卯槽结构位置，其刀片装夹原理与图 4-132 所示结构有异曲同工的效果。刀具切削宽度 w_c 系列为 1.4mm、2mm、2.5mm、3mm、4mm、5mm、6mm，其中 2.5mm 及其以下宽度为增强型结构，图 4-133 所示为 $w_c = 2.5mm$ 规格的增强型刀板式车刀。

（3）短型单头刀板式车刀　前述刀板式车刀示例中的单头刀板式车刀均属双头刀片变型，装夹刀座可共用。部分刀具商还提供一种短型单头刀板式车刀，长度等于或小于双头刀板式车刀长度的一半，并配专用的刀座供匹配使用。图 4-134a ～ d 刀片的结构型式分别对应图 4-20a、图 4-20d、图 4-13 和图 4-17，其装夹原理在前述中已有类似分析，这里不再赘述。

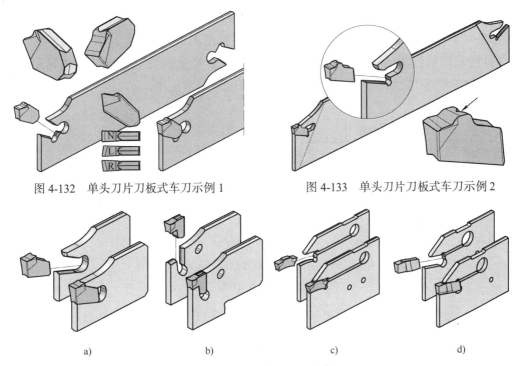

图 4-132　单头刀片刀板式车刀示例 1　　　　图 4-133　单头刀片刀板式车刀示例 2

a)　　　　　　　　b)　　　　　　　　c)　　　　　　　　d)

图 4-134　短型单头刀板式车刀

以上介绍的均为外圆切槽刀板式车刀，应用较为广泛。

（4）内孔切槽刀板式车刀　刀板式车刀，经过适当控制长度，合理设计装夹刀座，同样可以制作出内孔切槽刀板式车刀。这里先介绍内孔切槽刀板式车刀图例，如图 4-135 所示，后续研习完其配套刀座后就可很快理解它的结构与工作原理。

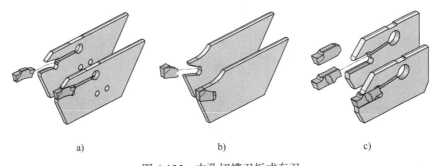

a)　　　　　　　　　　b)　　　　　　　　　　c)

图 4-135　内孔切槽刀板式车刀

（5）端面切槽刀板式车刀　刀板式结构经过适当设计也可制作出端面切槽刀板式车刀，当然要有相应的刀座配套，以下提供几例供研习。

图 4-136 所示为一把双头端面刀板式切槽车刀，两端刀头的刀片支承体部分有端面切槽所需的圆弧体结构，且有左手与右手切削方向刀具，而中间刀板装夹部分仍按前述外圆刀板式车刀型式设计，配上适当的刀座可构造出直型和直角型端面车刀。刀具刀片为单头单刃型式，结构如图 4-20a 所示，装夹结构为上 / 下 / 前三个 V 形榫卯槽定位，弹性压

板自夹紧方式。图 4-136a 所示工程图显示了这类刀具的主要参数，包括刀头部分的参数：切削宽度 w_c、刀尖高度 h_1、切削深度 c_d 和切入直径范围 $D_{min} \sim D_{max}$，中间刀板体装夹参数 h（参数 h 常见值为 26mm 和 32mm），以及刀具总体参数长度 l_1 和刀板体宽度 w_b 等。另外，还有刀板体上、下倾斜面参数（图中为示出），可参见图 4-118a。

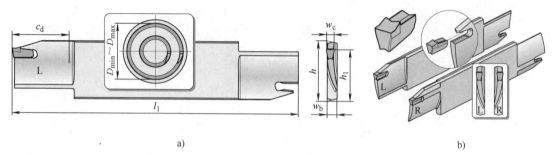

a)　　　　　　　　　　　　　　　　　　b)

图 4-136　端面切槽刀板式车刀结构与参数（左手刀）

a）工程图　b）3D 图

　　图 4-137 所示端面切槽刀板式车刀包括双头刀板式车刀和单头增强型刀板式车刀两种，刀片为图 4-20d 所示结构的改进型，改进的目的主要是为避免端面切槽两侧面干涉，具体为高度缩短，特别是前段切削部分的高度适当缩短，同时将后端较长部分下端两侧内斜削边，如图 4-137b 刀片放大图所示。刀片装夹结构为前水平 / 后垂直 V 形卯槽结构，刀片装夹原理参见图 4-86 及其分析。图 4-137a 所示双头刀板式车刀的总体结构与图 4-136a 基本相同。图 4-137b 所示为单头增强型刀板式车刀，其装夹部分刚度大大增加，加之刀片本身就适用于重载切槽加工，所以该刀板在重载切削加工时效果较好。

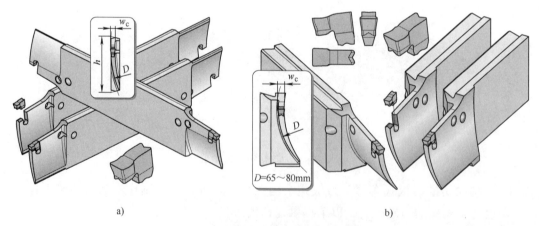

a)　　　　　　　　　　　　　　　　b)

图 4-137　端面切槽刀板式车刀（左手刀）

a）双头刀板式车刀　b）单头增强型刀板式车刀

　　图 4-138 所示为双头双刃刀片的端面切槽刀板式车刀。图 4-138a 为双头扭曲刀片刀板式车刀，刀具切削深度不受刀片限制，可做得较大；图 4-138b 所示为改进型的双头刀

片刀板式车刀，改进的目的是为适应端面切槽需要，将刀片切削部分高度减小，避免端面切槽两侧与槽侧圆弧面的干涉，而刀片中间装夹部分高度若同步减小，则将对装夹稳定性产生较大影响，因此其做法是高度不变，将宽度减少，如图 4-138 所示刀具刀片的切削宽度 w_c 为 2mm，刀片中间体宽度约 1.2mm，这两点改进在图 4-138b 左上角刀片图中可看出。图 4-138c 所示为单头增强型刀板式车刀，它与图 4-138b 刀具为同系列产品，重点注意其刀板体增强的结构设计。

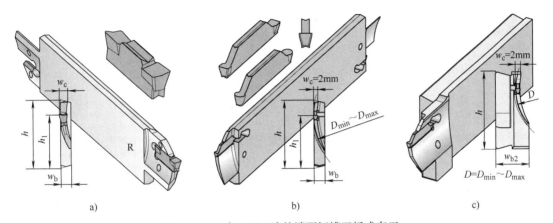

图 4-138　双头双刃刀片的端面切槽刀板式车刀

a) 双头扭曲刀片刀板式车刀　b) 改进型双头刀片刀板式车刀　c) 双头刀片单头增强型刀板式车刀

理论上说，前述的整体式端面车刀均可拓扑变换为刀板式端面车刀，但需要配套设计刀座，目前而言，制作端面切槽式刀板车刀的厂家还不太多。

3. 刀板式车刀刀座结构分析

刀板式车刀刀座（以下简称刀座），也称刀架，是刀板式车刀应用的必备品，原则上讲，选用刀板式车刀时尽可能选用原厂匹配的刀座，以下列举部分刀座，重点介绍其结构，不对与其匹配的刀板式车刀结构进行过细的分析。关于刀座，图 4-39b 和图 4-47 所示已举例讲解了两个典型刀座，以下继续介绍几例刀座。

（1）连体压板刀座　图 4-139 所示为一个典型刀板式车刀用刀座。图 4-139a 所示为其工程图，其中尺寸 h 和 b 为刀板安装尺寸，主要尺寸 h 与刀板相应尺寸匹配；尺寸 h_1 对应刀板式车刀的刀尖高度，该尺寸大部分刀具商基本相同，可以通用；尺寸 H 和 B 尺寸对应前述整体车刀方形截面刀杆尺寸 h 和 b，刀板安装槽燕尾夹角 75° 对应刀板上、下棱台夹角 150° 的一半，该值为默认值，可以不标注，H_3 和 F 为刀板位置尺寸，H_2 和 B_2 为总体尺寸。图 4-139b 所示为刀座原理与结构图，图中压板与刀座体为连体结构，通过开设适当的压板弹性槽，使连体压板在夹紧螺钉的作用下弹性变形压紧刀板体，由于该压板较长，因此中间截断式开槽，将压板分立为两块独立的连体压板，分别用两个螺钉压紧，可更好地控制刀板上的夹紧力和作用点。

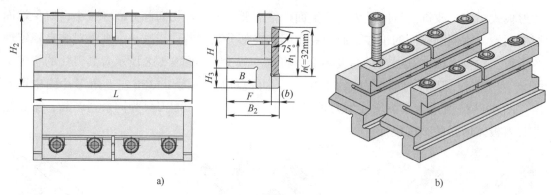

图 4-139　连体压板刀座示例 1

a）工程图　b）3D 结构原理图

图 4-140 所示刀座也为连体压板型刀座，它与图 4-139 所示刀座的差异点有两处：一是连体压板按每个螺钉独立施压夹紧而分割为三段，各夹紧螺钉可单独控制夹紧点与夹紧力；二是夹紧螺钉适当外倾斜，夹紧时压板受力更为合理。

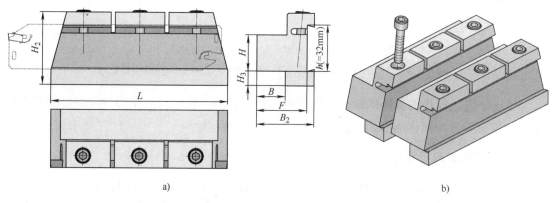

图 4-140　连体压板刀座示例 2

a）工程图　b）3D 结构原理图

连体压板的优点是压板不会丢失，夹紧操作方便。

（2）整体压板刀座　图 4-141 所示刀座压板与刀座体独立设计，但压板为整体结构，通过 3 个螺钉夹紧刀板，图 4-141b 所示为该刀座应用示例，其夹紧的刀板式车刀如图 4-130 中序号③所示的内冷却刀板式车刀。

图 4-142、图 4-143 两款刀座也为整体压板刀座，但压板做了连体分割处理。图 4-142 所示刀板装夹参数 $h=26\text{mm}$，布置了 3 个夹紧螺钉，同时在刀板上开设了两个弹性分隔槽，因此虽然是整体压板，但夹紧时 3 个夹紧螺钉可以较好地控制夹紧力的位置与大小，图 4-142 中夹紧的刀具为图 4-123 中 $h=26\text{mm}$ 的刀板式车刀。图 4-143 所示刀座的压板用了 4 个夹紧螺钉，但仅开设了 2 条弹性分割槽，因此可认为中间 2 个夹紧螺钉控制的中间段压板为主夹紧段，以夹紧为主，而外侧两端分别由独立的螺钉夹紧，可单独控制夹紧点段的夹紧力，图 4-143 中应用示例装夹的是图 4-126 所示的刀板式车刀，这款

刀板式车刀弹性夹紧力不是很大，应用时刀具悬伸长度不宜太长，这样前端的螺钉可辅助夹紧刀片，且夹紧力大于纯弹性自夹紧的刀板车刀。

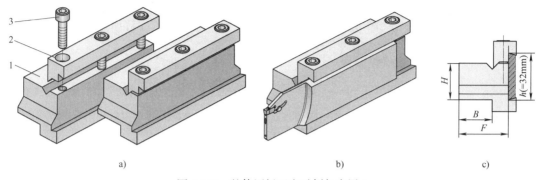

a)　　　　　　　　　　　　　　b)　　　　　　　　　　　c)

图 4-141　整体压板刀座示例与应用 1

a）原理与结构图　b）应用示例　c）端面视图

1—刀座体　2—压板　3—螺钉

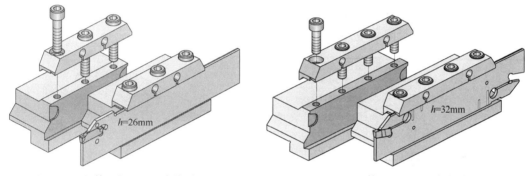

图 4-142　整体压板刀座示例与应用 2　　　　　图 4-143　整体压板刀座示例与应用 3

图 4-144 所示刀座与图 4-141 所示刀座的差异是夹紧螺钉外倾斜设置，对刀板的装夹定位和夹紧更为有利。另外，图 4-144 中的刀具为图 4-123 中 $h=32$mm 的刀板式车刀。

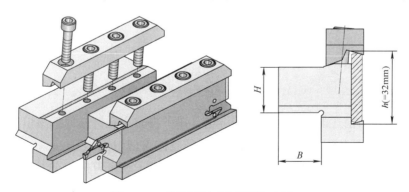

图 4-144　整体压板刀座示例与应用 4

图 4-145 所示刀座的压板改为水平夹紧，夹紧刀板时类似于斜楔夹紧，夹紧力较大，可用于重载加工场合，图 4-145 所示刀具装夹的刀板是图 4-136 所示的端面切槽刀板式车刀。

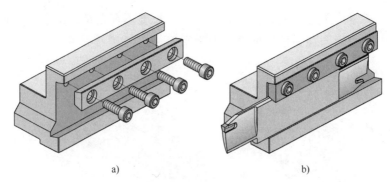

图 4-145   整体压板刀座示例与应用 5

a）分解图　b）应用示例

（3）分离压板刀座   图 4-146 所示刀座为一款具有内冷却功能的刀座，各压板采用分离设计，由独立的螺钉夹紧，其内冷却原理在图 4-47 中已做过介绍，使用时拆下所需冷却水道的螺塞 5，换上管接头及其冷却管路，装刀时只需刀板上切削液入口对应在密封圈 4 所对应的区域即可实现刀板车刀的内冷却工作。图 4-146b 应用示例显示的内冷却刀板式车刀的冷却水道详见图 4-46。

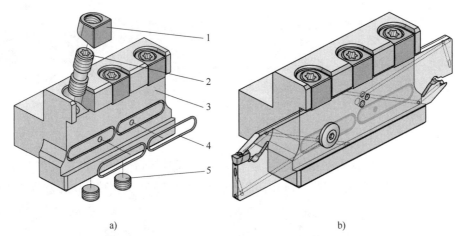

图 4-146   分离压板刀座示例

a）结构原理图　b）应用示例

1—压板　2—双头螺钉　3—刀座体　4—密封圈　5—螺塞

（4）其他刀座   前述的刀座为常见的结构，以下再介绍几例其他刀座示例。

1）直型刀座，其装配后刀具结构类似于前述整体直型切槽车刀。

图 4-147 所示刀座前端刀头部分有一个连体压板用于装夹刀板式车刀，后端刀体部分类似于高度大于宽度的矩形方杆截面刀杆，装夹槽为直通结构，主要用于双头切断刀板式车刀的装夹，图 4-147 中的刀板式车刀为图 4-120 右侧所示刀具，装夹刀板式车刀后，结构类似于前述的外圆车刀的直头型结构。

图 4-148 所示刀座结构类似于整体直头型车刀结构，但其前端刀头部分可装夹图 4-134a、b 所示短型单头刀板式车刀，后部刀体部分为典型整体车刀的方截面刀杆。

图 4-149 所示刀座结构类似外圆车刀的偏头型结构，刀头类似于图 4-141 所示刀座结构，采用整体式压板，用两个螺钉夹紧，夹紧力稍大，刀座上装夹槽虽然较短，但为直通结构，因此可装夹通用的双头型刀板和短型单头刀板，如图 4-149 所示，分别装夹了图 4-134c 和图 4-138 所示的车刀。

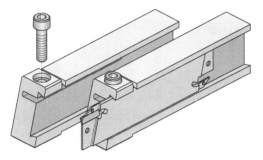

图 4-147　直型刀座及其应用（直头型）

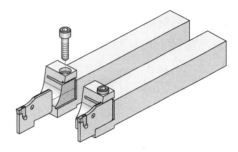

图 4-148　短型单头刀座及其应用

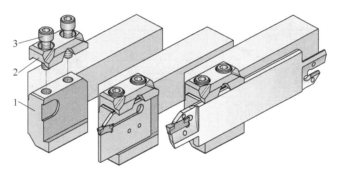

图 4-149　直型刀座及其应用（偏头型）

1—刀座体　2—压板　3—螺钉

2）直角型刀座，其构造出的切槽刀类似于前述整体直角型外圆与端面切槽车刀。图 4-150 所示为直角型刀座，通过连体压板螺钉夹紧，可用于安装不同的刀板式车刀，构造出图 4-150 所示的直角型外圆切槽车刀和直角型端面切槽车刀，图 4-150 中的刀具分别为图 4-131 和图 4-136 所示刀板式车刀。

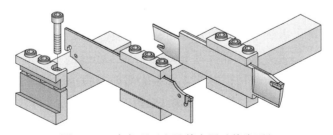

图 4-150　直角型刀座及其应用（偏头型）

3）内孔切槽刀座，其构造出的切槽刀类似于前述整体式内孔切槽车刀，如图 4-135

所示，配用适当的刀座即可。图 4-151 所示为某内孔切槽刀板式车刀座，刀板选用图 4-135c 所示内孔切槽刀板式车刀，注意刀板式车刀安装时伸出长度 c_d（即前述整体车刀的切削深度）是刀具应用时需要考虑的参数之一，太长可能进入不了孔或刀板式车刀装夹稳定性不好。作为每种型号的刀板式车刀，悬深长度本身是有一个范围的，在这个范围内，刀具商还会给出一个图表供调整参考，例如图 4-151 所示刀具的图表叠加在图中，假设待加工槽的槽深 $h = 12.7\mathrm{mm}$，孔径 $D = 60\mathrm{mm}$，则查表可看到两参数的交点与 $c_d = 16\mathrm{mm}$ 的曲线重合，即刀板式车刀安装悬伸长度 c_d 取 16mm。刀板悬伸长度范围 $c_d = 14.5 \sim 19.5\mathrm{mm}$，刀座镗杆直径 $d = 40\mathrm{mm}$，最小加工直径 $D_{\min} = 50\mathrm{mm}$，图中也可见加工直径范围为 50 ～ 150mm。

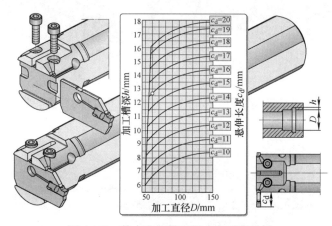

图 4-151　某内孔切槽刀板式车刀座示例

4.2.5　模块化切断与切槽车削刀具结构分析

模块化刀具相对于整体式刀具，可大大降低刀具型号的数量，因而受到刀具商的重视，切断与切槽车刀也不例外。图 4-40 所示的车刀已对模块化结构做了简要介绍，所谓模块化结构就是将刀头（又称刀板，即工作部分）与刀体（又称刀座或刀杆，即装夹部分）分开设计，两者之间设计一个相对通用的接口结构与参数，这样刀头部分可设计出各种刀片、不同切削宽度和切削深度、外圆与端面刀头结构等，而刀体部分主要根据不同车床刀架结构设计。如此组合，可用最少数量的刀体与不同的刀头组合出各种加工所需的切断与切槽车刀。此处介绍除刀板式车刀及其刀座之外的模块化切断与切槽车刀。

图 4-152 所示模块化切断与切槽车刀示例，刀体有直型 2 与直角型 8 两种，且有左手（L）、右手（R）结构，刀板方形截面尺寸 $h \times b$ 主要有 25mm × 25mm 和 32mm × 32mm 两种。刀头型式主要有直型切断与切槽刀头 3 和端面切槽刀头，包括内扫型端面槽刀头 5 和外扫型端面槽刀头 6，均有左、右手型，图 4-152 中刀体和刀头上标注的 R 和 L 分别为右手型与左手型。刀头系列变化包括：切削宽度与切削深度的变化，端面切槽刀头加工直径的变化等。刀头夹紧采用三个螺钉夹固，包括两个沉头螺钉 4 水平方向夹紧，垂直方向夹紧螺钉 1 前倾斜布置，保证刀头下、后侧面与刀体接触夹紧，注意刀体上刀头装夹

槽在纵、横向均采用 V 形槽结构，以确保刀头装夹后空间位置的唯一性，同时注意，夹紧螺钉 1 在夹紧刀头的同时兼顾夹紧刀片。在图 4-152a 直型结构的示例中，注意其刀体与刀头切削方向相同，均为 R 型，组合后的车刀为直型右手型模块化切槽与切断车刀。在图 4-152b 直角型结构的示例中，注意其刀体与刀头切削方向相反，即右手型刀体配置左手型刀头。在图 4-152c 所示的刀体与刀头组合图中，清晰地显示了刀体与刀头配置情况。图 4-152 所示刀片的装夹结构为上半圆榫/下 V 形榫结构（图 4-22c），其装夹原理如图 4-48 所示。

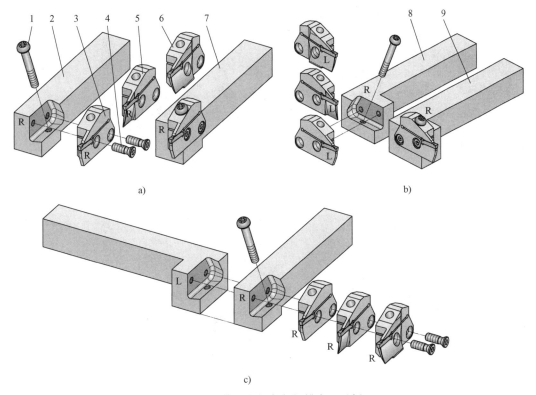

图 4-152　模块化切断与切槽车刀示例 1

a）直型　b）直角型　c）组合图

1—夹紧螺钉　2—直型刀体（R 型）　3—直型刀头　4—沉头螺钉　5—内扫型端面槽刀头　6—外扫型端面槽刀头

7—直型车刀组合示例　8—直角型刀体（R 型）　9—直角型车刀组合示例

　　图 4-153 所示模块化切断与切槽车刀是基于图 4-21 所示的单头刀片设计的，结构与图 4-152 类似。刀头与刀体的结构略有差异，由图 4-153 可见，刀头夹固螺钉为三个水平布置的沉头螺钉，其中上面一个螺钉压紧的刀头沉孔为开放的半边形状，该螺钉压紧刀头的同时，基于沉孔斜面产生横向分力通过弹性压板夹紧刀片，这种夹紧方式使刀头夹固的稳定性更好，刀具商资料显示其用于刀片切削宽度 w_c 为 6mm 和 8mm 的切断与切槽车刀，图 4-153 中刀头 w_c 为 6mm。图 4-153 所示刀具的刀片可制作内冷却刀具，分解图中刀体与刀头结合平面左上角可以看到一个阶梯沉孔形切削液供应孔，使用时将它放入 O 形圈密封可防止刀体与刀头结合面泄漏。与其他模块化车刀类似，本刀具刀头也可分为直

型和直角型结构,并已系列化。图 4-153a 为直型刀体与刀头匹配关系。图 4-153b 为直角型刀体与刀头的匹配关系。注意,刀体与刀头匹配关系也与其他模块化车刀类似,即直型刀具的刀体与刀头的切削方向相同,如图 4-153a 中右手型刀体匹配右手型刀头;而直角型刀具的刀体与刀头的切削方向是相反的,如图 4-153b 显示的是右手型刀体匹配左手型刀头。另外,该系列刀具的刀片具有内冷却功能,因此,该型式的刀具系列更多是制作成具有内冷却功能的切断与切槽车刀,图 4-153 中未显示刀具的冷却系统。

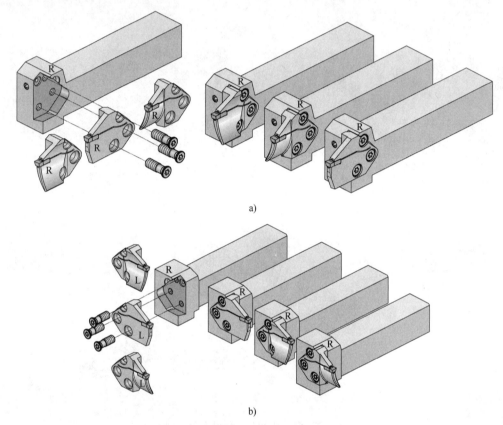

a)

b)

图 4-153 模块化切断与切槽车刀示例 2

a)直型 b)直角型

图 4-154 所示车刀与其他模块化切断与切槽车刀的主要差异是刀头与刀体结构,本刀具刀体上刀头固定槽为柱状单向的 V 形槽结构,刀头在夹紧螺钉与切削力的作用下,刀头的空间位置依然是唯一的。本刀具的刀体规格与型式的变化与上两例类似,也有直型与直角型及左、右手型式。刀头变化是该模块化刀具体系的特点,图 4-154 所示的刀片采用图 4-13 所示上 / 下圆弧 V 形安装面结构,装夹结构为上 / 下 V 形榫卯型式,刀片装夹原理参见图 4-53a 及其说明。图 4-154 所示刀头的装夹依然是水平方向两个螺钉 5 和垂直带外倾斜安装的螺钉 3,其中螺钉 3 夹紧刀头的同时兼具完成刀片的夹紧。

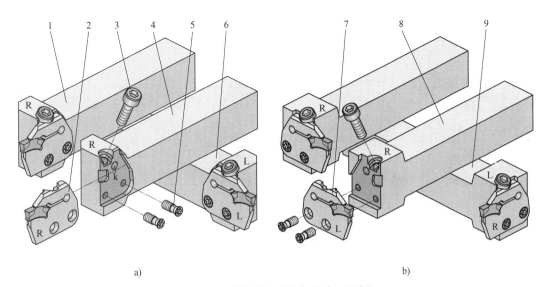

图 4-154　模块化切断与切槽车刀示例 3

a) 直型　b) 直角型

1—直型组合（R 型）　2—直型刀头（R 型）　3、5—螺钉　4—直型刀体（R 型）　6—直型组合（L 型）　7—直型刀头（L 型）
8—直角型刀体（R 型）　9—直角型组合（L 型）

　　注意到图 4-154 中拧入螺钉 5 的螺孔之上还有一个螺孔 k 未用，该螺钉孔应用的图例如图 4-155 所示，这也说明该模块化刀杆可与多种刀头匹配。图 4-155 中刀头为中置型切断与切槽结构，切削宽度 w_c 在 1.4 ～ 5.5mm 范围内有多种规格，图 4-155 中刀具切削宽度 w_c 为 3mm。该刀头体较薄，通过横向三个螺钉压紧，螺钉根据需要可为圆柱头或沉头螺钉，图 4-155 中刀头采用圆柱头螺钉压紧，可获得较大的夹紧力。关于刀体与刀头配置问题，读者可根据前述分析自行研习。前述谈到该模块化车刀的特点是刀头的变化，如图 4-155 所示刀头不仅接口结构略有不同，刀片结构型式也完全不同，图 4-155 中的刀片为图 4-20d 所示的前水平 V 形卯槽，后垂直 V 形卯槽结构，刀片装夹原理如图 4-77 所示。

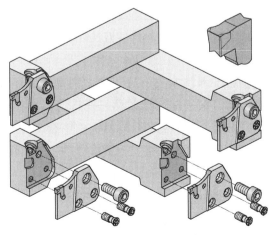

图 4-155　模块化切断与切槽车刀示例 4

图 4-156 为图 4-155 所示刀体匹配的其他刀头变化示例,供参考,可看出模块化刀具的奥妙之处,但这一般在同一刀具商产品中体现。

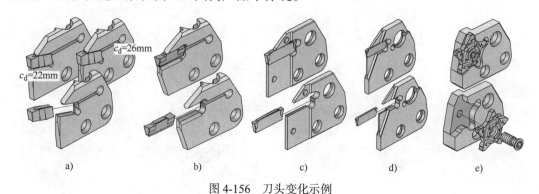

图 4-156　刀头变化示例

图 4-156a 所示刀头采用直型结构,刀片为双头双刃翻转转位结构,这种刀片自身存在切削深度限制,当刀具加工切削深度大于刀片最大切深时,建议选用双头单刃型结构,如图 4-18 所示。图 4-156a 所示切削深度 c_d = 22mm 的刀头就有可能出现切削深度大于刀片切削深度的问题。

图 4-156b 所示刀头采用直型结构,刀片为图 4-14g 所示双头扭曲型双头双刃结构,这种刀片的优点是刀片自身切削深度不受限制,因此可用于较大切削深度的刀头,图 4-156b 所示刀头的切削宽度 w_c 变化范围为 3 ～ 6mm,切削深度为 22mm。

图 4-156c 所示刀头采用直型增强型结构,刀具切削宽度 w_c 为 2mm 左右。

图 4-156d 所示刀头采用直型增强型结构,刀具切削宽度 w_c 为 1.4mm 左右,注意到刀体上部的大孔为断开型,其目的是辅助刀片压紧,但匹配的螺钉必须是沉头结构,螺钉旋入大孔后,借助锥孔扩张产生横向分力,基于杠杆原理夹紧刀片。

图 4-156e 所示刀头采用五刃可转位刀片,可获得较好的性价比。

图 4-157 所示车刀为同一结构系统不同模块的组合示例,该模块系统的接口装夹原理为定位采用"平面 + 槽 + 端面"的形式限制六个自由度,再利用两个螺钉压紧刀头,确保装夹位置的唯一性。图 4-157a、b 所示为同一刀头不同刀体的组合,图 4-157a 组合可获得圆截面刀杆端面切槽车刀,此处刀头的刀片采用了图 4-14g 所示的双头扭曲刀片,由于组合结构的限制,切削槽深 c_d 不仅取决于刀头的切削槽深,还受到组合后刀头尺寸 l_2 的影响;图 4-157b 所示为相同刀头选配方形截面刀杆构造出内扫型直型和直角型端面切槽车刀。图 4-157c、d 所示为相同刀杆匹配不同刀头的组合,图 4-157c 所示是直型与直角型方形截面刀杆选配外扫型刀头构造出直型与直角型外扫型端面切槽车刀,图 4-157d 所示是选配内扫型刀头构造出的方形截面刀杆直型与直角型内扫端面切槽车刀。

图 4-158 所示为模块化端面切槽车刀示例,图 4-158a 所示为圆截面刀杆直型结构端面切槽车刀示例,接口定位采用长圆柱面与端面,夹紧螺钉 1 兼顾径向转动定位,虽然存在螺钉过孔间隙的定位误差,但反映到切削刃的位置变化很小,不影响刀具的切削加工。图 4-158b 所示为方形截面刀杆构造出的直角型结构端面切槽车刀示例,方螺母 6 放入刀

杆体上开设的槽中（图中未示出槽），螺钉 8 穿过刀头与刀体上相应的孔与方螺母 6 旋紧夹固刀头。该车刀的刀头选用的是单头型刀片，因此刀头的切削深度可以做得较大。

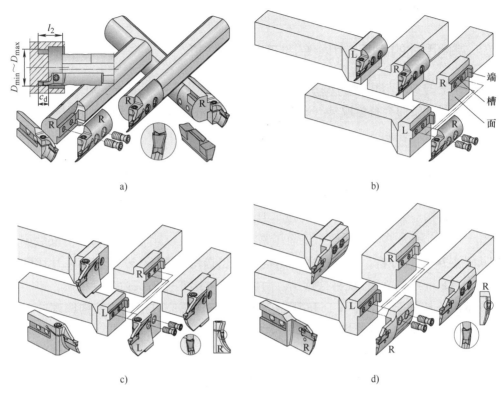

图 4-157　模块化外圆、端面切槽车刀示例

a）圆截面刀杆直型结构　b）方形截面刀杆直型和直角型结构　c）选配外扫型刀头　d）选配内扫型刀头

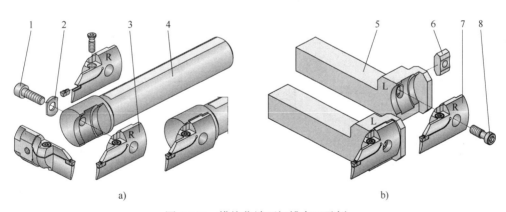

图 4-158　模块化端面切槽车刀示例

a）圆截面刀杆直型结构　b）方形截面刀杆直角型结构

1、8—螺钉　2—垫圈　3、7—刀板（R 型）　4—圆刀杆（R 型）　5—方刀杆（L 型）　6—方螺母

　　通过以上几款模块化切槽车刀介绍了模块化切断与切槽车刀的结构和工作原理，对于切断与切槽车刀而言，由于切削宽度多规格变化，外圆、端面与内孔等加工特征的不同，

若仅用经典的整体式刀具结构，必然需要大量不同规格与型式的刀具，因此各刀具商热衷于开发模块化刀具。但由于模块化结构无标准约束，且专业化程度较高，因此各刀具商开发出的模块化刀具并不通用，研习与选用时要以刀具商的资料为准。

4.2.6 其他型式的切断与切槽车削刀具结构分析

以上介绍的切断与切槽车刀结构型式相对规范，大部分刀具商均有类似产品供选用。下面再介绍部分结构有特色或具有刀具制造商自身特色的切断与切槽车削刀具。

1. 顶面斜凹槽压紧浅切槽车刀

顶面斜凹槽压紧浅切槽车刀简称顶面夹紧切槽车刀，图 4-24 所示为本车刀刀片的结构、参数与安装姿态，图 4-25 所示为本车刀刀片的拓扑变换示例，不管如何变化，刀片安装部分的结构与参数均不变，因此该车刀的刀体是通用的，以下列举几个示例供研习。

图 4-159 所示为整体直型偏头顶面压紧浅切槽车刀，刀片结构、参数与安装姿态等分析参见图 4-24 及其分析，刀片有多种结构参数供选用，图 4-159 中刀具刀片切削宽度 c_d 从 $1.00 \sim 4.80$mm 共 24 种规格共选用。对应前述外圆车刀刀头命名规则看，本刀具也可称为直型偏头切槽车刀。图 4-159a 所示为刀具的 3D 图，包括表达结构原理的分解图以及了解外观的装配图。夹紧机构包括压板 3 和夹紧螺钉 4，夹紧螺钉通过压板施加压紧力 F，压板压紧点在刀片顶面斜槽上偏后，产生水平分力 F_1 和 F_2，在三个力共同作用下完成刀片 1 在刀体 2 上的定位和夹紧，刀片上的斜凹槽可确保刀片夹紧可靠。该刀具的切削宽度与切削深度均受刀片限制，因此刀片的切削宽度与切削深度即刀具的切削宽度与深度参数。注意，由图 4-25 可知，通过换用相应的刀片可进行矩形槽、圆弧槽、螺纹等几何结构特征的加工。

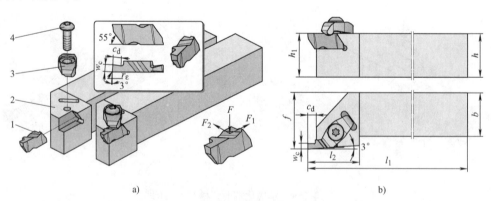

图 4-159 整体直型偏头顶面压紧浅切槽车刀（右手刀）

a）3D 图 b）工程图

1—刀片 2—刀体 3—压板 4—夹紧螺钉

直型偏头作为主流结构应用广泛，但图 4-160 所示直型直头结构，虽然应用时略有限制，但结构简单的优点使其依然有存在的价值，该型结构多用于小规格刀具，如刀杆截面

$h \times b$ 为 16mm×16mm、12mm×12mm 和 10mm×10mm 的切槽车刀。

图 4-161 所示为整体直角型顶面压紧浅切槽车刀，它之所以为浅切槽结构主要是因为受刀片切削深度的限制。

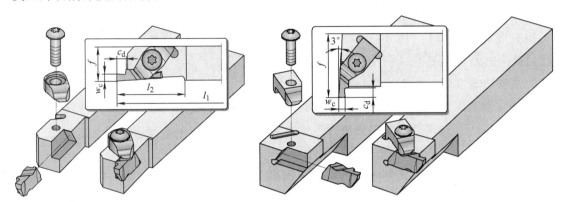

图 4-160　整体直型直头顶面压紧浅切槽车刀　　　　图 4-161　整体直角型顶面压紧浅切槽车刀

图 4-162、图 4-163 所示为两款顶面压紧越程槽车刀，所谓越程槽指磨削外圆与端面时拐角处砂轮无法磨削部位的车削处理，相关尺寸可参阅 GB/T 6403.5—2008《砂轮越程槽》，当然，实际中只要满足使用要求，不一定完全执行该标准。图 4-162 所示的顶面压紧越程槽车刀，刀片刀尖角为 90°，车出的越程槽较为接近标准要求，但需要使用专用的刀片。图 4-163 所示顶面压紧越程槽车刀，刀片采用圆弧刃双头双刃刀片，这种刀片的通用性较好，虽然车出的槽形与标准略有不同，但是也可以满足越程槽功能需求。图 4-162 所示刀具与图 4-159～图 4-161 刀具是同系列的刀具，刀片定位与夹紧原理相同。而图 4-163 所示刀片采用上 / 下 V 形卯结构，刀片夹紧原理可参见图 4-49。

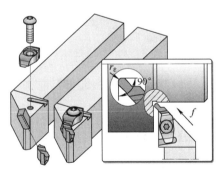
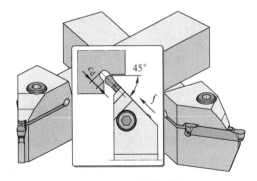

图 4-162　顶面压紧越程槽车刀 1　　　　　　图 4-163　顶面压紧越程槽车刀 2

图 4-164 所示为整体式顶面压紧内孔切槽车刀，刀片夹紧原理与图 4-159 所示刀具相同，由于为内孔切槽加工，刀具进给运动为径向方向，因此刀片装夹位置与刀杆轴线垂直。另外，考虑到内孔车削的冷却、排屑需要，该刀具设计为内冷却结构，切削液可直接喷至刀片前面，以满足冷却需要。与图 4-159 刀具相比较，内孔切槽车刀除刀头不同外，刀片配置上也要注意刀杆的切削方向与刀片的切削方向相反，如右手刀杆 R 配左手刀片 L，其余部分的结构型式基本相同。

图 4-165 所示为可换头内孔切槽车刀
结构，结构原理依然可参考模块化车刀系
列，与图 3-31 所示可换头内孔车刀属同系
列刀具，此处更换为切槽刀头，故称之为
可换头内孔切槽车刀。图 4-165 中内孔切
槽可换头的刀片为图 4-24 所示的顶面斜凹
槽压紧浅切槽刀片，可换用图 4-25 所示各
种拓扑变换刀片，进行多种槽型的加工，
若换上图 5-19 所示螺纹刀片，可成为内螺
纹车刀，详见第 5 章相关介绍。该型可换

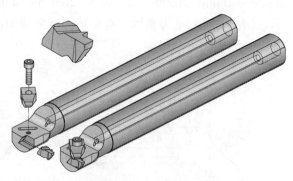

图 4-164　整体式顶面压紧内孔切槽车刀

头刀具另一技术特点是刀具商开发出了多种功能镗刀杆 3，包括内冷却、减振和防振等多
种型式。

2. 小直径和微小直径内孔切槽车刀

关于小直径内孔切槽车刀，图 3-35、图 3-36 曾介绍过刀杆端面立装刀片的小直径内
孔车刀，该系列中也包含内孔切槽车刀，图 4-166 所示为该型内孔切槽车刀的应用示例，
其最小加工直径 D_{min} 达 8mm。

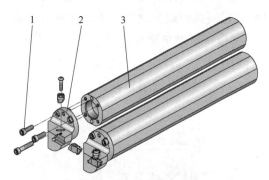

图 4-165　可换头内孔切槽车刀

1—刀头螺钉　2—切槽可换头组件　3—镗刀杆

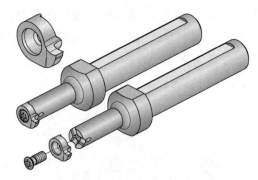

图 4-166　小直径内孔切槽车刀 1

图 4-167 所示刀具的刀片经过特殊设计，结构如图 4-26a 所示，也可在较小的内孔
中加工槽。由于小直径加工空间位置的限制，刀片依然采用刀杆端面立装结构，螺钉夹
紧方式，但刀片装夹定位采用外轮廓实现，依据内孔车削最小直径的不同，刀片设计有
单刃与双刃结构两种，图 4-167a 所示为单刃刀片刀具，最小加工直径 D_{min} 可达 8mm；
而图 4-167b 所示的双刃刀片刀具，最小加工直径 D_{min} 可达 14mm。图 4-167 刀具的刀
杆部分结构型式与内孔车刀基本相同，另外还可更换为螺纹刀片，其刃口形状与螺纹
牙型基本相同，也就是说，这类内孔切槽车刀一般可通过变换刀片实现内螺纹的车削
加工。

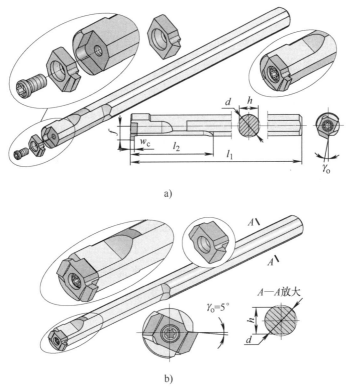

a)

b)

图 4-167　小直径内孔切槽车刀 2

a）单刃刀片　b）双刃刀片

在第 3 章中曾介绍过微小直径内孔车刀（图 3-25），其同样也具有微径内孔切槽车刀，图 4-168 所示为微径内孔切槽车刀示例，对比图 3-25 所示车刀，不难发现两者的设计思路是相同的，只需将内孔车刀刀的刀片形状设计成切槽刀片的形状即可，如图 4-168 中刀片刃磨成了矩形切削刃。这种刀具的最小加工直径 D_{min} 可达 3mm，当然，由于刀具较小，还是需要先借助于刀夹装夹，然后才能装在机床上。

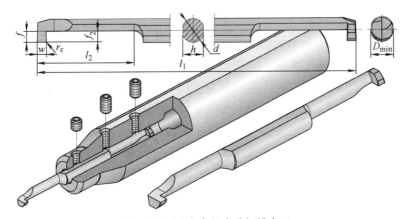

图 4-168　微小直径内孔切槽车刀

3. 小型机床用切槽车刀

小型机床主要指用于仪器仪表类小型零件车削加工的机床，很多刀具商为某瑞士车床提供车刀，这种车床实际上是一种小型单轴自动车床，早期的单轴自动车床的刀具进给主要靠凸轮控制刀具进给，在数控机床普及的今天，这类小型的机械式自动车床也逐步数控化。即使是机械式单轴自动车床，对刀具的要求也与数控刀具基本相同。小型机床用切槽车刀的特点是小型化。图4-169所示为两款典型的瑞士车床用的车刀示例，刀片为较长的立装结构，采用螺钉夹紧，刀片基于外轮廓的V形浅槽与侧平面定位，实现刀片的装夹。而通过更换不同刃口形状的刀片，可实现外圆车削与车槽加工，甚至可制作成螺纹车刀，如图5-35所示。作为切槽车刀，其刀片切削宽度 w_c 和深度 c_d 有多种规格供选用。图4-169a所示车刀结构更紧凑，适用于小型结构，刀具商资料显示其刀杆截面尺寸 $h \times b$ 有 10mm×10mm、12mm×12mm 和 16mm×16mm 三种规格，而图4-169b所示车刀结构刚性更好，通用性也较好，根据刀具商资料显示，其刀杆截面尺寸 $h \times b$ 有 10mm×10mm、12mm×12mm、16mm×16mm、20mm×20mm 和 25mm×25mm 五种规格。

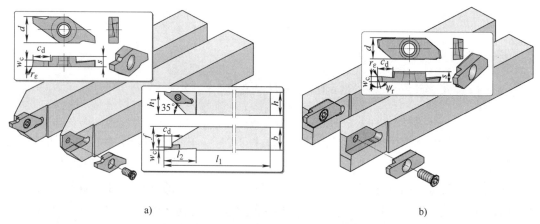

图4-169 整体直型顶面压紧浅切槽车刀（瑞士车床用）

a）小型 b）普通型

关于小型车刀，很多刀具商的小型数控车刀基本上是在前述普通切槽车刀基础上经小型化处理而来。图4-170所示刀具，结构似乎与前述整体式车刀的结构相同，但它实质上是一款经小型化处理后的外圆切槽车刀，刀杆截面 $h \times b$ 为 10mm×10mm、12mm×12mm 和 16mm×16mm 三种规格，刀片切削宽度 w_c 在 1.25～3.00mm 之间有多种规格供选用。

4. 切槽车刀切削刃数的变化

切槽车刀切削刃数 $N \geqslant 2$ 时，可做成可转位刀片；当直径较小时，受限于空间位置，可做成单切削刃型式。

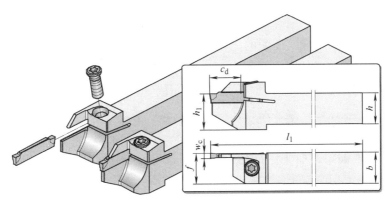

图 4-170　小型车床用外圆切槽车刀

　　图 4-171 所示为平装刀片浅槽内孔切槽车刀，主要用于加工精度较高的浅槽，如弹性挡圈槽、O 形圈槽、螺纹孔刀槽和圆弧槽等，它可制作为内孔切槽车刀。单、双刃刀片的设计主要是为了加工小径内孔槽的需要，图 4-171 所示刀具，单刃刀片的最小加工直径 D_{min} 为 8mm，双刃刀片的最小加工直径 D_{min} 为 14mm，除刀头与刀片外，其余部分与内孔车刀基本相同。

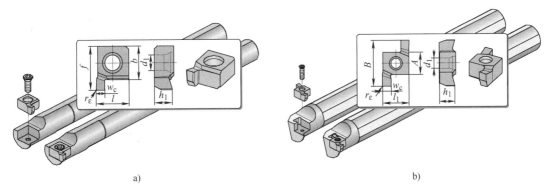

a)　　　　　　　　　　　　　　　　　　b)

图 4-171　平装刀片浅槽内孔切槽车刀

a）单刃刀片　b）双刃刀片

　　图 4-172 所示为三刃平装刀片内孔切槽，相对于图 4-171 所示刀具而言，本刀具的优势在于不仅是切削刃数的增加，更主要是其刀杆与螺纹车刀通用。对比图 5-26 所示螺纹车刀，可见两者刀片结构与形状基本相同，主要是刀片刃口形状存在差异。由于刀杆可与螺纹车刀通用，因此，供应这种三刃平装刀片内孔切槽车刀的刀具商比提供图 4-171 所示单刃和双刃

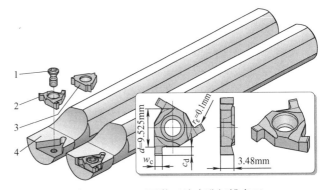

图 4-172　三刃平装刀片内孔切槽车刀

1—夹紧螺钉　2—槽刀片　3—螺纹刀片　4—刀杆

切槽车刀的刀具商多。

图 4-173 所示为采用螺纹压紧的三刃立装刀片切槽车刀，立装结构刀片切削力方向与刀片刚度最大方向重合，这对于切削宽度较小的切槽车刀更为有利，同时，刀片采用外形定位，垂直方向类似于 V 形槽，水平方向为平面定位，螺钉夹紧，整体表现为刀片装夹稳定可靠，不易产生振动，整体结构简单，加工表面质量较好。关于刀片的安装姿态，根据图 4-173 中局部视图显示，偏转 1.5° 安装是因为刀片外侧为一个完整平面，若不偏转安装，切削时无副偏角，而为了简化刀片结构，将刀具切削刃内侧做出了 3° 的副偏角，偏转安装后均分 3° 的副偏角，即左、右侧副偏角均为 1.5°。这种刀具还可更换螺纹刀片4 车削外螺纹。

图 4-174 所示为采用压板夹紧的三刃立装刀片切槽车刀，压板夹紧可获得更大的夹紧力，其中间固定孔已无作用，即可以制作无固定孔刀片，这对于硬脆材料的刀片有实际意义。从装夹结构原理看，它不仅继承了三刃立装刀片刚性好、装夹稳定可靠等优点外，还进一步加大了夹紧力。图 4-173 与图 4-174 两款切槽车刀为同一刀具商产品，图 4-173 所示的螺纹夹紧结构，刀片的切削宽度 w_c 为 0.3 ～ 1.3mm，而图 4-174 所示的压板夹紧结构，刀片的切削宽度 w_c 为 1.25 ～ 6.0mm，显然这种两种设计充分考虑了夹紧机构优势的发挥。

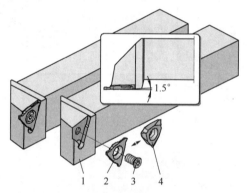

图 4-173　三刃立装刀片切槽车刀（螺纹夹紧）
1—刀体　2—槽刀片　3—夹紧螺钉　4—螺纹刀片

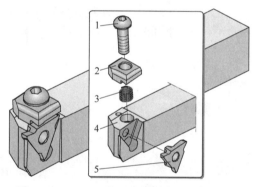

图 4-174　三刃立装刀片切槽车刀（压板夹紧）
1—螺钉　2—压板　3—弹簧　4—刀体　5—槽刀片

多切削刃刀片的优点是可充分发挥数控刀具"机夹、可转位、不重磨"的结构特点，因此它始终受到专业刀具商的重视。图 4-175 所示为四刃刀片切槽车刀，注意刀片上四条切削刃的切削方向是不同的，两两一组，因此刀片切削宽度方向为对称设计，故在切削刃两侧同时制作出副偏角，这种设计还是较为普遍的。刀片切削刃的转位包括安装平面的翻转转位与切削方向的旋转转位，可实现四条切削刃的转位，对于这种多切削刃刀片，刀具商往往在刀片侧面螺纹固定孔附件对应每条切削刃制作符号标记，如图 4-175 中的切削刃有标记"R"和"L"分别表示右手刀安装切削刃和左手刀安装切削刃，实际上该刀片无切削方向，左、右手刀体均可用。另外这种刀具的切削刃还提供圆弧切削刃刀片 4，可用于窄圆弧槽加工和曲面仿形加工。刀片切削参数 D 为刀片规格主参数，受刀片结构影响，每个刀片是有自身的切削深度限制（图 4-175 中参数 c_d），这个切削深度参数基本上也是刀具的切削深度限制值。

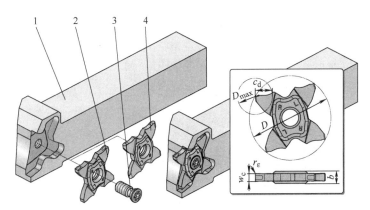

图 4-175　四刃立装刀片切槽车刀

1—刀体　2—矩形槽刀片　3—夹紧螺钉　4—圆弧切削刃刀片

图 4-176 所示为五刃立装刀片切槽车刀，刀片为五刃单向旋转转位结构，每条切削刃对应在刀片体上都刻有数字顺序号，便于转位使用做标记。该刀片切削宽度方向设计为对称结构，因此刀片安装未做偏转。注意刀片中主参数 D 为规格系列参数，同规格刀片与相应刀杆匹配，切削宽度 w_c 参数在 1.5～4.0mm 之间有多种规格供选用，每种规格刀片对应有切削深度参数 c_d。这种立装刀片的优点是切削力方向与刀片刚性最大方向重合，故可制作切削宽度较小的刀片，且性价比高。另外，切削刃还有圆弧刀片和螺纹刀片可供选择。图 4-177 所示为同系列刀具中直角型切槽车刀示例。

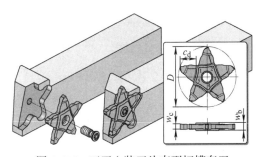

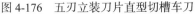

图 4-176　五刃立装刀片直型切槽车刀

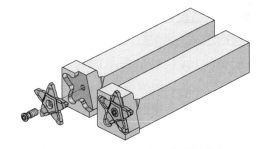

图 4-177　五刃立装刀片直角型切槽车刀

这种五刃立装刀片刀具经过多年发展，其刀具体系已较为完善，除了这里介绍的在整体式车刀刀头中的应用，还可见到它在模块化车刀刀头中的应用，如图 4-40 所示。

图 4-178 所示为五刃立装刀片刀板式切槽车刀示例。注意，它的刀板为偏置结构，按其在安装刀座上装配的刀具命名，有右手刀板 R（安装在图 4-178b 上图刀座）和左手刀板 L（安装在图 4-178b 下图刀座），但刀座是不分左、右手的，仅是按它在车床上的安装位置区分。同时，同一切削方向刀板，按刀片安装位置不同，又有左侧刀板 L 和右侧刀板 R 之分，如此可得到四种刀板组合，如图 4-178a 所示。由此可见，刀具商还是煞费苦

心地设计了刀板的结构，以最大限度地满足用户需要，这也是数控刀具专业化生产的优点之一。

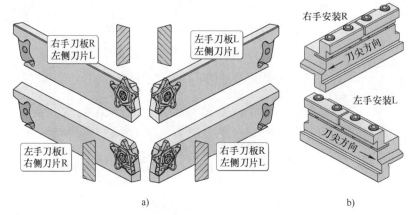

a)　　　　　　　　　　　　　　　　b)

图 4-178　五刃立装刀片刀板式切槽车刀及其刀应用

a）3D 外观图　b）刀座装夹示意图

5. 多刀片刀板式切槽车刀

前述介绍的切断与切槽刀板，多为两刀片或单刀片结构，下面介绍多刀片刀板式切槽车刀的示例。

图 4-179 所示的刀板式切槽车刀，将刀板设计为双刀片四边形无冷却孔道结构，配置专用的刀座，构成了切断与切槽车刀，由于刀板较小（边长为 52mm），故仅配置两个刀片。图 4-179 中刀座默认为内冷结构，标记 C 处为切削液出口。四边形刀板配置的是图 4-20d 所示的前水平后垂直 V 形卯槽结构的刀片，刀板与刀座采用外形上两条直角边和侧平面定位，螺钉装夹。刀座装夹部分剖面形状如图 4-179 所示，可在车床刀架上方形截面车刀安装刀位安装，反面结构如图 4-180a 所示。

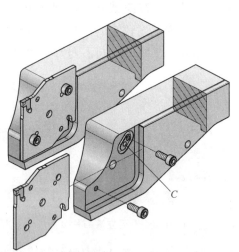

图 4-179　两刀片刀板及其刀座组合

图 4-180 所示刀具的刀板稍大（刀板边长为 82mm），故设计了四个刀片安装槽。另外，该刀具显示了内冷却刀板与刀座的冷却水道及其流动原理。如图 4-180a 所示，刀板上切削液喷口有两个，分别喷射到刀片的前、后面上，刀板装夹依然选用外形与侧面定位，螺钉夹紧的方式。如图 4-180b 所示，刀板采用三个夹紧螺钉 3 夹紧，切削液从刀座下部输入，流至刀座安装槽上横向孔位置，其对应刀板右下角冷却水道孔，刀板安装前要在刀座密封圈安装槽内放置 O 形密封圈 4，安装后的刀板，将密封螺钉 6 连同 O 形密封圈 4 一起按图 4-180 所示顺序穿入刀板右下角水道孔左侧孔中

与刀座连接紧固，迫使切削液沿着刀板上的冷却水道分别供应至刀板上的两个切削液喷射孔。

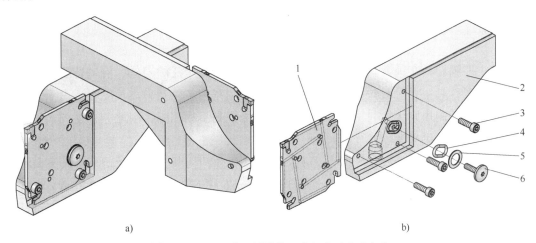

图 4-180　四刀片刀板及其刀座组合（内冷却）

a）3D 外观图　b）分解图及冷却水道示意图

1—刀板与刀片　2—刀座　3—夹紧螺钉　4—O 形密封圈　5—密封垫圈　6—密封螺钉

图 4-181 所示为五刀片刀板及其刀座组合，刀板上有五个刀片安装槽，刀板通过外形与平面定位，通过三个夹紧螺钉 3 装夹固定在专用的刀座 2 上，构造出切断与切槽车刀。

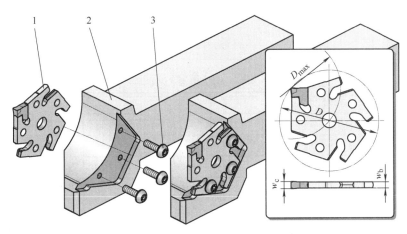

图 4-181　五刀片刀板及其刀座组合

1—刀板与刀片　2—刀座　3—夹紧螺钉

4.3　常用切断与切槽车削刀具参数与选用

通过以上研习，对切断与切槽车刀的结构与应用已具备较深入的了解，为进一步巩固学习效果，加强应用，以下介绍部分结构较为典型且在实际中应用较为广泛的切槽与切断车刀。切断与切槽车刀，由于无相关标准约束且切削宽度和切削深度参数及其组合较多，导致刀具规格、结构型式多变，难以完全满足读者需要，若需深入了解，建议阅读相关刀具商资料与样本。为减少篇幅，结构参数列表中不含刀片参数和刀具配件信息等。

4.3.1 整体式外圆切槽车削刀具示例

整体式外圆切槽车削刀具是典型且在实际中应用较为广泛的刀具，可进行切断、切槽甚至车削加工，其主要参数包括刀杆截面尺寸、切削宽度与以及刀具长度等，由于切槽与切断车刀型号编制规则无相关标准，各刀具商编号规则不尽相同，因此，下述列表中型号处仅列举主要参数供参考。

（1）外圆切断、切槽及仿形车削刀具　表 4-2 为外圆切断、切槽及仿形车削刀具结构及参数。本刀具刀片为双头双刃型，刀杆截面 $h \times b$ 从 12mm × 12mm 至 32mm × 32mm，刀具切削宽度 w_c 范围为 1.5 ～ 8.0mm，切削深度包括小切深（切槽为主）、中等切削深度（通用型）和大切深（切断为主，单刃刀片）。型号说明：刀杆截面参数 $h \times b$＿ 刀具切削方向 R/L＿ 最大切削深度 c_d，其中分隔符"＿"可省略。

表 4-2　外圆切断、切槽及仿形车削刀具结构及参数

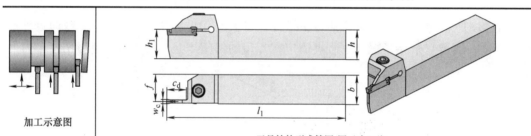

| 加工示意图 | 刀具结构型式简图(图示为R型) |

型号	基本尺寸 /mm						型号	基本尺寸 /mm					
	w_c	c_d	h_1	$h \times b$	l_1	f		w_c	c_d	h_1	$h \times b$	l_1	f
1212R/L07	1.5	7	12	12 × 12	125	11.4	2020R/L10	3	10	20	20 × 20	125	18.8
1212R/L12	1.5	12	12	12 × 12	125	11.4	2020R/L17	3	17	20	20 × 20	125	18.8
1616R/L07	1.5	7	16	16 × 16	125	15.4	2525R/L10	3	10	25	25 × 25	150	23.8
1616R/L12	1.5	12	16	16 × 16	125	15.4	2525R/L17	3	17	25	25 × 25	150	23.8
2020R/L07	1.5	7	20	20 × 20	125	19.4	2020R/L13	4	13	20	20 × 20	140	18.5
2020R/L12	1.5	12	20	20 × 20	125	19.4	2020R/L22	4	22	20	20 × 20	140	18.5
1212R/L07	2	7	12	12 × 12	125	11.2	2525R/L13	4	13	25	25 × 25	150	23.5
1212R/L10	2	10	12	12 × 12	125	11.2	2525R/L22	4	22	25	25 × 25	150	23.5
1212R/L14	2	14	12	12 × 12	125	11.2	3232R/L13	4	13	32	32 × 32	170	30.5
1616R/L07	2	7	16	16 × 16	125	15.2	3232R/L22	4	22	32	32 × 32	170	30.5
1616R/L10	2	10	16	16 × 16	125	15.2	2525R/L13	5	13	25	25 × 25	150	23
1616R/L14	2	14	16	16 × 16	125	15.2	2525R/L22	5	22	25	25 × 25	150	23
2020R/L07	2	7	20	20 × 20	125	19.2	2525N30*	5	30	25	25 × 25	150	12.5

（续）

型号	基本尺寸 /mm						型号	基本尺寸 /mm					
	w_c	c_d	h_1	$h \times b$	l_1	f		w_c	c_d	h_1	$h \times b$	l_1	f
2020R/L10	2	10	20	20×20	125	19.2	3232R/L13	5	13	32	32×32	170	30
2020R/L14	2	14	20	20×20	125	19.2	3232R/L22	5	22	32	32×32	170	30
2525R/L07	2	7	25	25×25	150	24.2	3232N30*	5	30	32	32×32	170	16
2525R/L10	2	10	25	25×25	150	24.2	2525R/L13	6	13	25	25×25	150	22.6
2525R/L14	2	14	25	25×25	150	24.2	2525R/L22	6	22	25	25×25	150	22.6
1616R/L10	2.5	10	16	16×16	125	15	2525N30*	6	30	25	25×25	150	12.5
1616R/L17	2.5	17	16	16×16	125	15	3232R/L13	6	13	32	32×32	170	29.6
2020R/L10	2.5	10	20	20×20	125	19	3232R/L22	6	22	32	32×32	170	29.6
2020R/L17	2.5	17	20	20×20	125	19	3232N30*	6	30	32	32×32	170	16
2525R/L10	2.5	10	25	25×25	150	24	2525R/L16	8	16	25	25×25	150	22
2525R/L17	2.5	17	25	25×25	150	24	2525R/L25	8	25	25	25×25	150	22
1616R/L10	3	10	16	16×16	125	14.8	3232R/L28	8	28	32	32×32	170	29
1616R/L17	3	17	16	16×16	125	14.8	—	—	—	—	—	—	—

注：* 号标记的刀具匹配双头单刃刀片。

（2）外圆浅槽车刀　表 4-3 为外圆浅切槽车刀结构及参数。这类刀具各刀具商参数不尽相同，此表摘自株洲钻石刀具商样本。限于篇幅，这里仅摘录了刀具信息，未摘录刀片信息。应当说明的是本刀具的刀杆与刀片均有左 / 右手型，右手型刀杆配右手刀片，见表 4-3 中的型式简图。同理，左手型刀杆配左手型刀片。该型式刀具的切削深度取决于刀片的切削深度，刀片宽度系列以及对应的切削深度参数以刀具商信息为准。

表 4-3　外圆浅切槽车刀结构及参数

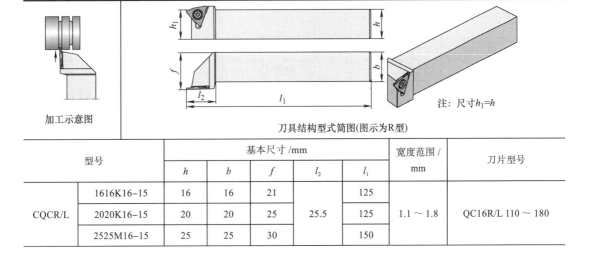

型号		基本尺寸 /mm					宽度范围 /mm	刀片型号
		h	b	f	l_2	l_1		
CQCR/L	1616K16–15	16	16	21	25.5	125	1.1 ～ 1.8	QC16R/L 110 ～ 180
	2020K16–15	20	20	25		125		
	2525M16–15	25	25	30		150		

（续）

型号		基本尺寸 /mm					宽度范围 /mm	刀片型号
		h	b	f	l_2	l_1		
CQCR/L	1616K16–25	16	16	21		125	1.8 ～ 3.0	QC16R/L 180 ～ 300
	2020K16–25	20	20	25		125		
	2525M16–25	25	25	30		150		
	2020K22–15	20	20	25	25.5	125	1.0 ～ 2.3	QC22R/L 100 ～ 230
	2525M22–15	25	25	30		150		
	2020K22–25	20	20	25		125	2.3 ～ 3.3	QC22R/L 230 ～ 330
	2525M22–25	25	25	30		150		
	2020K22–35	20	20	25		125	3.3 ～ 4.8	QC22R/L 330 ～ 480
	2525M22–35	25	25	30		150		

（3）越程槽车刀　表 4-4 为越程槽车刀结构及参数。本刀具基于圆弧切削刃刀片设计，虽然越程槽形状与 GB/T 6403.5—2008 存在差异，但实现的功能完全相同。刀片安装姿态 45° 偏转是为越程槽设计，但由于采用的是圆弧切削刃刀片，且刀片偏转安装有利于仿形车削加工，因此该刀具还具有仿形加工曲面的功能。型号说明：刀杆截面参数 $h \times b\_$ 刀具切削方向 R/L_ 最大切削深度 c_d–45，其中分隔符 "_" 可省略。

表 4-4　越程槽车刀结构及参数

加工示意图

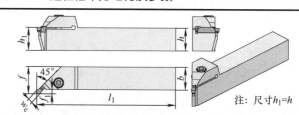

刀具结构型式简图(图示为R型)

注：尺寸 $h_1 = h$

型号	基本尺寸 /mm					型号	基本尺寸 /mm				
	$h \times b$	l_1	f	w_c	c_d		$h \times b$	l_1	f	w_c	c_d
2020R/L03–45	20 × 20	125	23	3.0	3.0	2020R/L04–45	20 × 20	125	24	5.0	4.0
2525R/L03–45	25 × 25	150	28			2525R/L04–45	25 × 25	150	29		
3232R/L03–45	32 × 32	170	35			3232R/L04–45	32 × 32	170	36		
2020R/L03–45	20 × 20	125	23	4.0	3.0	2020R/L04–45	20 × 20	125	24	6.0	4.0
2525R/L03–45	25 × 25	150	28			2525R/L04–45	25 × 25	150	29		
3232R/L03–45	32 × 32	170	35			3232R/L04–45	32 × 32	170	36		

4.3.2　整体式端面切槽车削刀具示例

（1）整体直型端面切槽车刀　表 4-5 为整体直型端面切槽车刀（外扫）结构及参数。

本刀具刀片采用双头双刃型，刀片长度较长，夹紧力较大，夹紧较为稳定。由于各刀具商切槽车刀型号表示方法各不相同，表中型号仅摘录了主要参数。型号说明：刀杆截面参数 $h \times b$＿刀具切削方向 R/L＿最大切削深度 c_d－首次切入最小直径 D_{min}＿直型代号 H，其中分隔符"＿"可省略，由于刀具刀尖高度 h_1 等于刀杆高度 h，故表中未见该参数。

表 4-5　整体直型端面切槽车刀（外扫）结构及参数

加工示意图

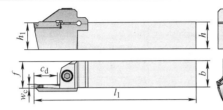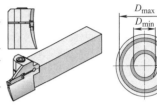

刀具结构型式简图(图示为R型)

型号	基本尺寸 /mm						型号	基本尺寸 /mm					
	w_c	c_d	$h \times b$	l_1	f	$D_{min} \sim D_{max}$		w_c	c_d	$h \times b$	l_1	f	$D_{min} \sim D_{max}$
2020R/L7–48H	3	7	20×20	150	21	$48 \sim 66$	2020R/L15–90H	4	15	20×20	150	21	$90 \sim 140$
2020R/L10–48H	3	10	20×20	150	21	$48 \sim 66$	2525R/L22–90H	4	22	25×25	150	26	$90 \sim 140$
2525R/L10–48H	3	10	25×25	150	26	$48 \sim 66$	2020R/L10–130H	4	10	20×20	150	21	$130 \sim 230$
2525R/L17–48H	3	17	25×25	150	26	$48 \sim 66$	2525R/L13–130H	4	13	25×25	150	26	$130 \sim 230$
2020R/L7–60H	3	7	20×20	150	21	$60 \sim 80$	2020R/L15–130H	4	15	20×20	150	21	$130 \sim 230$
2020R/L10–60H	3	10	20×20	150	21	$60 \sim 80$	2525R/L22–130H	4	22	25×25	150	26	$130 \sim 230$
2525R/L10–60H	3	10	25×25	150	26	$60 \sim 80$	2525R/L13–58H	5	13	25×25	150	26	$58 \sim 96$
2525R/L17–60H	3	17	25×25	150	26	$60 \sim 80$	2525R/L22–58H	5	22	25×25	150	26	$58 \sim 96$
2020R/L7–74H	3	7	20×20	150	21	$74 \sim 110$	2525R/L13–86H	5	13	25×25	150	26	$86 \sim 140$
2020R/L10–74H	3	10	20×20	150	21	$74 \sim 110$	2525R/L22–86H	5	22	25×25	150	26	$86 \sim 140$
2525R/L10–74H	3	10	25×25	150	26	$74 \sim 110$	2525R/L13–130H	5	13	25×25	150	26	$130 \sim 200$
2525R/L17–74H	3	17	25×25	150	26	$74 \sim 110$	2525R/L22–130H	5	22	25×25	150	26	$130 \sim 200$

（续）

型号	基本尺寸 /mm						型号	基本尺寸 /mm					
	w_c	c_d	$h \times b$	l_1	f	$D_{min} \sim D_{max}$		w_c	c_d	$h \times b$	l_1	f	$D_{min} \sim D_{max}$
2020R/L7–100H	3	7	20 × 20	150	21	100 ～ 150	2525R/L13–185H	5	13	25 × 25	150	26	185 ～ 400
2020R/L10–100H	3	10	20 × 20	150	21	100 ～ 150	2525R/L22–185H	5	22	25 × 25	150	26	185 ～ 400
2525R/L10–100H	3	10	25 × 25	150	26	100 ～ 150	2525R/L30–185H	5	30	25 × 25	150	26	185 ～ 400
2525R/L17–100H	3	17	25 × 25	150	26	100 ～ 150	2525R/L13–60H	6	13	25 × 25	150	26	60 ～ 100
2020R/L10–52H	4	10	20 × 20	150	21	52 ～ 72	2525R/L22–60H	6	22	25 × 25	150	26	60 ～ 100
2525R/L13–52H	4	13	25 × 25	150	26	52 ～ 72	2525R/L13–88H	6	13	25 × 25	150	26	88 ～ 180
2020R/L15–52H	4	15	20 × 20	150	21	52 ～ 72	2525R/L22–88H	6	22	25 × 25	150	26	88 ～ 180
2525R/L22–52H	4	22	25 × 25	150	26	52 ～ 72	2525R/L13–160H	6	13	25 × 25	150	26	160 ～ 400
2020R/L10–64H	4	10	20 × 20	150	21	64 ～ 100	2525R/L22–160H	6	22	25 × 25	150	26	160 ～ 400
2525R/L13–64H	4	13	25 × 25	150	26	64 ～ 100	2525R/L30–160H*	6	30	25 × 25	150	26	160 ～ 400
2020R/L15–64H	4	15	20 × 20	150	21	64 ～ 100	2525R/L25–75H	8	25	25 × 25	150	27	75 ～ 150
2525R/L22–64H	4	22	25 × 25	150	26	64 ～ 100	2525R/L25–140H	8	25	25 × 25	150	27	140 ～ 400
2020R/L10–90H	4	10	20 × 20	150	21	90 ～ 140	3232R/L28–140H	8	28	32 × 32	170	30	140 ～ 400
2525R/L13–90H	4	13	25 × 25	150	26	90 ～ 140	—	—	—	—	—	—	—

注：* 号标记的刀具匹配双头单刃刀片。

（2）整体直角型端面切槽车刀　表 4-6 为整体直角型端面切槽车刀（外扫）结构及参数。本刀具刀片结构及其夹紧方式同表 4-5 所列刀具。刀具型号仅最后一位代号不同，字母 L 表示为直角型。

表 4-6　整体直角型端面切槽车刀（外扫）结构及参数

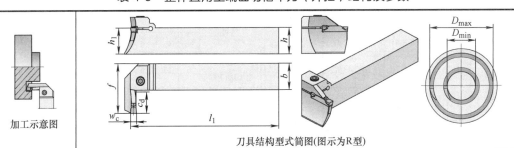

加工示意图

刀具结构型式简图(图示为R型)

型号	基本尺寸 /mm						型号	基本尺寸 /mm					
	w_c	c_d	$h \times b$	l_1	f	$D_{min} \sim D_{max}$		w_c	c_d	$h \times b$	l_1	f	$D_{min} \sim D_{max}$
2020R/L7-48L	3	7	20×20	150	28.5	$48 \sim 66$	2020R/L15-64L	4	15	20×20	150	36.5	$64 \sim 100$
2020R/L10-48L	3	10	20×20	150	31.5	$48 \sim 66$	2525R/L22-64L	4	22	25×25	150	48.5	$64 \sim 100$
2525R/L10-48L	3	10	25×25	150	36.5	$48 \sim 66$	2020R/L10-90L	4	10	20×20	150	31.5	$90 \sim 140$
2525R/L17-48L	3	17	25×25	150	43.5	$48 \sim 66$	2525R/L13-90L	4	13	25×25	150	39.5	$90 \sim 140$
2020R/L7-60L	3	7	20×20	150	28.5	$60 \sim 80$	2020R/L15-90L	4	15	20×20	150	36.5	$90 \sim 140$
2020R/L10-60L	3	10	20×20	150	31.5	$60 \sim 80$	2525R/L22-90L	4	22	25×25	150	48.5	$90 \sim 140$
2525R/L10-60L	3	10	25×25	150	36.5	$60 \sim 80$	2020R/L10-130L	4	10	20×20	150	31.5	$130 \sim 230$
2525R/L17-60L	3	17	25×25	150	43.5	$60 \sim 80$	2525R/L13-130L	4	13	25×25	150	39.5	$130 \sim 230$
2020R/L7-74L	3	7	20×20	150	28.5	$74 \sim 110$	2020R/L15-130L	4	15	20×20	150	36.5	$130 \sim 230$
2020R/L10-74L	3	10	20×20	150	31.5	$74 \sim 110$	2525R/L22-130L	4	22	25×25	150	48.5	$130 \sim 230$
2525R/L10-74L	3	10	25×25	150	36.5	$74 \sim 110$	2525R/L13-58L	5	13	25×25	150	39.5	$58 \sim 96$
2525R/L17-74L	3	17	25×25	150	43.5	$74 \sim 110$	2525R/L22-58L	5	22	25×25	150	48.5	$58 \sim 96$
2020R/L7-100L	3	7	20×20	150	28.5	$100 \sim 150$	2525R/L13-86L	5	13	25×25	150	39.5	$86 \sim 140$
2020R/L10-100L	3	10	20×20	150	31.5	$100 \sim 150$	2525R/L22-86L	5	22	25×25	150	48.5	$86 \sim 140$
2525R/L10-100L	3	10	25×25	150	36.5	$100 \sim 150$	2525R/L22-130L	5	22	25×25	150	48.5	$130 \sim 200$
2525R/L17-100L	3	17	25×25	150	43.5	$100 \sim 150$	2525R/L13-185L	5	13	25×25	150	39.5	$185 \sim 400$
2020R/L10-52L	4	10	20×20	150	31.5	$52 \sim 72$	2525R/L22-185L	5	22	25×25	150	48.5	$185 \sim 400$
2525R/L13-52L	4	13	25×25	150	39.5	$52 \sim 72$	2525R/L30-185L*	5	30	25×25	150	56.5	$185 \sim 400$

（续）

型号	基本尺寸 /mm						型号	基本尺寸 /mm					
	w_c	c_d	$h \times b$	l_1	f	$D_{min} \sim D_{max}$		w_c	c_d	$h \times b$	l_1	f	$D_{min} \sim D_{max}$
2020R/L15–52L	4	15	20×20	150	36.5	$52 \sim 72$	2525R/L13–60L	6	13	25×25	150	39.5	$60 \sim 100$
2525R/L22–52L	4	22	25×25	150	48.5	$52 \sim 72$	2525R/L22–60L	6	22	25×25	150	48.5	$60 \sim 100$
2020R/L10–64L	4	10	20×20	150	31.5	$64 \sim 100$	2525R/L22–88L	6	22	25×25	150	48.5	$88 \sim 180$
2525R/L13–64L	4	13	25×25	150	39.5	$64 \sim 100$	—	—	—	—	—	—	—

注：* 号标记的刀具匹配双头单刃刀片。

（3）整体直型圆柱刀杆端面切槽车刀　表 4-7 为整体直型圆柱刀杆端面切槽车刀结构及参数。本刀具刀杆装夹方式同内孔车刀，由于刀头外侧圆弧面与刀杆圆弧面一致，因此特别适合孔底面切槽加工，注意本刀具为内冷却结构（图 4-105）。刀具型号说明：第①位 A 表示内冷却镗杆，第②位 25 表示杠杆直径 d，第③位表示刀杆长度（R 为 200mm、S 为 250mm、T 为 300mm），第④位 EV 表示刀具商系列信息，第⑤位 S 表示直型结构，第⑥位 A 表示端面内侧刀头，第⑦位 R/L 表示右 / 左手切削方向，第⑧位表示刀片安装槽规格，对应刀片切削宽度 w_c，第⑨位为刀具切削深度 c_d，第⑩位 M 表示米制单位，第⑪位 6 位数字（3 位为一组）分别表示首次切削时的最小与最大允许加工直径 D_{min} 和 D_{max}。

表 4-7　整体直型圆柱刀杆端面切槽车刀结构及参数

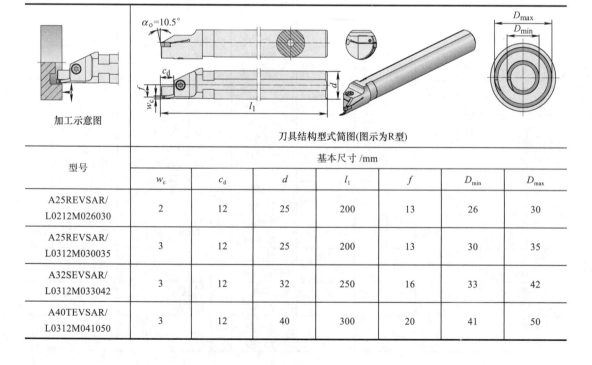

加工示意图　　　　刀具结构型式简图(图示为R型)

型号	基本尺寸 /mm						
	w_c	c_d	d	l_1	f	D_{min}	D_{max}
A25REVSAR/L0212M026030	2	12	25	200	13	26	30
A25REVSAR/L0312M030035	3	12	25	200	13	30	35
A32SEVSAR/L0312M033042	3	12	32	250	16	33	42
A40TEVSAR/L0312M041050	3	12	40	300	20	41	50

4.3.3　整体式内孔切槽车削刀具示例

（1）内孔切槽车刀　表4-8为内孔切槽车刀结构及参数。由于各刀具商内孔切槽车刀编号规则不同，因此，此处仅摘录主要参数部分的数值供研习，实际中以刀具商资料为准。表4-8中需注意的是，切削宽度参数 w_c 是必须关注的，它等于刀片的切削宽度值，有的刀具商还会提供刀杆上刀片槽的参数，每个刀片槽参数对应一定范围切削宽度值的刀片；最小加工孔径 D_{min} 必须关注；刀杆直径 d 必须保持与所用机床刀架的匹配，同时注意，在机床具备内冷却供液的条件下，建议优先选用内冷却刀具。

表 4-8　内孔切槽车刀结构及参数

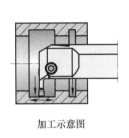
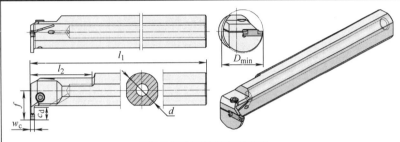

加工示意图　　　　　刀具结构型式简图(图示为R型)

基本尺寸 /mm							基本尺寸 /mm						
w_c	c_d	f	D_{min}	d	l_1	l_2	w_c	c_d	f	D_{min}	d	l_1	l_2
2	8	16.5	25	16	125	—	4	4	20.8	31	32	250	60
2	6	15.8	25	20	160	—	4	10	27	40	32	250	60
3	6	15.8	25	20	160	40	5	5	17.3	31	25	200	60
3	5.1	17.5	25	25	200	40	5	10	27	40	32	250	60
3	8	21.5	32	25	200	40	6	4	20.8	31	32	250	60
3	10	27	40	32	250	60	6	10	27	40	32	250	60
4	6	15.8	25	20	160	40	8	5	21.3	37	32	250	60
4	8	21.5	32	25	200	40	8	5.8	25.8	42	40	300	65

（2）内孔浅切槽车刀　表4-9为内孔浅切槽车刀结构及参数。它与表4-3所示刀具的刀片通用，表4-9为了与表4-3对应，也摘录的是株洲钻石刀具商的资料。关于刀片与刀杆选择与匹配问题，外圆车刀实际上相当于直型结构，而表4-9所示内孔浅切槽车刀相当于直角型结构，因此它的匹配规则是：右手型刀杆配左手刀片，左手型刀杆配右手刀片。

表 4-9　内孔浅切槽车刀结构及参数

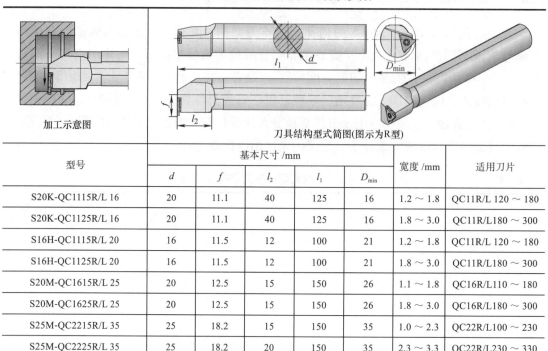

加工示意图

刀具结构型式简图(图示为R型)

型号	基本尺寸 /mm					宽度 /mm	适用刀片
	d	f	l_2	l_1	D_{min}		
S20K-QC1115R/L 16	20	11.1	40	125	16	1.2 ～ 1.8	QC11R/L 120 ～ 180
S20K-QC1125R/L 16	20	11.1	40	125	16	1.8 ～ 3.0	QC11R/L180 ～ 300
S16H-QC1115R/L 20	16	11.5	12	100	21	1.2 ～ 1.8	QC11R/L 120 ～ 180
S16H-QC1125R/L 20	16	11.5	12	100	21	1.8 ～ 3.0	QC11R/L180 ～ 300
S20M-QC1615R/L 25	20	12.5	15	150	26	1.1 ～ 1.8	QC16R/L110 ～ 180
S20M-QC1625R/L 25	20	12.5	15	150	26	1.8 ～ 3.0	QC16R/L180 ～ 300
S25M-QC2215R/L 35	25	18.2	15	150	35	1.0 ～ 2.3	QC22R/L100 ～ 230
S25M-QC2225R/L 35	25	18.2	20	150	35	2.3 ～ 3.3	QC22R/L230 ～ 330
S25M-QC2235R/L 35	25	18.2	20	150	35	3.3 ～ 4.8	QC22R/L 330 ～ 480

（3）三刃平装浅切槽刀片　表 4-10 为三刃平装浅切槽刀片结构及参数。这种刀片的安装参数同螺纹刀片，因此只要刀片内切圆参数 d 相同的螺纹刀片能够安装的刀杆，均可安装该切槽刀片。另外注意，型号 E 指的是外圆，I 指的是内孔，E/I 与 R/L 组合表示外圆 / 内孔的右 / 左手刀片，如表中刀片为 EL/IR 型，即外圆左手 / 内孔右手型刀片。综上，本平装浅槽刀片与螺纹刀片一样，分为外圆和内孔刀片，且外圆和内孔刀片又细分为左手与右手型结构。另外，还可注意到表列刀片的切削宽度和刀尖圆角都有较为精密的公差，因此本刀片又被称为精密切槽刀片，可加工精度较高的浅槽。

表 4-10　三刃平装浅切槽刀片结构及参数

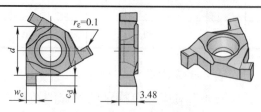

刀具结构型式简图(图示为EL/IR型)

型号	基本尺寸 /mm				
	w_c	w_c 公差 *	c_d	r_ε	r_ε 公差
16EL/IR 100	1.00	0.02	1.55	0.10	± 0.030

（续）

型号	基本尺寸 /mm				
	w_e	w_e 公差 *	c_d	r_ε	r_ε 公差
16EL/IR 120	1.20	0.02	1.60	0.10	± 0.030
16EL/IR 140	1.40	0.02	1.80	0.10	± 0.030
16EL/IR 170	1.70	0.02	2.00	0.10	± 0.030
16EL/IR 195	1.95	0.02	2.00	0.10	± 0.030
16EL/IR 225	2.25	0.02	2.10	0.10	± 0.030
16ER/IL 100	1.00	0.02	1.55	0.10	± 0.030
16ER/IL 120	1.20	0.02	1.60	0.10	± 0.030
16ER/IL 140	1.40	0.02	1.80	0.10	± 0.030
16ER/IL 170	1.70	0.02	2.00	0.10	± 0.030
16ER/IL 195	1.95	0.02	2.00	0.10	± 0.030
16ER/IL 225	2.25	0.02	2.10	0.10	± 0.030

注：* 公差值为加工至最大深度值的参数值。

4.3.4　刀板式切断与切槽车削刀具示例

（1）刀板式切断与切槽车刀　表 4-11 为刀板式切断与切槽车刀结构及参数。本刀具刀片采用单头单刃结构，即刀片自身无切削深度限制，因此刀板的应用使悬伸长度可做得较长。这款刀具的刀片还具有内冷却功能，可做成内冷却刀板车刀（图 4-46）。刀板式车刀除了切削宽度和切削深度参数外，还必须关注刀具高度参数 h，它是选择刀座的参数。

表 4-11　刀板式切断与切槽车刀结构及参数

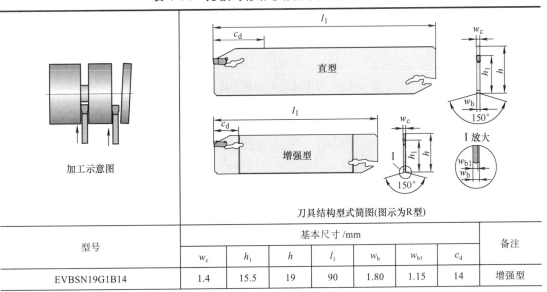

刀具结构型式简图(图示为R型)

型号	基本尺寸 /mm							备注
	w_e	h_1	h	l_1	w_b	w_{b1}	c_d	
EVBSN19G1B14	1.4	15.5	19	90	1.80	1.15	14	增强型

（续）

型号	基本尺寸 /mm							备注
	w_c	h_1	h	l_1	w_b	w_{b1}	c_d	
EVBSN26J1B15	1.4	21.5	26	110	1.80	1.15	15	增强型
EVBSN19G1F16	1.6	15.5	19	90	1.80	1.30	16	增强型
EVBSN26J1F17	1.6	21.5	26	110	1.80	1.30	17	增强型
EVBSN19G0220	2.0	15.5	19	90	1.65	—	—	直型
EVBSN26J0230	2.0	21.5	26	110	1.65	—	—	直型
EVBSN26M0230	2.0	21.5	26	150	1.65	—	—	直型
EVBSN32M0250	2.0	25.1	32	150	1.65	—	—	直型
EVBSN26J0340	3.0	21.5	26	110	2.40	—	—	直型
EVBSN26M0340	3.0	21.5	26	150	2.40	—	—	直型
EVBSN32M0350	3.0	25.1	32	150	2.40	—	—	直型
EVBSN26J0440	4.0	21.5	26	110	3.40	—	—	直型
EVBSN32M0450	4.0	25.1	32	150	3.40	—	—	直型
EVBSN26J0540	5.0	21.5	26	110	4.40	—	—	直型
EVBSN32M0560	5.0	25.1	32	150	4.40	—	—	直型
EVBSN26J0640	6.0	21.5	26	110	5.40	—	—	直型
EVBSN32M0660	6.0	25.1	32	150	5.40	—	—	直型
EVBSN52X06120	6.0	45.3	52	260	5.40	—	—	直型
EVBSN32M0860	8.0	25.1	32	150	7.00	—	—	直型
EVBSN52X08120	8.0	45.3	52	260	7.00	—	—	直型

（2）刀板式切断车用刀座　刀座是刀板式车刀应用的必备附件，表4-12为刀板式切断车用刀座结构及参数，注意：尺寸 h 和 b 对应前述方形截面车刀的刀杆尺寸，H_1 对应前述的刀尖高度，H 对应刀板式车刀的刀体高度 h。型号中前两位分别对应 h 和 b，第3位对应 H。

表 4-12　刀板式切断车用刀座结构及参数

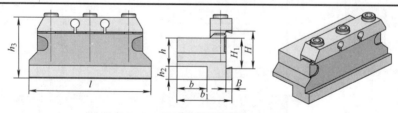

刀具结构型式简图

型号	主要参数 /mm								
	h	b	H	B	H_1	l	h_3	h_2	b_1
2020-26	20	20	26	4.0	21.4	80	43	8	38

（续）

型号	主要参数 /mm								
	h	b	H	B	H_1	l	h_3	h_2	b_1
2020–32	20	20	32	5.3	25.0	120	50	13	38
2525–26	25	23	26	4.0	21.4	80	45	5	42
2525–32	25	23	32	5.3	25.0	120	50	8	42
3232–26	32	29	26	4.0	21.4	80	52	5	48
3232–32	32	29	32	5.3	25.0	120	54	5	48

4.4　切断与切槽车削刀具应用的注意事项

4.4.1　刀片与刀具结构型式的选择

1.刀片结构型式的选择

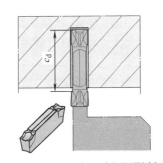

图 4-182　双头刀片切深限制

刀片型式的选择要考虑加工工序性质——切断、切槽、车槽和仿形车削等。

切断加工对加工槽的侧壁质量要求往往不高，主要考虑刀片的切削宽度与切削深度，从材料利用率的角度看，切断加工应尽可能选择切削宽度较窄的刀片，但刀片切削宽度窄的刀片刚性和安装的稳定性差，因此刀片切削宽度的选择要综合考虑切削深度等参数。

双头双刃型切断与切槽刀片（图 4-11）可转位使用，性价比较高，通用性较好，可优先选用。但其切削深度受到一定限制，使用时不得超过刀片切削深度参数 c_d，如图 4-182所示，否则，在切断过程中可能会造成另一端切削刃侧面的副后面磨损。而双头单刃切断刀片（图 4-14f）或单头切断刀片（图 4-20）则不存在这个问题，切削深度较大。

单头切断刀片使用时虽然不存在双头双刃切断刀片切削深度的限制。其装夹长度较短，虽装夹稳定性稍差，但也使它在内孔直径不大的刀杆设计中成为可选择的方案之一。

实心工件的半径基本可确定刀片切削深度参数的选择，而管材工件的切削深度只需考虑管壁厚度即可。

切断刀片的断屑槽设计一般可控制切屑宽度小于切削宽度（即加工槽的宽度），这不仅有利于切屑流出，且不会损伤槽侧壁。由于切削刃左右对称，因此其形成的带状切削卷曲成盘状，有利于排屑。图 4-183a 所示为切断刀片的断屑槽型式，其结构为中间凹陷，当它切入工件后，切屑沿前面流出的同时，在凹槽的作用下，切屑层断面宽度变短，如图 4-183b 所示，同时，由于切削刃左右对称，因此在形成带状切屑时，便会蜷曲为图 4-183c 所示的盘状形态，这种形态的切屑是切断加工较好的切屑形态之一。

 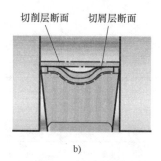 

切削层断面　切屑层断面

a)　　　　　　　　b)　　　　　　　　c)

图 4-183　切断刀片断屑槽控制切屑原理

a）断屑槽型式　b）切削变形　c）切屑盘状形态

切断刀片的余偏角 ψ_r（图 4-14c）可减少切断件毛刺，提高切断质量，如图 4-184 所示。图 4-184a 中，若余偏角 $\psi_r = 0$，则切削刃接近中心但未达到中心时，工件在自重和离心力等作用下折断，切下余料的较大，但若选用右手刀 R 型刀片，则余料可大为减小。图 4-184b 所示为管件切断，若余偏角 $\psi_r = 0$，则切下的管件会留下较多的毛刺，但若余偏角 $\psi_r \neq 0$，则毛刺会大大减少。

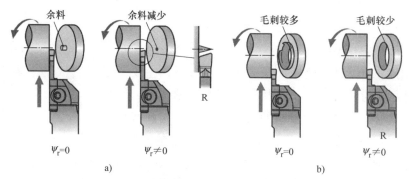

图 4-184　余偏角 ψ_r 对切断件毛刺的影响

a）实心件切断　b）管件切断

对于依靠刀片宽度实现精密切槽的刀片，不仅要求刀片宽度尺寸公差较小，还应设置适当的修光刃，这对提高加工槽的质量有利，如图 4-4 所示。

刀尖是极易磨损的部位，适当加大刀尖圆角 r_ε 对于提高刀具寿命有极大帮助，因此，如果无特殊要求，应尽可能选用刀尖圆角稍大的刀片。

切槽车刀车削加工往往伴随刀具轴向进给加工，这实际上已经过渡为切槽刀具的车削加工（图 4-5），靠近刀尖处的副切削刃已经成为车削的主切削刃，因此这种刀片的设计与仅用于切断的刀片略有不同，一般可按厂家提供的说明选用。

切削刃为圆弧形的仿形刀片是专为曲率半径较大的曲面车削而设计的，但其并不是曲面车削的唯一选择，对于数控加工而言，矩形切削刃的切断与切槽刀片同样可以实现曲面车削加工，特别是粗加工，效果更好。

2. 刀具结构型式的选择

刀板式结构的切断与切槽车刀的悬伸长度可灵活控制，因此其适应性较好，特别是在切断直径较大的工件时。但其刀板较薄，刚性较差且刀片夹紧方式多为弹性自夹紧结构，使其难以承担具有轴向进给的车槽加工，因此它主要用于切断与窄槽加工。

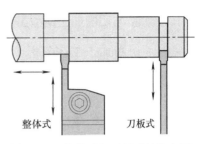

图 4-185 整体式与刀板式结构应用

整体式结构的切断与切槽车刀刚性较好，刀片上、下部夹紧面都设计出榫卯结构，且刀片夹紧多为螺钉夹紧，刀杆刚性好和刀片夹紧可靠，是切断与切槽刀具的主流结构，但其切削深度与刀具结构有关，可用于切断、切槽和车削加工。图 4-185 所示为两种刀具结构及应用示例。

模块化结构（图 4-152～图 4-158）具有灵活多变、适应性强的特点，但其第一次投资稍大，整体刚度不如整体式切断与切槽车刀，是切断与切槽加工刀具的发展趋势与选择方式之一。

特殊设计的刀片往往具有较为明确的使用特征，如图 4-166 所示结构型式的内孔切槽车刀，其加工的孔径就远小于普通机夹式内孔切槽刀具。而图 4-168 所示结构型式的内孔切槽车刀，其加工直径可做得非常小。

总体而言，刀具结构型式选择时优先选择 0° 主偏角的切断与切槽刀，刀杆截面尺寸、刀片切削宽度、刀尖圆角尽可能大的切断与切槽车刀。

4.4.2 切断与切槽刀具应用时的注意事项

1. 刀具安装注意事项

切断与切槽刀具安装的注意事项主要是刀尖高度和刀杆方向，如图 4-186 所示。刀尖安装高度一般要求与主轴中心等高，误差不超过 ±0.1mm，考虑到刀具变形，误差"宁高勿低"。刀具方向要求垂直工件轴线，可通过试切观察，推荐误差不超过 ±10′，或采用打表找正方法将公差控制在 0.001mm 内。

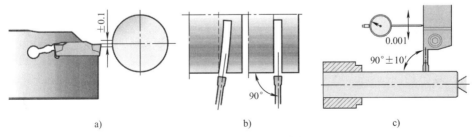

a)   b)   c)

图 4-186 切断刀安装注意事项

a）刀尖高度　b）刀具方向　c）找正方法

2.切断与切槽加工典型工艺分析

（1）切断加工工艺分析　切断是车削加工的常见工艺，了解切断过程有助于使用切断刀具。以图 4-187 所示切断加工过程为例，随着刀具接近中心，其工作后角 α_{oe} 是逐渐减小的，工作后角的减小值与进给量和加工直径有关，接近中心时其工作后角接近于零，甚至出现负后角，因此，切断到最后阶段往往是将工件挤断。由于工件重量或离心力等外力的存在，刀具未有可能进给至中心，工件就已经自然断落。另外，若刀具过中心，则刀尖副切削刃处摩擦力反向，极易

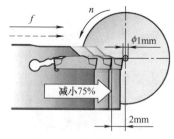

图 4-187　切断加工过程

造成刀尖崩刃。因此在切断加工时，刀具往往切至距中心 2mm 左右开始减小进给量（如减小 75%），切至 $\phi0.5 \sim \phi1$mm 便可退刀，工件依靠自重或离心力等自然落下。注意，在切断编程时，将刀尖切至中心（X0）甚至切过中心（如 X–1.0）是切断加工编程的一个误区。另外，若切削深度不大，可以采用连续进给；若直径太大，可以采用啄式进给，均有利于断屑与排屑。

（2）切槽刀车削加工工艺分析　切槽刀车削加工工艺分析参见图 4-5 及其分析。

（3）外圆槽典型加工工艺分析　外圆槽典型加工工艺分析如下。

1）窄槽加工指槽宽等于刀片切削宽度的切槽加工，如图 4-188 所示，槽宽的尺寸由刀具切削宽度保证，因此应选择精度较高的切槽刀片，如果有修光刃效果会更好。当加工槽深 h 小于槽宽 w 的 1.5 倍时，可考虑一刀直接切入成形，如图 4-188a 所示，为保证槽底直径的加工精度，切至槽底后，暂停 $1 \sim 2$s（一般不超过 3 圈）再退刀；当槽深大于槽宽的 1.5 倍时，建议采用啄式进给，如图 4-188b 所示。若槽口有倒角或倒圆角，则建议在同一个加工程序中完成，如图 4-188c、d 所示。

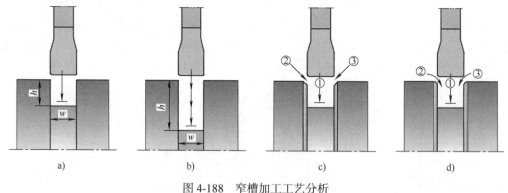

图 4-188　窄槽加工工艺分析

a）直接切槽　b）啄式切槽　c）切槽＋倒角　d）切槽＋倒圆角

2）槽宽大于刀片切削宽度的切槽加工应分如下两种情况确定加工工艺。

当槽的深度 h 大于槽的宽度 w 时，以径向切槽为主，如图 4-189 所示。当槽的深度小于 2 倍刀片宽度时，可采用两刀加工完成，如图 4-189a 所示，但若按图 4-189b 所示的

三刀加工，槽宽的加工精度相对较高；当槽的宽度大于 2 倍刀片宽度时，可考虑采用三刀或五刀完成，如图 4-189c、d 所示，注意中间的余量宽度必须小于刀片宽度减去 2 倍的刀尖圆角半径；当槽的深度较大时，优先选用径向分层加工，如图 4-189e 所示的分两层加工，必要时也可多分几层，也可考虑图 4-189f 所示的方法，采用啄式进给，分三刀切槽。若后续不再安排精车工艺，则两侧壁切槽的退刀尽可能按进给速度退回，不要快速退回或向槽内让刀退回的方式退刀，且切至槽底时应增加暂停动作，如图 4-189c 所示。若槽宽的精度要求较高，或槽底转角有大于刀尖圆角半径结构或倒角结构时，可留适当的加工余量，并按图 4-191 的精车工艺处理。

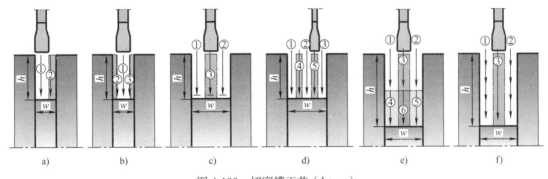

图 4-189　切宽槽工艺（$h > w$）

a）两刀加工　b）、c）三刀加工　d）五刀加工　e）两层加工　f）啄式进给

当槽的宽度 w 大于槽的深度 h 时，通常可采用车槽加工，粗车采用轴向车削加工效率较高，如图 4-190 所示，然后安排一道精车加工工序，如图 4-191 所示。

图 4-190 所示的加工原理参见图 4-5。由于切槽车刀车削时有一定的弯曲变形，因此，在下刀和两端的转换点要做适当的技术处理。首先，径向下刀至深度 $0.75w_c$（w_c 为切槽刀宽度）后，需径向回退 0.1mm 左右再转为轴向车削，如 4-190 中放大图 Ⅰ 所示，这样可以补偿刀具轴向车削时刀具变形后的略微伸长；其次，在后续刀具反向车削转换点，其技术处理方式有两种，一种是直接反向回退 $0.1 \sim 0.2$mm，释放刀具变形，然后转为径向切入，如放大图 Ⅱ 所示；另一种是斜向回退（轴向距离保持 $0.1 \sim 0.2$mm），释放刀具变形，然后转为径向切入，如放大图 Ⅲ 所示。前一种方式在转换点切削刃磨损严重，建议采用后一种方式。下刀至 $0.75w_c$ 仍然要回退 0.1mm 左右再转为轴向车削。由于槽深不可能完全等于切削深度 $0.75w_c$，所以，最后一刀的径向切削深度一般小于 $0.75w_c$。

宽槽加工一般安排一道精车工序才能获得较好的加工质量，其切削工艺如图 4-191 所示。第①步，径向切削至槽底，刀片左侧距槽左侧壁距离小于刀片宽度；第②步，端面刃以径向切削为主至第①步的位置，但径向深度应比槽深小刀具弯曲时的略微伸长量；第③步，轴向车削槽底至槽右侧面不足刀片宽度的位置；第④步，径向车削槽右侧面及底部的转角，这一刀，径向切削至槽底位置。注意，轴向车削时的伸长量通过试切后测量获得，通过刀具补偿实现伸长量的修正。

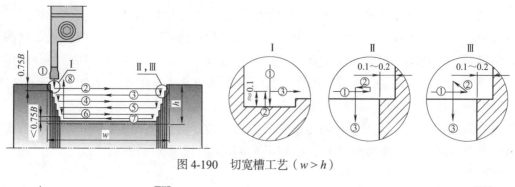

图 4-190　切宽槽工艺（$w > h$）

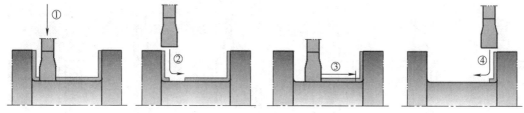

图 4-191　宽槽精车工艺

以上工艺中，第①步是必须的，否则，转角处可能会出现欠切现象，如图 4-192 所示，图中 $\Delta d/2$ 为车削时车刀弯曲的微伸长量，一般可取 0.1mm 左右，精确控制必须试切测量。

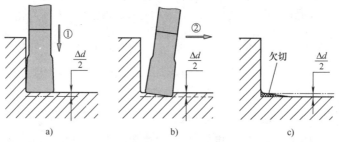

图 4-192　转角欠切现象

a）下刀　b）转轴向车削　c）欠切现象

3）圆刀片仿形车削切槽加工指刀片切削刃为圆弧形（R 形）的切槽加工，如图 4-193 所示，由于圆弧形切削刃本身具有副偏角，故不需靠变形产生副偏角。使用时注意，背吃刀量 a_p 一般不超过圆弧刀片直径的 40% 较为安全。同样，由于不考虑刀具变形，其粗车、精车工艺也较为简单，图 4-194 所示为仿形切槽车刀粗车工艺，供参考。

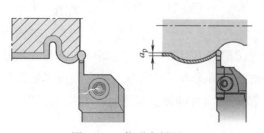

图 4-193　仿形车削原理

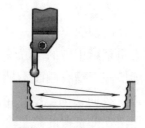

图 4-194　仿形切槽车刀粗车工艺

图 4-194 所示加工工艺是一种较为通用的工艺方案，可先通过逐层加工同时完成宽槽粗车加工，然后基于图 4-195 所示刀路完成槽的精车加工。该工艺不足之处是接点处会留下接痕，影响美观。若要求较高时，可在精车时再留下较小的加工余量，然后一刀连续车削曲面，如图 4-196 所示，注意，这种工艺要求刀片圆弧切削刃大于 180°，且留下的切削余量（图中的 a_p）不能太大。

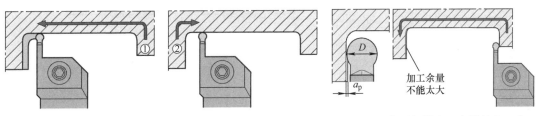

图 4-195　仿形切槽车刀宽槽精车工艺 1　　　　图 4-196　仿形切槽车刀宽槽精车工艺 2

4）圆环现象及其解决措施。若切削阶梯槽底时处理不当，可能产生圆环现象，如图 4-197 所示。可按图 4-198 所示的切削工艺消除圆环现象。

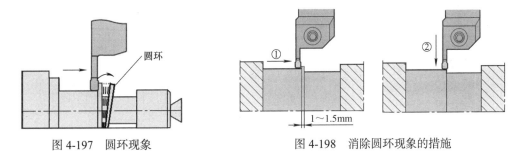

图 4-197　圆环现象　　　　　　　图 4-198　消除圆环现象的措施

（4）内孔切槽典型加工工艺分析　内孔切槽除可参照外圆切槽工艺处理外，还需注意内孔切槽特有问题的处理，如切削液的应用、排屑、刀杆刚性等问题。

1）切削液的应用。在切削加工中，切削液的应用始终是利大于弊的。内孔加工时可借助切削液带出切屑。内孔加工如何使切削液准确地喷射至加工区也是需要思考的问题。图 4-199 显示出了内冷却切槽刀杆的优点，其切削液通过刀杆内通道直达头部，分两路喷出，一路主要起冲屑作用，另一路起冷却作用。切屑在切削液的辅助作用下跟随切削液的流向移动，对于通孔，切屑主要从通路①流出；对于盲孔，切屑的出路只有通路②，此时刀杆的直径对排屑有一定的影响，刀杆直径太大，则切屑流出不畅，刀杆直径太小则刀杆刚性差。作为起冷却作用的切削液，通过调准喷嘴（图中未示出）可使其准确可靠地喷射至切削区，特别是切屑与前面缝隙处效果更好。内孔切槽要求切削液的流量与压力尽可能大。

2）切削路径的规划。与外圆切槽类似，也有窄槽的径向切入为主和宽槽的轴向车削为主，如图 4-200 所示，两端头的处理也要考虑刀具的变形问题，如图 4-200b 图的动作②车削至左端时留一点端面余量，端头的动作③是斜向退刀再轴线移动至尺寸，然后径向车削至底部，斜向退刀，再进行动作④轴线退刀。内孔切槽加工时，排除切屑的方式对切槽工艺有影响，盲孔与通孔由于切屑排出路径的差异导致其加工工艺不同。

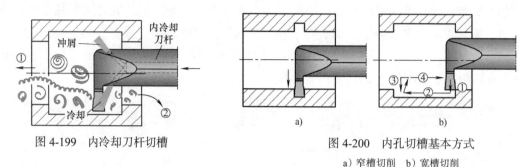

图 4-199　内冷却刀杆切槽

图 4-200　内孔切槽基本方式
a）窄槽切削　b）宽槽切削

图 4-201 所示为盲孔车削工艺，先从孔底处下刀，然后转向孔口方向轴向车削，这样便于切屑从孔口流出，最后再径向车削两端。若是通孔，则从孔口向孔底轴线车削，如图 4-200 所示。

图 4-202 所示为内孔多槽切槽工艺，盲孔从孔底往外逐槽切削，而通孔则从孔口向内逐槽切削。

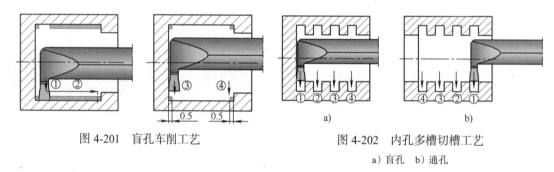

图 4-201　盲孔车削工艺

图 4-202　内孔多槽切槽工艺
a）盲孔　b）通孔

对于需要多刀（粗）车削的槽型，其工艺方法与外圆车削类似，图 4-203 所示为多刀切槽的示意图，根据槽宽的不同有两刀、三刀切槽。图 4-204 所示为往复多刀车槽的示意图，这种车削工艺的优点是刀片左、右侧磨损均匀，使刀具寿命最大化。

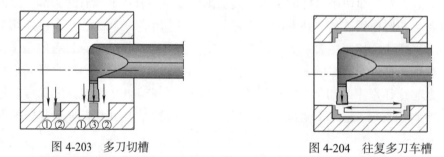

图 4-203　多刀切槽

图 4-204　往复多刀车槽

3）切槽加工切屑型式的控制分析。一般而言，切屑控制为较短的 C 形切屑有利于切屑的排除，但在通孔切槽、车槽加工，有时连续的螺旋形切屑更有利于切屑从通孔中连续排出。

4）刀杆的选择。从内孔车削的角度讲，刀杆刚性控制是加工质量控制的主要因素之一，因此，刀杆的伸出长度应尽可能短。刀杆的存在必然影响切屑从入口孔的排出，因此，若选用较细的刀杆，则建议选择刀片宽度和刀尖圆角较小的刀片，以减小径向切削力，提高加工的稳定性。

（5）典型端面槽的加工工艺分析　端面槽加工工艺与外圆切槽加工类似，但需注意每种规格的端面切槽刀存在一个直径加工范围 $D_{\min} \sim D_{\max}$ 限制，如图 4-6a 所示，特别是首次切入要特别注意，选择不当可能会出现干涉现象。典型端面槽的加工工艺分析如下。

1）窄槽加工指槽的宽度等于刀片宽度的切槽加工，这种工艺类似于于外圆切槽加工（图 4-188），但需注意确保槽的直径在刀具允许的范围内。当槽较浅时可直接切入，控制切屑为螺旋切屑型式的排屑效果较好，如图 4-205 所示；当槽较深时可考虑啄式进给，有利于断屑，如图 4-206 所示。

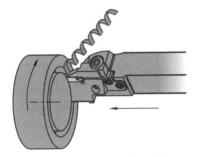 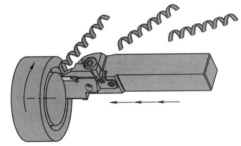

图 4-205　端面浅槽切削　　　　　图 4-206　端面深槽切削（啄式进给）

2）宽槽加工指槽的宽度大于刀片宽度的切槽加工。

浅宽槽多采用车削加工的方式，如图 4-207 所示。其加工方式为从外向内车削加工，在深度方向分三刀进行车削加工，其切屑多为较短的 C 形切屑。

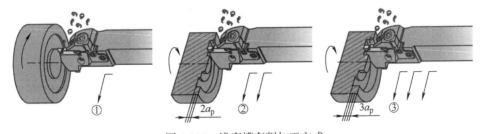

图 4-207　浅宽槽车削加工方式

深宽槽多采用插车切槽方式加工，如图 4-208 所示，其切屑多为螺旋状。注意，端面插车不同于外圆插车（图 4-189），它是从外向内逐层连续插车，第②刀及其之后的插车背吃刀量一般取 0.6 ～ 0.8mm 的刀片宽度。

299

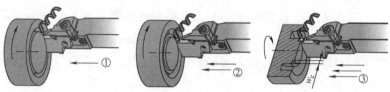

图 4-208　深宽槽车削工艺

3）对于质量要求较高的端面宽槽加工，应多安排一道精车工序，如图 4-209 所示，其加工原理与外圆车削相似。

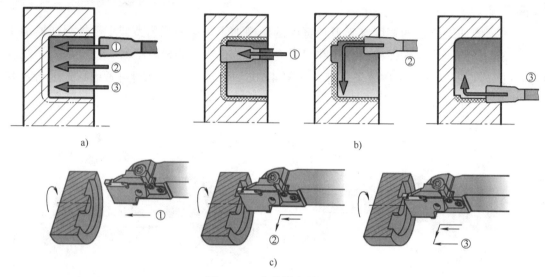

a)　　　　　　　　　　　b)

c)

图 4-209　宽槽精车削工艺

a）宽槽粗车刀路　b）宽槽精车刀路　c）宽槽精车加工步骤示例

3. 切削用量的选择

切槽加工的进给量与刀片宽度有关，表 4-13 为切槽加工进给量推荐值。

表 4-13　切槽加工进给量推荐值

刀片宽度 /mm	进给量 /（mm/r）			
	切断	切槽	车削	仿形
2.5	0.05 ～ 0.15	0.05 ～ 0.15	0.05 ～ 0.15	0.05 ～ 0.15
3	0.05 ～ 0.15	0.05 ～ 0.15	0.07 ～ 0.15	0.1 ～ 0.2
4	0.05 ～ 0.2	0.05 ～ 0.2	0.07 ～ 0.25	0.1 ～ 0.2
5	0.07 ～ 0.2	0.07 ～ 0.22	0.1 ～ 0.25	0.15 ～ 0.3
6	0.1 ～ 0.3	0.07 ～ 0.25	0.1 ～ 0.3	0.15 ～ 0.3

切槽加工的切削速度与刀片材料等有关，表 4-14 为国内某刀具制造商给出的切槽加工切削速度推荐值，供参考。

表 4-14　切槽加工切削速度推荐值

工件材料		硬度 / HBW	YBG302	YBG202	YBC151	YBC251	YD101	YD201	YC10	YC40
P	碳钢	125 ～ 170	120 ～ 260	150 ～ 280	140 ～ 280	150 ～ 280	—	—	130 ～ 280	110 ～ 260
	低合金钢	180 ～ 275	80 ～ 175	110 ～ 200	100 ～ 240	110 ～ 200	—	—	90 ～ 200	70 ～ 175
	高合金钢	180 ～ 325	80 ～ 160	110 ～ 190	100 ～ 220	110 ～ 190	—	—	90 ～ 190	70 ～ 160
	铸钢	160 ～ 250	75 ～ 140	100 ～ 170	80 ～ 160	100 ～ 170	—	—	80 ～ 170	60 ～ 140
M	铁素体、马氏体	200 ～ 300	70 ～ 170	100 ～ 200	—	100 ～ 200	—	—	80 ～ 200	60 ～ 170
	奥氏体	180 ～ 300	80 ～ 200	110 ～ 220	—	110 ～ 220	—	—	90 ～ 220	70 ～ 200
K	可锻铸铁	130 ～ 230	100 ～ 200	130 ～ 220	—	—	—	90 ～ 160	—	—
	灰铸铁	180 ～ 220	90 ～ 170	120 ～ 200	—	—	—	80 ～ 140	—	—
	球墨铸铁	160 ～ 250	80 ～ 150	110 ～ 180	—	—	—	60 ～ 140	—	—
N	铝合金	—	—	—	—	—	200 ～ 400	—	—	—

注：1. 表中所列切削用量适用于有切削液情况下的加工。

　　2. 对于内圆切削和端面切削，建议切削速度降低 30% ～ 40%。

4. 常见问题及解决措施

在切断与切槽过程中，低速时，积屑瘤、后面磨损等是主要问题；高速时，塑性变形、前面月牙洼磨损等是主要问题。表 4-15 为切断与切槽加工中常见问题及解决措施，供参考。

表 4-15 切断与切槽加工中常见问题及解决措施

问题与示意图	产生原因	解决措施
后面磨损	切削速度过快,耐磨性能低	① 降低切削速度 ② 选用更耐磨材质或更硬的刀片
前面月牙注磨损	进给速度过高时温度偏高	① 使用切削液 ② 选择涂层硬质合金刀片 ③ 降低切削速度与进给量
塑性变形	切削过热导致刀片硬度降低	① 使用切削液 ② 选择更大刀片刀尖圆角半径的刀片 ③ 降低切削速度和进给量
崩刃与破损	① 工件材质过硬,刀片负荷太大 ② 刀片宽度过窄,槽型过弱 ③ 刀片材质过脆 ④ 不稳定的状况(如振动、刀片偏离中心过多、刀具悬伸过长等) ⑤ 过高的切削参数	① 使用热处理降低工件材质硬度 ② 选择更宽的刀片和更强壮的断屑槽及大的刀尖圆角半径 ③ 选择韧性更好的刀片材质 ④ 缩短悬伸长度,检查中心高度,降低切削速度和进给量
切削刃热裂纹	切削温度波动造成热应力过大	① 确保切削液流量的充足和恒定,否则,关闭切削液入口 ② 降低切削速度和进给量
积屑瘤	① 切削刃温度过低 ② 刀片槽型或材质选择不当	① 提高切削速度和(或)进给量 ② 选择具有更锋利刃口的槽型 ③ 选用涂层硬质合金刀片
加工表面质量差	① 切削速度和进给速度太小 ② 切削系统刚性差产生加工振动 ③ 切深过浅(小于切削刃圆角)	① 提高切削速度,适当加大进给量 ② 使用切削液 ③ 提高切削系统刚性

第 ⑤ 章

螺纹车削刀具结构分析与应用

螺纹是机械工程中常见的几何特征之一，是在圆柱或圆锥母体表面上制出的、沿着螺旋线形成的、具有特定截面（牙型）的、连续凸凹的几何结构。螺纹车削加工是中小型工件上制作螺纹的常见方法之一，它是利用成形车削的原理，使用螺纹车刀，在圆柱（锥或平面）上切除材料获得所需螺纹的几何特征，其牙型截面与车刀刃口吻合。

5.1 螺纹与螺纹车削刀具概述

5.1.1 螺纹基础知识

1. 螺纹基础

螺纹按母体形状不同分为圆柱螺纹、圆锥螺纹和端面（涡形）螺纹；按其在母体所处位置不同分为外螺纹、内螺纹；按其截面形状（牙型）分为三角形米制螺纹、管螺纹、矩形螺纹、梯形螺纹、锯齿形螺纹及其他特殊形状螺纹；按牙的大小分为粗牙螺纹和细牙螺纹等；按螺旋方向分为左旋和右旋螺纹，右旋螺纹应用更广泛；按螺旋线的数量多少分为单线、双线与多线（一般不超过四线）；按用途不同分为紧固螺纹、管螺纹、传动螺纹、专用螺纹等。

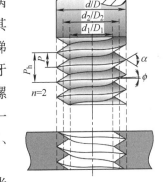

图 5-1 螺纹主要参数

螺纹的主要几何参数如图 5-1 所示，以应用广泛的三角形米制螺纹为例，具体如下：

1）大径（外螺纹 d 或内螺纹 D）：与外螺纹牙顶或内螺纹牙底相重合的假想圆柱体直径。

2）小径（外螺纹 d_1 或内螺纹 D_1）：与外螺纹牙底或内螺纹牙顶相重合的假想圆柱体直径。

3）中径（外螺纹 d_2 或内螺纹 D_2）：母线通过牙型上凸起和沟槽两者宽度相等的假想圆柱体直径。

4）线数（n）：形成螺纹的螺旋线数量。

5）螺距（P）：相邻牙在中径线上对应两点间的轴向距离。

6）导程（P_h）：同一螺旋线上相邻牙在中径线上对应两点间的轴向距离。导程与螺距和线数的关系为 $P_h = Pn$。

7）牙型角（α）：螺纹牙型上相邻两牙侧间的夹角。

8）螺纹升角（ϕ）：中径圆柱上螺旋线的切线与垂直于螺纹轴线的平面之间的夹角。$\phi = \arctan[P_h / (\pi d_2)]$。

螺纹的公称直径一般用大径表示。螺纹已标准化，有米制和英制两种。国际标准采用米制，我国标准也采用米制。

2. 螺纹牙型特点

螺纹车削成形加工的特点决定了其牙型是由螺纹车刀刃口轮廓保证的，由于用途与标准的不同，实际中的牙型有不同的型式（制式），如我国机械行业常见的螺纹牙型有 60°牙型角的米制螺纹、55°牙型角的管螺纹和 30°牙型角的梯形螺纹等。这里以具有代表性的普通米制螺纹为例进行分析。米制螺纹指米制单位的螺纹，符合国家标准规定，是我国现行执行的标准，其应用广泛，故称之为普通螺纹，它与 ISO 相关标准基本相同，刀具样本上也常直接称其为 ISO 螺纹。图 5-2 所示为普通螺纹牙型图解，螺纹公称尺寸 D 或 d、螺距 P 和牙型角 α 决定了牙型的基本形状与大小。其中螺距 P 是系列化了的参数，因此它是螺纹刀具选择的参数之一。注意，普通米制螺纹内、外螺纹的牙型顶部是有差异的。螺纹牙型顶部形状可以是螺纹车削前的外圆柱或内孔面车削牙型两侧面后留下的未加工部分，但其牙型的精确程度稍差。精确的螺纹车削可以将牙顶与牙型两侧面同时车削。

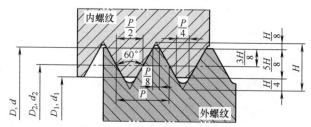

图 5-2　普通螺纹牙型图解

牙型是选择螺纹车刀的重要参数之一，应遵寻相关国家标准规定，如普通螺纹牙型的几何参数详见 GB/T192—2003《普通螺纹　基本牙型》。关于螺纹牙型标准，还应该关注 55°管螺纹的相关标准 GB/T 7306.1—2000《55°密封管螺纹　第 1 部分：圆柱内螺纹与圆锥外螺纹》、GB/T 7306.2—2000《55°密封管螺纹　第 2 部分：圆锥内螺纹与圆柱外螺纹》、GB/T 5796.1—2005《梯形螺纹　第 1 部分：牙型》、GB/T 20668—2006《统一螺纹基本尺寸》等，必要时应查阅相关的国外标准。

5.1.2　螺纹数控车削加工知识

螺纹数控车削加工的基本知识包括以下内容。

1. 成形加工特点

螺纹车削属于成形车削加工，如图 5-3 所示，其牙型截面主要由刀具切削部分刃口形状保证，常见的牙型主要有：普通米制螺纹，主要用于紧固连接；管螺纹，主要用于管件连接、密封和非密封；梯形螺纹，主要用于机械传动等。与普通车削类似，螺纹车削也分为外圆螺纹（简称外螺纹）、内孔螺纹（简称内螺纹）车削。车刀结构上，数控螺纹车刀设计也是采用机夹、可转位、不重磨的型式，典型的螺纹车刀刀片可分为两类：一类为平装式三刀刃结构（可参见图 5-14），这类刀片保留了平装式外圆与内孔车刀刀片的特征，特别是机夹夹固的方式基本通用；另一类为立装式结构（图 5-18 和图 5-20），这类刀片更多的保留了切槽刀片的结构特征，可认为是由切槽刀片刃口形状拓扑变换为螺纹牙型刃口而来的，常与相应槽刀片的切槽车刀通用刀杆。

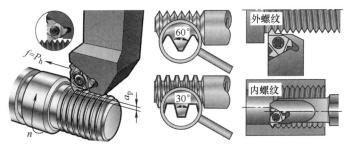

图 5-3　螺纹车削加工

2. 螺纹车刀切削刃结构

螺纹车刀的切削刃形状是保证刀片牙型的关键，根据加工质量和效率等要求的不同，切削刃齿形可设计成泛牙型、全牙型和多牙型等，如图 5-4 所示。

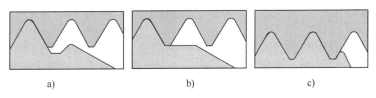

图 5-4　螺纹车刀切削刃形状结构

a）泛牙型　b）全牙型　c）多牙型

（1）三种切削刃齿形特点　三种切削刃齿形的特点分析如下。

1）泛牙型（又称 V 牙型或部分牙型）切削刃，其仅保证牙型角，不加工牙顶，通过控制切入深度可适应一定范围内不同螺距螺纹的加工，因此可通过减少这种刀具库存，降低生产成本。由于未加工牙顶，因此螺纹加工之前对螺纹外径或内径的加工精度要求稍高。另外，刀片刀尖圆角是以最小螺距的刀尖半径考虑，因此刀片的寿命相对较短。

2）全牙型切削刃是首选和常用的形状，其加工效率高，能确保正确的深度（牙型高度）、牙底和牙顶直径等，对螺纹车削前的坯料直径要求相对较低，加工螺纹的强度较高。不足之处是每一螺距和牙型都需要单独的刀片。为获得完整的牙型，牙顶一般预留

0.03～0.07mm 精加工余量。另外，这种刀片刀尖圆角一般比泛牙型切削刃更大，因此所需的走刀次数较少。

3）多牙型切削刃是在全牙型基础上增加了 1～2 个预加工刃，因此可减少螺纹加工的走刀次数，适用于大批量生产的高效率螺纹加工。多牙型加工时的切入、切出长度应适当增加，切削力较大，对刀具和机床的刚性要求较高。

（2）三种切削刃齿形示例　图5-5～图5-7为不同牙型的平装三齿螺纹车削加工刀片示例，图中均以规格参数（内切圆直径）$d = 9.525$ 的外螺纹右手刀片为例。

1）图5-5所示为 ISO 全牙型刀片（即米制牙型刀片），全牙型刀片由于需要切牙顶，因此每个规格的刀片都对应一个螺距的加工，如图5-5所示刀片的加工螺距 $P = 2.0$mm。刀尖位置参数 x 和 y 由厂家确定，选用时可以不用考虑，但该参数对加工时对刀有所帮助。

2）图5-6所示为 60° 牙型角的泛牙型刀片，因为泛牙型刀片加工时不需切牙顶，所以同一规格的刀片可以加工一定范围内螺距的螺纹。由于仅加工牙型侧面，因此，它还可适应不同制式但牙型角相同的螺纹，如米制的普通螺纹、美制的统一螺纹等。注意，该螺纹刀片比全牙型螺纹多一个刀尖圆角参数 r_ε，这个参数直接决定了最小螺距的加工范围。另外，牙型高度（即牙型大小）确定了最大螺距的加工范围，一般牙型大则最大螺距可加工的较大，比较图5-6和图5-5可见，图5-6的牙型略大，因为其最大螺距为 3.0mm。

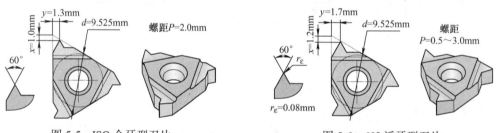

图 5-5　ISO 全牙型刀片　　　　　　　　图 5-6　60°泛牙型刀片

3）图5-7所示为 ISO 多牙型刀片，图5-7a 所示刀片的加工螺距为 1.5mm，两牙结构；图5-7b 所示刀片的加工螺距为 1.0mm，三牙结构。多牙刀片属全牙型刀片，可减少加工循环次数，提高加工效率，且可控制最后一刀精车的加工余量，获得更好的加工表面粗糙度和精度。

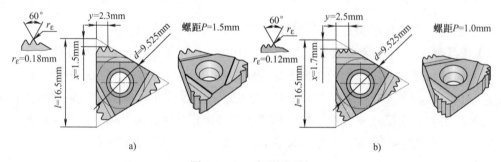

a)　　　　　　　　　　　　　　　　　　b)

图 5-7　ISO 多牙型刀片

a）两牙结构　b）三牙结构

3. 工作角度的变化与处理

由于螺纹车削的进给量等于螺纹的导程（或单牙螺纹的螺距），且远大于普通外圆或内孔车削的进给量，为保证左、右切削刃工作角度的相等或相近，整体式螺纹车刀是通过调整左、右切削刃的刃磨角度实现，如图 1-21 所示，而机夹式螺纹车刀则是通过刀片偏转一个适当角度 ϕ 实现的，如图 5-8 所示，具体来说就是通过更换不同角度的刀垫实现，各厂家给出的刀垫偏转角度系列略有差异，图 5-9 所示为某刀具制造商提供的由 $-2° \sim 4°$ 共 7 种规格的刀垫，标准刀垫为 1°。

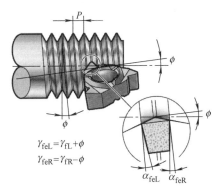

$$\gamma_{feL} = \gamma_{fL} + \phi$$
$$\gamma_{feR} = \gamma_{fR} - \phi$$

图 5-8　侧切削角度调整原理

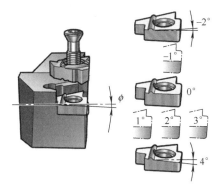

图 5-9　刀垫规格

4. 多刀切削与进刀方式

螺纹车削属成形加工，由于牙型截面相对较大，一般均需多刀切削而成，如图 5-10 所示。各刀次背吃刀量的选取有两种方案——恒切深控制与恒面积控制，如图 5-11 所示。恒切深控制虽然编程简单，但加工切削力是逐次增加的，这对加工不利，多用于小螺距螺纹的加工；恒面积控制由于切削面积不变，因此切削力不变，加工较为稳定，应用较多。

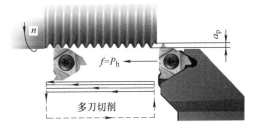

图 5-10　螺纹切削多刀车削刀路示意图

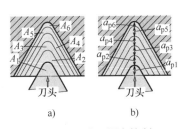

a)　　　　　b)

图 5-11　进刀深度控制
a）恒面积　b）恒切深

多刀切削的进刀方式也有多种，如图 5-12 所示。径向进刀（图 5-12a）是基础的进给方式，编程简单，左、右切削刃后刀面磨损均匀，牙型与刀头的吻合度高；但切屑控制困难，可能产生振动，刀尖处负荷大且温度高，适用于小螺距（导程）螺纹的加工以及多刀切削最后一刀的精加工。侧向进刀（图 5-12b）属较为基础的进刀方式，有专用的复合固定循环指令编程，可降低切削力，切屑排出控制方便；但由于纯单侧刃切削，左、右侧切削刃磨损不均匀，右侧后刀面磨损大，适合于稍大螺距（导程）螺纹的粗加工。改进式侧向进刀（图5-12c）由于进刀方向的略微变化，使右侧切削刃也参与一定程度的切削，一定程度上抑制了右侧后刀面的磨损，减小了切削热，改善了侧向进刀的不足。左右侧交替进刀（图5-12d）的特点是左、右切削刃磨损均匀，能延长刀具的寿命，切屑排出控制方便；不足之处是编程略显复杂，适用于大牙型、大螺距螺纹的加工，梯形螺纹车削加工常用这种进刀方式，在编程能力许可的情况下推荐使用。

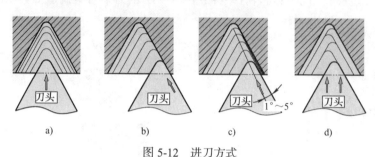

图 5-12　进刀方式

a) 径向进刀　b) 侧向进刀　c) 改进式侧向进刀　d) 左右侧交替进刀

5. 螺纹车削加工方式分析

螺纹车削加工方式与螺纹的旋向以及内、外螺纹有关，图5-13所示分别为右、左旋外、内螺纹车削加工时主轴转向、进给方向和右、左手螺纹车刀车削方式。图5-13a 所示为右旋外螺纹前、后置刀架车床螺纹车削加工方式示例，前置刀角车床选用右手外螺纹车刀，主轴正转（M03），车刀运动方向接近卡盘；后置刀架车床选用左手外螺纹车刀，主轴反转（M04），车刀运动方向远离卡盘。图5-13c 所示为右旋内螺纹前置和后置刀架车床螺纹车削加工方式示例，前置倒角车床选用右手内螺纹车刀，主轴正转（M03），车刀运动方向接近卡盘，而后置刀架车床选用左手内螺纹车刀，主轴反转（M04），车刀运动方向远离卡盘。左旋外、螺纹车削方式读者可自行分析。

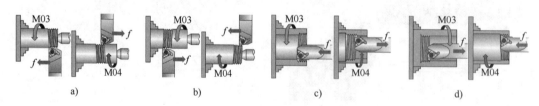

图 5-13　螺纹车削加工方式

a) 右旋外螺纹　b) 左旋外螺纹　c) 右旋内螺纹　d) 左旋内螺纹

使用图5-13所示螺纹车削加工方式，其优点是刀具在接近卡盘方向进给运动时，刀片安装刚性较好；不足之处是内螺纹加工排屑效果稍差。在内螺纹车削时，刀具进给方向远离卡盘移动，内螺纹加工排屑较好。螺纹车削加工时，还有刀杆反装的车削方式，如图5-25所示。

5.2　螺纹车削刀具结构分析

螺纹车削加工的实质依然是车削加工，因此，螺纹车削加工刀具与外圆、内孔、切槽与切断刀具结构有较多相似之处，依然以"机夹、可转位、不重磨、刀具涂层"为主要结构特征。螺纹车削刀具总体可分为刀杆、刀片及其夹持机构两部分，刀杆部分包括刀具在车床刀架上安装的刀体部分以及支承刀片及其夹持机构的刀头部分，刀杆装夹结构主要是方形截面刀杆，刀片部分的主要特征是刃口轮廓线基于螺纹牙型成形加工方式设计，刀片夹紧机构与前述外圆、内孔、切断与切槽车刀基本通用。

螺纹车刀结构型式，按其与前述外圆、内孔以及切断与切槽刀具的联系，主要可分为两大类型。一类是基于典型外圆与内孔车削刀具演变而来的平装式刀片的螺纹车削刀具，它主要是基于正三角形刀片，通过刃口轮廓的拓扑变换演变而来，这类刀具的刀杆结构型式与外圆和内孔车刀相近，刀片夹紧结构与零部件具有一定的通用性。另一类是基于浅切槽刀具通过刃口的拓扑变换演变而来，这类刀具大部分具有与切槽刀具刀杆通用的特点。

5.2.1　螺纹车削刀片结构分析

螺纹刀片是螺纹刀具的主要部件之一，其加工对象的几何结构以及螺纹的成形加工特点，决定了螺纹车刀刀片结构的独特性。因此，学习螺纹车削刀具应重点关注螺纹车削刀片。

1. 平装式螺纹车削刀片

平装式螺纹车削刀片结构可认为是由平装式外圆、内孔车削刀片演变而来的刀片结构，它保留了较多外圆与内孔刀片的结构特征，如刀片夹紧方式基本相同，刀片规格参数表达也是基于刀片内切圆直径等。

（1）平装式螺纹刀片结构型式　平装式螺纹刀片形状为正三角形，如图 5-14 所示，常用的规格参数是内切圆直径 $d = 9.525\text{mm}$ 的刀片，对应的刀片长度 $l = 16.5\text{mm}$。其次是前、后系列的规格，如 $d = 12.7\text{mm}$（$l = 22.0\text{mm}$）和 $d = 6.35\text{mm}$（$l = 11.0\text{mm}$）的刀片。图 5-14 所示为 $d = 9.525\text{mm}$（$l = 16.5\text{mm}$）规格的外螺纹加工刀片。

图 5-15 所示的刀片规格参数基本对应外圆外螺纹正三角形刀片，但刀尖部分有所不同，螺纹刀片改为了相关螺纹的牙型及其参数，图 5-15 所示刀片为螺距 $P = 2.0\text{mm}$ 的 ISO 刀片。该刀片为沉头螺钉夹固式，因此相应增加了螺钉固定孔及其参数 d_1，不同刀具商刀片固定孔的沉孔或倒角型式与参数可能略有差异，另外，部分刀具商还提供刀尖位置参数 x 和 y。

综合上述分析可见，平装式螺纹刀片与外圆或内孔车削加工刀具的差异主要表现在刃口廓形（即牙型）部分，实际中的螺纹刀片做成了不同制式螺纹的牙型，因此这类刀片选择的实质是不同牙型制式的选择。

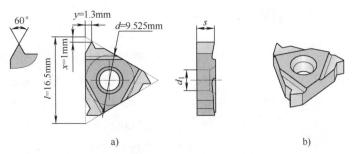

图 5-14　三角形螺纹刀片主要参数（外螺纹、右手型）

a）主要参数　b）3D 图

（2）牙型参数　牙型参数是螺纹刀片牙型部分的几何参数，如图 5-15 所示。其形状与螺纹的牙型有关，国内市场最常见的是 60° 牙型角的米制紧固螺纹和 30° 牙型角的梯形传动螺纹。60° 牙型角的米制紧固螺纹刀片牙型有单齿型（全牙型和泛牙型）和多齿型，30° 牙型角的梯形传动螺纹刀片齿形多为单齿，如图 5-15c 所示。关于牙型的几何参数，只需了解所选刀片能加工的螺纹制式及其规格即可。

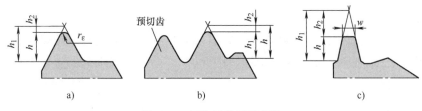

图 5-15　螺纹刀片牙型参数

a）单齿型　b）多齿型　c）梯形单齿型

图 5-15a 所示为单齿型，有全牙型与泛牙型之分。全牙型的参数按每一个螺距设计，因此每个螺距有一套固定的值；泛牙型的参数是按一定范围的螺距设计，其中参数 h 是按螺距范围的最大值设计的，而刀尖圆角是按螺距范围的最小值设计的。图 5-15b 所示为多齿型，其实质是在全牙型基础上增加了 $1 \sim 2$ 个预切齿，因此其参数对每一个螺距是固定的。另外，内、外螺纹的刀尖圆角半径是不同的，因此，全牙型刀片还可分为内、外螺纹刀片，当然，也可全按内螺纹刀片设计。图 5-15c 所示为梯形螺纹刀片的牙型，由于其刀尖较宽，因此多做成单齿泛牙型结构。

（3）螺纹刀片的内、外螺纹与切削方向　螺纹刀片不仅有内、外螺纹刀片之分，还有左、右切削方向之分，因此，螺纹刀片存在四种结构型式，如图 5-16 所示，图中，E/I 表示外 / 内螺纹，R/L 表示右 / 左切削方向。图 5-16 是按刀具进给运动从右向左切削外圆与内孔螺纹的状态绘制的四种型式的螺纹刀片。

（4）刀具前面结构　刀具前面的变化对刀具切削性能的影响很大，特别是断屑槽型式的不同，它是各刀具制造商刀片切削性能差异的主要原因之一。与标准刀片一样，各刀具制造商有自己的断屑槽型式与代号。图 5-17 列举了部分断屑槽型式供参阅。

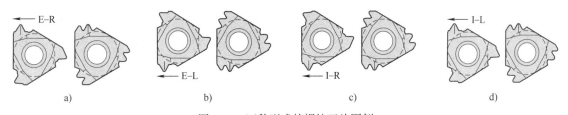

图 5-16　四种型式的螺纹刀片图例

a）外螺纹右手型　b）外螺纹左手型　c）内螺纹右手型　d）内螺纹左手型

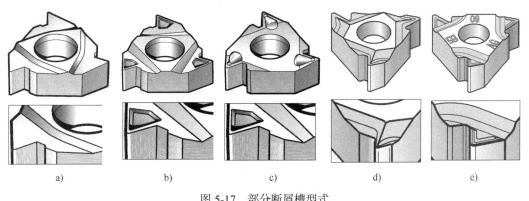

图 5-17　部分断屑槽型式

a）平刀面　b～e）各式断屑槽

图 5-17a 所示为平刀面型式，其结构简单，制造方便，切削刃锋利，切削力小，加工表面质量好，几乎可应用于所有型式螺纹的加工，具有较强的适应性，应用广泛，不足之处是断屑性能稍差。

图 5-17b～e 所示为各种专用的断屑槽型式，各厂家刀片的设计略有差异，一般可根据厂家推荐的切削条件选用。图 5-17b 所示断屑槽沿刃口均匀设计，刃口制作了一定的切削刃钝圆，提高了刀具寿命，折线型断面的断屑槽型式可压制成形，具有较为通用的断屑性能。图 5-17c 所示为前面制作了类似于铃铛形的凸台，极大地增加了切屑的变形量，断屑性能进一步增强，适合于韧性较大、断屑性能差的材料加工。图 5-17d 所示的断屑槽实际上也是一种折线型截面的断屑槽，其断屑槽断面基本沿着刃口轮廓顺势变化，刃口各点断屑性能相近，综合断屑性能优异，但结构略显复杂。图 5-17e 所示断屑槽是在图 5-17d 结构基础上，简化断屑槽后部结构的槽型，因此其结构简单，断屑性能较好。

2. 顶面斜凹槽压紧螺纹刀片

在前述切槽刀片中曾经介绍过顶面斜凹槽压紧浅切槽刀片（图 4-24），这款刀片属于立装式上压紧刀片，其系列产品较为完善，不仅有切槽刀片，还有螺纹刀片，且其刀杆是通用的。图 5-18 所示为顶面斜凹槽压紧螺纹刀片结构示例。图示中，刀片为 60° 牙型角的泛牙型螺纹刀片，两切削刃为翻

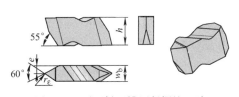

图 5-18　顶面斜凹槽压紧螺纹刀片

结构示例

转转位结构，刀片高度 h 与宽度 w_b 为其规格参数，共有 8 种。牙型结构同样存在全牙型、泛牙型与多牙型式，并有不同制式的牙型供选用，根据刀尖位置参数 e 的不同可做成左切削 L 型、右切削 R 型或左右切削 N 型（又称中置型）。刀片顶面压紧方式不仅夹紧可靠，且结构紧凑，耗材少，性价比高。

该刀片结构较为经典，较多刀具商都有此产品，刀片品种较多，图 5-19 为该系列刀片型式变化情况，它几乎可做成所有制式螺纹牙型的刀片。

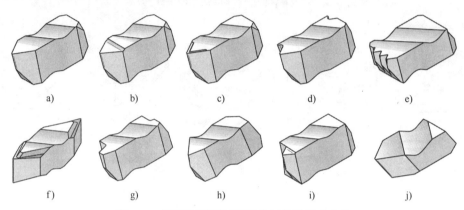

图 5-19　顶面斜凹槽压紧螺纹刀片的型式变化

a) 0° 前角泛牙型　b) 正前角泛牙型　c) 带断屑槽泛牙型　d) 全牙型　e) 多齿牙型　f) 双面四齿泛牙型　g) 梯形牙型　h) 锯齿牙型　i) 细牙牙型　j) 单齿刀片

3. 其他型式螺纹刀片

注意到螺纹车削与窄浅切槽车削均具有成形车削的特点，因此，很多刀具商在制作浅槽车削刀片的同时，设计出了基于螺纹牙型的刃口形状螺纹刀片，且基本可与相应切槽车刀共用刀杆。

图 5-20 显示了多款立装式多齿可转位螺纹车刀刀片，其中图 5-20a ～ e 在前述切槽车刀中均可见。图 5-20a 所示为 60° 牙型角的泛牙型螺纹刀片，适合小孔内螺纹车刀，刀杆端面采用螺钉夹紧方式，应用示例如图 5-34 所示；图 5-20b 所示为两刃翻转转位刀片，立装结构，侧面螺钉夹固，图中左上图为 ISO 全牙型刀片，右下图为泛牙型刀片，应用于小型车床外圆车削螺纹加工，应用示例如图 5-35 所示；图 5-20c 所示为泛牙型三刃立装螺纹刀片，三刃结构性价比更高，主要用于外螺纹加工，应用示例参如图 5-36 所示；图 5-20d 所示泛牙型四刃立装刀片，其为偏置结构，每面两个切削刃，旋转与翻面组合实现四刃转位操作，主要用于外螺纹加工，应用示例如图 5-37 所示；图 5-20e 所示为五刃立装螺纹刀片，进一步提高了性价比，有多种螺纹制式供选择，图 5-20e 中放大图可见其为 ISO 制式，即普通螺纹刀片，应用示例如图 5-38 所示；图 5-20f 所示为十刃立装螺纹刀片，其同样有泛牙型与全牙型以及不同制式的螺纹刀片供选择，也是通过旋转与翻面实现十个切削刃的转位操作，图示显示 0 ～ 4 齿位，另一面为 5 ～ 9 齿位，应用示例如图 5-39 所示。

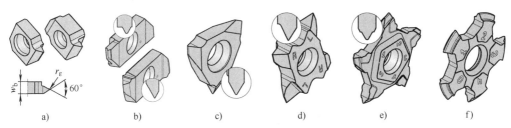

图 5-20　立装式多齿可转位螺纹车刀刀片示例

a）单刃　b）两刃　c）三刃　d）四刃　e）五刃　f）十刃

按照这种思路，图 3-25、图 3-26 所示的微小直径的内孔刀具也有相应的螺纹车刀，甚至经典的双头双刃切槽切断刀片均可做出相应的螺纹加工刀片。

5.2.2　螺纹车削刀具结构分析

依照上述螺纹车刀以及螺纹刀片介绍，以下进一步通过相应螺纹刀具的结构分析，深入研习螺纹车削刀具。

1. 平装刀片螺纹车刀

平装刀片螺纹车刀是典型的螺纹车削刀具，其刀片夹固原理和零部件与平装式外圆与内孔车刀有一定的通用性，刀具结构规整，几乎所有刀具商均有这种机构型式的螺纹车刀。

图 5-21 所示为典型平装刀片的螺钉夹紧偏头外圆螺纹车刀（简称外螺纹车刀）结构示例，其刀具总体结构型式与外圆车刀基本相同，如刀具主要参数（图 5-21a）有刀杆截面 $h \times b$、刀具长度 l_1、刀尖位置 h_1 和 f 等。由于它与前面及断屑槽统筹考虑等因素，因此很多刀具商并不给出刀片安装姿态角度。图 5-21b 所示的刀片夹紧原理与外观 3D 图显示出其刀片夹固原理与外圆车刀基本相同，差异主要是刀垫固定方式，这里刀垫是从侧面用螺钉压紧固定，以便尽可能增大夹紧螺钉 1 的直径，增加夹紧力与夹持稳定性，毕竟螺纹车刀的切削力要大于外圆车刀。螺纹刀片 2 的选择原则是，必须满足所加工螺纹的制式，泛牙型刀片必须考虑牙型角及其螺距加工范围，一般而言，刀片规格参数（刀片内切圆直径 d 或刀片长度 l）相同的刀片可共用刀杆。

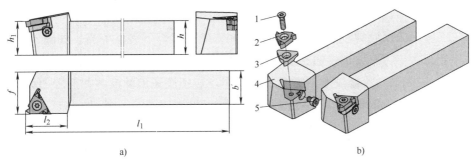

图 5-21　螺钉夹紧偏头外螺纹车刀示例

a）几何结构参数　b）刀片夹紧原理与 3D 模型

1—夹紧螺钉　2—螺纹刀片　3—刀垫　4—刀杆　5—刀垫螺钉

与外圆车刀类似，外螺纹车刀也存在结构变化，图 5-22 所示为螺钉夹紧直头结构外螺纹车刀示例，其刀杆结构简单，但刀具与加工端面更易出现干涉现象。图 5-23 所示为螺钉夹紧无刀垫直头结构外螺纹车刀示例，其主要用于小规格刀具，如图 5-23 中刀具刀杆截面为 12mm×12mm。由于刀垫有保护刀杆的作用，只要结构空间允许，一般均设计为有刀垫结构。

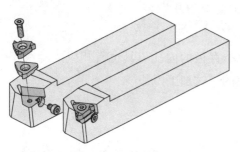

图 5-22　螺钉夹紧直头外螺纹车刀示例

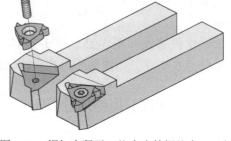

图 5-23　螺钉夹紧无刀垫直头外螺纹车刀示例

图 5-24 所示为压板夹紧外螺纹车刀示例，常规压板夹紧机构主要用于无固定孔刀片夹持，这里依然采用有固定孔螺纹刀片，且压板前段夹紧点作用在固定沉孔部分，因此其夹紧原理可归属为前述外圆车刀中的 D 型夹紧方式，其夹紧力较大且可靠性较好。

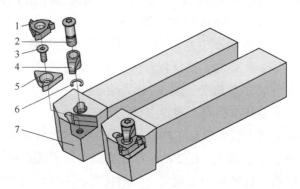

图 5-24　压板夹紧外螺纹车刀示例

1—刀片　2—夹紧螺钉　3—刀垫螺钉　4—压板　5—刀垫　6—挡圈　7—刀杆

图 5-25 所示为反装螺纹车刀，这种车刀的刀尖与刀杆下表面等高，如图 5-25a 所示，在后置刀架上反装后刀尖正好通过工件中心。图 5-25b 所示为刀片夹紧原理与 3D 模型，对应图 5-13a 左图的右旋螺纹车削方式，若采用反装螺纹车刀并反装在后置刀架上，则其进给方向与正装车刀相同，如图 5-25c 所示（注意它与图 5-13a 右图的差异）。

图 5-26 所示为典型平装刀片的螺钉夹紧内孔螺纹车刀（简称内螺纹车刀）示例，其刀具总体结构型式与内圆车刀基本相同，刀片夹紧原理与方式也基本相同。如刀具主要参数有：最小车螺纹直径 D_{min}、刀尖位置尺寸 h_1（默认 $h_1 = d/2$，可以不标注）和 f 等，刀杆圆截面直径 d 及其削边结构与参数 h、刀具长度 l_1 与刀头长度 l_2 等。内螺纹刀片在选择时

应注意它与外螺纹刀片不同。另外，注意图 5-26a 中还标注了刀片安装姿态角 γ_p，该参数用户无选择余地，可以不用标注。

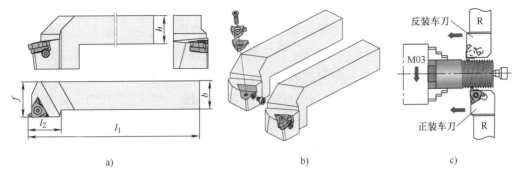

图 5-25　反装螺纹车刀示例

a）几何结构参数　b）刀片夹紧原理与 3D 模型　c）车右旋螺纹示例

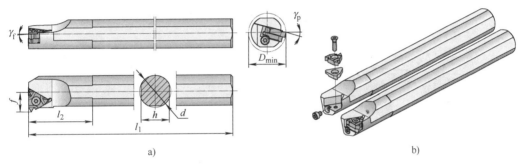

图 5-26　螺钉夹紧内孔螺纹车刀示例

a）几何结构参数　b）刀片夹紧原理与 3D 模型

图 5-27 所示为带冷却水道的平装刀片内螺纹车刀结构示例，刀片夹紧方式为压板夹紧，夹紧原理同图 5-24。图 5-27 中虚线显示切削液从刀杆后端输入（图中未示出连接螺纹），从刀头上端喷口输出，喷射至切削刃切削位置。本刀具切削液输出口处增设了一个切削液调节螺钉，它可控制切削液的流量。

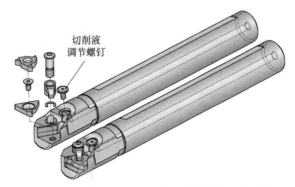

图 5-27　带冷却水道的平装刀片内螺纹车刀示例

内螺纹车刀与内孔车刀类似，其结构有利于冷却与排屑，因此多数刀具商还提供内冷却螺纹车刀，只要数控车床有内冷却供液装置，建议尽可能选用内冷却内螺纹车刀。另外，防振、减振也是选用内螺纹车刀必须考虑的问题。

图 5-28 所示为一款可换头内螺纹车刀（其实质是模块化镗刀），该型式的内孔车刀如图 3-32 所示，但其刀头不同。图 5-28a 为刀具结构原理与外观图，该刀具主要由刀头和镗刀杆组成，两者之间由刀头中间的圆柱、定位销和结合面实现经典的"一面两销"定位，再由刀头螺钉紧固，实现刀头与刀杆之间的螺钉连接。本刀具的镗刀杆和刀头均是可选部件，不同组合可达到不同效果，如更换不同刀头可实现内孔、内螺纹车削和切槽等加工，而选用不同的镗刀杆，可获得减振、内冷却和不同长径比等。图 5-28b 所示的刀片夹紧方式与图 5-26 所示刀具相同，镗刀杆结构为削边圆柱体，与常规内孔车刀刀体的夹持部分相同。

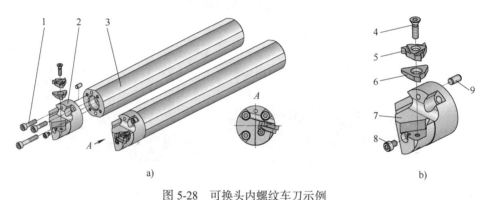

图 5-28　可换头内螺纹车刀示例

a）刀具结构原理与外观图　b）螺纹可换头组件分解图

1—刀头螺钉　2—刀头组件　3—镗刀杆　4—刀片螺钉　5—刀片　6—刀垫　7—刀头体　8—刀垫螺钉　9—定位销

图 5-29 所示为常规平装刀片内孔车刀小型化处理后的小规格内螺纹车刀，其刀片可认为是前述正三角形三刃螺纹刀片的变异刀片，这种刀片尺寸可做得更小，该刀具最小加工孔径达 $\phi8$mm，同样，刀片也有多种选择，图 5-29 中刀具的刀片为 60° 牙型角的泛牙型刀片。

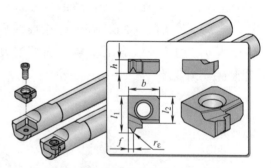

图 5-29　小规格内螺纹车刀示例

2. 顶面斜凹槽压紧螺纹车刀

图 5-18、图 5-19 介绍了顶面斜凹槽压紧螺纹刀片，用它完整的刀片系列可匹配相应的车刀刀杆，组成所需的螺纹车刀。注意，该系列车刀的螺纹刀片与切槽刀片为同系列产品，因此刀杆及其结构是通用的。

图 5-30、图 5-31 所示为顶面斜凹槽压紧直型外螺纹车刀示例，其中图 5-30 为偏头结构，图 5-31 为直头结构。与外圆车刀类似，刀片夹紧与刀杆结构同浅切槽车刀，如

图 4-159、4-160 所示。该结构螺纹车刀的选择主要是螺纹刀片的选择，包括螺纹制式、全牙型或泛牙型和刀片规格等。

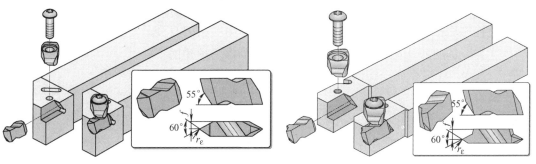

图 5-30　顶面斜凹槽压紧直型
外螺纹车刀示例（偏头）

图 5-31　顶面斜凹槽压紧直型
外螺纹车刀示例（直头）

图 5-32 所示为顶面斜凹槽压紧直角型外螺纹车刀示例，这种结构在切槽车刀中也有出现，如图 4-161 所示。

图 5-33 所示为顶面斜凹槽压紧内螺纹车刀示例，这种结构在切槽车刀中也有出现，如图 4-164 所示。

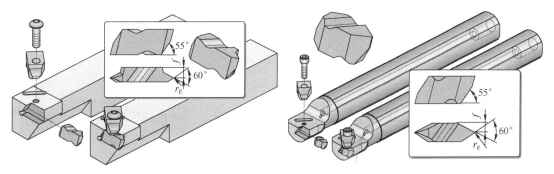

图 5-32　顶面斜凹槽压紧直角型外螺纹车刀示例

图 5-33　顶面斜凹槽压紧内螺纹车刀示例

注意：顶面斜凹槽压紧螺纹车刀与切槽车刀类似，该类车刀按切削方向不同，有左手型 L 和右手型 R 结构，与之配套的刀片也分为左手型 L 和右手型 R 结构。对于外圆车刀，刀杆与刀片选配时必须保证切削方向相同，如图 5-30 所示为右手型 R 刀杆，其刀片也为右手型 R。而直角型外螺纹车刀和内孔车刀，刀杆与刀片切削方向的匹配是相反的，如图 5-32、图 5-33 均为右手型 R 刀杆，但刀片为左手型 L，读者可而通过图例进行比对。另外，还需注意，由于外螺纹、内螺纹牙型存在差异，因此要注意顶面斜凹槽压紧螺纹车刀的刀片也有外螺纹、内螺纹刀片之分。

3. 其他型式螺纹车刀

图 5-20 显示了部分通过切槽刀片变换刃口轮廓形状制作的螺纹车刀刀片，以下通过相应的螺纹车刀图例，进一步了解螺纹车刀的结构。

图 5-34 所示单刃型小径内螺纹车刀为图 5-20a 所示刀片应用示例，该刀具切槽车刀

如图 4-167 所示，其镗杆是通用的，这里将它换为螺纹刀片即构成了内螺纹车刀，其他特性基本不变。

图 5-35 所示两刃立装刀片侧面压紧小型外螺纹车刀，为图 5-20b 所示刀片应用示例，该型式相近的切槽车刀如图 4-169 所示，这里虽是另一家刀具商的产品，但结构型式基本相同。这类刀具的刀杆在同一刀具商刀具系列产品中是通用的。

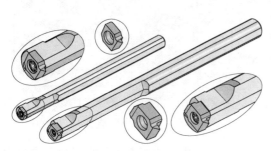

图 5-34 单刃型小径内螺纹车刀示例

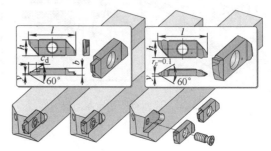

图 5-35 两刃立装刀片侧面压紧小型外螺纹车刀示例

图 5-36 所示为三刃立装刀片外螺纹车刀，是图 5-20c 所示刀片应用示例，刀片采用侧面螺钉夹紧，同类型切槽车刀如图 4-174 所示，这里更换为同系列螺纹刀片。

图 5-37 所示为四刃立装刀片外螺纹车刀，是图 5-20d 所示刀片应用示例，其对应的切槽车刀如图 4-175 所示，这里刀片为螺纹刀片，结构型式基本相同。

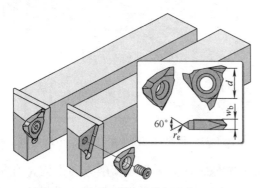

图 5-36 三刃立装刀片外螺纹车刀示例

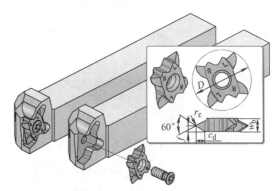

图 5-37 四刃立装刀片外螺纹车刀示例

图 5-38 所示为五刃立装刀片外螺纹车刀，是图 5-20e 所示刀片应用示例，其对应的切槽车刀如图 4-176、图 4-177 所示，这里显示的直型外螺纹车刀也可以制作成直角型外螺纹车刀。该型式刀具的刀片，刀具商开发较为完整，几乎可涵盖市场上所有制式螺纹的加工。

图 5-39 所示为十刃立装刀片外螺纹车刀，是图 5-20d 所示刀片应用示例，该刀片类似于圆盘结构，切削刃设计较为巧妙，刀片采用侧面螺钉夹紧，每一面安装可旋转转位 5 次，然后翻转刀片同样安装，也同样转位 5 次，因此性价比极高，为使用方便，刀片每一面均刻制了数字标记，便于辅助转位记录，图 5-39 中刀片上可看到刻制的数字分别为 0～4 和 5～9。

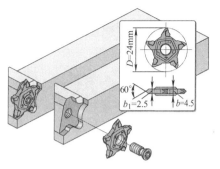

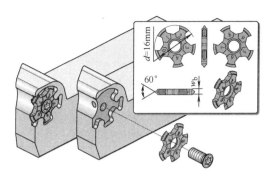

图 5-38　五刃立装刀片外螺纹车刀示例　　　　　图 5-39　十刃立装刀片外螺纹车刀示例

以上图 5-34～图 5-39 介绍了部分切槽刀通过更换刃口变换为牙型的螺纹刀片而转换出的螺纹车刀，且刀具结构各有特色，刀片牙型以 60° 和 55° 泛牙型刀片为主，部分刀具商还开发有常用制式螺纹的全牙型刀片，研习它们的设计思想，对刀具的研发有帮助。按照以上思路，部分刀具商还在通用型切槽车刀基础上开发出匹配的螺纹刀片，以下通过刀具示例进行介绍。

图 5-40 所示为双头双刃翻转转位型刀片的外螺纹车刀，它对应的切槽车刀如图 4-88 所示，刀杆无刀片支承体，主要用于浅槽车削，而螺纹加工可认为是浅槽车削的特例，其对刀片切削深度并无特殊要求，很适合变换为螺纹车刀。图 4-88 所示的直型和直角型外螺纹车刀，在这里重点讨论其刀片，该螺纹刀片与图 4-17 所示双头双刃翻转转位型切槽刀片为同系列，如图 4-19 所示，其主要是刀片长度（l_{Ref}）比同规格切槽车刀安装后的长度略长约 1.6mm，正好是螺纹牙型部分所需增加的部分。从刀具商资料上看，螺纹刀片包含泛牙和全牙型各制式螺纹牙型，即市场上常见的牙型均可选择到相应的刀片，当然，根据牙型大小的不同，刀片厚度 w_b 会略有不同，如图 5-40 所示为双头双刃翻转转位刀片的外螺纹车刀示例，其刀片采用了米制（即 ISO）螺纹全牙型刀片。这种设计思想较好地解决了刀杆通用性问题。图 5-41 所示也为双头双刃翻转转位型刀片的外螺纹车刀，其刀片采用了牙型角为 60° 的泛牙型螺纹刀片，刀片厚度略小，同时还显示其刀杆的选择与图 5-40 中刀具不同。实际上，只要同规格切槽刀片能用的刀杆，就可以装夹螺纹刀片而构造出螺纹刀具。

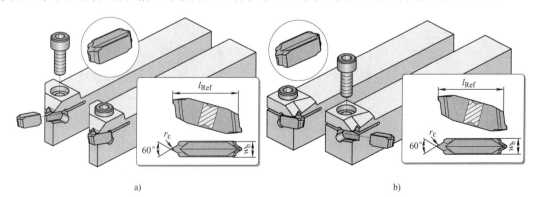

a)　　　　　　　　　　　　　　　　　　　b)

图 5-40　双头双刃翻转转位型刀片的外螺纹车刀示例 1

a）直型　b）直角型

注：安装长度 l_{Ref} = 17.7mm 的与同等切槽刀片相比，在相同刀杆上装配后要长 1.6mm。

图 5-42 所示双头双刃的外螺纹车刀，其刀片结构型式类似于典型的双头型切槽车刀，匹配的是典型的小切深整体直型切断切槽车刀的刀杆，刀片牙型选用的是 60° 牙型角泛牙型。

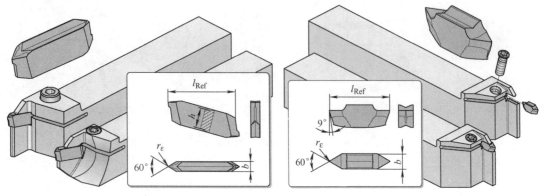

图 5-41　双头双刃翻转转位型刀片的　　　　图 5-42　双头双刃刀片的
　　　　外螺纹车刀示例 2　　　　　　　　　　　外螺纹车刀示例

图 5-43 所示是双头型螺纹切槽车刀通过选用双头型螺纹刀片构造出的内螺纹车刀，一般而言，内牙型、外牙型牙底参数存在略微差异，但如果采用泛牙型刀片，且刀尖圆角 r_ε 较小，可实现内螺纹、外螺纹刀片通用。图 5-43 所示刀片即为这种设计，从刀具商资料上看，其刀尖圆角半径仅为（0.05 ± 0.03）mm。

图 5-44 所示为可换头内螺纹车刀示例，这种刀具的镗杆与通用可换镗刀头分开设计，刀头部分几乎涵盖内圆车削、内孔切槽和内螺纹加工，且刀片型式可多种多样，以螺纹刀片为例，图 5-28 所示介绍过平装刀片的可换头螺纹车刀，这里显示的是顶面斜凹槽压紧螺纹刀片的刀头，刀杆也是系列化设计的，包括普通、内冷却、减振型等多种型式。可换头型式的内孔加工刀具由于结构上的原因，一般用于直径较大的刀具。

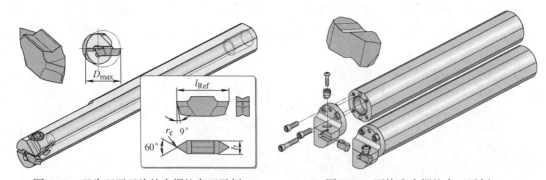

图 5-43　双头双刃刀片的内螺纹车刀示例　　　　图 5-44　可换头内螺纹车刀示例

图 5-45 所示为小直径内螺纹车刀，刀片采用特殊结构，并采用镗刀杆端面螺钉夹紧型式，通过刀片刃口型式的变换，可设计出内孔车削刀具（图 3-36）、内孔切槽刀具（图 4-166）和内螺纹车削刀具（图 5-55）。这种刀具的最小加工孔径 D_{min} 可做到 8～10mm，与图 5-34 所示单刃型小直径内孔螺纹车刀基本相同，但图 5-45 所示刀片结

构设计更为合理，实际中采用这种结构型式的刀具商明显多于采用图 5-34 所示结构的刀具商，多家著名刀具商产品样本中均可见到图 5-45 所示的内孔加工刀具。

同样，微小直径刀具结构也有内螺纹车刀的身影，图 5-46 所示为微小直径内螺纹车刀示例，图 3-25、图 3-26 是微小直径内孔车刀示例，图 4-166 是微小直径内孔切槽车刀示例。这种微小直径刀具的最小加工直径 D_{min} 可达 3mm，甚至更小。当然，微小直径内螺纹车刀的使用离不开过渡镗刀杆，详见前述微小直径内孔车削刀具或内孔切槽车刀。

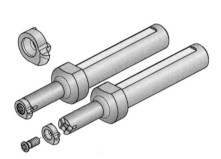

图 5-45　小直径内螺纹车刀示例

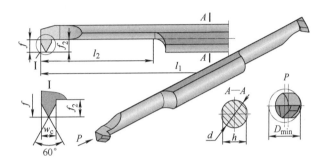

图 5-46　微小直径内螺纹车刀示例

以上介绍的螺纹刀具中，对外螺纹车刀的限制不多，结构较好理解。而内螺纹车刀，若从微小直径和小直径结构，常规平装和立装刀片结构，到可换头结构，几乎能够满足实际中各种内螺纹的车削加工。因此，仔细研习以上螺纹车刀结构，可实现几乎所有制式螺纹车削刀具的选择。

5.3　常用螺纹车削刀具结构参数、选用与应用注意事项

通过以上介绍，我们对螺纹车刀的结构与应用已经具备一定的了解，为进一步巩固学习效果，加强应用，以下介绍，我们部分结构较为典型，实际应用较为广泛的螺纹车刀供读者进一步研习与应用。考虑实际应用情况，这里主要选取部分米制螺纹制式的螺纹刀片进行介绍。其他螺纹刀片，读者可阅读相关刀具商资料与样本具体了解。为减少篇幅，结构参数列表中不含刀片参数和刀具配件等信息。

5.3.1　常用螺纹车削刀具结构参数与选用

螺纹车削刀具参数与选用主要包括两部分内容：刀片与刀具。在我国刀具市场应用广泛的是平装式螺纹车刀，螺纹车削加工的刀杆基本通用，不同螺纹的加工主要是通过螺纹刀片的牙型变化实现，因此，螺纹加工更注重刀片的选择。

1. 平装式螺纹车削刀片示例

（1）刀片型号说明　国内外关于螺纹刀片型号表示大致相同，基本上采用一串数字与字母等表示刀片规格、外或内螺纹刀片、切削方向与螺纹制式等，示例如下。

型号表示：

$$\underset{①}{16} \quad \underset{②}{E} \quad \underset{③}{R} \quad \underset{④}{2.0} \quad \underset{⑤}{ISO}$$

型号说明：

① ——螺纹规格代号，用两位数字表示，常用规格有 11、16 和 22 三种，用标准正三角形刀片长度代号表示，分别对应刀片的内切圆直径 d 为 6.35mm、9.525mm 和 12.7mm。

② ——切削类型，用字母表示，E 为外螺纹加工，I 为内螺纹加工。

③ ——刀片切削方向，用字母表示，R 为右手型，L 为左手型。

④ ——螺距代号，用数字或字母表示，全牙型 ISO 螺纹，直接用螺距值表示，如示例中的 2.0 表示螺距为 2.0mm；泛牙型螺纹，用字母表示可加工螺距范围，A 为 0.5～1.5mm，AG 为 0.3～3.0mm，G 为 1.75～3.0mm，N 为 5.5～9.0mm。

⑤ ——螺纹牙型，用字母或角度值表示，如 ISO 为米制 60° 牙型角全牙型；60° 表示牙型角为 60° 的泛牙型，55° 表示牙型角为 55° 的泛牙型。螺纹牙型的实质是螺纹制式，对应相关牙型标准，如米制螺纹牙型标准为 GB/T 192—2003，其他可能见到的字母代号有：UN（统一螺纹）、W（惠氏螺纹）、NPT（美国标准锥管螺纹）、BSPT（英国标准锥管螺纹）、TR（梯形螺纹）等。

（2）刀片结构与参数示例　限于篇幅，此处主要列举部分全牙型米制螺纹刀片（ISO 刀片）和泛牙型刀片。以下 4 个示例均为平装式。

1）全牙型米制（ISO）外螺纹刀片。表 5-1 所示为全牙型米制（ISO）外螺纹刀片结构与参数，它可用于米制外螺纹车削加工，加工牙型完整，质量较好。

表 5-1　全牙型米制（ISO）外螺纹刀片

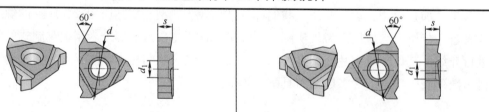

右手型R		左手型L			
型号		基本参数 /mm			
右手型 R	左手型 L	螺距 P	s	d	d_1
16ER0.5ISO	16EL0.5ISO	0.50	3.52	9.525	4.0
16ER0.75ISO	16EL0.75ISO	0.75	3.52	9.525	4.0
16ER1.0ISO	16EL1.0ISO	1.00	3.52	9.525	4.0
16ER1.25ISO	16EL1.25ISO	1.25	3.52	9.525	4.0
16ER1.5ISO	16EL1.5ISO	1.50	3.52	9.525	4.0

（续）

型号		基本参数 /mm			
右手型 R	左手型 L	螺距 P	s	d	d_1
16ER1.75ISO	16EL1.75ISO	1.75	3.52	9.525	4.0
16ER2.0ISO	16EL2.0ISO	2.00	3.52	9.525	4.0
16ER2.5ISO	16EL2.5ISO	2.50	3.52	9.525	4.0
16ER3.0ISO	16EL3.0ISO	3.00	3.52	9.525	4.0
22ER3.5ISO	22EL3.5ISO	3.50	4.65	12.7	5.0
22ER4.0ISO	22EL4.0ISO	4.00	4.65	12.7	5.0
22ER4.5ISO	22EL4.5ISO	4.50	4.65	12.7	5.0
22ER5.0ISO	22EL5.0ISO	5.00	4.65	12.7	5.0
22ER5.5ISO	22EL5.5ISO	5.50	4.65	12.7	5.0
22ER6.0ISO	22EL6.0ISO	6.00	4.65	12.7	5.0

　　2）全牙型米制（ISO）内螺纹刀片。表 5-2 所示为全牙型米制（ISO）内螺纹刀片结构与参数，它可用于米制内螺纹车削加工，加工牙型完整，质量较好。

表 5-2　全牙型米制（ISO）内螺纹刀片

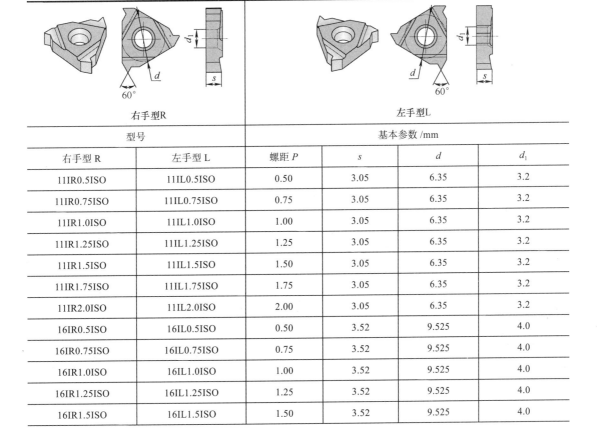

型号		基本参数 /mm			
右手型 R	左手型 L	螺距 P	s	d	d_1
11IR0.5ISO	11IL0.5ISO	0.50	3.05	6.35	3.2
11IR0.75ISO	11IL0.75ISO	0.75	3.05	6.35	3.2
11IR1.0ISO	11IL1.0ISO	1.00	3.05	6.35	3.2
11IR1.25ISO	11IL1.25ISO	1.25	3.05	6.35	3.2
11IR1.5ISO	11IL1.5ISO	1.50	3.05	6.35	3.2
11IR1.75ISO	11IL1.75ISO	1.75	3.05	6.35	3.2
11IR2.0ISO	11IL2.0ISO	2.00	3.05	6.35	3.2
16IR0.5ISO	16IL0.5ISO	0.50	3.52	9.525	4.0
16IR0.75ISO	16IL0.75ISO	0.75	3.52	9.525	4.0
16IR1.0ISO	16IL1.0ISO	1.00	3.52	9.525	4.0
16IR1.25ISO	16IL1.25ISO	1.25	3.52	9.525	4.0
16IR1.5ISO	16IL1.5ISO	1.50	3.52	9.525	4.0

右手型R　　　　左手型L

（续）

型号		基本参数 /mm			
右手型 R	左手型 L	螺距 P	s	d	d_1
16IR1.75ISO	16IL1.75ISO	1.75	3.52	9.525	4.0
16IR2.0ISO	16IL2.0ISO	2.00	3.52	9.525	4.0
16IR2.5ISO	16IL2.5ISO	2.50	3.52	9.525	4.0
16IR3.0ISO	16IL3.0ISO	3.00	3.52	9.525	4.0
22IR3.5ISO	22IL3.5ISO	3.50	4.65	12.7	5.0
22IR4.0ISO	22IL4.0ISO	4.00	4.65	12.7	5.0
22IR4.5ISO	22IL4.5ISO	4.50	4.65	12.7	5.0
22IR5.0ISO	22IL5.0ISO	5.00	4.65	12.7	5.0
22IR5.5ISO	22IL5.5ISO	5.50	4.65	12.7	5.0
22IR6.0ISO	22IL6.0ISO	6.00	4.65	12.7	5.0

3）泛牙型外螺纹刀片。表 5-3 所示为泛牙型外螺纹刀片结构与参数，包括牙型角为 60° 和 55° 牙型角的泛牙型刀片，60° 牙型角泛牙螺纹刀片可用于米制 ISO 螺纹和美制 UN（统一螺纹）等加工，而 55° 牙型角泛牙螺纹刀片可用于管螺纹和美制惠氏螺纹（统一螺纹）等加工。泛牙型螺纹刀片通用性较好，每种型号的刀片可加工一定范围螺距的螺纹。

表 5-3　泛牙型外螺纹刀片

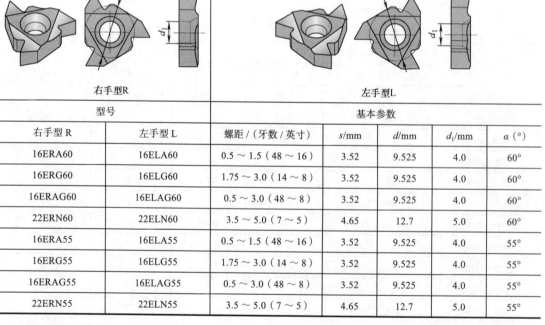

右手型R　　　　　　　　　　　左手型L

型号		基本参数				
右手型 R	左手型 L	螺距 /（牙数 / 英寸）	s/mm	d/mm	d_1/mm	α (°)
16ERA60	16ELA60	0.5 ～ 1.5（48 ～ 16）	3.52	9.525	4.0	60°
16ERG60	16ELG60	1.75 ～ 3.0（14 ～ 8）	3.52	9.525	4.0	60°
16ERAG60	16ELAG60	0.5 ～ 3.0（48 ～ 8）	3.52	9.525	4.0	60°
22ERN60	22ELN60	3.5 ～ 5.0（7 ～ 5）	4.65	12.7	5.0	60°
16ERA55	16ELA55	0.5 ～ 1.5（48 ～ 16）	3.52	9.525	4.0	55°
16ERG55	16ELG55	1.75 ～ 3.0（14 ～ 8）	3.52	9.525	4.0	55°
16ERAG55	16ELAG55	0.5 ～ 3.0（48 ～ 8）	3.52	9.525	4.0	55°
22ERN55	22ELN55	3.5 ～ 5.0（7 ～ 5）	4.65	12.7	5.0	55°

注：牙型角的单位为°，螺距一栏括号中的数值单位牙数 / 英寸（TPI），其余为 mm。

4）泛牙型内螺纹刀片。表 5-4 所示为泛牙型内螺纹刀片结构与参数，包括牙型角为 60° 和 55° 牙型角的泛牙型刀片，它可用多种制式螺纹的加工，通用性较好，每种型号的刀片可加工一定范围螺距的螺纹。

表 5-4　泛牙型内螺纹刀片

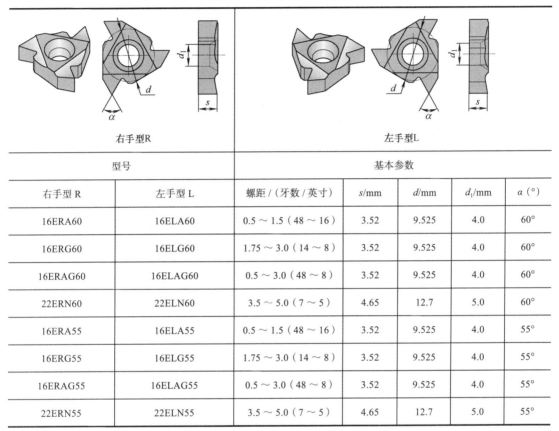

型号		基本参数				
右手型 R	左手型 L	螺距 /（牙数 / 英寸）	s/mm	d/mm	d_1/mm	α（°）
16ERA60	16ELA60	0.5～1.5（48～16）	3.52	9.525	4.0	60°
16ERG60	16ELG60	1.75～3.0（14～8）	3.52	9.525	4.0	60°
16ERAG60	16ELAG60	0.5～3.0（48～8）	3.52	9.525	4.0	60°
22ERN60	22ELN60	3.5～5.0（7～5）	4.65	12.7	5.0	60°
16ERA55	16ELA55	0.5～1.5（48～16）	3.52	9.525	4.0	55°
16ERG55	16ELG55	1.75～3.0（14～8）	3.52	9.525	4.0	55°
16ERAG55	16ELAG55	0.5～3.0（48～8）	3.52	9.525	4.0	55°
22ERN55	22ELN55	3.5～5.0（7～5）	4.65	12.7	5.0	55°

2. 平装刀片螺纹车削刀具

（1）刀具型号说明　螺纹车削刀具一般采用一串字母与数字等表达出刀片夹紧方式、外或内螺纹刀具、切削方向 R 或 L、刀尖高度、刀杆截面尺寸、刀具长度和刀片长度等，示例如下。

型号表示：

$$\underset{①}{S}\quad\underset{②}{E}\quad\underset{③}{R}\quad\underset{④}{20}\quad\underset{⑤}{20}\quad\underset{⑥}{K}\quad\underset{⑦}{16}$$

型号说明：

① ——刀片夹紧方式，S 表示螺纹压紧。

② ——加工螺纹类型，用字母表示，E 为外螺纹，I 为内螺纹。

③ ——刀具切削方向，用字母表示，R 为右手型，L 为左手型。

④ ——刀尖高度 h_1，用两位数字表示，外螺纹刀具的刀杆截面高度 h，一般等于刀尖高度，内螺纹车刀的刀尖高通过轴线，规定用 00 表示。

⑤ ——刀杆宽度或直径，用两位数字表示，外螺纹方截面刀杆表示刀体宽度 b，内螺纹镗刀杆用直径表示圆截面直径 d。

⑥ ——刀具长度，用字母表示，与前述外圆或内孔车刀长度的字母代号相同，具体可参见表 2-3 或表 3-2。

⑦ ——螺纹规格代号，用两位数字表示，同螺纹刀片。

（2）刀片结构与参数示例　以下列举两个平装刀片螺纹车削刀具进行分析。

1）平装刀片外螺纹车刀结构与参数示例。表 5-5 所示为平装刀片外螺纹车刀结构参数，刀具为整体式结构，刀片采用螺钉夹紧方式，刀具附件（表中未示出）包括刀垫、刀垫螺钉、刀片螺钉及其扳手等，刀具结构参见图 5-21b。可用于外圆柱和圆锥等外螺纹车削加工。

表 5-5　平装刀片外螺纹车刀结构参数

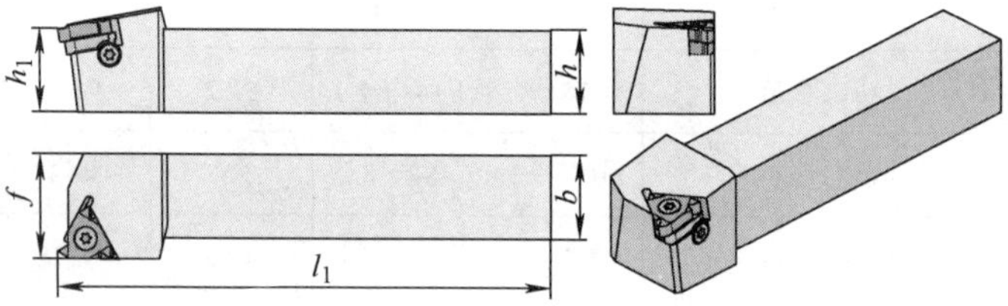

刀具结构型式简图(图示为R型)

型号		基本几何尺寸 /mm					适用刀片
		h	b	l_1	h_1	f	
SER/L	1616H16	16	16	16	100	20	16ER/L □□
	2020K16	20	20	20	125	25	
	2525M16	25	25	25	150	32	
	3225P16	32	32	25	170	32	
	3232P16	32	32	32	170	40	
	2525M22	25	25	25	150	32	22ER/L □□
	3225P22	32	32	25	170	32	
	3232P22	32	32	32	170	40	
	4040S22	40	40	40	250	50	

2）平装刀片内螺纹车刀结构与参数示例。表 5-6 所示为平装刀片内螺纹车刀结构参数，整体式刀具结构，螺钉压紧刀片，刀具附件（表中未示出）包括刀垫、刀垫螺钉、刀

片螺钉及其扳手等，刀具结构如图 5-26b 所示，规格较小的刀具可能不包括刀垫及其刀垫螺钉。本车刀可用于内圆柱或圆锥等的内螺纹车削加工。

表 5-6　平装刀片内螺纹车刀结构参数

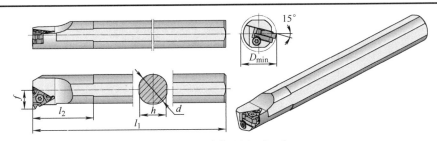

刀具结构型式简图(图示为R型)

型号		基本几何尺寸 /mm						适用刀片
		d	l_1	D_{min}	f	h	l_2	
SIR/L	0016K11*	16	125	12	10	15	20.9	11IR/L □□
	0016M11*	16	150	16	10.5	15	25.9	
	0016M16*	16	150	20	12	15	27	16IR/L □□
	0020M16	20	150	25	14	18	28.7	
	0020Q16	20	180	25	14	18	34	
	0025M16	25	150	32	17	23	28.8	
	0032R16	32	200	40	22	30	30.9	
	0032S16	32	250	40	22	30	30.9	
	0040T16	40	300	50	27	37	31.5	
	0050U16	50	350	63	35	49	40.2	
	0020Q22*	20	180	25	15	18	35	22IR/L □□
	0025R22	25	200	32	19	23	39	
	0032S22	32	250	40	22	30	36.4	
	0040T22	40	300	50	27	37	37.2	
	0050U22	50	350	63	35	47	42.6	

注：型号后带"*"的刀具为无刀垫结构。

3. 立装刀片外螺纹车削刀具示例

表 5-7 所示为国外某刀具商的三刃立装刀片外螺纹车刀与刀片结构参数，该刀具系列包括浅切槽与螺纹刀具。该刀具刀片为泛牙型刀片，螺距小时，刀尖圆角相对也较小。

表 5-7　三刃立装刀片外螺纹车刀与刀片结构参数

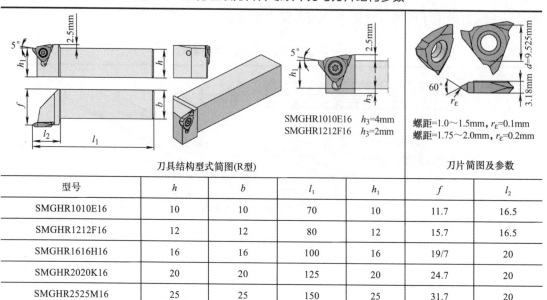

SMGHR1010E16　h_3=4mm
SMGHR1212F16　h_3=2mm

螺距=1.0～1.5mm, r_ε=0.1mm
螺距=1.75～2.0mm, r_ε=0.2mm

刀具结构型式简图(R型)　　刀片简图及参数

型号	h	b	l_1	h_1	f	l_2
SMGHR1010E16	10	10	70	10	11.7	16.5
SMGHR1212F16	12	12	80	12	15.7	16.5
SMGHR1616H16	16	16	100	16	19/7	20
SMGHR2020K16	20	20	125	20	24.7	20
SMGHR2525M16	25	25	150	25	31.7	20

5.3.2　螺纹车削刀具应用注意事项

螺纹车刀应用时主要考以下问题。

1. 螺纹车削加工方式的选择

车削螺纹时首先要熟悉螺纹车削加工方式，如图 5-13 所示。要考虑的因素包括外 /内螺纹、螺纹旋向（左 / 右旋）与走刀方向、车床刀架位置（前置 / 后置刀架）等。例如，最常见的右旋外螺纹、前置刀架车床车削加工，常选择图 5-13a 左图所示的加工方式，即右手外螺纹车刀，主轴正转，刀具进给方向朝向卡盘。若是后置刀架机床，则必须按图 5-13a 右图加工，即左手外螺纹车刀，主轴反转，刀具进给方向远离卡盘。当然，对于后置刀架机床加工右旋外螺纹，也可考虑选用反装右手外螺纹车刀加工，如图 5-25 所示，这时主轴正转，刀具进给方向则是朝向卡盘。

同理，常见的右旋内螺纹、前置刀架车床车削加工，则选用图 5-13c 左图，即右手内螺纹车刀，主轴正转，刀具进给方向朝向卡盘。这种加工方式生成的切屑是朝向孔底，若为通孔螺纹车削，则切屑从主轴后端排出，问题不大；若为盲孔车削，图 5-13c 右图的加工方式似乎更好，即后置刀架车床车削加工，其切屑流向是朝向孔口外，排屑更为顺畅，但这时需选择左手内螺纹车刀，主轴反转，刀具进给方向远离卡盘。当然，图 5-13c 左图切削方式，选用内冷却刀杆，如图 5-27 和图 5-33 所示，其切削液可通过刀杆内部冷却孔道经前端喷口喷向刀尖部位，同时盲孔加工时切削液只能从孔口流出，有辅助排屑的效果，如图 3-2 所示。

2. 螺纹车刀的选择

螺纹车削加工主要为外螺纹与内螺纹加工，作为车削刀具，按切削方向不同，有右手刀（R）和左手刀（L）之分，同时要注意，其有相应切削方向的刀片匹配，如图 5-16 所示，这里不再赘述。螺纹车刀选择时分两方面考虑——刀片与刀杆。

（1）刀片的选择　第一是选择切削刃形状与刀片结构，一般加工主要在全牙型与泛牙型之间考虑，如图 5-4 所示，选择泛牙型刀片，刀片通用性较好，性价比高，单件小批量生产应用较多；若更注重牙型质量，特别是批量生产，则考虑选择全牙型刀片。第二是选择平装与立装结构刀片，平装式刀片较为规准通用，市场购买较多，且可通过刀垫调整刀片安装姿态，如图 5-8 所示，可获得较好的加工性能，特别是多线螺纹加工时效果明显；而立装刀片，一般不具备调整刀片安装姿态角的功能，加工较大导程螺纹时，左、右切削刃前、后角会出现较大变化，因此建议立装螺纹刀片及其刀具主要用于单线螺纹的车削加工。第三是考虑刀片与刀杆匹配问题，平装式刀片的结构基于标准正三角形刀片设计，一般而言，刀片规格参数（内切圆直径 d 或对应的刀片长度 l）相同时可以通用，但考虑各刀具商刀片安装姿态的差异以及对应的断屑槽型式，建议刀片与刀杆选用同一刀具商的产品。第四，与外圆与内孔车刀相同，螺纹刀片前面断屑槽的型式也是不容忽视的项目，这一点只能参照刀具制造商提供的资料选择，需要提醒注意的是，内、外螺纹刀片是不宜混用的。

（2）刀杆的选择　刀杆的选择主要依据机床刀架而定，市场上安装方形截面刀杆的车床及其刀架较为常见，外螺纹车刀一般直接按机床说明书的规格选择，内螺纹车刀参见内孔车刀的选择。特定接口刀架的选择类似于数控铣床的刀柄选择。要注意所使用车床刀架上是否有切削液供应接口，如何实现内冷却刀杆的供液，必要时选择具有内冷却功能的车刀刀杆。

3. 刀垫选择

刀垫是用于调整工作角度变化的部件，其调整原理如图 5-9 所示。默认标准刀垫的偏转角 ϕ 一般为 $1° \sim 1.5°$（各刀具制造商给出的推荐值略有差异），另外，刀具商会提供一定数量不同偏转角 ϕ 的刀垫供选择，角度增量一般为 $1°$，个别刀具制造商还提供有 $0.5°$ 增量规格的刀垫。刀垫的选择有如下两种方法。

（1）计算法　按螺旋升角计算公式 $\phi = \arctan[P_h / (\pi d_2)]$ 计算，然后选择。

（2）图表法　使用刀垫选择图表，如图 5-47 所示，根据工件直径 D 和螺距 P 参数，借助图表查询螺旋升角，然后选择刀垫。大于 $5°$ 螺旋升角的螺纹不宜采用车削的方法加工，可采用螺纹铣削加工。标准刀垫规格一般为 $1°$ 或 $1.5°$，其余规格刀垫需另外定制。

注意：①实际选择时以刀具制造商提供的刀垫规格进行选择，各刀具制造商提供的刀垫规格、数量等略有差异，图 5-9 所示为增量为 $1°$ 的刀垫套件，也有刀具制造商刀垫规

格为 –1.5°、–0.5°、0°、0.5°、1.5°、2.5°、3.5°、4.5°。当然，刀具制造商产品样本上一般也具有刀垫选择图表。②图 5-47 中刀垫角度均为正值，是基于刀具进给方向朝向卡盘方向而言的，若刀具进给方向远离卡盘时，应选用负角刀垫。

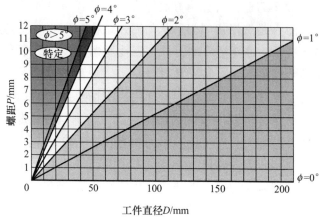

图 5-47　刀垫选择图表

4. 多刀切削进刀深度问题

螺纹车削一般均需多刀车削，因此须掌握的如下知识。

（1）螺纹车削多刀切削基本原理　螺纹车削属于成形车削加工，若一刀车削出来必然导致切削面积 A_c 太大，故螺纹车削加工一般均需多刀车削加工完成，如图 5-10 所示；为保证切削过程的稳定，一般采用恒切削面积切削法，如图 5-11a 所示。

（2）多刀切削进刀深度的控制　由于螺纹车削多为恒面积车削，因此每一刀切削深度是逐渐减小的。但要注意的是，由于刀具切削刃钝圆半径 r_n 的存在，最小切削深度不宜太小，一般不小于 0.05 ～ 0.1mm，韧性大的难加工材料取大值。

多刀切削深度的确定方法有如下两种。

1）计算法。按照恒切削面积切削原理的计算公式如下，

$$\Delta a_{pn} = \frac{a_p}{\sqrt{n_{ap}-1}} \times \sqrt{K}$$

式中，Δa_{pn} 是第 n 刀的背吃刀量，单位为 mm；a_p 是总背吃刀量（即牙型深度）单位为 mm；n_{ap} 是总走刀次数；K 的取值为，第 1 刀取 0.3，第 2 刀后取"2–1"，第 3 刀及其后续的第 n 刀为"n–1"。

对于螺纹车削，车削加工的总背吃刀量 a_p（即实际牙型高度）约为 6/8 倍牙型高度 H，大约等于 0.649 倍的螺距 P，即 $a_p \approx 0.649P$。

总走刀次数 n_{ap} 可按经验确定，也可参照表 5-8 的推荐值选取。

表 5-8　螺纹加工总走刀次数推荐值

螺距 P/mm	$0.50 \sim 0.80$	1.00	$1.25 \sim 1.50$	$1.75 \sim 2.00$	2.50	$3.00 \sim 3.50$	$4.00 \sim 5.00$	$5.50 \sim 6.00$
总走刀次数 n_{ap}/ 次	4	5	6	8	10	12	14	16

例如某米制螺纹，螺距为 2mm，牙型高度为 1.298mm，则其计算过程如下：

首先，由表 5-8 可知，总走刀次数 n_{ap} 可取 8 次。然后按公式计算，计算过程与结果见表 5-9。

表 5-9　走刀顺序与背吃刀量计算结果

走刀顺序 /n	背吃刀量计算值 Δa_{pn}/mm	实际背吃刀量（半径值）$[\Delta a_{pn}-\Delta a_{p(n-1)}]$/mm	实际进刀量（直径值）$2[\Delta a_{pn}-\Delta a_{p(n-1)}]$/mm
第 1 刀	$\Delta a_{p1}=\dfrac{1.298}{\sqrt{8-1}}\times\sqrt{0.3}=0.269$	0.269	0.574
第 2 刀	$\Delta a_{p1}=\dfrac{1.298}{\sqrt{8-1}}\times\sqrt{2-1}=0.491$	0.222	0.484
第 3 刀	$\Delta a_{p1}=\dfrac{1.298}{\sqrt{8-1}}\times\sqrt{3-1}=0.694$	0.203	0.406
第 4 刀	$\Delta a_{p1}=\dfrac{1.298}{\sqrt{8-1}}\times\sqrt{4-1}=0.850$	0.156	0.312
第 5 刀	$\Delta a_{p1}=\dfrac{1.298}{\sqrt{8-1}}\times\sqrt{5-1}=0.981$	0.132	0.264
第 6 刀	$\Delta a_{p1}=\dfrac{1.298}{\sqrt{8-1}}\times\sqrt{6-1}=1.079$	0.116	0.232
第 7 刀	$\Delta a_{p1}=\dfrac{1.298}{\sqrt{8-1}}\times\sqrt{7-1}=1.202$	0.105	0.210
第 8 刀	$\Delta a_{p1}=\dfrac{1.298}{\sqrt{8-1}}\times\sqrt{8-1}=1.298$	0.096	0.192

2）查表法。以上计算方法较为烦琐，刀具制造商一般会按以上原理制作出表格供用户快速确定，表 5-10 所示为某刀具制造商推荐的 60° 牙型角米制紧固外螺纹切削次数与每刀背吃刀量，供参考。

表 5-11 所示为某刀具制造商推荐的 60° 牙型角米制紧固内螺纹切削次数与每刀背吃刀量，供参考。

（3）多刀切削的思考　由以上分析可知，计算值与查表值略有差异，且实际中各刀具制造商的推荐也是存在差异的。以上推荐值主要是保证多刀切削时切削力的稳定，少量的差异对切削力的变化影响不大，也不会影响螺纹的径向尺寸，因为数控加工径向尺寸的保证是可以通过调整刀具 X 轴方向位置补偿参数保证，且它只与最后一刀切削关系较大。多刀次数的确定应该更多根据现场加工条件判断是否合适。

表 5-10　米制紧固外螺纹切削次数与每刀背吃刀量推荐值

（单位：mm）

螺距	0.5	0.6	0.7	0.75	0.8	1.0	1.25	1.5	1.75	2.0	2.0	3.0	3.5	4.0	4.5	5.0	5.5	6.0
牙型深度	0.34	0.40	0.47	0.50	0.54	0.67	0.80	0.94	0.114	0.128	0.158	0.189	0.220	0.250	0.280	0.312	0.341	0.372
16	—	—	—	—	—	—	—	—	—	—	—	—	—	—	—	—	0.10	0.10
15	—	—	—	—	—	—	—	—	—	—	—	—	—	—	—	—	0.12	0.12
14	—	—	—	—	—	—	—	—	—	—	—	—	—	0.08	0.10	0.10	0.13	0.14
13	—	—	—	—	—	—	—	—	—	—	—	—	—	0.11	0.12	0.12	0.13	0.15
12	—	—	—	—	—	—	—	—	—	—	—	0.08	0.08	0.12	0.13	0.15	0.15	0.16
11	—	—	—	—	—	—	—	—	—	—	—	0.10	0.11	0.12	0.14	0.16	0.16	0.18
10	—	—	—	—	—	—	—	—	—	—	0.08	0.11	0.12	0.13	0.15	0.17	0.17	0.19
9	—	—	—	—	—	—	—	—	—	—	0.11	0.12	0.14	0.14	0.16	0.18	0.18	0.20
8	—	—	—	—	—	—	—	—	0.08	0.08	0.11	0.12	0.14	0.15	0.17	0.19	0.19	0.21
7	—	—	—	—	—	—	—	—	0.10	0.11	0.12	0.13	0.15	0.16	0.18	0.20	0.20	0.22
6	—	—	—	—	—	—	0.08	0.08	0.10	0.12	0.13	0.14	0.17	0.17	0.20	0.22	0.22	0.24
5	—	—	—	—	—	0.08	0.10	0.12	0.12	0.14	0.15	0.16	0.18	0.19	0.22	0.24	0.24	0.27
4	0.07	0.07	0.07	0.07	0.08	0.11	0.11	0.14	0.14	0.16	0.17	0.18	0.21	0.22	0.24	0.27	0.27	0.30
3	0.07	0.08	0.10	0.11	0.12	0.13	0.14	0.17	0.17	0.18	0.20	0.21	0.25	0.25	0.28	0.32	0.32	0.35
2	0.09	0.11	0.14	0.15	0.16	0.16	0.17	0.21	0.21	0.24	0.24	0.26	0.31	0.32	0.34	0.39	0.40	0.43
1	0.11	0.14	0.16	0.17	0.18	0.19	0.20	0.22	0.22	0.25	0.27	0.28	0.34	0.34	0.37	0.41	0.43	0.46

切削次数与每刀背吃刀量（半径值）

表 5-11　米制紧固内螺纹切削次数与每刀背吃刀量推荐值

（单位：mm）

螺距	0.5	0.6	0.7	0.75	0.8	1.0	1.25	1.5	1.75	2.0	2.0	3.0	3.5	4.0	4.5	5.0	5.5	6.0
牙型深度	0.34	0.38	0.44	0.48	0.51	0.63	0.77	0.90	0.107	0.120	0.149	0.177	0.204	0.232	0.262	0.289	0.320	0.346
切削次数与每刀背吃刀量（半径值） 16	—	—	—	—	—	—	—	—	—	—	—	—	—	—	—	—	0.10	0.10
15	—	—	—	—	—	—	—	—	—	—	—	—	—	—	—	—	0.12	0.12
14	—	—	—	—	—	—	—	—	—	—	—	—	—	0.08	0.10	0.10	0.12	0.13
13	—	—	—	—	—	—	—	—	—	—	—	—	—	0.10	0.11	0.12	0.13	0.14
12	—	—	—	—	—	—	—	—	—	—	—	0.08	0.08	0.10	0.12	0.14	0.14	0.15
11	—	—	—	—	—	—	—	—	—	—	—	0.09	0.10	0.11	0.12	0.14	0.14	0.15
10	—	—	—	—	—	—	—	—	—	—	0.08	0.10	0.11	0.12	0.13	0.15	0.15	0.16
9	—	—	—	—	—	—	—	—	—	—	0.10	0.10	0.12	0.12	0.14	0.15	0.16	0.18
8	—	—	—	—	—	—	—	—	0.08	0.08	0.10	0.11	0.13	0.13	0.15	0.16	0.17	0.19
7	—	—	—	—	—	—	—	—	0.09	0.10	0.11	0.12	0.14	0.14	0.16	0.17	0.18	0.20
6	—	—	—	—	—	—	0.08	0.08	0.09	0.11	0.12	0.13	0.15	0.15	0.19	0.20	0.20	0.22
5	—	—	—	—	—	0.08	0.09	0.11	0.10	0.12	0.13	0.14	0.17	0.18	0.21	0.22	0.22	0.24
4	0.07	0.07	0.07	0.07	0.07	0.09	0.10	0.13	0.13	0.14	0.15	0.16	0.19	0.21	0.23	0.25	0.26	0.28
3	0.07	008	0.08	0.10	0.11	0.11	0.13	0.15	0.15	0.17	0.18	0.20	0.23	0.24	0.27	0.30	0.32	0.35
2	0.09	0.11	0.13	0.14	0.15	0.16	0.17	0.21	0.21	0.23	0.25	0.26	0.30	0.31	0.33	0.38	0.38	0.41
1	0.11	0.12	0.16	0.17	0.18	0.19	0.20	0.22	0.22	0.25	0.27	0.28	0.32	0.33	0.36	0.41	0.41	0.44

注：1. 表中所列的背吃刀量适用于常见中等硬度的碳钢材料，材料强度大时需增大进给走刀次数，并减小切削背吃刀量。
2. 螺距减小则切削速度应相应减小，反之亦然。

333

5. 切削速度与进给量的选择

切削速度是切削用量的重要参数之一，主要由刀片材料确定，进给量必须等于螺纹导程。对于螺纹车削加工，进给速度远大于外/内圆车削，因此，切削速度可适当减小，一般取 100 ～ 150mm/min 即可，具体以刀具制造商推荐参数为准，若要提高刀具寿命，还可适当降低切削速度。

6. 数控车削进刀方式与加工编程指令分析

图 5-12 所示的数控车削螺纹进刀方式直接影响到编程轨迹，其中图 5-12b ～ d 方式每刀切削起点的 Z 坐标是略有变化的。而螺纹编程指令主要有三个：基本指令 G32、单刀车削固定循环指令 G92 和多刀车削固定循环指令 G76。一般而言，用 G76 指令可较方便地实现侧向和改进式侧向进刀方式。G92 指令的特点是编程方便，手工编程可快速实现径向进刀方式编程。左右交替进刀主要用于梯形螺纹等较大牙型螺纹的车削加工，一般借助编程软件自动编程较为方便，这时采用 G92 指令或 G32 指令均可。

7. 常见问题及解决措施

表 5-12 所示为螺纹车削加工常见问题及解决措施，供参考。

表 5-12　螺纹车削加工常见问题及解决措施

问题与示意图	产生原因	解决措施
规则后刀面快速磨损	① 切削速度太高 ② 切削液供给不足 ③ 切削深度 (a_p) 太小	① 降低切削速度 ② 增加切削液供给 ③ 减少切削次数增大每刀切削深度 (a_p)
不规则的后刀面磨损	① 刀垫的偏转角度选择不当 ② 进刀方式选择不当 ③ 走刀次数太多	① 选择合适偏转角度的刀垫 ② 选择改进式侧向进刀方式 ③ 增大切削深度 (a_p)
裂纹	① 温度急剧变化 ② 不规则或不充足的切削液供应导致热冲击	① 减小第 1 刀切削深度 ② 关闭切削液入口或保证充足的切削液供应
崩碎	① 积屑瘤脱落 ② 工件或机床刚性不足产生振动	① 提高切削速度 ② 提高工艺系统刚性，如缩短刀杆悬伸长度等
积屑瘤	① 切削速度太低 ② 材料黏性过高，如不锈钢、铝合金等	① 提高切削速度 ② 大幅度提高切削速度，若出现过热，则增大切削液供给

（续）

问题与示意图	产生原因	解决措施
塑性变形	① 切削液供给不足 ② 切削速度太高导致过热 ③ 由于每刀切削深度太大而使切削热和切削温度太高	① 增加切削液供给量 ② 减低切削速度 ③ 增加切削次数，减小切削深度
破裂	进刀深度太大导致切削力太大	增加切削次数，减小进刀深度
螺纹表面粗糙	① 切削速度太低 ② 切削深度太小 ③ 刀垫的偏转角度 ϕ 与螺旋角不匹配 ④ 侧向进给进刀方式 ⑤ 切削温度偏高	① 提高切削速度 ② 减小切削次数增大切削深度 ③ 选择合适偏转角度 ϕ 的刀垫 ④ 选用改进式侧向进刀方式 ⑤ 增大切削液供应量
牙型不正确	① 刀片选择不当（牙型角不正确） ② 装刀高度偏差太大或垂直度不正确	① 选择正确牙型的刀片 ② 调整装刀高度与垂直度
螺纹深度不够	① 切削刃磨损过度 ② 刀具安装高度不正确 ③ 刀片选择不正确	① 更换新切削刃或换新刀片 ② 调整装刀高度，确保装刀中心高度误差不大于 0.1mm

参 考 文 献

[1] 陈为国，陈昊.数控加工刀具应用指南 [M].北京：机械工业出版社，2020.

[2] 陈为国，陈昊.数控加工刀具材料、结构与选用速查手册 [M].北京：机械工业出版社，2016.

[3] 陈日曜.金属切削原理 [M].2 版.北京：机械工业出版社，2002.

[4] 太原市金属切削刀具协会.金属切削实用刀具技术 [M].2 版.北京：机械工业出版社，2002.

[5] 张基岚.机夹可转位刀具手册 [M].北京：机械工业出版社，1994.

[6] 陈为国.数控加工编程技术 [M].2 版.北京：机械工业出版社，2016.

[7] 陈为国，陈昊.数控加工编程技巧与禁忌 [M].北京：机械工业出版社，2014.

[8] 陈为国，陈昊.数控车床操作图解 [M].北京：机械工业出版社，2011.

[9] 陈为国，陈昊.数控车床加工编程与操作图解 [M].2 版.北京：机械工业出版社，2016.

[10] 陈为国，陈为民.数控铣床操作图解 [M].北京：机械工业出版社，2013.

[11] 陈为国，陈昊.图解 Mastercam2017 数控加工编程基础教程 [M].北京：机械工业出版社，2018.

[12] 陈为国，陈昊.图解 Mastercam2017 数控加工编程高级教程 [M].北京：机械工业出版社，2019.

[13] 浦艳敏，牛海山，衣娟.现代数控机床刀具及其应用 M].北京：化学工业出版社，2018.

[14] 邓建新，赵军.数控刀具材料选用手册 [M].北京：机械工业出版社，2005.

[15] 郑文虎.刀具材料和刀具的选用 [M].北京：国防工业出版社，2012.

[16] 徐宏海，等.数控机床刀具及其应用 [M].北京：化学工业出版社，2005.

[17] 袁哲俊，刘华明.孔加工刀具、铣刀、数控机床用工具系统 [M].北京：机械工业出版社，2009.

[18] 袁哲俊，刘华明.车刀和刨刀 [M].北京：机械工业出版社，2009.

[19] 陈云，等.现代金属切削刀具实用技术 [M].北京：化学工业出版社，2008.